国家职业资格培训教材
技能型人才培训用书

数控技术与 AutoCAD 应用

第 2 版

国家职业资格培训教材编审委员会　组编
胡家富　主编

机械工业出版社

本书是依据新颁布的《国家职业技能标准》中对机械加工和修理类各职业高级工、技师和高级技师的数控技术和 AutoCAD 知识和技能要求，并结合各地对这些职业的鉴定要求编写的，是机械加工、修理类各职业高级工、技师和高级技师的职业鉴定培训的专业基础教材之一。本书主要内容包括：数控技术与数控机床的基本知识，数控机床的分类、主要结构及性能指标，数控加工机床及其技术参数，数控机床主要部分的典型结构，数控机床的伺服驱动和位置检测装置，数控加工工艺基础与机床操作，数控加工程序编制基础，数控机床的合理使用与维护，数控仿真系统的功能与应用，AutoCAD 应用基础、数控技术与 Auto CAD 应用技能训练实例。本书注重专业知识应用能力的培养，附有训练实例和试题库及答案，便于企业培训、考核鉴定和读者自测自查。

本书主要用作企业培训、职业技能鉴定培训教材，也可作为技工学校、职业学校和各种短训班的教学用书。

图书在版编目（CIP）数据

数控技术与 AutoCAD 应用/胡家富主编；《国家职业资格培训教材》编审委员会组编 . —2 版 . —北京：机械工业出版社，2013. 7
国家职业资格培训教材 . 技能型人才培训用书
ISBN 978-7-111-39659-8

Ⅰ. ①数…　Ⅱ. ①胡…②国…　Ⅲ. ①数控机床—计算机辅助设计—AutoCAD 软件—技术培训—教材　Ⅳ. ①TG659

中国版本图书馆 CIP 数据核字（2012）第 210389 号

机械工业出版社（北京市百万庄大街 22 号　邮政编码 100037）
策划编辑：赵磊磊　责任编辑：赵磊磊
版式设计：姜　婷　责任校对：樊钟英
封面设计：饶　微　责任印制：乔　宇
北京瑞德印刷有限公司印刷（三河市胜利装订厂装订）
2013 年 1 月第 2 版第 1 次印刷
169mm × 239mm · 20. 25 印张 · 392 千字
0001—3000 册
标准书号：ISBN 978-7-111-39659-8
定价：29.90 元

凡购本书，如有缺页、倒页、脱页，由本社发行部调换
电话服务　　网络服务
社服务中心：(010)88361066　教材网：http://www.cmpedu.com
销售一部：(010)68326294　机工官网：http://www.cmpbook.com
销售二部：(010)88379649　机工官博：http://weibo.com/cmp1952
读者购书热线：(010)88379203　**封面无防伪标均为盗版**

国家职业资格培训教材（第2版）

编审委员会

本书主编　胡家富
本书参编　尤道强　纪长坤

第2版 序

在“十五”末期，为贯彻落实“全国职业教育工作会议”和“全国再就业会议”精神，加快培养一大批高素质的技能型人才，机械工业出版社精心策划了与原劳动和社会保障部《国家职业标准》配套的《国家职业资格培训教材》。这套教材涵盖41个职业工种，共172种，有十几个省、自治区、直辖市相关行业的200多名工程技术人员、教师、技师和高级技师等从事技能培训和鉴定的专家参加编写。教材出版后，以其兼顾岗位培训和鉴定培训需要，理论、技能、题库合一，便于自检自测的特点，受到全国各级培训、鉴定部门和广大技术工人的欢迎，基本满足了培训、鉴定和读者自学的需要，在“十一五”期间为培养技能人才发挥了重要作用，本套教材也因此成为国家职业资格鉴定考证培训及企业员工培训的品牌教材。

2010年，《国家中长期人才发展规划纲要（2010—2020年）》《国家中长期教育改革和发展规划纲要（2010—2020年）》、《关于加强职业培训促就业的意见》相继颁布和出台，2012年1月，国务院批转了七部委联合制定的《促进就业规划（2011—2015年）》，在这些规划和意见中，都重点阐述了加大职业技能培训力度、加快技能人才培养的重要意义，以及相应的配套政策和措施。为适应这一新形势，同时也鉴于第1版教材所涉及的许多知识、技术、工艺、标准等已发生了变化的实际情况，我们经过深入调研，并在充分听取了广大读者和业界专家意见的基础上，决定对已经出版的《国家职业资格培训教材》进行修订。本次修订，仍以原有的大部分作者为班底，并保持原有的“以技能为主线，理论、技能、题库合一”的编写模式，重点在以下几个方面进行了改进：

1. 新增紧缺职业工种——为满足社会需求，又开发了一批近几年比较紧缺的以及新增的职业工种教材，使本套教材覆盖的职业工种更加广泛。

2. 紧跟国家职业标准——按照最新颁布的《国家职业技能标准》（或《国家职业标准》）规定的工作内容和技能要求重新整合、补充和完善内容，涵盖职业标准中所要求的知识点和技能点。

3. 提炼重点知识技能——在内容的选择上，以“够用”为原则，提炼出应重点掌握的必需专业知识和技能，删减了不必要的理论知识，使内容更加精练。

4. 补充更新技术内容——紧密结合最新技术发展，删除了陈旧过时的内容，补充了新的技术内容。

5. 同步最新技术标准——对原教材中按旧技术标准编写的内容进行更新，所有内容均与最新的技术标准同步。

6. 精选技能鉴定题库——按鉴定要求精选了职业技能鉴定试题，试题贴近教材、贴近国家试题库的考点，更具典型性、代表性、通用性和实用性。

7. 配备免费电子教案——为方便培训教学，我们为本套教材开发配备了配套的电子教案，免费赠送给选用本套教材的机构和教师。

8. 配备操作实景光盘——根据读者需要，部分教材配备了操作实景光盘。

一言概之，经过精心修订，第2版教材在保留了第1版精华的同时，内容更加精练、可靠、实用，针对性更强，更能满足社会需求和读者需要。全套教材既可作为各级职业技能鉴定培训机构、企业培训部门的考前培训教材，又可作为读者考前复习和自测使用的复习用书，也可供职业技能鉴定部门在鉴定命题时参考，还可作为职业技术院校、技工院校、各种短训班的专业课教材。

在本套教材的调研、策划、编写过程中，得到了许多企业、鉴定培训机构有关领导、专家的大力支持和帮助，在此表示衷心的感谢！

虽然我们已经尽了最大努力，但是教材中仍难免存在不足之处，恳请专家和广大读者批评指正。

国家职业资格培训教材第2版编审委员会

第1版 序一

当前和今后一个时期，是我国全面建设小康社会、开创中国特色社会主义事业新局面的重要战略机遇期。建设小康社会需要科技创新，离不开技能人才。“全国人才工作会议”“全国职教工作会议”都强调要把“提高技术工人素质、培养高技能人才”作为重要任务来抓。当今世界，谁掌握了先进的科学技术并拥有大量技术娴熟、手艺高超的技能人才，谁就能生产出高质量的产品，创出自己的名牌；谁就能在激烈的市场竞争中立于不败之地。我国有近一亿技术工人，他们是社会物质财富的直接创造者。技术工人的劳动，是科技成果转化为生产力的关键环节，是经济发展的重要基础。

科学技术是财富，操作技能也是财富，而且是重要的财富。中华全国总工会始终把提高劳动者素质作为一项重要任务，在职工中开展的“当好主力军，建功‘十一五’，和谐奔小康”竞赛中，全国各级工会特别是各级工会职工技协组织注重加强职工技能开发，实施群众性经济技术创新工程，坚持从行业和企业实际出发，广泛开展岗位练兵、技术比赛、技术革新、技术协作等活动，不断提高职工的技术技能和操作水平，涌现出一大批掌握高超技能的能工巧匠。他们以自己的勤劳和智慧，在推动企业技术进步，促进产品更新换代和升级中发挥了积极的作用。

欣闻机械工业出版社配合新的《国家职业标准》为技术工人编写了这套涵盖41个职业的172种“国家职业资格培训教材”。这套教材由全国各地技能培训和考评专家编写，具有权威性和代表性；将理论与技能有机结合，并紧紧围绕《国家职业标准》的知识点和技能鉴定点编写，实用性、针对性强，既有必备的理论和技能知识，又有考核鉴定的理论和技能题库及答案，编排科学，便于培训和检测。

这套教材的出版非常及时，为培养技能型人才做了一件大好事，我相信这套教材一定会为我们培养更多更好的高技能人才做出贡献！

李永安

（李永安　中国职工技术协会常务副会长）

第1版 序二

为贯彻“全国职业教育工作会议”和“全国再就业会议”精神，全面推进技能振兴计划和高技能人才培养工程，加快培养一大批高素质的技能型人才，我们精心策划了这套与劳动和社会保障部最新颁布的《国家职业标准》配套的《国家职业资格培训教材》。

进入21世纪，我国制造业在世界上所占的比重越来越大，随着我国逐渐成为“世界制造业中心”进程的加快，制造业的主力军——技能人才，尤其是高级技能人才的严重缺乏已成为制约我国制造业快速发展的瓶颈，高级蓝领出现断层的消息屡屡见诸报端。据统计，我国技术工人中高级以上技工只占3.5%，与发达国家40%的比例相去甚远。为此，国务院先后召开了“全国职业教育工作会议”和“全国再就业会议”，提出了“三年50万新技师的培养计划”，强调各地、各行业、各企业、各职业院校等要大力开展职业技术培训，以培训促就业，全面提高技术工人的素质。

技术工人密集的机械行业历来高度重视技术工人的职业技能培训工作，尤其是技术工人培训教材的基础建设工作，并在几十年的实践中积累了丰富的教材建设经验。作为机械行业的专业出版社，机械工业出版社在“七五”、“八五”“九五”期间，先后组织编写出版了“机械工人技术理论培训教材”149种，“机械工人操作技能培训教材”85种，“机械工人职业技能培训教材”66种，“机械工业技师考评培训教材”22种，以及配套的习题集、试题库和各种辅导性教材约800种，基本满足了机械行业技术工人培训的需要。这些教材以其针对性、实用性强，覆盖面广，层次齐备，成龙配套等特点，受到全国各级培训、鉴定和考工部门和技术工人的欢迎。

2000年以来，我国相继颁布了《中华人民共和国职业分类大典》和新的《国家职业标准》，其中对我国职业技术工人的工种、等级、职业的活动范围、工作内容、技能要求和知识水平等根据实际需要进行了重新界定，将国家职业资格分为5个等级：初级（5级）、中级（4级）、高级（3级）、技师（2级）、高级技师（1级）。为与新的《国家职业标准》配套，更好地满足当前各级职业培训和技术工人考工取证的需要，我们精心策划编写了这套《国家职业资格培训教材》。

这套教材是依据劳动和社会保障部最新颁布的《国家职业标准》编写的，

为满足各级培训考工部门和广大读者的需要，这次共编写了41个职业的172种教材。在职业选择上，除机电行业通用职业外，还选择了建筑、汽车、家电等其他相近行业的热门职业。每个职业按《国家职业标准》规定的工作内容和技能要求编写初级、中级、高级、技师（含高级技师）四本教材，各等级合理衔接、步步提升，为高技能人才培养搭建了科学的阶梯型培训架构。为满足实际培训的需要，对多工种共同需求的基础知识我们还分别编写了《机械制图》、《机械基础》、《电工常识》、《电工基础》、《建筑装饰识图》等近20种公共基础教材。

在编写原则上，依据《国家职业标准》又不拘泥于《国家职业标准》是我们这套教材的创新。为满足沿海制造业发达地区对技能人才细分市场的需要，我们对模具、制冷、电梯等社会需求量大又已单独培训和考核的职业，从相应的职业标准中剥离出来单独编写了针对性较强的培训教材。

为满足培训、鉴定、考工和读者自学的需要，在编写时我们考虑了教材的配套性。教材的章首有培训要点、章末配复习思考题，书末有与之配套的试题库和答案，以及便于自检自测的理论和技能模拟试卷，同时还根据需求为20多种教材配制了 VCD 光盘。

为扩大教材的覆盖面和体现教材的权威性，我们组织了上海、江苏、广东、广西、北京、山东、吉林、河北、四川、内蒙古等地相关行业从事技能培训和考工的200多名专家、工程技术人员、教师、技师和高级技师参加编写。

这套教材在编写过程中力求突出“新”字，做到“知识新、工艺新、技术新、设备新、标准新”；增强实用性，重在教会读者掌握必需的专业知识和技能，是企业培训部门、各级职业技能鉴定培训机构、再就业和农民工培训机构的理想教材，也可作为技工学校、职业高中、各种短训班的专业课教材。

在这套教材的调研、策划、编写过程中，曾经得到广东省职业技能鉴定中心、上海市职业技能鉴定中心、江苏省机械工业联合会、中国第一汽车集团公司以及北京、上海、广东、广西、江苏、山东、河北、内蒙古等地许多企业和技工学校的有关领导、专家、工程技术人员、教师、技师和高级技师的大力支持和帮助，在此谨向为本套教材的策划、编写和出版付出艰辛劳动的全体人员表示衷心的感谢！

教材中难免存在不足之处，诚恳希望从事职业教育的专家和广大读者不吝赐教，批评指正。我们真诚希望与您携手，共同打造职业培训教材的精品。

国家职业资格培训教材编审委员会

前言

随着社会主义市场经济的发展，各行各业对人才的需求也更为迫切。一个企业不但要有高素质的管理人才和科技人才，更要有高素质的一线技术工人。企业有了技术过硬、技艺精湛的操作技能人才，才能确保产品的加工质量，才能有较高的劳动生产率和低的物资消耗，使企业获得较好的经济效益。同时技能人才是支持企业不断推出新品种去占领市场，在市场中处于领先地位的重要因素。为此我们按照《国家职业标准》中对机械加工、修理类各职业高级工、技师和高级技师要求，编写了《数控技术与 AutoCAD 应用》一书。该书自出版以来，得到了广大读者的广泛关注和热情支持，全国各地很多读者纷纷通过电话、信函、E-mail等形式向我们提出很多宝贵的意见和建议。

但是随着时间的推移，各种技术不断发展，新的国家标准和行业技术标准也相继颁布和实施，而且为了进一步提高技术工人的职业素质，中华人民共和国人力资源和社会保障部制定了新的《国家职业技能标准》，为此我们对第 1 版教材进行了修订。本教材依据新标准中对机械加工、修理类各职业高级工、技师和高级技师的要求，以“实用、够用”为宗旨，按照岗位培训需要编写。在修订过程中，删除了陈旧过时的内容，补充更新了新的技术内容，对旧的国家标准和技术标准进行了更新，并且参照读者提出的意见和建议对相应内容进行了重新编写。

本教材主要内容包括：数控技术与数控机床的基本知识，数控机床的分类、主要结构及性能指标，数控加工机床及其技术参数，数控机床主要部分的典型结构，数控机床的伺服驱动和位置检测装置，数控加工工艺基础与机床操作，数控加工程序编制基础，数控机床的合理使用与维护，数控仿真系统的功能与应用，AutoCAD 应用基础，数控技术与 AutoCAD 应用技能训练实例。本书注重专业知识应用能力的培养，附有训练实例和试题库及答案，便于企业培训、考核鉴定和读者自测自查。书中带（*）的部分为高级技师应掌握的内容。

本教材由胡家富任主编，尤道强、纪长坤参加编写。

由于时间仓促，以及编者的水平有限，修订后的内容仍难免存在不足之处，欢迎广大读者批评指正，在此表示衷心的感谢。

编　者

目录

㊀ 为保证与计算机绘图软件标注符号的统一，本章图中关于表面粗糙度和几何公差的标注仍沿用旧标准。

第一章

数控技术与数控机床的基本知识

◈◈◈ 第一节　机床数字控制的基本概念

数字控制（Numerical Control），简称 NC，是近代发展起来的一种自动控制技术。数字控制是相对于模拟控制而言的。数字控制系统中的控制信息是数字量，而模拟控制系统中的控制信息是模拟量。数字控制系统有如下特点：

1）可用不同的字长表示不同精度的信息，信息表达准确。

2）可进行逻辑运算和算数运算，也可进行复杂的信息处理。

3）可用软件来改变信息处理的方式和过程，具有柔性化。

由于数字控制系统具有以上特点，故被广泛应用于机械运动的轨迹控制。轨迹控制是金属切削机床数控系统和工业机器人的主要控制内容。此外，数字控制系统的逻辑处理功能可方便地用于机械系统的开关量控制。

数字控制系统的硬件基础是数字逻辑电路，最初的数控系统是由数字逻辑电路构成的，因而被称为硬件数控系统，随着微机技术的发展，取而代之的是计算机数控系统（Computer Numerical Control），简称 CNC。由于计算机可完全由软件来确定数字信息的处理过程，从而具有真正的“柔性”，并可以处理复杂的信息，使数字控制系统的性能大大提高。简而言之，用数字化信息控制的自动控制技术称为数字控制技术；用数控技术控制的机床，或者说装备了数控系统的机床，称为数控机床。

◈◈◈ 第二节　数控机床的特点及基本组成

一、数控机床与普通机床的主要区别

如图 1-1 所示，数控机床和普通机床的主要区别是控制机床切削运动的方法不同。

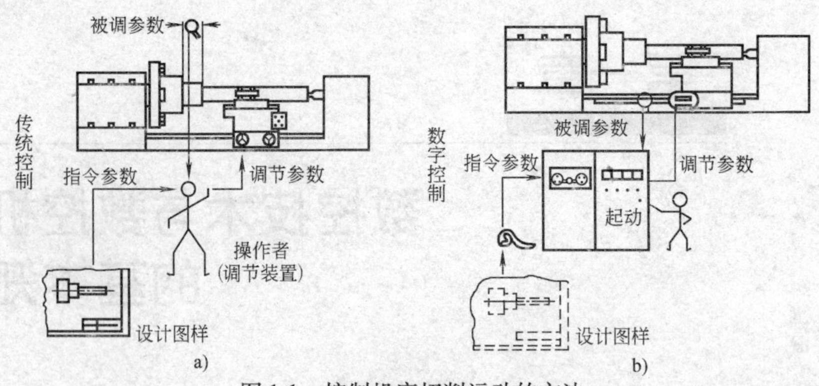

图 1-1　控制机床切削运动的方法
a）普通机床　b）数控机床

数控机床可以实现刀具（和机床工作台）运动的自动控制，包括坐标定位、移动轨迹、移动速度和刀具转速、刀具补偿等。使用普通机床进行切削加工，操作者起到了切削运动调节控制器的作用；而使用数控机床进行切削加工，数控系统是切削运动的调节控制器，其加工精度和效率远高于操作者人工控制水平，数控机床可加工普通机床难以完成的高精度、高难度的复杂机械零件。

二、数控机床的基本组成

如图 1-2 所示，数控机床通常由以下部分组成：

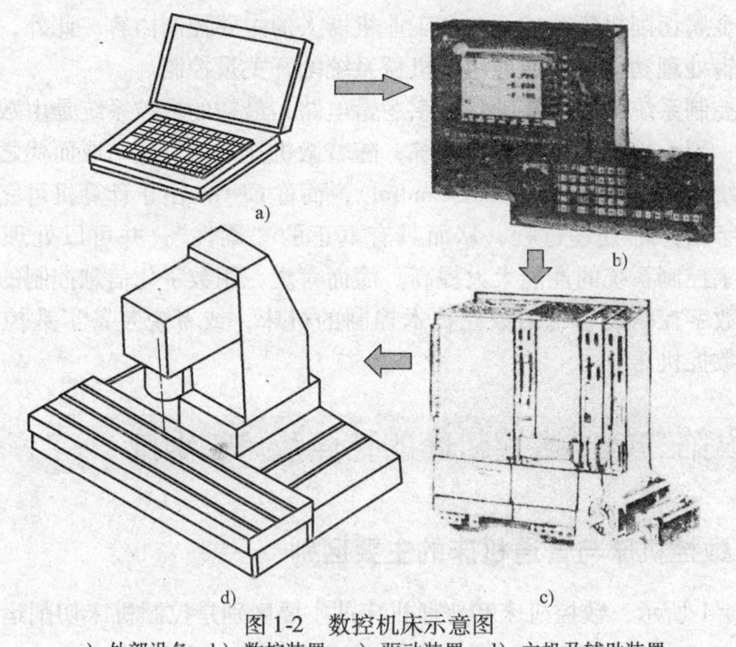

图 1-2　数控机床示意图
a）外部设备　b）数控装置　c）驱动装置　d）主机及辅助装置

（1）外部设备　所谓外部设备，是指用来实现和机床数控装置进行数据交换的仪器和设备。对于简单的零件，数控机床的加工程序编制和输入常用手工编程的方法并通过数控装置的手动数据输入和显示面板进行输入和编辑，这种方式称为MDI方式。较复杂的零件通常通过CAD/CAM软件自动生成加工程序，并利用数控装置的通信接口实现与数控装置的数据交换。此外，某些数控装置内部的PLC（Programmable Logic Controller可编程序逻辑控制器）程序的编辑、输入常需借助于编程仪等设备实现。

（2）数控装置　数控装置是数控机床的核心，主要包括硬件（各种印制电路板，如中央数据处理器、存储器、接口板、显示卡、显示器、键盘、电源等）及软件（如操作系统、插补软件、补偿软件、机床控制软件、图形处理软件等）两大部分。其主要作用是完成零件程序的输入和输出及处理、加工信息的存储及处理、插补运算、坐标轴运动控制及机床所需的其他辅助动作的控制（如冷却装置的起动、停止，主轴的旋转方向控制及变速等）。

（3）驱动装置　驱动装置是数控机床的执行机构，一般包括进给驱动单元、进给电动机与主轴驱动单元、主轴电动机两大部分。通常由速度控制器、位置控制器、驱动电动机和相应的位置检测装置组成。驱动装置根据数控装置发出的运动控制脉冲指令，带动机床的工作台、主轴自动完成相应的运动，并对运动或定位的速度和精度进行控制。每一个指令脉冲信号使机床运动部件产生的位移量称为脉冲当量。常用的脉冲当量为0.01mm/脉冲、0.005mm/脉冲和0.001mm/脉冲。目前，数控机床中常用的伺服驱动电动机是功率步进电动机、交流伺服电动机和直流伺服电动机。常用的位置检测装置是光电编码器、光栅等位置检测元件。

通常将数控机床的数控装置和驱动装置统称为数控系统。

（4）主机与辅助装置　主机是数控机床的机械部分，包括床身、立柱、主轴、进给机构等基本构件以及确保数控机床可靠运行的配套装置（如液压、气动部件，冷却装置，排屑装置等），与普通机床相比，数控机床的主机部分具有以下特点：

1）传动系统结构简单、传动链短。

2）采用高性能的进给和主轴系统，机械结构有较高的动态刚度和较小的阻尼，并具有耐磨性好，热变形小的特点。

3）采用高效传动部件，如滚珠丝杠副、直线滚动导轨等，具有快速跟随特性，确保机床的运动精度。

第三节　数控机床的加工原理

金属切削机床是通过改变刀具与工件的运动参数（如位置、速度等），使刀具对工件进行切削加工，最终获得所需合格零件的。数控机床的工作过程如图 1-3所示，数控机床的加工原理主要包括以下方面。

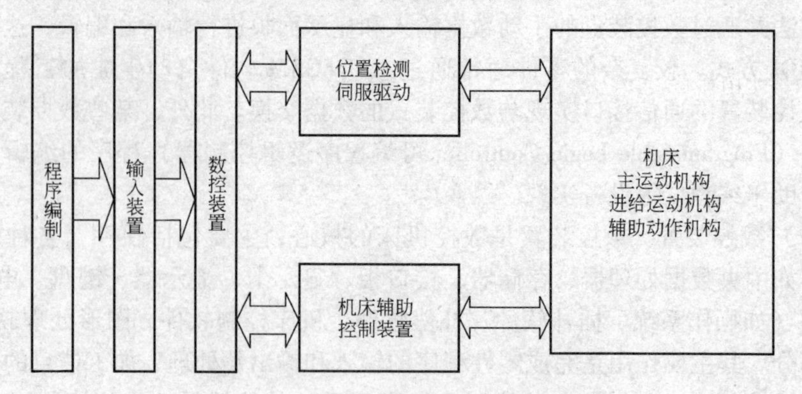

图 1-3　数控机床工作过程

一、数控程序编制

从零件图的分析到制成控制介质的全部过程称为数控程序编制，数控程序包含零件的加工工艺过程、工艺参数和位移数据等内容。数控程序信息是记载在程序载体上的，常用的载体有磁盘、磁带和半导体存储器等。数控程序编制的一般过程如图 1-4 所示。数控程序编制一般分为手工编程和自动编程两种方式。这一部分包括各种编程方法的功能与原理等内容。

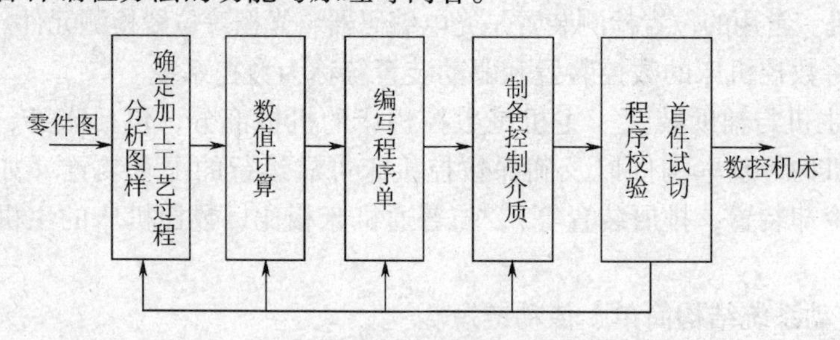

图 1-4　数控程序编制的内容和步骤

二、输入装置与输入通道

1）大部分的数控机床都可以通过操作面板上的键盘直接将加工程序输入到数控装置中，这种方式通常称为 MDI 方式，即手动数据输入方式。数据量大的程序一般通过计算机与数控装置之间的数据通信输入数控系统。早期的数控机床程序输入装置有光电阅读机、磁盘驱动器、磁带机和半导体存储卡读入机等。

2）具有检测环节的数控系统，可将位置或速度等被测参数经过一系列转换由物理量转化为计算机能识别的数字脉冲信号，输入数控装置，这个检测及转换过程通常被称为数控系统的输入通道。检测信号经输入通道送入数控系统后与位置指令信号相比较，得到偏差值，再通过位置调节单元和速度控制单元控制伺服系统。

这一部分包括输入系统键盘的工作原理与键盘接口、数码显示器与接口工作原理等内容。

三、数控装置

数控装置通常是指控制数控机床运动的核心，其功能是根据输入的指令码和数据码进行译码、运算、寄存及控制，发出相应的运动指令给伺服驱动系统，通过伺服驱动系统使机床按预定的轨迹运动。数控装置一般包括译码器、运算器、存储器、控制器和显示器，并与输入装置和输出装置连接。这一部分主要包括插补原理等内容。所谓插补，是指在已知数控机床运动轨迹方程或终点和始点坐标的情况下，通过数控系统实时地计算出各个中间点的坐标，即“插入、补上”运动轨迹各个中间点的工作过程。实质上，数控机床加工原理的核心是控制机床按预定的轨迹运动，因此“插补”工作原理是十分重要的，插补原理比较复杂，包括逐点比较插补法、数字积分插补法和数据采集插补法等。

四、机床辅助控制装置

数控机床的辅助动作控制亦即机床强电控制。诸如切削液、润滑油、机床防护门控制、主轴的起动与停止、进给运动的坐标原点控制、限位控制等。通常数控装置中带有内装 PLC，可实现辅助动作的控制。这一部分包括 PLC 的工作原理等主要内容。

五、伺服驱动与位置检测装置（*）

伺服驱动装置是数控系统的执行装置，由速度控制器、位置控制器、伺服驱动电动机和相应的位置检测装置组成。其功能是接受数控装置输出的指令脉冲信号（运动指令），使机床上的移动部件（如工作台、滑板、主轴箱等部件）作相应的运动，并对运动和定位的速度和精度加以控制。目前数控机床的脉冲当量有0.005mm/脉冲等。伺服系统的精度和动态响应速度是影响数控机床加工精度、零件表面质量和生产率的重要因素。目前数控机床常用的伺服驱动电动机是直流伺服电动机等。常用的位置检测方法是用光栅等位置测量元件进行检测的。在闭环工作系统中，位置检测装置具有极为重要的反馈控制作用。这一部分包括步进电动机、光栅和磁栅检测装置的工作原理等主要内容。

六、数控机床的机械部件

数控机床的机械部件与一般的机床相比具有更好的刚性、更小的热变形、更高的精度，运动部件具有更好的快速跟随特性，以实现机床的高精度运动。这一部分包括机床传动系统，主要机构的工作原理等。

第四节　典型数控系统（*）

数控机床是由数控系统和机床本体组成的，数控系统有多种类型，相同类型的机床本体可以选用不同类型的数控系统，数控机床系统的发展和更新换代体现了数控机床的发展趋势，而数控机床的操作方法、编程方法等与数控机床所采用的系统有直接的关系。因此，使用数控机床，应熟悉数控系统的基本组成和典型的数控系统，熟悉典型数控装置系列产品的特点、发展过程与趋势。

一、数控系统的基本组成

数控系统是数控机床的核心，数控系统的基本组成如图 1-5 所示。通过数控系统控制软件、硬件的配合，合理地组合、管理数据的输入、数据处理、插补运算和信息输出，控制执行部件，使数控机床按照操作者的要求运行。

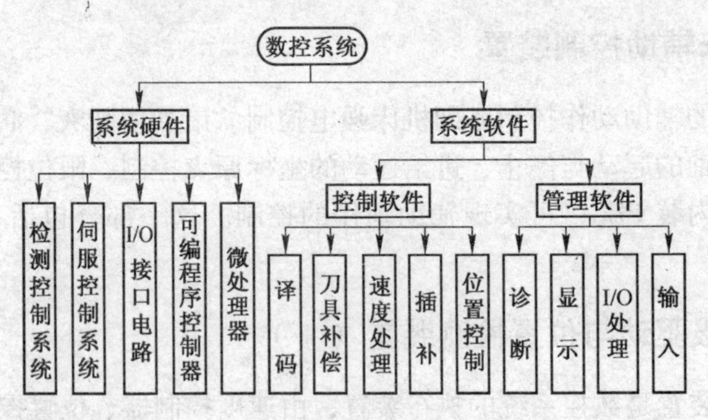

图 1-5　数控系统的基本组成

二、FAUNC 系统

（1）FANUC 数控装置及其产品系列　日本 FANUC 公司是专门生产数控装置及工业机器人的厂家，FANUC 公司的数控装置有 F0（即 FANUC0）、F6、F10、F11、F12、F15、F16、F18 等系列，每个系列的数控装置可提供多种可选择的功能，适合于多种机床使用。从结构上看，数控装置已由大块板结构转向模块化结

构，电路板采用多层板和高密度表面安装技术（SMT），使用专用大规模集成电路芯片（LSI），LSI 有总线仲裁控制器（BAC）、输入/输出控制器（IOC）、位置控制器（MB87103）。MB87103 包括数字积分法（DDA）插补器、误差寄存器、基准计数器、脉宽调制器和倍率检测器。制造自动化协议（MAP）接口可实现与上级单元控制器或主计算机的通信。有些数控装置的故障诊断采用专家诊断系统。

（2）FANUC 数控装置典型产品系列的适用范围（见表 1-1）。

表 1-1　FANUC 数控装置典型产品系列的适用范围

数控系统系列	数控装置	适用范围
F0	F0-MA F0-MB F0-MEA F0-MC	加工中心、镗床、铣床
	F0-MF	
	F0-TA F0-TB F0-TEA F0-TC	车床
	F0-TO F0-TF	
	F0-TTA F0-TTB F0-TTC	主轴双刀架或两个主轴双刀架的四轴车床
	F0-GA F0-GB	磨床
	F0-PB	回转头压力机
F10 F11 F12	M 型	加工中心、镗床、铣床
	T 型	车床
	TT 型	双刀架车床
F16/F18 F160/F180		柔性加工单元（FMC） 柔性制造系统（FMS）

（3）FANUC 0 系列数控装置的基本特点　FANUC 0 系列数控装置是一种采用高速 32 位微处理器的高性能 CNC，使用广泛，大量用于数控车床及数控铣床。该系统在结构上采用传统方式，即在主板上插有存储器板、I/O 板、轴控制模块以及电源单元。其主板较其他系列的主板小，因此在结构上显得非常紧凑，体积很小。F0 系列有 F0-MA，F0-TA、F0-MC、F0-TC、F0-MD、F0-TD 等多种规格。其中 F0-MD 和 F0-TD 是在 F0-MA 及 F0-TA 的基础上简化而成的，被称为简易型数控系统。F0 系列数控系统具有下述特点：

1）本系统是一种小型高精度、高性能的软件固定型 CNC。控制电路中采用了高速微处理器、专用 LSI（大规模集成电路）、半导体存储器等，提高了系统可靠性和性价比。

2）为了便于系统的维修，其内部具备多种自诊断功能：

① 微处理器不断地监视系统内部的工作状态，并能分类显示 CNC 内部状态。一旦发生故障，报警指示灯立即发亮，并使 CNC 停止工作。同时在 CRT 上可分类显示出故障详细内容。

② 在 CRT 显示器上，可显示出从 CNC 输出或向 CNC 输入的接通、关断信号。

③ 通过 MDI（手动数据输入）可以以（位）为单位接通、关断从 CNC 输出的接通、关断信号。

3）可用 CRT 显示检查数控系统的快速进给速度、加/减速时间常数等各种参数设定值。

4）由于采用了高速微处理器的数字式交流伺服系统，无漂移影响，因此实现了高速、高精度的控制。

5）在 F0 系列中有一种专为转塔冲床开发的高性能 CNC，其规格是 F0-PC，具有下述特点：

① 电子器件采用表面安装的 LSI 及超薄型显示单元。

② 高性能的数字伺服系统。

③ 利用 M、S、T 和 B 代码直接加工指令，缩短了加工循环时间，提高了加工效率。

④ 超级控制功能。除了 F0-C 系列的标准功能外，还增加了冲压功能、晶格点阵功能、多段数据加工功能、C 轴控制功能等。

（4）FANUC 0i 系列数控装置的基本特点　FANUC 0i 系统与 FANUC16/18 等系列的结构相似，均为模块化结构，FANUC 0i 的主 CPU 板上除了主 CPU 及外围电路之外，还集成了 FROM 和 SRAM 模块、PMC 控制模块、存储器和主轴模块、伺服模块等，其集成度比 FANUC 0 系统（FANUC 0 系统为大板结构）的集成度更高，因此 FANUC 0i 控制单元的体积更小。其主要特点如下：

1）显示器。系统显示器可接 CRT 或 LCD（液晶），用光缆与 LCD 连接。

2）进给伺服。用一根光缆与多个进给伺服放大器相连，多轴型放大器可接 3 个小容量的伺服电动机，从而可减小电柜尺寸。系统支持外接编码器的半闭环控制和使用光栅尺的全闭环控制。

3）主轴电动机控制。主轴电动机有两种接口，一种是模拟接口，另一种是串行接口，采用串行数据传送接线少、抗干扰性强、可靠性高、传输速率高。

4）机床强电的 I/O 接口。FANUC 0i-B 的 I/O 口用的是 I/O Link 口。经由

该口可实时控制 CNC 的外部机械或 I/O 点，其传输效率相当高。CNC 单元内的 I/O 板有 96 点输入，64 点输出，可满足中小型加工中心和车床的 M 功能、T 功能要求。I/O 模块最多可连 1024 个输入点和 102 个输出点，因此可用于生产线上，来控制连接于现场网络的多个外部机械。

5）网络接口。该接口可连接车间或工厂的主控计算机，将 CNC 侧的各种信息（加工程序、位置、参数、刀偏量、运行状态、报警、诊断信号，甚至梯形图等）传送至主机并在其上显示。

6）数据输入/输出口。FANUC 0i-B 有 RS232C 和 PCMCIA 口。经 RS232C 可与计算机等连接。在 PCMCIA 口可插入 ATA 存储卡。

三、SIEMENS 系统

德国 SIEMENS 公司是生产数控系统的著名厂家，SIEMENS 公司有 SIN3、8、810、820、850、880、805、840 等系列数控装置，每个系列都有适用于不同性能和功能机床的数控装置，主要产品为 802、810 和 840 系列，如图 1-6 所示。SIEMENS 数控装置采用模块化结构，具有接口诊断功能和数据通信功能。

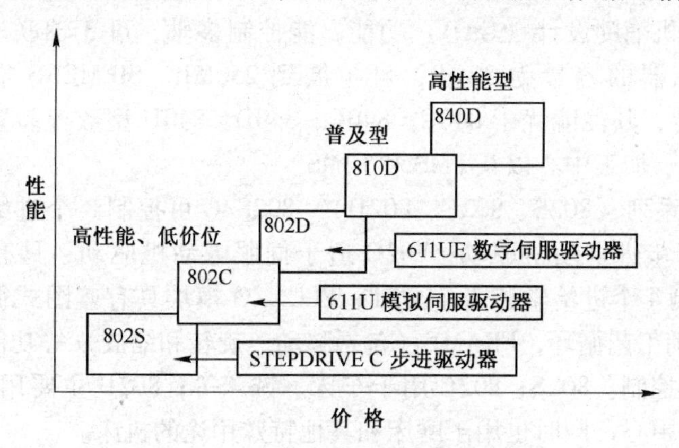

图 1-6　SIEMENS 数控系统产品结构

1. SIEMENS 数控系统典型系列产品的适用范围

（1）SIN810 系列　按功能可分为 810T、810G、810N；按型号可分为810 Ⅰ、810 Ⅱ、810 Ⅲ型。SIN810 系列数控装置的主 CPU 为 80186，系统分辨率为 1μm，内置 PLC 为 128 点输入、64 点输出。该系统具有轮廓监控、主轴监控和接口诊断等功能。810 系列适用于中、低档的中、小型机床。810 Ⅰ型适用于车床和铣床，可控制 3 轴，联动 2 轴。810 Ⅱ型适用于车床、铣床和磨床，可控制 4 轴，联动 3 轴。810 Ⅲ型适用于车床、铣床、磨床和冲压类机床，可控制 5 轴，联动 3 轴。

（2）SIN3 型（3T、3TT、3M、3N 型） SIN3 型是标准 16 位微处理机系统，CPU 为 8086，可控制 4 轴，联动 3 轴。内置 PLC 输入、输出各 512 点。该数控装置适用于多种机床，3T 型用于车床和车削加工中心，3TT 型用于双刀架车床及双主轴车床，3M 型用于钻床、镗床、铣床或加工中心，3G 型用于磨床，3N 型用于冲压类机床。

（3）SIN8 型 SIN8 型数控装置是用于柔性制造的控制系统，它采用多微处理器，CPU 均为 8086。该数控装置可扩展到控制 12 个轴，适用于车床、镗床、铣床和加工中心。

（4）SIN850、880 型 850、880 型的主 CPU 为 80386，内置 PLC 输入、输出点数为 1024，有 256 个定时器和 128 个计数器。SIN850、880 型是多微机轮廓轨迹控制数控装置，具有机器人功能，适用于复杂功能的机床以及满足 FMS、CIMS 的需要。数控装置采用 SINEC H1 总线连线方式联网，SINEC 是以以太网为基础开发的，具有很强的通信功能，可在加工的同时与柔性制造系统交换信息。880 型数控装置可控制 24 轴，比 850 型数控装置能控制的轴数多一倍。

（5）SIN840C、840D、840U 型 SIN840C 型数控装置是 32 位微处理机系统，具有计算机辅助设计（CAD）功能，能控制多轴，可 5 轴联动。内置 PLC 用户程序存储器的容量为 32KB，可扩展到 256MB。SIEMENS 推出的 840D、840U 数控装置，其性能优于 840C。840C、840D、840U 型数控装置可用于全功能车床、铣床、加工中心以及 FMS 和 CIMS。

（6）802 系列（802S、802C、802D） 802S/C 可控制 3 个进给轴和 1 个主轴，802S 适于步进电动机驱动，802C 适于伺服电动机驱动，具有数字 I/O 接口。802D 控制 4 个进给轴和 1 个主轴，PLC I/O 模块具有蓝图式循环编程，车削、铣削/钻削工艺循环，FRAME（包括移动、旋转和缩放）等功能，为复杂加工提供了智能控制。802S、802C 用于车床、铣床等；802D 主要用于控制车床、钻铣床和加工中心，同时也用于磨床和其他特殊用途的机床。

2. SINUMERIK 840D 的基本构成

SINUMERIK 840D 由数控及驱动单元 CCU（Compact Control Unit）或 NCU（Numerical Control Unit）、人机界面 MMC（Man Machine Communication）、可编程序控制器 PLC 模块三部分组成。

（1）数控及驱动单元

1）数控单元。SINUMERIK 840D 的数控单元被称为 NCU 单元，负责 NC 的所有功能、机床的逻辑控制以及和 MMC 的通信等。它由一个 COM CPU 板、PLC CPU 板和一个 DRIVE 板组成。

2）数字驱动。SINUMERIK 840D 配置的驱动一般都采用 SIMODRIVE611D，它包括两个部分，即电源模块和驱动模块。

（2）人机界面　人机界面负责 NC 数据的输入和显示，完成数控系统和操作者之间的交互，它由 MMC 和操作面板 OP 组成。MMC 实际上是一台计算机，有自己的独立 CPU，还可以带硬盘，OP 单元正是这台计算机的显示器（包括显示屏和 NC 键盘）。

（3）PLC 模块　SINUMERIK 840D 系统的 PLC 部分使用的是 SIMATIC S7-300 的软件及模块，在同一条导轨上从左到右依次为电源模块、接口模块和信号模块。电源模块是为 PLC 和 NC 提供电源的；接口模块适用于各级之间的互连；信号模块是机床 PLC 的输入/输出模块。

四、国内数控系统

1. 国内数控系统的发展

近年来，国内的数控系统开发有了较快的发展，一些国产数控系统达到了世界上同类产品的水平。国产数控系统主要有华中数控系统、广州数控系统等。

2. 华中数控装置的系列产品及其系统的特点

华中数控系统主要产品包括华中Ⅰ型、华中 2000 系列、华中世纪星系列等。华中数控系列产品的主要特点如下：

（1）应用范围广　采用国际标准 G 代码编程，与各种流行的 CAD/CAM 自动编程系统兼容，结构牢靠，造型美观，体积小巧，具有极高的性价比。目前已广泛用于车、铣、磨、锻、齿轮加工、仿形加工、激光加工、纺织、医疗等。

（2）系统结构先进　系统采用先进的开放式体系结构，内置嵌入式工业 PC，配置了 7.5″或 9.4″真彩 TFT 液晶显示器，集成了进给轴接口、主轴接口、手持单元接口、内嵌式 PLC 接口，支持硬盘、电子盘等程序存储方式，具有 DNC、以太网等程序交换功能。

（3）操作简便　采用 7.7″（HNC-22T 为 10.4″）彩色液晶显示器（分辨率为 640×480），全汉字操作界面，具有故障诊断与报警、加工轨迹图形显示和仿真等功能，操作简便，易于掌握和使用。

（4）功能全兼容性强　采用国际标准 G 代码编程，与各种流行的 CAD/CAM 自动编程系统兼容，具有直线插补、圆弧插补、螺纹切削、刀具补偿、宏程序、恒线速切削等功能以及反向间隙和单、双向螺距误差补偿功能。

（5）伺服单元配置灵活、接口有扩展功能　可选配各种类型的脉冲式（HSV16 系列全数字交流伺服驱动单元）、模拟式交流伺服驱动单元或步进电动机驱动单元以及 HSV-11 系列串行接口伺服驱动单元。除标准机床控制面板外，配置 40 路开关量输入和 32 路开关量输出接口、手持单元接口、主轴控制与编码器接口。还可扩展远程 128 路输入/128 路输出端子板。

（6）联动轴数适用范围广　最大联动轴数为 4 轴，主要适用于各种车床、铣床、加工中心等的控制。

3. 开通数控系统的产品系列及其适用范围和性能特点

开通数控系统的种类、应用和性能特点见表1-2。

表1-2　开通数控系统的种类、应用和性能特点

MTC 系列基本性能：

1）可以配置脉冲编码器作为位置反馈装置构成半闭环系统，也可以配置直线光栅尺作为位置反馈装置构成全闭环系统

2）与机床接口可配置各种普通 PLC 控制器装置

3）采用菜单式人机对话操作方式，操作面板具备部分机床常规操作键，如进给率调节开关、手动轴向按键、主轴转速调节按键、各种辅助功能手动操作等

4）交流驱动装置（AC2000 系列）采用模块化结构，各种伺服模块与相应的电动机参数匹配，有一轴、三轴、四轴多种规格

系列	类型	应用
MTC	MTC-T	主要控制两轴车床、小型车削中心、钻床等加工机械
	MTC-M	主要控制铣床、加工中心及其他要求四轴控制、三轴联动的机床
	MTC-B	主要控制通用板料折弯机等加工机械
	MTC-C	主要控制火焰切割机、等离子切割机等加工机械

KT 系列基本性能：

1）系统性能的基础是 MTC 系列，经过局部修改和设计、开发

2）属于经济型数控系统，由数控系统和 TK300 系列步进电动机驱动装置组成

3）控制对象是混合式步进电动机，控制电动机的输出指令采用脉冲当量输出方式

4）其余技术性能与操作方法与 MTC 系列相同

系列	类型	应用
KT	KT400-T	主要控制两轴车床
	KT400-M	主要控制铣床
	KT400-C	主要控制火焰切割机

KT590 系列基本性能：

1）系统性能的基础是 MTC 系列，属于改进型闭环数控系统

2）采用新技术和表面贴装器件，元器件少、电路板较小，结构紧凑，维护方便

3）CRT 显示屏幕大，界面清晰，使用寿命长

4）其余性能与 MCT 系列相同

系列	类型	应用
KT590	KT590-T	主要用于数控车床，可以控制二轴 + 主轴
	KT590-M	主要用于数控铣床，可以控制四轴 + 主轴
	KT590-C	主要用于数控切割机，可以控制二轴 + 同步轴
	KT590-P	主要用于数控步冲机
	KT590-B	主要用于数控折弯机，可以控制二轴 + 滑块
	KT590-H	主要用于数控滚齿机，可以控制二轴

4. 广州数控装置的系列产品及其系统的特点

广州数控设备有限公司是数控装置的专业生产企业，主要产品系列为 GSK，系列产品适用于数控车床、铣床和加工中心，以及工业机器人等，典型的数控系统如下：

（1）GSK 218M　GSK 218M 系统适用于加工中心和数控铣床。该系统具有以下特点：

1）联动轴数。系统标准配置为四轴三联动，旋转轴可由系统参数设定。

2）定位于插补速度。系统最高定位速度可达 30m/min，最高插补速度达 15m/min。直线型、指数型和 S 型多种加减速方式可选择。

3）补偿功能。具有双向螺距误差补偿、反向间隙误差补偿、刀具长度补偿、刀具半径补偿功能。

4）密码保护功能。提供多级密码保护功能，方便设备管理。

5）界面语种。中、英文界面可选择。

6）存储容量。程序区空间为 56M，最大可存储 400 个程序，支持后台编辑功能。

7）接口功能。具有标准 RS232 及 USB 接口功能，可实现 CNC 与 PC 机双向传输数控程序、参数及 PLC 程序。I/O 口可扩展（选配功能）。

8）波特率。具有 DNC 控制功能，波特率可由参数设定。

9）PLC。内置 PLC，可实现机床的各种逻辑功能控制；梯形图可在线编辑、上传、下载；标准梯图可适配斗笠式刀库和机械手刀库。手动干预返回功能使自动和手动方式灵活切换；手轮中断和单步中断功能可完成自动运行过程中的坐标系平移；程序再启动功能使断刀后的断点处启动成为可能。

10）背景编辑功能。背景编辑功能允许在自动运行时编辑程序。

11）换挡变速。三级自动换挡功能，可由设定的主轴转速随时切换变频输出电压。

12）特种功能。具有旋转、缩放、极坐标和多种固定循环功能。刚性攻螺纹和主轴跟随方式攻螺纹可由参数设定。

13）帮助功能。帮助菜单可使操作者脱离说明书，随时在线查阅多种帮助选项。

（2）GSK 980TDa 数控系统　GSK 980TDa 数控系统适用于数控车床，是在 GSK980TD 基础上改进设计的新产品，显示器升级为 7″彩色宽屏 LCD，并增加了 PLC 轴控、Y 轴控制、抛物线/椭圆插补、语句式宏指令、自动倒角、刀具寿命管理和刀具磨损补偿等功能。

第五节　数控机床的加工特点与发展趋势

一、数控机床加工特点

如前所述，数控机床是用数字和字符以一定的编码形式，通过数控系统来实现自动加工的一种机床。数控机床在制造业中获得越来越广泛的应用，是因为其具备以下加工特点：

（1）具有高柔性　数控机床适应不同零件的自动加工，对不同的零件只要改变数控程序即可进行加工。不需要像普通机床或专用机床、仿形机床加工不同零件时那样，需要更换凸轮、靠模、样板或钻模等专用工艺装备。故生产准备周期短，具有高柔性，有利于产品更新换代和品种转换。

（2）加工精度高　数控机床的运动精度高，并具有精度检测、校正和补偿功能，整个加工过程避免了人工操作的人为干预，故加工零件精度一致性好，质量稳定。

（3）生产率高　数控机床实现了功能复合、工序集中，生产效率成倍提高。数控机床将普通机床的单机功能根据需要集中在一台数控机床上加工，实现了柔性加工单元（FMC），若将数台数控机床组合后形成柔性加工系统（FMS），不仅能实现工序集中，而且能实现零件的自动化加工系统。柔性制造单元可实现零件的一次装夹完成零件多道工序或全部工序，减少了工件的装夹次数，节约了工序间的运输、测量、中间储存，使生产车间的占地面积大大减少，管理简化，成倍提高了生产率和经济效益。

二、数控机床加工技术的发展趋势（*）

（1）实现长时间连续自动加工　为了进一步发挥数控机床的经济效益，主要考虑延长数控机床的每天工作时间，并实现一人多机管理。为了保证加工质量和自动长时间连续运行，必须要有一套技术保证措施，发展各种检测和监控装置。例如用红外、声发射（AE）检测装置，对工件及刀具进行监控，发现工件超差、刀具磨损或破损等情况，都能及时报警，并给予补偿或调整，提高机床的自动化程度，保证数控机床长期稳定工作。

（2）向高速度、高精度发展　数控机床配备的高级型数控系统，都具有更细的分辨率和更高的进给速度，如分辨率为 0.1μm 时的进给速度为 24m/min，分辨率为 1μm 时的进给速度为 100～240m/min，在某些超精密数控机床上分辨率可达 0.01μm。数控系统的主控计算机普遍采用 32 位机，并已有采用 64 位机的。频率由 5MHz、10MHz 提高到 16MHz、20MHz。高级数控系统已采用精简指

令集运算的 RISC 芯片作为主 CPU 来进一步提高运算速度。伺服系统采用交流数字伺服系统，位置环、速度环和电流环都实现了数字控制，因而可获得不受机械载荷变动影响的高速响应的伺服性能。此外，还采用了前馈控制，以减少伺服系统的跟踪滞后误差。采用高分辨率的位置编码器，以及位置环和速度环的软件控制，具有学习控制功能，还有各种补偿功能等技术，从而保证了数控机床的高速度（具有高加速度）和高精度两项指标的兼容。

（3）提高数控机床的利用率和生产效率

1）发展复合加工。使一台机床能完成多种工序复合加工，相应配置刀具自动交换装置（ATC）、工件自动交换装置（APC）等配套技术。

2）提高机床刚性，采用更大切削功率，并选用新型刀具，采用多刀多刃复合切削等方法，以及高速、超高速加工技术，提高切削效率，缩短加工时间。

3）完善机床辅助配套设施，以保证高效加工顺序进行，如大流量冷却、切屑自动排除等。

（4）进一步提高数控机床可靠性　提高数控机床可靠性的关键是提高数控系统和主机的可靠性。数控系统应模块化、通用化和标准化，以便于组织批量生产，保证质量。采用新型大规模集成电路，完善系统自诊断功能及保护功能。数控机床应进行可靠性设计和可靠性试验。数控系统的平均无故障时间 MTBF 可达到 30000 ~ 36000h。

（5）具有良好的操作性能　数控机床要求有“友好”的人机界面，操作面板上按钮和指示灯简洁、清晰，操作方便。采用彩色 CRT 屏幕显示，大量采用菜单选择操作，提供操作方法提示，加工状况动态显示，人机对话现场编程功能等，使操作越来越方便。数控系统中可装入小型工艺数据库，在编程中自动选择最佳刀具及切削用量，并有适应控制功能。

（6）完善通信功能　在对数控机床群实现集成控制时，要求数控机床具有较强的对外通信能力。为了适应柔性制造单元（FMC）、柔性制造系统（FMS）、计算机集成制造系统（CIMS）的要求，数控机床具备高速远距离串行接口，可以同一级计算机进行多种数据交换。高级型数控系统具备集成信息通信的 DNC 接口，可以实现几台数控机床之间的数据通信，也可以对几台数控机床进行控制。

第二章

数控机床的分类、主要结构及性能指标

◇◇◇ 第一节　数控机床的分类

数控机床的发展很快，新品种不断涌现，常用的机床分类方法已较难适应新品种机床的分类。现按常用的数控机床分类方法简要介绍如下：

一、按工艺用途分类

（1）普通数控机床　普通数控机床一般是指在加工工艺过程中的一个工序上实现数字控制的自动化机床，如数控铣床、数控车床、数控钻床、数控磨床和数控齿轮加工机床等。普通数控机床在自动化程度上还不够完善，刀具的更换与零件的装夹仍需人工来完成。

（2）加工中心　加工中心是带有刀库和自动换刀装置的数控机床。加工中心将数控铣床、数控镗床、数控钻床的功能组合在一起，零件在一次装夹后，可以将其大部分加工面进行铣、镗、钻、扩、铰及攻螺纹等多工序加工。加工中心的类型很多，一般分为立式加工中心、卧式加工中心和车削加工中心等。

二、按数控机床的功能和运动控制方式分类

（1）点位运动控制数控机床　点位运动控制方式是指刀具或工作台从某一位置向另一位置移动，中间移动轨迹不需严格控制，而最终准确到达目标点位置的控制方式。点位控制数控机床在移动过程中刀具并不进行加工，而是先作快速向终点附近移动，然后以低速准确移动到终点的预定位置。使用这类控制方式的有数控坐标镗床、数控钻床、数控冲床、数控弯管机等。图 2-1 所示为点位运动控制数控钻床的加工示意图。

（2）点位直线运动控制数控机床　点位直线运动控制方式是指数控系统不仅控制刀具和工作台从一个点准确的移动到另一个点，而且保证在两点之间的运动轨迹是平行于机床坐标轴的一条直线的控制方式。在移动过程中刀具进行切

削，应用这类控制方式的有数控车床、数控钻床和数控铣床。图 2-2 所示为直线运动控制数控铣床的加工示意图。

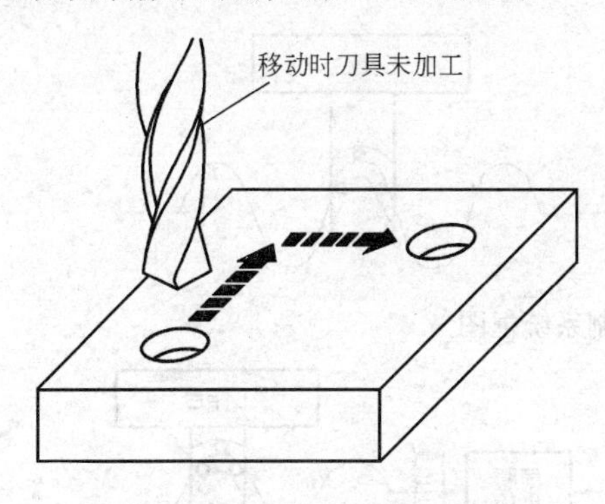

图 2-1 数控钻床点位加工示意图

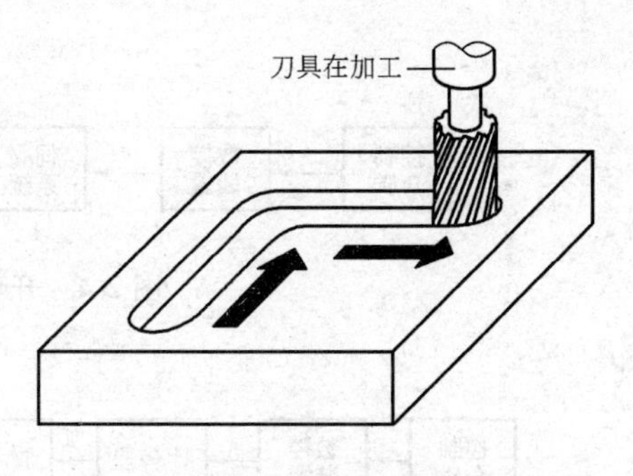

图 2-2 数控铣床直线加工示意图

（3）轮廓运动控制数控机床　轮廓运动控制方式也称连续运动控制方式，是指数控系统能够对两个或两个以上的坐标轴同时进行严格控制的系统，刀具相对工件的运动轨迹为任意曲线，即不仅能控制移动部件从一个点准确地移动到另一个点，而且还能控制整个加工过程中每一个点的速度和位移量，将零件加工成一定的轮廓形状。应用这类控制方式的有数控铣床、数控车床、数控凸轮磨床、数控线切割机床和加工中心。图 2-3 所示为轮廓运动控制数控铣床的加工示意图。

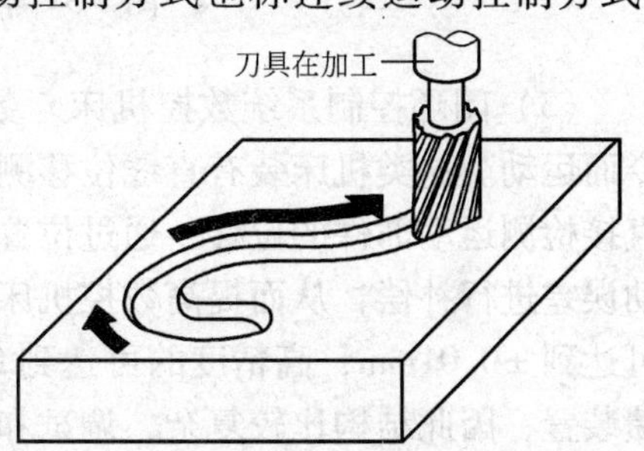

图 2-3 数控铣床轮廓加工示意图

三、按进给伺服系统控制方式分类

（1）开环控制系统数控机床　数控机床的运动部件接受数控系统发出的运动指令而运动。这类数控机床没有位置反馈和校准控制系统，所以机床的定位精度主要取决于进给驱动装置的精度，定位精度一般为 ±0. 02mm。这类数控机床结构简单，调试方便，价格低廉，属于经济型的数控机床。图 2-4 所示为开环控制系统框图。

（2）半闭环控制系统数控机床　数控机床的运动部件接受数控系统发出的运动指令而运动。这类数控机床设有角位移位置检测装置，因此具有位置反馈和校准控制系统，可以将机床进给传动误差中的大部分进行补偿，以提高数控机床的运动精度和定位精度。半闭环数控机床调试比较容易，稳定性好，通过补偿可达到较高的运动精度和定位精度，是目前应用最多的一种数控机床。图 2-5 所示为半闭环控制系统框图。

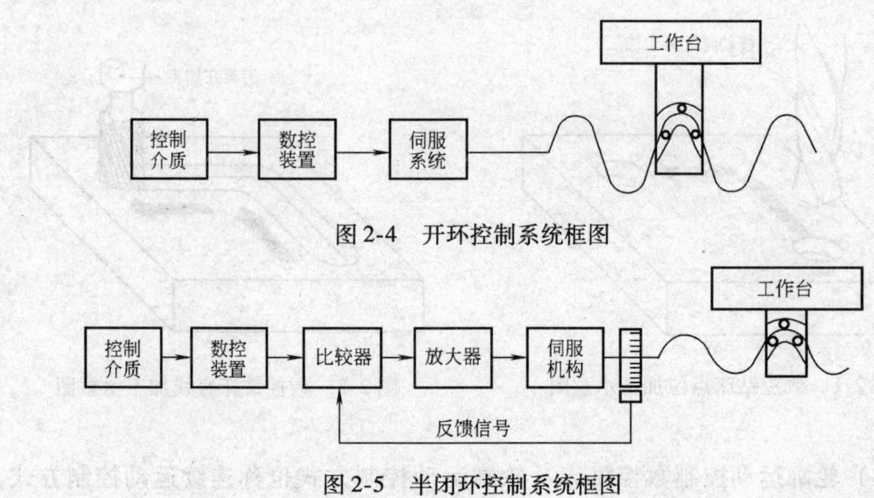

图 2-4　开环控制系统框图

图 2-5　半闭环控制系统框图

（3）闭环控制系统数控机床　数控机床的运动接受数控系统发出的运动指令而运动。这类机床装有直线位移测量装置（回转坐标则仍用角位移测量装置）直接检测运动部件的位移，通过位置反馈控制和校准控制系统，可对机床进给传动误差进行补偿，从而提高数控机床的定位精度，一般这类数控机床的定位精度可达到 ±0.01mm，高精度的可达到 0.001mm。由于系统增加了检测、比较和反馈装置，因此结构比较复杂，调试和维修比较困难。这类数控机床属于大型和精密数控机床。图 2-6 所示为闭环控制系统框图。

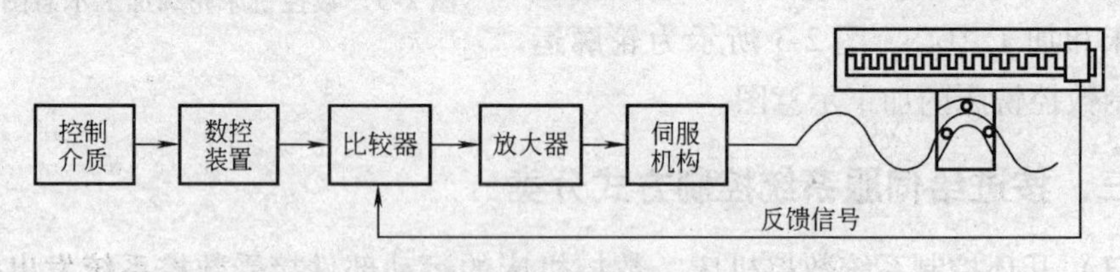

图 2-6　闭环控制系统框图

四、按数控装置的构成方式分类

（1）硬线数控机床　早期的数控机床是采用硬件电路组成的数控装置，如 20 世纪 70 年代 FANUC 公司的 220 系统为轮廓控制系统，240 系统为直线控制系统，260 系统为点位控制系统。这类硬线数控系统不能通用，目前基本淘汰，但少数的专用数控机床可能采用硬线数控装置。

（2）计算机数控（CNC）机床　由于微型计算机技术的发展，数控系统的

功能可以用计算机软件来替代原来由硬件电路构成的功能模块。由此数控系统大为简化，用微型计算机软件构成的数控系统有较大的适应性，只需更换软件就可用于不同的数控机床。计算机数控系统简称 CNC 系统。

第二节　数控机床的典型结构和功能特点

一、数控机床的主要部件

1）机床的本体部分。

2）伺服驱动及控制部分。

3）电气控制部分。

4）NC 及机床操作部分。

5）其他部分（冷却、润滑、防护等部件）。

二、数控机床的典型结构

1）主传动系统典型结构比较见表 2-1。

表 2-1　主传动系统的典型结构比较

项　目	普通机床	经济型数控机床	全功能数控机床
变速形式	齿轮变速	齿轮变速 变频变速	电子调速
传动机构	多级齿轮传动	多级齿轮传动 无齿轮传动	无齿轮传动 一级齿轮传动
电动机	三相异步电动机	三相异步电动机	交流主轴电动机 直流主轴电动机

2）进给传动系统典型结构比较见表 2-2。

表 2-2　进给传动系统典型结构比较

项　目	普通机床	经济型数控机床	全功能数控机床
导轨	铸铁滑动导轨	铸铁滑动导轨	滚动导轨 “贴塑”滑动导轨
丝杠副	梯形螺纹丝杠	梯形螺纹丝杠	滚珠丝杠
变速形式	齿轮变速	脉冲频率调速	电子调速
传动机构	多级齿轮传动	一级齿轮传动	同步带传动
电动机	三相异步电动机	步进电动机	交流伺服电动机 直流伺服电动机

3）位置检测装置比较见表 2-3。

表 2-3　位置检测装置比较

项　目	普 通 机 床	经济型数控机床	全功能数控机床
检测功能	无	可有 可无	必有
检测方式	无	间接	间接 直接
检测装置	无	编码器	编码器 光栅
检测精度	无	0.01mm	0.001mm

三、数控机床的功能特点

（1）高精度功能　数控机床具有高精度功能，采用数控机床可以提高零件的加工精度，稳定产品的质量，零件加工精度的一致性好。因为数控机床是按照预定的加工程序自动进行加工的，加工过程消除了操作者人为的操作误差，所以零件加工的一致性好，而且加工精度还可以利用软件来进行校正和补偿，因此可以获得比机床本身精度还要高的加工精度和重复精度。

（2）高适应性功能　数控机床具有高适应性功能，采用数控机床可以加工各种零件，并能完成普通机床难以完成或根本无法完成的复杂曲面零件加工，具有对各种零件加工的适应性，零件加工变更的适应性强，因此数控机床在宇航、造船、模具等加工工业中得到广泛的应用。

（3）连续自动运行功能　数控机床具有连续自动运行功能，机床连续运行可靠性高，由于运行可靠，有利于向计算机控制与管理方向发展，便于实现生产过程全自动化。

（4）集成、高柔性功能　数控机床具有单机功能集成高柔性化特性，采用数控机床可以实现一机多用。一些数控机床将几种普通机床的功能（如钻、镗、铣）合一，加上刀具自动交换系统构成加工中心，如果配上数控转台或分度头，可一次实现一次装夹，多面加工，此时一台数控机床可替代 5 ~7 台普通机床，实现了机床功能的集成，呈现极高的柔性化。

第三节　数控机床的主要性能指标（*）

一、精度指标

（1）定位精度和重复定位精度　定位精度是指数控机床工作台等移动部件

在确定终点所能达到的实际位置的精度，移动部件的实际位置与理想位置之间的误差称为定位误差。定位误差包括伺服系统、检测系统、进给系统等误差，还包括移动部件导轨的几何精度误差。定位误差将直接影响零件加工的位置精度。

重复定位精度是指在同一台数控机床上，应用相同程序相同代码加工一批零件，所得到的加工结果的一致程度，重复定位精度受伺服系统特性、进给系统的间隙与刚性以及摩擦特性等因素的影响。

（2）分度精度　分度精度是指分度工作台在分度时，理论要求回转的角度和实际回转的角度的差值。分度精度既影响零件加工部位在空间的角度位置，也影响孔系加工的同轴度等。

二、分辨度与脉冲当量

分辨度是指两个相邻的分散细节之间可以分辨的最小间隔。对测量系统而言，分辨度是指可以测量的最小增量；对控制系统而言，分辨度是指可以控制的最小位移增量，即数控机床发出一个脉冲信号，反映到机床移动部件上的移动量，一般称为脉冲当量。脉冲当量越小，数控机床的加工精度和加工质量越高。

三、可控轴数与联动轴数

（1）可控轴数　数控机床的可控轴数是指机床数控装置能够控制的坐标数目。数控机床的可控轴数和数控装置的运算处理能力、运算速度及内存容量等有关。世界上一些高级数控装置的可控轴数已达到24轴。图2-7所示为可控六轴加工中心示意图。

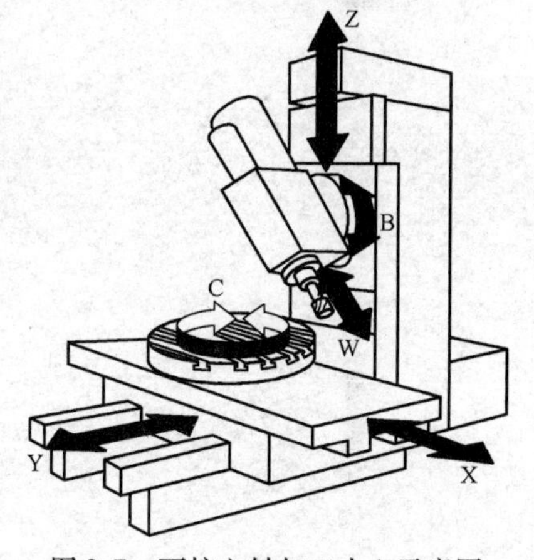

图2-7　可控六轴加工中心示意图

（2）联动轴数　数控机床的联动轴数是指机床数控装置控制的坐标轴同时达到空间某一点的坐标数目。通常有两轴联动、三轴联动、四轴联动、五轴联动等，三轴联动数控机床可以加工空间复杂曲面；四轴联动、五轴联动数控机床可以加工宇航叶轮、螺旋桨等零件。

四、运动性能指标

数控机床的运动性能指标主要包括主轴转速、进给速度、坐标行程、摆角范围和刀库容量及换刀时间等。

（1）主轴转速　数控机床的主轴一般均采用直流或交流调速电动机驱动，

选用高速精密轴承支承，保证主轴具有较宽的调速范围和足够高的回转精度、刚度和抗振性。数控机床的转速一般可达到5000～10000r/min，甚至更高，这样对各种小孔加工以及提高零件加工质量极为有利。

（2）进给速度　数控机床的进给速度是影响零件加工质量、生产效率以及刀具寿命的主要因素，进给速度受到数控装置运算速度、机床运动特性及工艺系统刚度等因素的限制。一般数控机床的进给速度可达到10～30m/min。

（3）坐标行程　数控机床坐标轴 X、Y、Z 的行程大小，构成数控机床的空间加工范围，即加工零件的大小。行程是直接体现机床加工能力的指标参数。

（4）摆角范围　具有摆角坐标的数控机床，其转角大小也直接影响到加工零件空间部位的能力，但转角太大会造成机床的刚度下降。

（5）刀库容量和换刀时间　刀库容量和换刀时间对数控机床的生产率有直接影响。刀库容量是指刀库能存放加工所需要的刀具数量。目前常见的中小型加工中心一般为16～60把，大型加工中心达到100把以上。换刀时间是指带有自动交换刀具系统的数控机床，将主轴上使用的刀具与装在刀库上的下一工序需用的刀具进行交换所需要的时间。先进的数控机床换刀时间为4～5s，一般的数控机床需10～20s。

第三章

数控加工机床及其技术参数

第一节　数控车床

一、数控车床的组成与布局

（1）数控车床的组成与特点　数控车床与普通车床相比较，其结构上仍然由主轴箱、刀架、进给传动系统等部分组成。数控车床的主要部件为：床身、主轴部件、进给传动部件、刀架、辅助装置（包括液压系统、电动卡盘、冷却系统、润滑系统、防护装置等）。

数控车床的进给传动系统采用伺服电动机经滚珠丝杠，传到滑板和刀架，实现Z向（纵向）和X向（横向）进给运动。数控车床的主轴旋转采用伺服电动机驱动，在主轴箱内安装有脉冲编码器，主轴的运动通过同步齿形带1:1传至脉冲编码器，当主轴旋转时，脉冲编码器便发出检测脉冲信号给数控系统，使主轴的旋转与刀架的切削进给保持同步关系，以实现螺纹车削的复合运动关系。

（2）数控车床的布局　数控车床的主轴、尾座等部件相对床身的布局形式与普通车床基本一致，而刀架和导轨的布局形式有了根本变化。

1）床身和导轨的布局形式有四种，如图3-1a所示为平床身平滑板，因床身工艺性好，易于提高刀架移动精度等特点，一般用于大型数控车床和精密数控车床；图3-1b所示为斜床身斜滑板，图3-1c所示为平床身斜滑板，这两种布局形式因排屑容易、操作方便、易于安装机械手实现单机自动化、容易实现封闭式防护等特点而为中小型数控车床普遍采用；图3-1d所示为立床身，立式床身是斜床身和倾斜导轨的特殊形式，中小规格的数控车床，其床身的倾斜度以60°为宜。

2）刀架的布局　刀架的常见布局形式有三种，即四方刀架、回转（转塔）刀架和梳状刀架。回转刀架的回转轴与主轴有垂直和平行两种形式。两坐标联动的数控车床大多采用12工位的回转刀架，四坐标控制的数控车床，床身上安装有两个独立的滑板和刀架，这种机床适合加工曲轴、飞机零件等形状复杂、批量较大的零件。

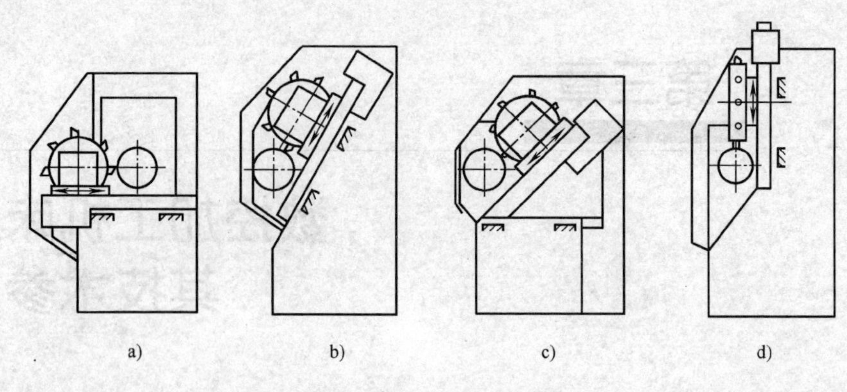

图 3-1　数控车床布局示意图

二、数控车床的主要技术参数和系统规格

（1）数控车床的主要技术参数　了解数控车床的主要技术参数，便于有效、安全的使用所选用的数控车床，发挥数控机床的最大效能。数控车床的主要技术参数较多，以下是部分参数的含义和应用举例。

1）允许最大工件回转直径（单位为 mm）：使用机床时注意偏心工件的回转直径。

2）最大切削直径（单位为 mm）：一般最大切削直径小于允许最大工件回转直径，在编程中注意该参数，以免造成刀具超行程运动而使工件无法完工。

3）主轴转速范围（单位为 r/min）：设置刀具切削参数应在此参数范围内。

4）选刀方式：指刀具在何处换刀，是否有指定的换刀位置。如果属于就近转位，在操作过程中需特别注意，刀架转位时是否与工件或夹具干涉。

为了了解数控车床的主要技术参数，现以 MJ-50 型数控车床（图 3-2）为例列出其主要技术参数：

允许最大工件回转直径	500mm
最大切削直径	310mm
最大切削长度	650mm
主轴转速范围（连续无级）	35～3500r/min
恒转矩转速范围	35～437r/min
恒功率转速范围	437～3500r/min
主轴通孔直径	ϕ80mm
拉管通孔直径	ϕ65mm
刀架有效行程	X 轴：182mm；Z 轴：675mm
快速移动速度	X 轴：10m/min；Z 轴：15m/min

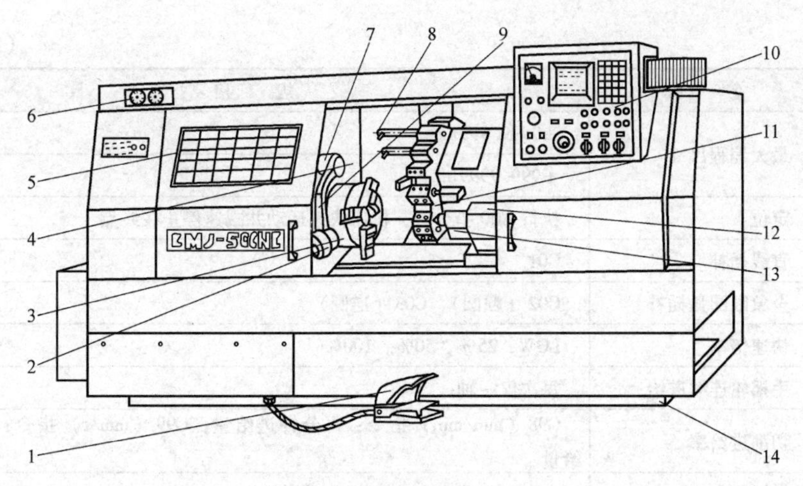

图 3-2　MJ-50 型数控车床

1—卡盘开关　2—对刀仪　3—卡盘　4—主轴箱　5—防护门
6—压力表　7—对刀仪防护罩　8—防护罩　9—对刀仪转臂
10—操纵面板　11—回转刀架　12—尾座　13—滑板　14—床身

安装刀具数	10 把
刀具规格	车刀 25mm×25mm；镗刀 $\phi 12 \sim \phi 45$mm
选刀方式	刀盘就近转位
分度时间	单步 0.8s；180° 2.2s
尾座套筒直径	90mm
尾座套筒行程	130mm
主轴 AC 伺服电动机连续/30min 超载	11/15kW
进给伺服电动机	X 轴 AC 0.9kW；Z 轴 AC 1.8kW
机床外形（长×宽×高）	2995mm×1667mm×1796mm

（2）数控车床数控系统的主要技术规格　全功能的数控机床一般配有 FANUC-6T 系统、FANUC-0TE 系统等，经济型的数控车床一般采用单板机或单片机实现控制功能。为了了解数控车床控制系统的主要技术规格，现以 MJ-50 数控机床 FANUC-0TE 系统为例介绍数控系统的主要技术规格（表 3-1）。

表 3-1　FANUC-0TE 系统主要技术规格

序号	名　称	规　格	
1	控制轴数	X 轴、Z 轴，手动方式同时仅一轴	
2	最小设定单位	X、Z 轴 0.001mm	0.0001in
3	最小移动单位	X 轴 0.0005mm	0.00005in
		Z 轴 0.001mm	0.0001in

（续）

序号	名　称	规　格
4	最大编程尺寸	±9999.999mm ±999.9999in
5	定位	执行 G00 指令时，机床快速运动并减速停止在终点
6	直线插补	G01
7	全象限圆弧插补	G02（顺圆），G03（逆圆）
8	快速倍率	LOW，25%，50%，100%
9	手摇轮连续进给	每次仅一轴
10	切削进给率	G98（mm/min）指令：每分钟进给量；G99（mm/r）指令：每转进给量
11	进给倍率	在 0～150% 范围内以 10% 递增
12	自动加/减速	快速移动时依比例加减速，切削时依指数加减速
13	停顿	G04（0～9999.999s）
14	空运行	空运行时为连续进给
15	进给保持	在自动运行状态下暂停 X、Z 轴进给，按程序启动按钮可以恢复自动运行
16	主轴速度命令	主轴转速由地址 S 和 4 位数字指令指定
17	刀具功能	由地址 T 和 2 位刀具编号 +2 位刀具补偿号组成
18	辅助功能	由地址 M 和两位数字组成，每个程序段中只能指令一个 M 码
19	坐标系设定	G50
20	绝对值/增量值混合编程	绝对值编程和增量值编程可在同一程序段中使用
21	程序号	O +4 位数字（EIA 标准），：+4 位数字（ISO 标准）
22	序列号查找	使用 MDI 和 CRT 查找程序中的顺序号
23	程序号查找	使用 MDI 和 CRT 查找 O 或（：）后面 4 位数字的程序号
24	读出器/穿孔机接口	PPR 便携式纸带读出器
25	纸带读出器	250 字符/s（50Hz）　300 字符/s（60Hz）
26	纸带代码	EIA（RS-244A）　ISO（R-40）
27	程序段跳	将机床上该功能开关置于“ON”位置上时，跳过程序中带“/”符号的程序段
28	单步程序执行	使程序一段一段地执行
29	程序保护	存储器内的程序不能修改
30	工件程序的存储和编辑	80m/264ft
31	可寄存程序	63 个

（续）

序号	名　称	规　格
32	紧急停止	按下紧急停止按钮所有指令停止，机床也立即停止运动
33	机床锁定	仅滑板不能移动
34	可编程控制器	PMC-L 型
35	显示语言	英文
36	环境条件	环境温度：运行时 0～45℃； 运输和保管时 -20～60℃ 相对湿度低于 75%

第二节　数控铣床

一、数控铣床的种类、功用及其组成

（1）数控铣床的种类与功用　数控铣床是一种用途广泛的数控机床，常见的数控铣床分为立式数控铣床和卧式数控铣床，大型的数控铣床有数控龙门铣床、数控镗铣床和数控仿形铣床，还有一些专用的数控铣床。

升降台式数控铣床规格比较小，适宜加工较小的零件。床身式数控铣床刚性好，适宜加工较大的零件。数控龙门铣床主要用于大型工件的加工，若配置回转铣头，可以实现大型零件的多面加工。数控铣床大多为三坐标、两轴联动的数控机床，被称为两轴半控制，即在 X、Y、Z 三个坐标轴中，任意两轴都可以联动。一般的数控铣床只能用来加工平面曲线零件，若配置一个回转的 A 坐标或 C 坐标，即增加一个数控分度头或数控回转工作台，此时数控系统为四坐标数控系统，可用来加工螺旋槽、叶片等立体曲面零件。

（2）数控铣床的布局与主要部件　数控铣床的布局与普通铣床的布局大致相同，图 3-3 所示为 XK5040A 型数控铣床的布局。

通常数控铣床的主要部件有：主轴部件、进给传动部件、辅助装置（刀具夹紧装置、冷却系统、润滑系统、防护装置、排屑装置、附加回转工作台或分度头）等。

二、数控铣床的主要技术参数和系统规格（*）

（1）主要技术参数　数控铣床的主要技术参数包括工作台面积、工作台行程、主轴孔锥度、主轴转速范围和工作台进给量等。现以 XK5040A 型数控铣床为例介绍数控铣床的主要技术参数。

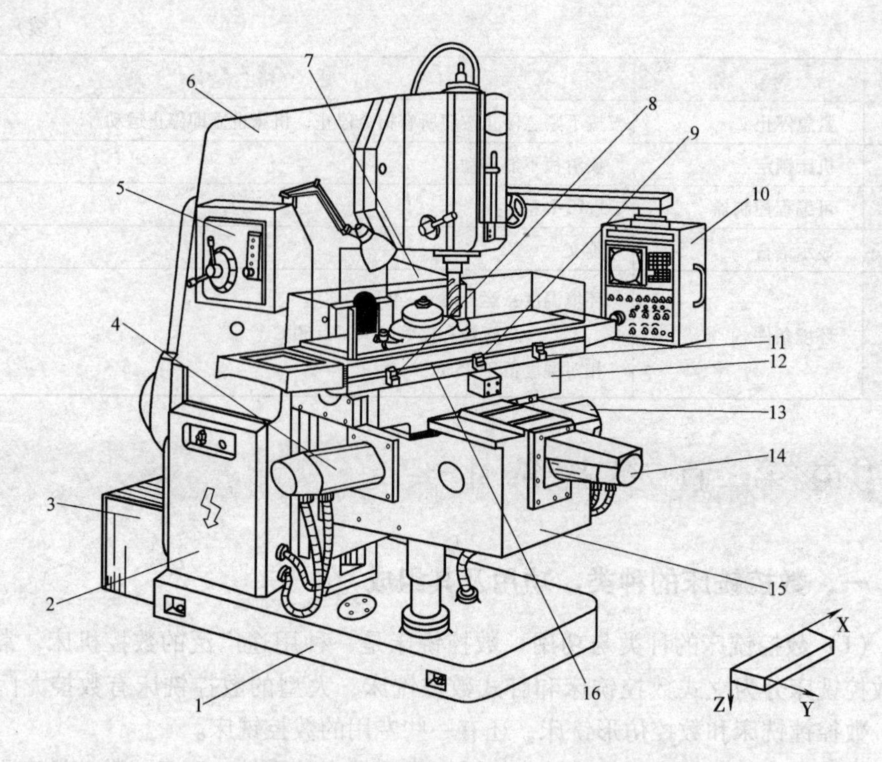

图 3-3　XK5040A 型数控铣床布局图

1—底座　2—强电箱　3—变压器箱　4—垂向进给伺服电动机
5—主轴变速和按钮板　6—床身　7—数控柜　8、11—纵向保护开关
9—挡块　10—操纵台　12—横向滑板　13—纵向进给伺服电动机
14—横向进给伺服电动机　15—升降台　16—工作台

工作台面积（长×宽）	1600mm×400mm
工作台最大纵向行程	900mm
工作台最大横向行程	375mm
工作台最大垂向行程	400mm
工作台 T 形槽数	3
工作台 T 形槽宽	18mm
工作台 T 形槽间距	100mm
主轴孔锥度	7:24；Morse No. 5
主轴孔直径	ϕ27mm
主轴套筒移动距离	70mm
主轴端面到工作台面的距离	50～450mm
主轴中心线至床身垂直导轨的距离	430mm

工作台侧面至床身垂直导轨的距离		30～405mm
主轴转速范围		30～1500r/min
主轴转速级数		18
工作台进给量	纵向	10～1500mm/min
	横向	10～1500mm/min
	垂向	10～600mm/min
主电动机功率		7.5kW
伺服电动机额定转矩	X 向	18N·m
	Y 向	18N·m
	Z 向	35N·m
机床外形尺寸（长×宽×高）		2495mm×2100mm×2170mm

（2）主要技术规格 XK5040A 型数控铣床配置 FANUC-3MA 数控系统，属于半闭环控制系统，检测系统为脉冲编码器，各轴的最小设定单位为 0.001mm。FANUC-3MA 数控系统的主要技术规格见表 3-2。

表 3-2 FANUC-3MA 系统主要技术规格

<table>
<tr><th>序号</th><th>名　称</th><th colspan="3">规　格</th></tr>
<tr><td>1</td><td>控制轴数</td><td colspan="3">X、Y、Z 三轴</td></tr>
<tr><td>2</td><td>同时控制轴数</td><td colspan="3">同时两轴，手动操作仅一轴</td></tr>
<tr><td rowspan="2">3</td><td rowspan="2">设定单位</td><td>最小设定单位</td><td>0.001mm</td><td>0.0001in</td></tr>
<tr><td>最小移动单位</td><td>0.001mm</td><td>0.0001in</td></tr>
<tr><td>4</td><td>最大指令值</td><td colspan="3">±9999.999mm
±999.9999in</td></tr>
<tr><td>5</td><td>零件程序的输入</td><td colspan="3">零件程序输入方式如下：
（1）由 MDI 键输入
（2）用选择功能和纸带阅读机输入程序
（3）从选择功能的输入接口输入
（4）根据录返功能（选择功能）控制零件程序</td></tr>
<tr><td>6</td><td>零件程序存储容量</td><td colspan="3">4000 个字符，换算成纸带长度约 10m（使用 IC 存储器，用干电池作为后备电源）。根据选择功能，可以再增加 4000 个字符</td></tr>
<tr><td>7</td><td>零件程序的编辑</td><td colspan="3">用 MDI 面板操作，对程序进行下述编辑：
（1）字符的插入、变更、删除
（2）程序段或到指定程序段以前的删除
（3）程序和登录、删除</td></tr>
<tr><td>8</td><td>输入格式</td><td colspan="3">采用可变程序段、字、地址格式</td></tr>
<tr><td>9</td><td>小数点的输入</td><td colspan="3">可以输入带小数点的数值，使用小数点的地址是 X、Y、Z、R、F、Q</td></tr>
<tr><td>10</td><td>快速进给率</td><td colspan="3">轴方向速度最高可达到 1500mm/min 或 600in/min（1in = 25.4mm）
利用快速进给倍率，快速进给速度可达到 F0，25，50，100% 的倍率</td></tr>
</table>

（续）

序号	名　称	规　格
11	切削进给率	可以在下列进给速度范围内设定： 1～15000mm/min 0.016～600in/min 切削进给速度的上限可以用参数设定，利用进给速度倍率，每10%为一挡，倍率可为0～150%
12	自动加减速	对于运动指令，可以自动地进行加减速
13	绝对/增量值指令	通过G代码的变换，可以进行绝对值和增量值输入 G90：绝对值输入 G91：增量值输入
14	坐标系设定（G92）	用G92后面的X、Y、Z轴指令，设定坐标系，其中X、Y、Z轴的指令值为现在刀具坐标值
15	定位（G00）	指令G00，各轴可以独立地进行快速进给，在终点减速停止
16	直线插补（G01）	指令G01，可以用F代码指令的进给速度进行直线插补
17	圆弧插补（G02、G03）	指令G02或G03，可以进行用F代码指定的进给速度进行0°～360°的任意圆弧的插补，用R指定圆弧半径 G02：顺时针方向 G03：逆时针方向
18	暂停（G04）	利用G04指令，可以暂停执行下一个程序段的动作，其暂停时间由指令值决定。地址用P或X
19	返回参考点	返回参考点的方式如下： （1）手动返回参考点 （2）返回参考点校验（G27） （3）自动返回参考点（G28） （4）从参考点返回（G29）
20	刀具半径补偿（G39～G42）	用指令G39～G42，可以进行刀具半径补偿，最多可以指令32个偏置量，最大值为±999.999mm（±99.9999in）
21	刀具长度补偿（G43、G44、G40）	G43、G44、G40指令进行Z轴刀具位置偏置。偏置号用H代码指定
22	固定循环（G73、G74、G76、G80～G89）	有钻孔循环、精镗循环、攻螺纹循环、反攻螺纹循环等12种循环
23	外部操作功能（G80、G81）	用G81指令，当X、Y轴定位结束后，输出外部操作信号。G80是取消外部操作信号
24	辅助功能（M××）	用地址M后2位数值指令，可以控制机床的开/关。在一个程序段中，M代码只能指令一次
25	主轴功能（S××）	利用地址S后的两位数值，可以指令主轴速度
26	刀具功能（T××）	用地址T后2位数值，指令刀具号选择
27	镜像（对称）	根据设定的参数，在自动运转时，使X、Y轴的运动反向
28	空运转	在空运转状态，进给速率为手动速度。快速进给指令（G00）不变，快速进给倍率有效。根据参数设定，对快速进给指令（G00）也可以有效
29	互锁	可以同时停止X、Y、Z轴进给或者停止Z轴一轴的进给。当进行互锁动作时，机械的可动部分减速后停止 当互锁信号解除时，便进行加速，然后再开始动作

（续）

序号	名　称	规　格
30	单程序段	使程序一个程序段一个程序段地执行
31	跳过任选程序段	把机床上跳过任选程序段开关置于 ON 位置，则在程序执行中，便可跳过包括“/”的程序段
32	机床锁住	除机床不移动外，其他方面像机床在运动一样动作，显示也如机床运动一样。机床锁住功能即使在程序段中途也有效
33	进给保持	在各坐标上的进给可以停止一段时间。按循环起动按钮后，进给可以再开始。在进给开始前，用手动状态可以手动操作
34	紧急停	用紧急停操作，全部指令功能停止发送，机床立即停止
35	外部复位	可以从外部进行 NC 复位。利用复位全部指令被停止，机床减速停止
36	外部电源开/关	从机床操作面板等 NC 装置外部，进行电源的接通和切断
37	存储行程极限	把用参数设定的区域之外，作为禁止区域。当运动进入此区域时，使轴的动作减速停止
38	手动连续进给	（1）手动进给时，手动进给速度用旋转开关可以分为 16 挡。16 挡的比率为等比级数 （2）手动快速进给时，速度用参数设定。快速进给速度也可以使用倍率
39	增量进给（步进进给）	本系统可以进行下述步进量的定位： 0.001mm，0.01mm，0.1mm，1mm（米制输入时） 0.0001in，0.001in，0.01in，0.1in（英制输入时） 所以可以进行高效率的手动定位
40	程序号检索	利用手动数据输入和显示器面板（MDI & DPL）可以检索地址 O 后面 4 位数的程序号，另外，根据机床方面的信号也可以检索程序号
41	间隙补偿	用来补偿机床运动链中固有的刀具运动的空程。补偿量在 0 ~ 255 的范围内，每个轴用的最小转动单位，作为参数可以设定
42	环境条件	（1）环境温度 ① 运转时为 0 ~ 45℃ ② 保管、运输时为 -20 ~ 60℃ （2）温度变化 最大 1.1℃/min （3）湿度 通常 <75%（相对湿度） 短时间最大 95% （4）环境 在尘埃、切削油、有机溶剂浓度较高的环境中使用时，应与制造厂家商量

第三节 加工中心（*）

一、现代加工中心的特点

加工中心是一种备有刀库并能自动更换刀具对工件进行多工序加工的数控机

床，与普通数控机床相比具有以下特点：

1）加工中心是在数控铣床和数控镗床的基础上增加了自动换刀装置，使工件在一次装夹后，可以连续完成对工件表面自动进行钻孔、扩孔、铰孔、镗孔、攻螺纹、铣削等多工步的加工，工序高度集中。

2）加工中心一般带有自动分度回转工作台或主轴箱可自动回转角度，从而使工件一次装夹后，自动完成多个平面或多个角度位置的多工序加工。

3）加工中心能自动改变机床的主轴转速、进给量和刀具相对工件的运动轨迹及其他辅助机能。

4）加工中心如果带有交换工作台，工件在加工位置的工作台进行加工的同时，另外的工件在装卸位置的工作台上进行装卸，不影响正常的加工，有效提高工作效率。

由于数控加工中心具有以上功能特点，使机床的利用率比普通数控机床高 3～4倍，在加工形状比较复杂、精度要求比较高、品种更换频繁的工件时，具有更高的柔性和经济性。

二、加工中心的组成

加工中心与一般数控机床相比主要是增加了自动换刀装置，主要由以下部分组成：

1）基础部件：由床身、立柱和工作台等组成，是机床的基础结构。

2）主轴部件：由主轴箱、主轴电动机、主轴和主轴轴承等零件组成，主轴的起停和变速等动作均由数控系统控制。

3）数控系统：由 CNC 装置、可编程序控制器、伺服驱动装置以及操作面板等组成。

4）自动换刀系统：由刀库、机械手等部件组成，当需要换刀时，数控系统发出指令，由机械手（或通过其他方式）将刀具从刀库内取出装入主轴孔内。

5）辅助装置：包括冷却、润滑、防护、液压、气动和检测系统等部分。

三、加工中心的分类

（1）按机床的形态分类　加工中心分为卧式、立式、龙门式和万能加工中心。

1）卧式加工中心是指主轴轴线为水平状态设置的加工中心，通常都带有可进行分度回转运动的正方形分度工作台。卧式加工中心一般具有 3～5 个运动坐标，常见的是三个直线运动坐标（沿 X、Y、Z 轴方向）加一个回转运动坐标（回转工作台），适合箱体类工件的加工。卧式加工中心有多种形式，如固定立柱式或固定工作台式，固定立柱式卧式加工中心立柱固定不动，主轴箱沿立柱作

上下移动，工作台在水平面内作前后、左右两个方向移动；固定工作台式的卧式加工中心，安装工件的工作台是固定不动的，沿坐标轴三个方向的直线运动由主轴箱和立柱的移动来实现。

2）立式加工中心是指主轴轴线垂直状态设置的加工中心，其结构形式多为固定立柱式，工作台为长方形，无分度功能，适合加工盘类零件，具有三个直线运动坐标，并可在工作台上安装数控回转台用以加工螺旋线类工件。

3）龙门式加工中心的形状与龙门铣床相似，主轴为垂直设置，带有自动换刀装置，并带有可更换的主轴头附件，数控装置的软件功能也较齐全，能够一机多用，适用于加工大型或形状复杂的工件。

4）万能加工中心具有卧式和立式加工中心的功能，亦称为五面加工中心，常见的五面加工中心有两种形式，一种是主轴旋转角度实现五面加工，另一种是工作台带动工件旋转角度完成五面加工。

(2) 按换刀形式分类　加工中心分为带刀库和机械手的加工中心、无机械手加工中心和转塔刀库式加工中心。

1）带刀库和机械手的加工中心，其换刀装置（简称 ATC）是由刀库和机械手组成，换刀机械手完成换刀工作，此种方式是加工中心最普遍的换刀形式。

2）无机械手的加工中心换刀是通过刀库和主轴箱的配合动作来完成的，一般是采用把刀库放在主轴箱可以运动到的位置，刀库中刀具的存放位置方向与主轴装刀方向一致。换刀时，主轴运动到刀位上的换刀位置，由主轴直接取走或放回刀具。此种方式一般用于小型加工中心。

3）转塔刀库式加工中心主要用于以孔加工为主的小型立式加工中心，如立式钻削加工中心等。

四、加工中心的布局、技术参数和系统规格

现以 JCS-018 型立式加工中心为例介绍加工中心的布局、技术参数与数控系统的技术规格。

1）JCS-018 型立式加工中心的布局如图 3-4 所示。

2）JCS-018 型立式加工中心的技术参数如下：

工作台外形尺寸(工作面)	1200mm × 450mm(1000mm × 320mm)
工作台 T 形槽槽宽 × 槽数	18mm × 3
工作台左右行程（X 轴）	750mm
工作台前后行程（Y 轴）	400mm
主轴箱上下行程（Z 轴）	470mm
主轴端面至工作台面距离	180 ~ 650mm
主轴锥孔	BT-45

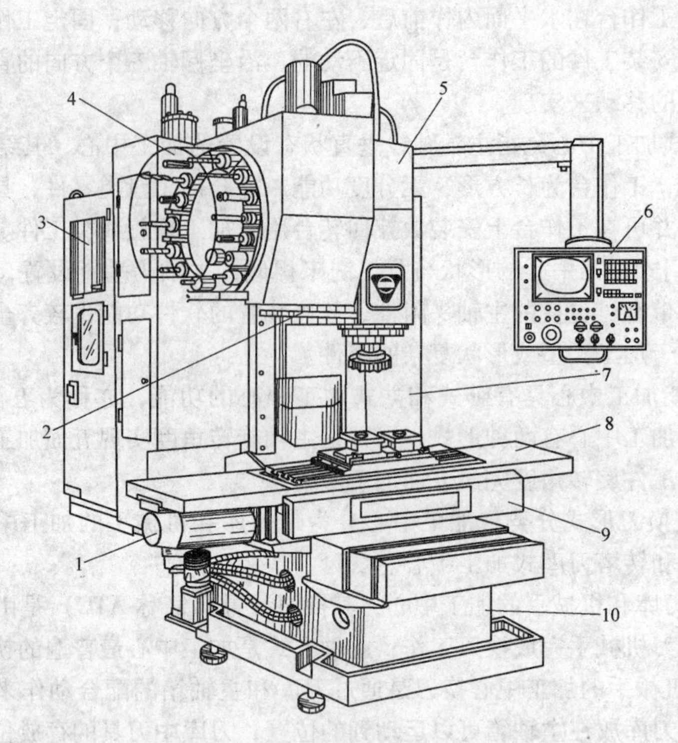

图 3-4　JCS-018 型立式加工中心布局图

1—X 轴伺服电动机　2—换刀机械手　3—数控柜
4—盘式刀库　5—主轴箱　6—操纵面板
7—驱动电源柜　8—工作台　9—滑座　10—床身

主轴转速　22. 5 ~ 2250r/min

主轴电动机（额定/30min）　5. 5/7. 5kW

快速移动速度

　　X 轴、Y 轴　14m/min

　　Z 轴　10m/min

进给速度（X 轴、Y 轴、Z 轴）　1 ~ 400mm/min

进给伺服电动机（X 轴、Y 轴、Z 轴）　1. 4kW

刀库容量　16

选刀方式　任选

最大刀具直径　100 ~ 300mm

最大刀具重量　8kg

刀库伺服电动机　1. 4kW

工作台允许最大负载　500kg

滚珠丝杠的尺寸（X、Y、Z）　ϕ40mm × 10mm

钻孔能力　ϕ32mm

攻螺纹能力　M24mm

铣削能力　110cm³/min

定位精度　±0.012mm/300mm

重复定位精度　±0.006mm

气源　(5~7)×10⁵Pa(250L/min)

机床质量　5000kg

占地面积　3280mm×2300mm

3）JCS-018 型立式加工中心采用的 FANUC-6M 数控系统技术规格见表 3-3。

表 3-3　FANUC-6M 数控系统技术规格

序号	名　称	规　格
1	控制轴数	3 轴
2	同时控制轴数	2 轴
3	纸带代码	EIA RS-244-A/ISO 840
4	最小设定单位	0.001mm 或 0.0001in（1in=25.4mm）
5	小数点编程	可以输入带小数点的数据
6	最大指令	±99999.999mm 或 ±9999.999in
7	进给速度设定	直接用 mm/min 或 in/min 设定
8	进给倍率	0~200%（每 10% 一级）
9	快速移动倍率	Low、25%、50%、100%
10	主轴转速倍率	50%~120%（每 10% 一级）
11	增量进给	每步 0.001mm、0.01mm、0.1mm、1mm、10mm
12	手动进给	手动连续进给和手摇脉冲发生器进给
13	编程方式	绝对值/增量值
14	坐标系设定（G92）	用 G92 后面的 X、Y、Z 轴指令设定坐标系
15	返回参考点	手动、自动（G27~G29）
16	暂停（G04）	使用 G04 时，可以推迟一个程序段的执行时间，延时的时间由地址 P、U 或 X 指定
17	辅助功能（M2 位）	用地址 M 后 2 位数值指令，可以控制机床的开/关。在一个程序中 M 代码只能指令一次
18	主轴功能（S4 位）	主轴速度由地址 S 和 4 位数字指令
19	刀具功能（T2 位）	用地址 T 后 2 位数值指令刀具号选择
20	手动数据输入	键盘式
21	数据显示	CRT 字符显示器
22	纸带存储和编辑	40m 纸带信息（16KB）

（续）

<table>
<tr><th>序号</th><th>名　称</th><th colspan="2">规　格</th></tr>
<tr><td>23</td><td>纸带阅读机</td><td colspan="2">阅读速度：250 行/s（50Hz），300 行/s（60Hz）无卷带盘式，容纳 10m 纸带</td></tr>
<tr><td>24</td><td>固定循环</td><td colspan="2">G73、G74、G76、G80～G89</td></tr>
<tr><td>25</td><td>刀具位置偏置</td><td>G45～G48</td><td rowspan="3">偏差和补偿量 64 组
±999.999mm 或 ±99.9999in</td></tr>
<tr><td>26</td><td>刀具长度补偿</td><td>G43、G44、G49</td></tr>
<tr><td>27</td><td>刀具半径补偿 C</td><td>G40～G42</td></tr>
<tr><td>28</td><td>存储器行程限制</td><td colspan="2">存储行程限制 1</td></tr>
<tr><td>29</td><td>单程序段操作</td><td colspan="2">使程序一个程序段一个程序段地执行</td></tr>
<tr><td>30</td><td>跳过任选程序段</td><td colspan="2">把机床上跳过任选程序段开关置于 ON 位置，程序中含有“/”的程序段跳过不执行</td></tr>
<tr><td>31</td><td>机床锁定</td><td colspan="2">除机床不运动外，其他方面与机床运动时一样动作，在程序运行中途也有效</td></tr>
<tr><td>32</td><td>辅助功能锁定</td><td colspan="2">把机床上辅助机能锁定开关置于 ON 位置，M、S、T 功能代码 NC 不输出</td></tr>
<tr><td>33</td><td>Z 轴锁定</td><td colspan="2">只限制 Z 轴坐标运动，且 M06 不执行</td></tr>
<tr><td>34</td><td>外部信息显示</td><td colspan="2">CRT 上英文显示机床诊断内容</td></tr>
<tr><td>35</td><td>环境条件</td><td colspan="2">（1）环境温度
运转时为 0～45℃
保管运输时为 -20～60℃
（2）相对湿度 <75%</td></tr>
</table>

第四章

数控机床主要部分的典型结构

◈◈◈ 第一节　数控机床主传动系统的典型结构

一、主传动系统的特点

1）转速高，功率大，能进行大功率切削和高速切削，实现高效率加工。

2）主轴的变速迅速可靠，能实现自动无级变速，使切削工作始终在最佳状态下进行。

3）主轴上设计有刀具的自动装卸、主轴定向停止和主轴孔内的切屑清除装置。

二、主轴的变速方式

（1）无级变速　数控机床一般采用直流或交流伺服电动机实现主轴无级变速，具有以下特点：

1）使用交流伺服电动机，由于没有电刷，不产生火花，使用寿命长，可降低噪声。

2）主轴传递的功率或转矩与转速之间存在一定的关系，当机床处在连续运转状态下，主轴的转速在437～3500r/min范围内，主轴传递电动机的全部功率（一般为11kW），称为主轴的恒功率区域。在这个区域内，主轴的最大输出转矩（一般为245N·m）随着主轴转速的增高而变小。在35～437r/min范围内，主轴的输出转矩不变，称为主轴的恒转矩区域，在这个区域内，主轴所能传递的功率随主轴转速的降低而减小。

3）电动机的超载功率一般为15kW，超载的最大输出转矩一般为334N·m，允许超载的时间为30min。

（2）分段无级变速　在实际生产中，数控机床主轴并不需要在整个变速范围内均为恒功率，一般要求在中、高速段为恒功率传动，在低速段为恒转矩传动。因此，一些数控机床在交流或直流电动机无级变速的基础上，配置齿轮变速，使之成为分段无级变速。在带有齿轮变速的分段无级变速系统中，主轴的正、反转起动与停止、制动由电动机实现，主轴变速由电动机转速的无级变速和齿轮有级变速配合实现。齿轮有级变速通常用以下两种方式：

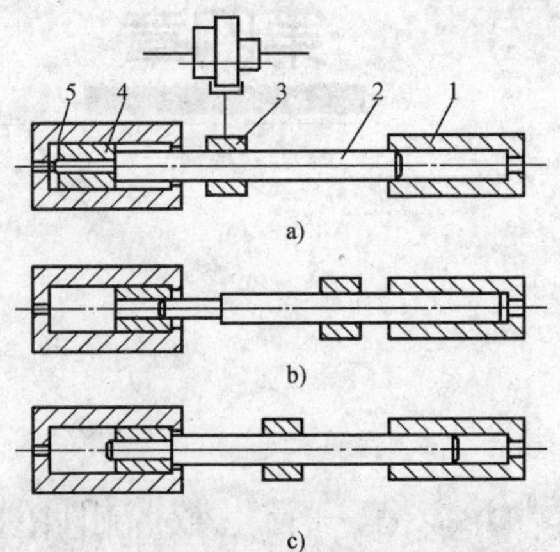

图 4-1　三位液压拨叉作用示意图
1、5—液压缸　2—活塞杆
3—拨叉　4—套筒

1）液压拨叉变速机构。液压变速机构的原理和形式如图 4-1 所示，滑移齿轮的拨叉与变速液压缸的活塞杆连接，通过改变不同通油方式可以使三联齿轮获得三个不同的变速位置。

2）电磁离合器变速。这种方式是通过安装在传动轴上的电磁离合器的吸合和分离的不同组合来改变齿轮的传动路线，以实现主轴的变速。采用这种方式，使变速机构简化，便于实现自动操作。

（3）内置电动机主轴变速　将电动机与主轴合成一体（电动机转子即为机床主轴），这种变速方式大大简化了主轴箱体与主轴的结构，有效提高了主轴部件的刚度，这种方式一般用于主轴输出转矩要求较小的机床。这种方式的缺点是电动机发热会影响主轴的精度。

三、主轴的支承与润滑（＊）

（1）数控机床主轴的支承配置形式　数控机床主轴的支承配置主要有三种形式，如图 4-2 所示。

1）主轴前支承采用圆锥孔双列圆柱滚子轴承和 60°角接触球轴承组合（图 4-2a）。采用这种配置形式使主轴的综合精度大幅度提高，可以满足强力切削的要求，因此在各类数控机床中得到广泛应用。

2）主轴前轴承采用高精度双列（或三列）角接触球轴承，后支承采用单列（或双列）角接触球轴承（图 4-2b）。角接触球轴承具有较好的高速性能。主轴最高转速可达 4000r/min，但这种轴承的承载能力小，因而适用于高速、轻载和精密的数控机床主轴。

3）前、后轴承分别采用双列和单列圆锥滚子轴承（图 4-2c）。这种配置形式的轴承径向和轴向刚度高，能承受重载荷，尤其能承受较大的动载荷，安装和调试性能好，但这种轴承配置形式限制了主轴的最高转速和精度，故适用于中等精度、低速与重载的数控机床。

（2）数控机床主轴的润滑　数控机床的主轴轴承润滑可采用油脂润滑，迷宫式密封；也可采用集中强制型润滑。为保证润滑的可靠性，通常配置压力继电器作为失压报警装置。

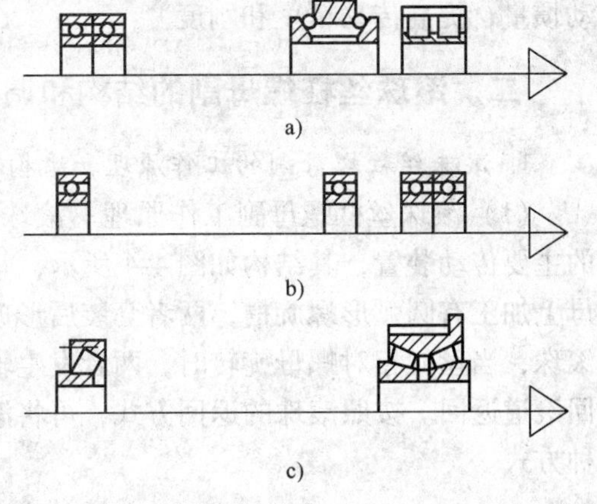

图4-2　数控机床主轴轴承配置形式

（3）主轴支承实例分析　图4-3所示为TND360数控车床主轴部件结构。其主轴是空心轴，内孔可通过长的棒料，直径为ϕ60mm，也可用于通过气动、液压夹紧装置。主轴前端的短圆锥面及其端面用于安装夹盘或拨盘，主轴支承配置为前后支承都采用角接触球轴承的形式。前轴承三个一组，4、5大口朝向主轴前端，3大口朝向主轴后端。前轴承的内外圈轴向由轴肩和箱体孔的台阶固定，以承受轴向负荷。后轴承1、2小口相对，只承受径向载荷，并由后压套进行预紧。前后轴承一般都由轴承生产厂配套供应，装配时不需修配。

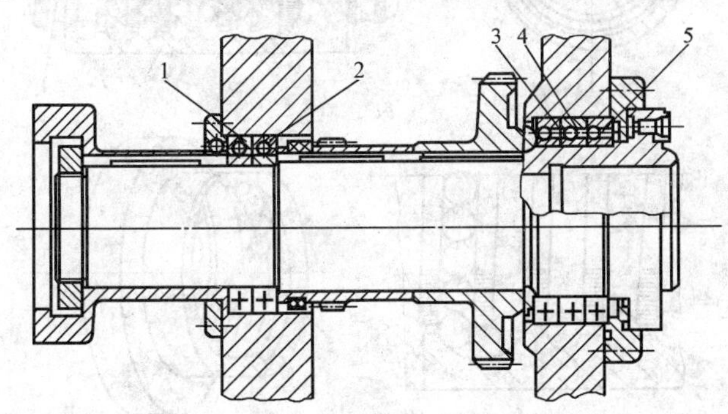

图4-3　TND360型数控车床主轴结构
1、2、3、4、5—轴承

第二节　数控机床进给传动系统的典型结构

一、进给传动机构的技术要求

数控机床进给系统机械传动机构是指将电动机的旋转运动传递给工作台或刀架，以实现进给运动的整个机械传动链，包括齿轮传动副、滚珠丝杠螺母副及其支承部件等，为了确保数控机床进给系统的传动精度、灵敏度和工作稳定性，对进给传动系统机械传动机构总的设计要求是：消除传动间隙，减少摩擦，减小运动惯量，提高传动精度和刚度。

二、滚珠丝杠螺母副的结构和调整方法（*）

1. 滚珠丝杠螺母副的工作原理和结构特点

（1）滚珠丝杠螺母副工作原理　滚珠丝杠螺母副是数控机床进给传动系统的主要传动装置，其结构如图 4-4 所示，其工作原理和工作过程为：在丝杠和螺母上加工有圆弧形螺旋槽，两者套装后形成了滚珠的螺旋滚道，整个滚道内填满滚珠，当丝杠相对螺母旋转时，两者发生轴向位移，滚珠沿着滚道流动，并沿返回滚道返回。按照滚珠的返回方式，可将滚珠丝杠螺母副分为内循环和外循环两种方式。

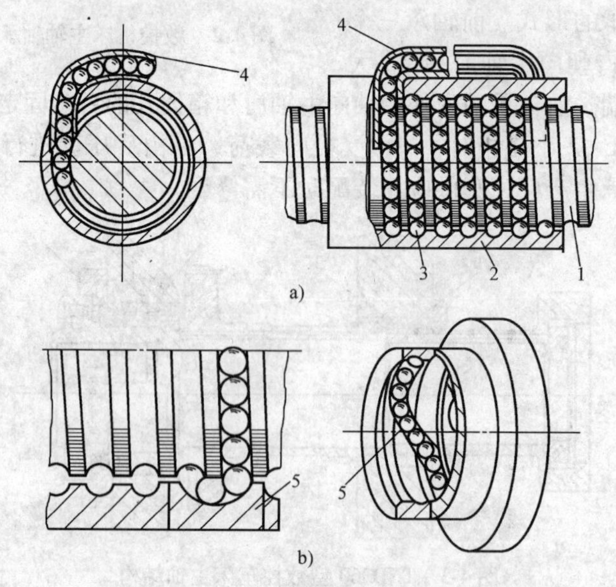

图 4-4　滚珠丝杠的结构

1—丝杠　2—螺母　3—滚珠　4—回珠管　5—返向器

1）外循环方式的滚珠丝杠螺母副如图 4-4a 所示，螺母螺旋槽的两端由回珠管 4 接通，返回的滚珠不与丝杠外圆接触，滚珠可以做周而复始的循环运动，管道的两端可起到挡珠的作用，以免滚珠沿滚道滑出。

2）内循环方式的滚珠丝杠螺母副如图 4-4b 所示，这种返回方式带有返向器 5，返回的滚珠经过返向器和丝杠外圆之间的滚道返回。

（2）滚珠丝杠螺母副的传动特点　在传动过程中滚珠与丝杠、螺母之间为滚动摩擦，因此具有以下传动特点：

1）传动效率高，传动效率可达到92%～98%，是普通丝杠螺母副传动的2～4倍。

2）摩擦力小，因为动、静摩擦因数相差小，因而传动灵敏，运动平稳，低速不易产生爬行，随动精度和定位精度高。

3）使用寿命长，滚珠丝杠副采用优质合金制成，其滚道表面淬火硬度高达60～62HRC，表面粗糙度值小，故磨损很小。

4）经预紧后可以消除轴向间隙，提高系统的刚度。

5）反向运动时无空行程，可以提高轴向运动精度。

6）滚动摩擦因数小，不能实现自锁，用于垂向位置时，为防止突然停、断电而造成主轴箱下滑，必须设置制动装置。

2. 滚珠丝杠螺母副的间隙调整方法

为了保证滚珠丝杠反向传动精度和轴向刚度，必须消除滚珠丝杠螺母副的轴向间隙。消除间隙的方法通常采用双螺母结构，即利用两个螺母的轴向相对位移，使两个滚珠螺母中的滚珠分别紧贴在螺旋滚道的两个相反的侧面上。用这种方法预紧消除轴向间隙时，应注意预紧力不宜过大，预紧力过大会使空载力矩增大，从而降低传动效率，缩短使用寿命。常用的双螺母间隙调整方法如下：

（1）垫片调整法　如图4-5所示，调整垫片厚度，使左、右两个螺母产生轴向位移，即可消除间隙和产生预紧力，这种方法结构简单，刚性好，但调整不便，滚道有磨损时不能随时消除间隙和进行预紧。

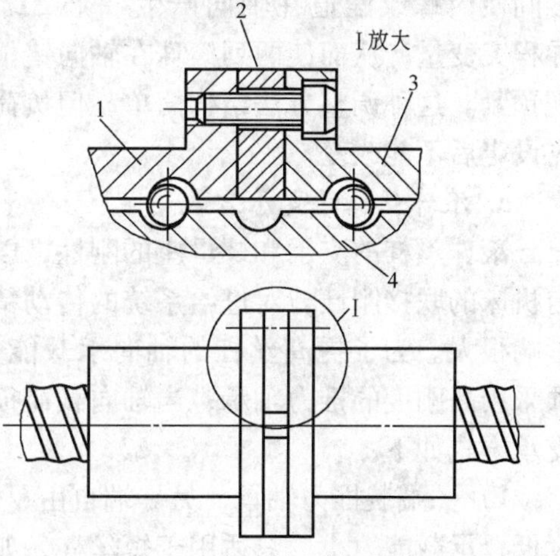

图4-5　垫片间隙调整法
1—左螺母　2—垫片　3—右螺母　4—丝杠

（2）螺纹调整法　如图4-6所示，螺母4外端有凸缘，螺母1外端没有凸缘而有螺纹，用锁紧调整螺母固定，并通过平键限制其转动。调整时，只需拧动调整螺母3即可消除间隙，产生预紧力，然后用螺母2锁紧。这种方法具有结构简单、工作可靠，调整方便的特点，但预紧力较难控制。

（3）齿差调整法　如图4-7所示，两个螺母的凸缘是圆柱外齿轮，分别与套筒两端的内齿圈啮合，内齿圈 z_1、z_2 齿数相差一个齿。调整时，先取下内齿圈，使两个螺母相对套筒同方向转过一个齿，然后插入内齿圈，则两个螺母便产生相对角位移，其轴向位移量 $s=(1/z_1-1/z_2)P_h$。例如，$z_1=80$，$z_2=81$，滚珠丝杠的导程为 $P_h=6\text{mm}$，则 $s=6\text{mm}/6480\approx0.001\text{mm}$。这种方法能精确调整预紧量，调整方便、可靠，但结构尺寸大，都用于高精度的传动。

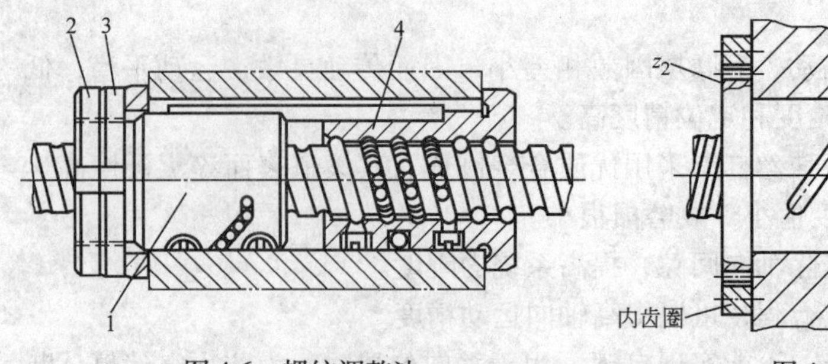

图 4-6　螺纹调整法

1、2、3、4—螺母

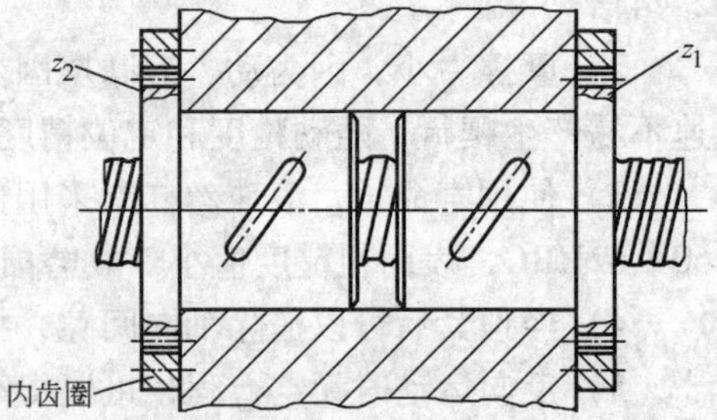

图 4-7　齿差调整法

（4）螺距变位调整法　如图 4-8 所示，这种方法是在滚珠螺母体内的两列循环珠链之间使内螺纹滚道在轴向产生一个 ΔL_0 的导程突变量，从而使两列滚珠在轴向错位实现预紧。这种调整方法结构简单，但负荷预先设定后不能改变。

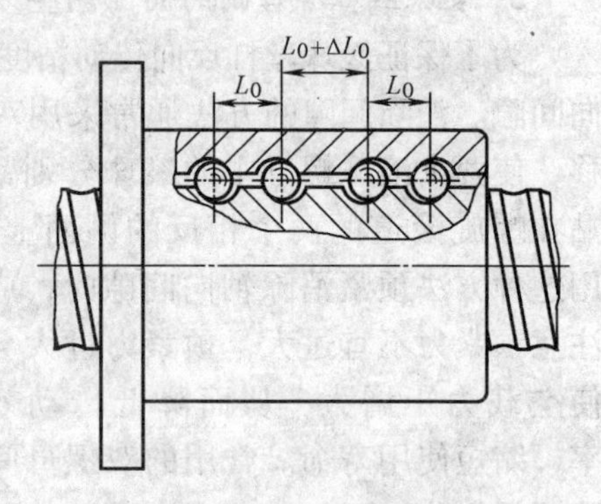

图 4-8　螺距变位调整法

3. 滚珠丝杠的支承方式

滚珠丝杠的支承和螺母座的刚性，以及与机床的联接刚性，对进给系统的传动精度影响很大。为了提高丝杠的轴向承载能力，须采用高刚度的推力轴承；当轴向载荷很小时，也可采用向心推力轴承。常用的支承方式如下：

1）一端装推力轴承，另一端自由，如图 4-9a 所示，此种支承方式的轴向刚度低，承载能力小，只适用于短丝杠，如数控机床的调整环节或升降台式数控铣床的垂直进给轴等。

2）一端装推力轴承，另一端装向心轴承，如图 4-9b 所示，此种方式用于较长的丝杠支承。为了减少丝杠热变形的影响，热源应远离推力轴承一方。

3）两端装轴承，如图 4-9c 所示，两个方向的推力轴承分别装在丝杠的两端，若施加预紧力，可以提高丝杠轴向传动刚度，但此种支承方式对丝杠的热变形敏感。

4）两端均装双向推力轴承，如图 4-9d 所示，丝杠两端均装双向推力轴承和向心轴承或向心推力球轴承，可以施加预紧力。这种方式可使丝杠的热变形转化为推力轴承的预紧力，这种支承方式适用于刚度和位移精度要求高的场合，但结构比较复杂。

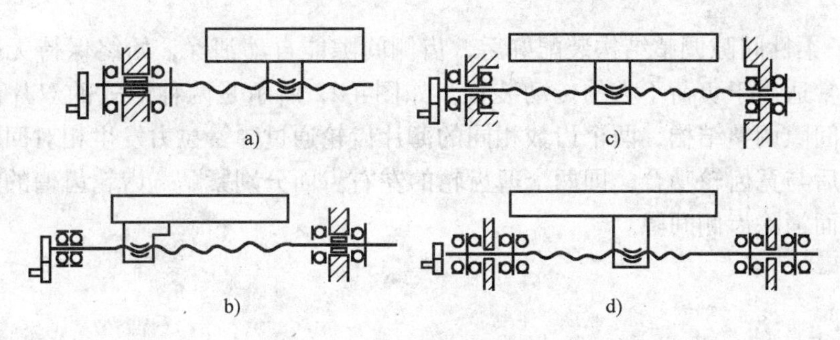

图 4-9　滚珠丝杠的支承方式

三、进给系统齿轮间隙的消除调整方法（*）

数控机床进给系统中的减速齿轮，除了本身要求很高的运动精度和工作平稳性外，还需尽可能消除传动齿轮副间的传动间隙，否则，齿侧间隙会造成进给系统每次反向运动滞后于指令信号，丢失指令信号并产生反向死区，从而影响加工精度。

（1）直齿圆柱齿轮传动间隙调整方法　常用的有以下刚性调整法和柔性调整法：

1）刚性间隙调整结构能传递较大转矩，传动刚度好，但齿侧间隙调整后不能自动进行补偿。常用的刚性调整法有偏心套调整法和锥度齿轮调整法。偏心套间隙调整法如图 4-10 所示，将电动机 1 通过偏心套 2 安装到机床壳体上，通过转动偏心套 2，调整两齿轮的中心距，从而消除齿侧间隙。锥度齿轮调整法如图 4-11所示，在加工齿轮 1、2 时，将分度圆柱面改变成有小锥度的圆锥面，使其齿厚在齿轮的轴向稍有变化。调整时，只要改变垫片 3 的厚度便能调整两个齿轮的轴向位置，从而消除齿侧间隙。

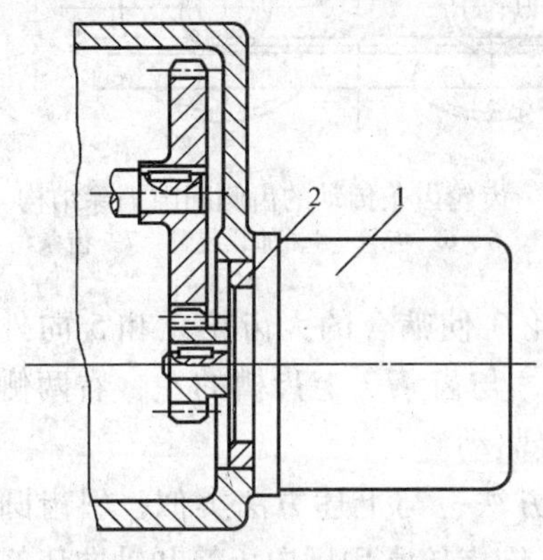

图 4-10　偏心套式间隙消除结构
1—电动机　2—偏心套

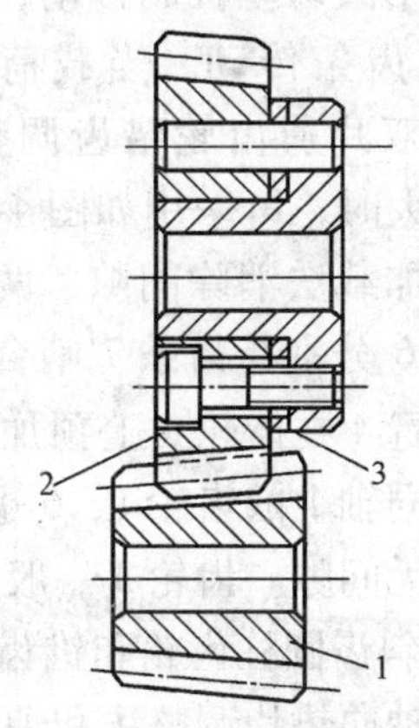

图 4-11　锥度齿轮间隙消除结构
1、2—齿轮　3—垫片

2）柔性间隙调整结构装配好后，齿侧间隙能自动消除，始终保持无间隙啮合，通常适用于负荷不大的传动装置。如图 4-12 所示是两种形式的双片齿轮周向弹簧间隙调整结构，两个齿数相同的薄片齿轮通过弹簧拉力发生相对回转，齿形错位后与宽齿轮啮合，即两个薄齿轮的左右齿面分别紧贴宽齿轮齿槽的左右齿面，从而消除齿侧间隙。

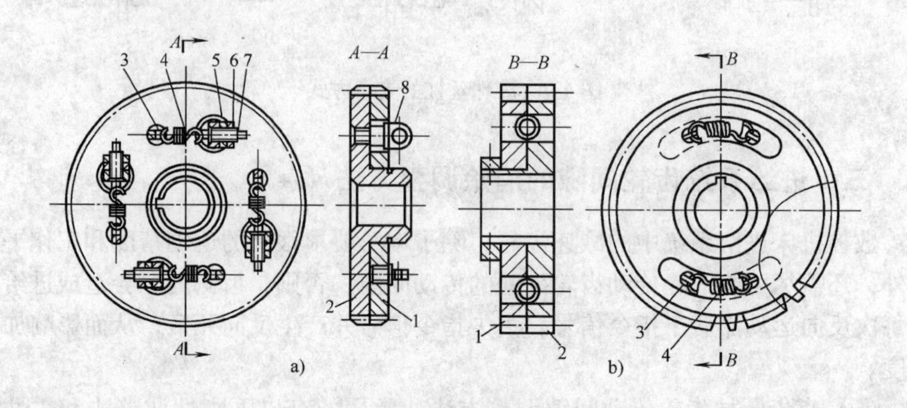

图 4-12　双片齿轮周向弹簧错齿间隙消除结构
1、2—薄齿轮　3、8—凸耳或短柱
4—弹簧　5、6—螺母　7—螺钉

（2）齿轮齿条传动间隙调整方法　大型数控机床（如大型数控龙门铣床）工作台行程长，其进给运动不宜采用滚珠丝杠副传动，一般采用齿轮齿条传动。当载荷较小时，可用双片薄齿轮错齿调整法，当载荷较大时，可采用如图 4-13 所示的径向加载法消除间隙，两个小齿轮 1 和 6 分别与齿条 7 啮合，并用加载装置 4 在齿轮 3 上预加负载，于是齿轮 3 使啮合的大齿轮 2 和 5 向外伸开，与其同轴上的齿轮 1、6 也同时向外伸开，与齿条 7 上齿槽的左、右两侧相应贴紧而无间隙。齿轮 3 一般由液压马达直接驱动。

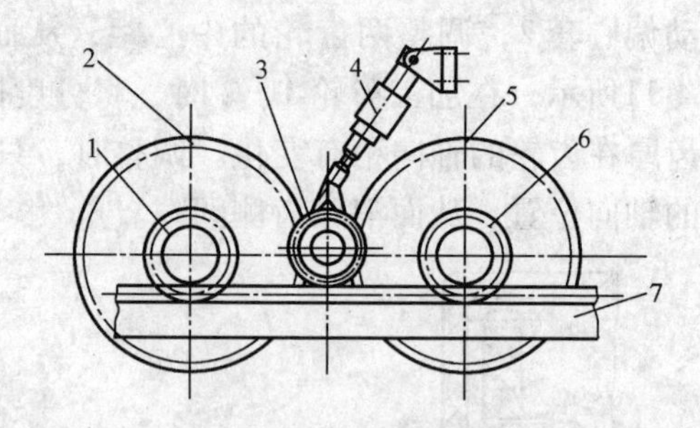

图 4-13　齿轮齿条传动的齿侧间隙消除结构
1、2、3、5、6—齿轮　4—加载装置　7—齿条

（3）斜齿圆柱齿轮和锥齿轮的间隙调整方法　与上述方法类似，斜齿圆柱齿轮常用轴向垫片调整法和轴向压簧调整法；锥齿轮常用周向压簧和轴向压簧调整法。

第三节　数控机床导轨的典型结构

一、数控机床导轨的技术要求和常用种类

（1）数控机床导轨的技术要求　机床导轨的主要功能是为运动部件（如刀架、工作台等）提供导向和支承，并保证运动部件在外力作用下能准确地沿着规定的方向运动。导轨的精度及其性能对机床加工精度，承载能力等有着重要的影响，因此，对数控机床的导轨有如下技术要求：

1）具有较高的导向精度。

2）具有良好的摩擦特性。

3）具有良好的精度保持性。

4）结构简单，工艺性好，便于加工、装配和维修。

（2）数控机床导轨的常用种类　数控机床常用的导轨按其不同的接触面间摩擦性质，可分为三类：滚动导轨、塑料导轨和静压导轨。滚动导轨常用的有滚珠导轨、滚柱导轨和滚针导轨；塑料导轨常用的有贴塑导轨和注塑导轨；静压导轨常用的有液体静压导轨和气体静压导轨。

二、滚动导轨的结构特点

1. 滚动导轨基本特点和预紧方法

（1）滚动导轨的基本特点　滚动导轨是在导轨工作面间放入滚珠、滚柱或滚针等滚动体，使导轨面间形成滚动摩擦的机床导轨。滚动导轨摩擦因数小（$\mu=0.0025\sim0.005$），动、静摩擦因数很接近，且不受运动速度变化的影响，因而运动轻便灵活，所需驱动功率小，摩擦发热少，磨损小，精度保持性好，低速运动时，不易出现爬行现象，定位精度高。滚动导轨可以预紧，通过预紧可显著提高刚度。因此，适用于要求移动部件运动平稳、灵敏，能实现精密定位的数控机床。

（2）滚动导轨的预紧方法　预紧可以提高导轨的刚度，但预紧力应选择适当，否则会使牵引力显著增加，图 4-14 所示为矩形滚柱导轨和滚珠导轨的过盈量与牵引力的关系。滚动导轨的预紧方法一般有两种：

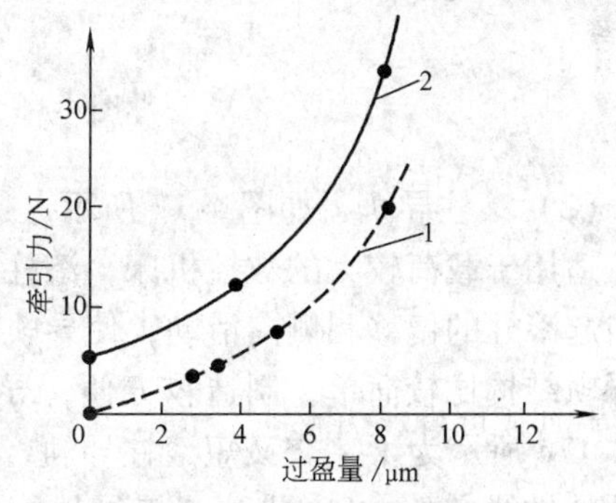

图 4-14　滚动导轨的过盈量与牵引力的关系
1—矩形滚柱导轨　2—滚珠导轨

1）采用过盈配合。如图 4-15a 所

示，在装配导轨时，根据滚动件的实际尺寸量出相应的尺寸 A，然后研刮压板与滑板的接合面，或在期间加一垫片，改变垫片的厚度，由此形成包容 A-δ（δ 为过盈量）。过盈量的大小可以通过实际测量确定。

2）采用调整元件实现预紧。如图 4-15b 所示，拧紧侧面螺钉 3，即可调整导轨体 1 及 2 的位置实现预加负载。预紧也可用斜镶条进行调整，采用这种方法，导轨上的过盈量沿全长分布比较均匀。

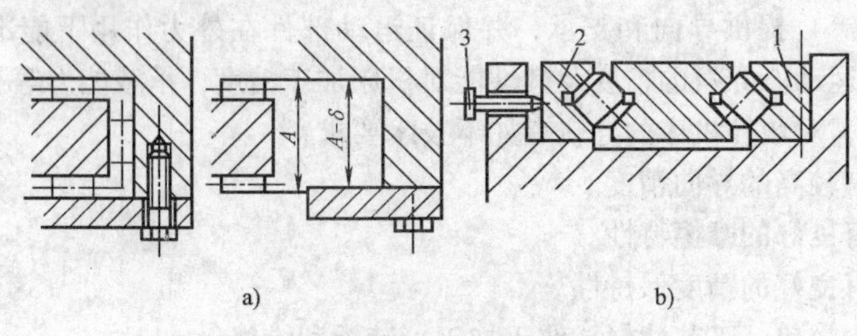

图 4-15　滚动导轨的预紧方式

1、2—导轨体　3—侧面螺钉

2. 常用滚动导轨的特点

（1）滚珠导轨　如图 4-16 所示，这种导轨结构紧凑，制造容易，成本较低，由于是点接触，因而刚度低，承载能力小。因此适用于载荷较小（小于 2000N）、切削力矩和颠覆力矩都较小的机床。导轨用淬硬钢制成，淬硬至 60～62HRC。

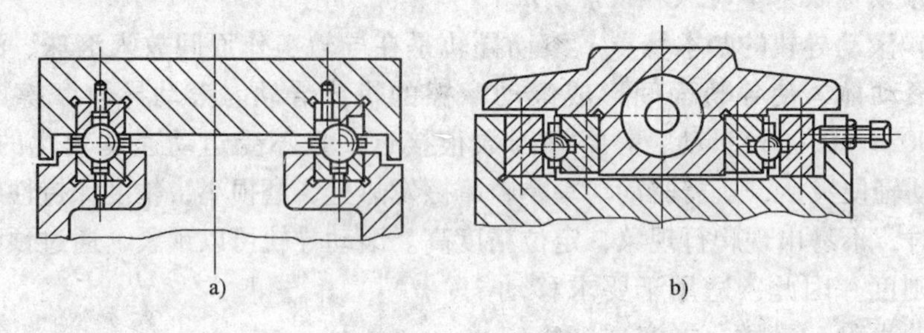

图 4-16　滚珠导轨

（2）滚柱导轨　如图 4-17 所示，这种导轨的承载能力和刚度都比滚珠导轨大，适用于载荷较大的数控机床，滚柱导轨对导轨面的平行度要求比较高，否则会引起滚柱的偏移和侧向滑动，使导轨磨损加剧和精度降低。图 4-17a 所示的滚柱导轨结构比较简单，制造较方便，导轨一般采用镶钢结构，如图 4-17b 所示。图 4-17c 所示为十字交叉短滚柱导轨，滚柱长度比直径小 0.15～0.25mm，相邻滚柱的轴线交叉成 90°排列，使导轨能承受任意方向的力，这种导轨结构紧凑，刚性较好，不易引起振动，但制造比较困难。

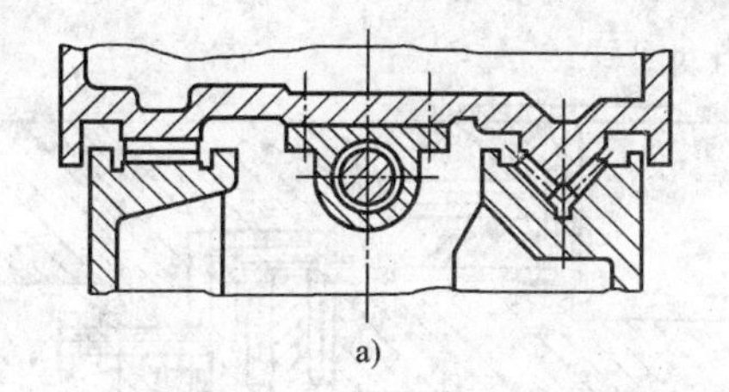

a)

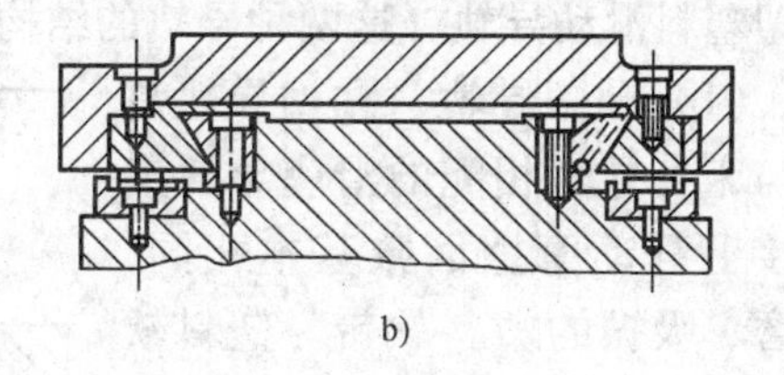

b)

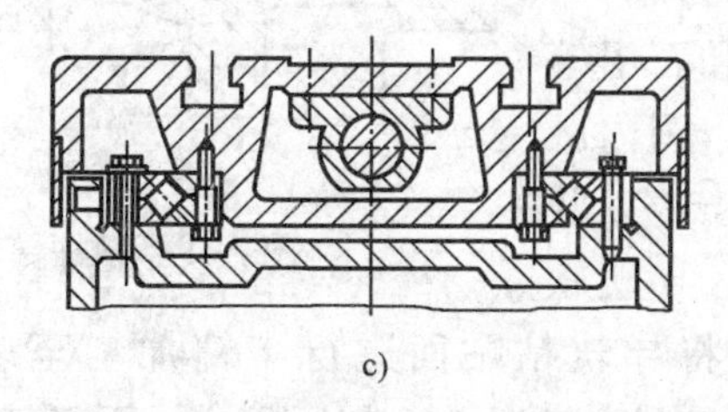

c)

图 4-17　滚柱导轨

（3）滚针导轨　滚针比滚柱的长径比大，由于直径尺寸小，故结构紧凑。与滚柱导轨相比，可在同样长度上排列更多的滚针，因而承载能力大，但摩擦也相应大一些。通常适用于尺寸受限制的场合。

（4）直线滚动导轨块（副）组件　近年来数控机床常采用由专业生产制造厂制造的直线滚动导轨块或导轨副组件。这种导轨副组件本身制造精度很高，对机床的安装基准面要求不高，安装、调整都非常方便，现已有多种形式、规格可供选择使用。图 4-18 所示是一种滚柱导轨块组件，其特点是刚度高、承载能力大，导轨行程不受限制。当运动部件移动时，滚柱 1 在支承部件的导轨与本体 2 之间滚动，同时绕本体循环滚动。每一导轨上使用导轨块的数量可根据导轨的长度和负载的大小决定。图 4-19 所示是滚柱导轨块在机床上的安装示意。

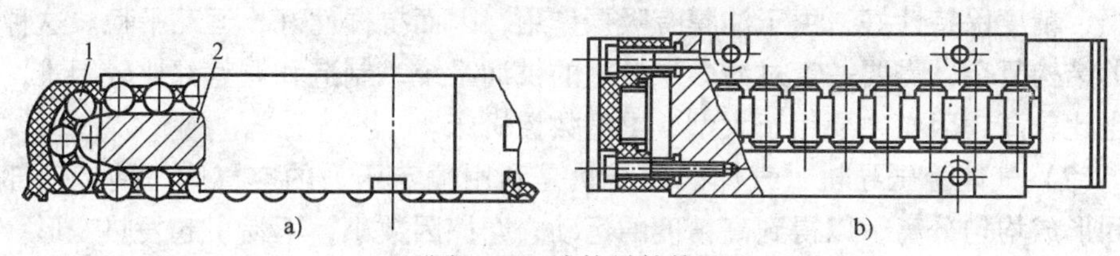

图 4-18　滚柱导轨块
1—滚柱　2—本体

三、塑料导轨的结构特点

如果数控机床加工零件时经常受到变化的切削力作用，或当传动装置存在间隙或刚性不足时，过小的摩擦力反而容易产生振动，此时，应采用滑动导轨，以改善系统的阻尼特性。为减少导轨的磨损，提高运动性能，近年来出现了贴塑和注塑塑料滑动导轨，这两种导轨的结构特点如下：

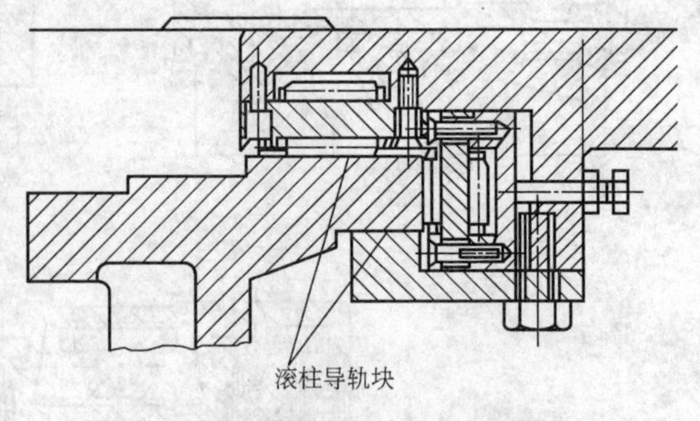

图 4-19　滚柱导轨块的安装

（1）贴塑导轨　贴塑导轨是在与床身导轨相配的滑座导轨上粘接上静动摩擦因数基本相同，耐磨、吸振的塑料软带。塑料软带材料是以聚四氟乙烯为基体，加入青铜粉、二硫化钼和石墨等填充剂混合烧结而成的，国内已有牌号 TSF 导轨软带生产，以及配套使用的 DJ 胶粘剂。导轨软带使用工艺简单，只要将导轨粘贴面进行半精加工至表面粗糙度 $Ra3.2 \sim 1.6\mu m$，清洗粘贴面后，用胶粘剂粘合，加压固化，再经精加工即可。

（2）注塑导轨　注塑导轨就是在定动导轨之间采用注塑的方式制成塑料导轨。注塑材料是以环氧树脂和二硫化钼为基体，加入增塑剂，混合成膏状为一组份和固化剂为另一组份的双组份塑料，国内牌号为 HNT。导轨注塑工艺简单，在调整好固定导轨和运动导轨间的相对位置后，注入双组份塑料，固化后将定、动导轨分离便形成注塑导轨。

四、静压导轨的结构特点

数控机床常用的静压导轨分为液体静压导轨和气体静压导轨，其结构特点如下：

（1）液体静压导轨　液体静压导轨是在导轨工作面间通入具有一定压强的润滑油，形成压力薄膜，使导轨工作面处于纯液体摩擦状态，摩擦因数极小，约为 $\mu = 0.0005$。因此，驱动功率大大降低，低速运动时无爬行现象，导轨面不易磨损，精度保持性好，由于油膜有吸振作用，因而抗振性好，运动平稳。这种导轨的结构复杂，需要一套过滤效果良好的供油系统，制造和调整都比较困难，成本也比较高，因而主要用于大型、重型数控机床。

（2）气体静压导轨　气体静压导轨是利用恒定压力的空气膜，使运动部件之间形成均匀分离，以得到高精度的运动，摩擦因数小，不易引起发热变形。但是，气体静压导轨的空气膜会随空气压力波动而变化，且承载能力较小，故常用于负荷不大的数控机床，如数控坐标磨床和三坐标测量机等。

第四节　数控机床回转工作台的典型结构

工作台是数控机床的重要组成部件，主要有矩形、回转和能倾斜成各种角度的万能工作台等。回转工作台可分为 90°分度工作台和任意分度的数控工作台，

以及立式和卧式回转工作台等。本节介绍数控机床上常用的回转台的结构特点和工作过程。

一、分度工作台

分度工作台是按机床数控系统指令，在需要分度时工作台连同工件回转规定的角度，有时也可采用手动分度。分度工作台只能完成分度运动而不能实现圆周进给运动，并且分度只能按规定的回转度数，如90°、60°或45°等。按不同的定位机构，数控分度工作台常用的有定位销式和齿盘式两种类型。

1. 定位销式分度工作台

（1）基本结构　图4-20所示是自动换刀数控卧式镗铣床的分度工作台。分度工作台1位于矩形工作台10的中间，在不单独使用分度工作台1时，两个工作台可以作为一个整体使用，这种工作台的分度定位主要靠定位销孔的配合来实现。在工作台1的底部均匀分布着8个削边圆柱定位销7，在工作台上底座21上有一个定位孔衬套6，以及供定位销移动的环形槽，其中只能有一个定位销7进入定位孔衬套6中，其余七个定位销都在环形槽中。八个定位销在圆周上均匀分布，因此，工作台只能作二、四、八等分的分度运动。

（2）分度工作过程

1）分度准备。分度时，数控装置发出指令，由电磁阀控制下底座23上六个均匀分布的锁紧液压缸8中的压力油经环形槽流向油箱，活塞11被弹簧12顶起，工作台1处于松开状态。与此同时，间隙消除液压缸5卸荷，压力油经油管18流入中央液压缸17，使活塞16上升，并通过螺栓15由支座4把止推轴承20向上抬起，顶在上底座21上，通过螺钉3，锥套2使工作台1抬起，固定在工作台面上的定位销7从定位套中拔出，做好分度前的准备工作。

2）回转分度。工作台1抬起后，数控装置发出指令使液压马达转动，驱动两对减速齿轮（图中未示出），带动固定在工作台1下面的大齿轮9回转进行分度。在大齿轮9上每隔45°设置一个挡块。分度时，工作台先快速度回转，当分度销即将进入规定位置时，挡块碰撞第一个限位开关，发出信号使工作台减速，当挡块碰撞第二个限位开关时，工作台停止回转。此刻相应的定位销7恰好对准定位孔衬套6。分度工作台的回转速度由液压马达和液压系统中的单向节流阀调节控制。

3）定位锁紧。完成分度回转后，数控装置发出信号使中央液压缸17卸荷，工作台靠自重下降。相应的定位销7插入定位孔衬套6中，完成定位过程。定位完成后消除间隙液压缸5通入压力油，活塞向上顶住工作台1消除径向间隙。随后锁紧液压缸8上的上腔通入液压油，推动活塞杆11下降，通过活塞杆上的T形头压紧工作台。

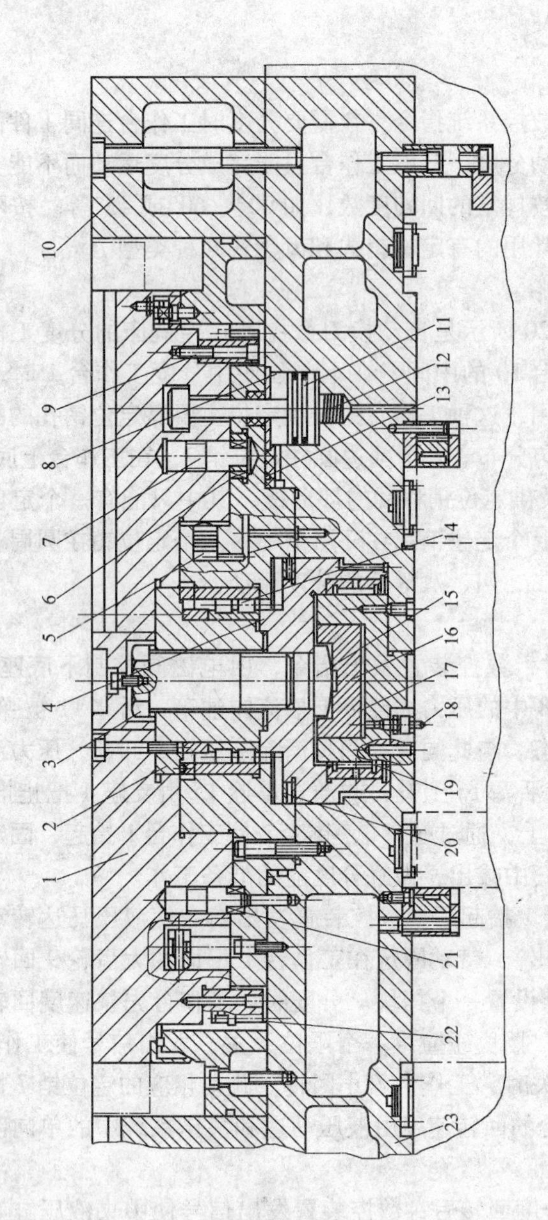

图4-20 定位销式分度工作台

1—分度工作台 2—锥套 3—螺钉 4—支座 5—消隙液压缸 6—定位孔衬套 7—定位销 8—锁紧液压缸 9—齿轮 10—矩形工作台 11—锁紧缸活塞 12—弹簧 13—油槽 14、19、20—轴承 15—螺栓 16—活塞 17—中央液压缸 18—油管 21—上底座 22—挡块座 23—下底座

2. 齿盘式分度工作台

（1）齿盘式分度工作台的特点　齿盘定位的分度工作台定位精度一般为±3″，最高可达±0.4″，能承受很大的负载，定位刚度和精度保持性好。由于齿盘啮合脱开相当于两齿盘对研过程，因此，随着齿盘使用时间的延续，其定位精度还有不断提高的趋势。图4-21所示是自动换刀数控卧式镗铣床分度工作台的结构图。

（2）分度工作台的分度工作过程

1）工作台抬起：当需要分度时，控制系统发出指令，压力油通过管道进入分度工作台9中央的升降液压缸12的下腔，活塞8向上移动，通过推力轴承10和11带动工作台9向上抬起，使上、下齿盘13、14相互脱离啮合位置，液压缸上腔的油经管道排出，完成分度前的准备工作。

2）回转分度：当分度工作台9向上抬起时，通过推杆和微动开关发出信号，压力油从管道进入ZM16液压马达使其旋转。通过蜗杆副3、4和齿轮副5、6带动工作台9进行分度回转运动。工作台分度回转角度的大小由指令给出，共有八等分，即为45°的整倍数。当工作台的回转角度接近所要分度的角度时，减速挡块使微动开关动作，发出减速信号，工作台停止转动之前其转速已显著下降，为准确定位创造条件。当工作台的回转角度达到所要求的角度位置时，准停挡块压合微动开关，发出信号，进入液压马达的压力油被堵住，工作台完成准停动作。

3）工作台下降定位夹紧：工作台完成准停动作的同时，压力油从管道进入升降液压缸上腔，推动活塞8带着工作台下降，上下齿盘重新啮合，完成定位夹紧。在分度工作台下降的同时，推杆使另一个微动开关动作，发出分度运动完成的反馈信号。分度工作台的传动蜗杆副3、4具有自锁性，即运动不能从蜗轮4传至蜗杆。为了保证上下齿盘准确顺利啮合定位，本例蜗杆轴用两个推力球轴承2抵在弹簧1上形成浮动结构，当上下齿盘重新啮合时，齿盘带动齿轮5使蜗轮微量转动，蜗杆可压缩弹簧1作微量的轴向浮动。

二、数控回转工作台（*）

（1）数控回转工作台的功能　数控回转工作台简称数控转台，主要用于数控镗床和数控铣床，从外形上看与分度工作台十分相似，但其内部结构却具有数控进给驱动机构的许多特点，其功能是使回转工作台进行圆周进给，以完成切削工作，并能使回转工作台进行分度。

（2）数控回转工作台的工作过程　图4-22所示为自动换刀数控卧式镗铣床的回转工作台，该开环数控转台由传动系统、间隙消除装置和蜗轮夹紧装置等组成。其工作过程如下：

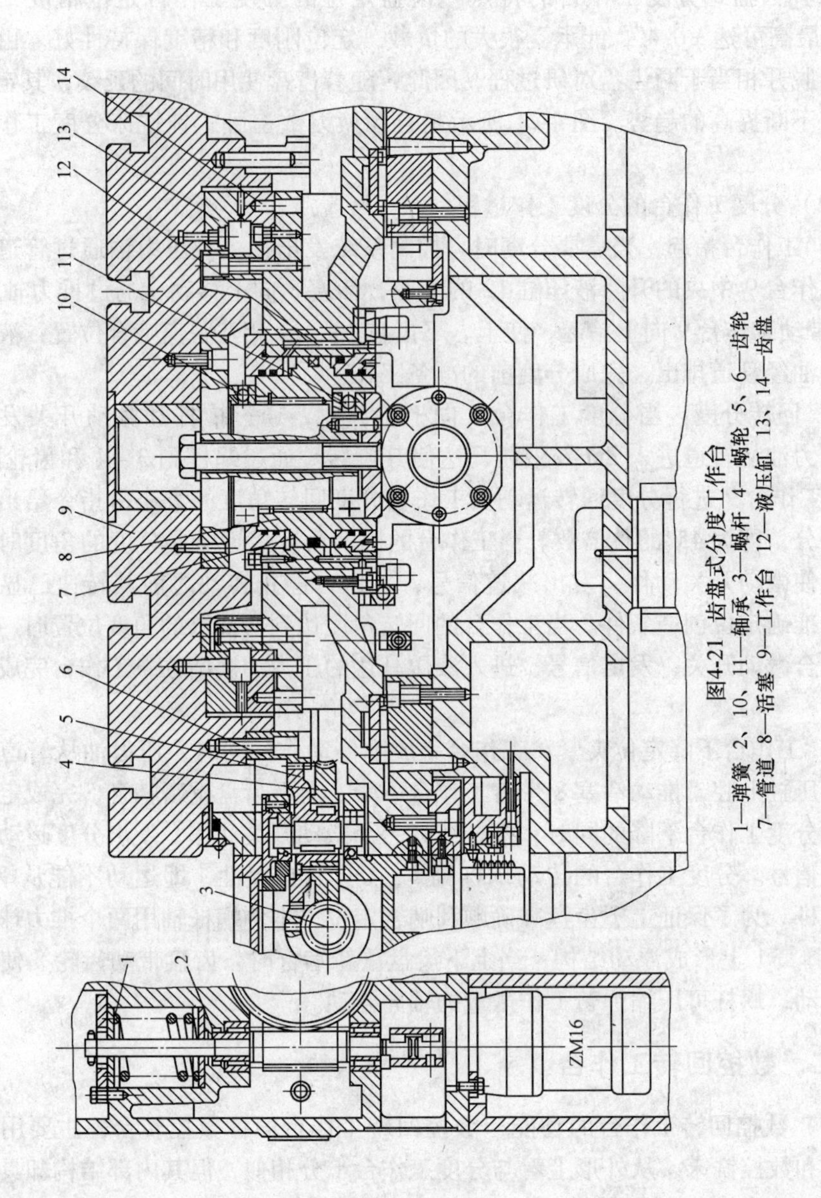

图4-21 齿盘式分度工作台

1—弹簧 2、10、11—轴承 3—蜗杆 4—蜗轮 5、6—齿轮 7—管道 8—活塞 9—工作台 12—液压缸 13、14—齿盘

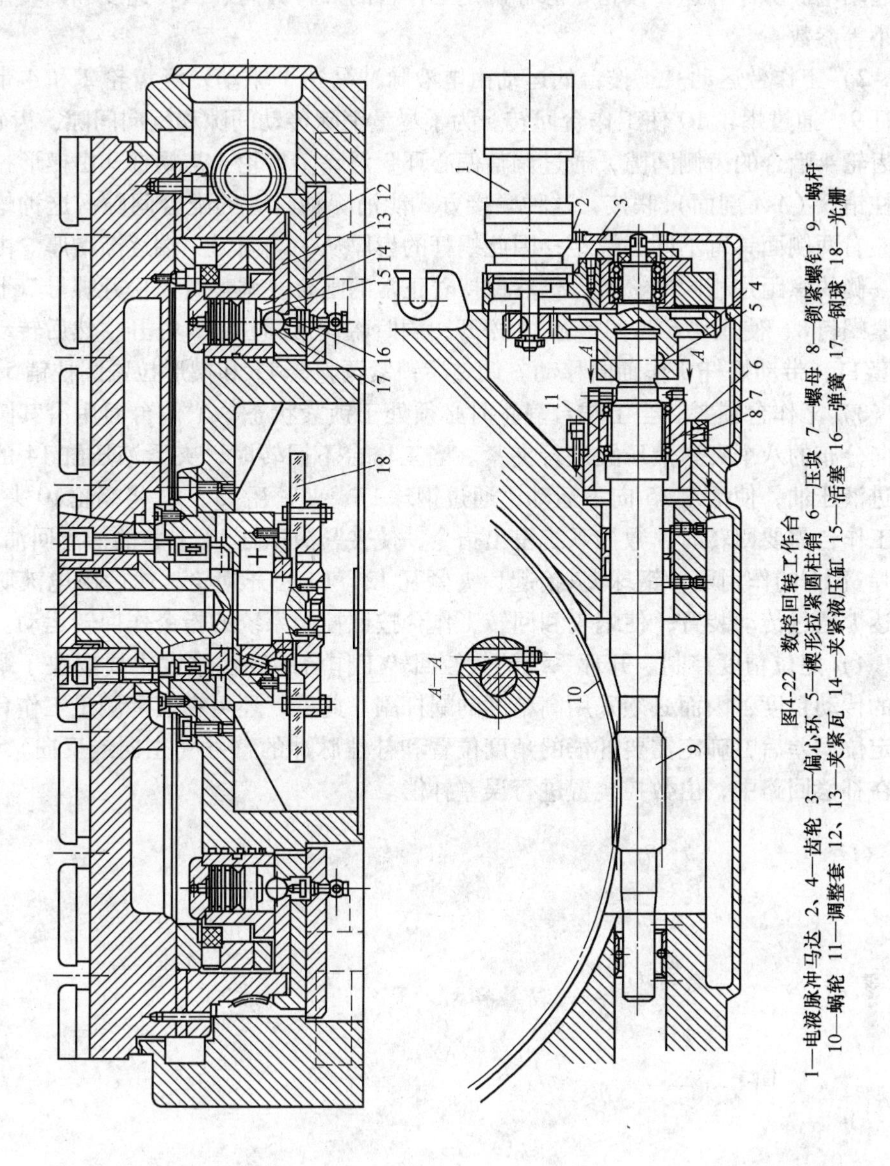

图4-22　数控回转工作台

1—电液脉冲马达　2、4—齿轮　3—偏心环　5—楔形拉紧圆柱销　6—压块　7—螺母　8—锁紧螺钉　9—蜗杆　10—蜗轮　11—调整套　12、13—夹紧瓦　14—夹紧液压缸　15—活塞　16—弹簧　17—钢球　18—光栅

1）数控指令。当数控工作台接到数控系统的指令后，首先把蜗轮松开，然后起动电液脉冲马达，按指令脉冲确定工作台的回转方向、回转速度和回转角度大小等参数。

2）工作台运动。工作台的运动由电液脉冲马达 1 驱动，经齿轮 2 和 4 带动蜗杆 9，通过蜗轮 10 使工作台回转。为了尽量消除传动间隙和反向间隙，齿轮 2 和齿轮 4 啮合的齿侧间隙，通过调整偏心环 3 消除。齿轮 4 与蜗杆 9 由楔形拉紧圆柱销 5（*A-A* 剖面）联接，这种联接方式能消除轴与套的配合间隙。这种蜗杆的左右两侧面具有不同的螺距，因此蜗杆的齿厚从一端向另一端逐渐增厚。由于同一侧的螺距是相同的，所以仍然保持着正常的啮合。调整时先松开螺母 7 上的锁紧螺钉 8，使压块 6 与调整套 11 松开，同时将楔形圆柱销 5 松开，然后转动调整套 11，带动蜗杆 9 作轴向移动。调整后锁紧调整套 11 和楔形拉紧圆柱销 5。

3）工作台锁紧。当工作台静止时必须处于锁紧状态，工作台面用沿其圆周方向分布的八个夹紧液压缸进行夹紧。当工作台不回转时，夹紧液压缸 14 的上腔进液压油，使活塞 15 向下运动，通过钢球 17、夹紧瓦 13、12 将蜗轮 10 夹紧。当工作台需要回转时，数控系统发出指令，使夹紧液压缸 14 上腔的油流回油箱。在弹簧 16 的作用下，钢球 17 抬起，夹紧瓦 12、13 松开蜗轮，然后由电液脉冲马达 1 通过传动装置，使蜗轮和回转工作台按照控制系统的指令作回转运动。

4）定位精度控制。开环系统的数控回转工作台的定位精度主要取决于蜗杆副的传动精度，因而必须采用高精度的蜗杆副。此外，还可在实际测量工作台静态定位误差后，确定需要补偿的角度位置和补偿脉冲的符号（正向或反向），记忆在补偿回路中，由数控装置进行误差补偿。

第五章

数控机床的伺服驱动和位置检测装置(＊)

第一节　伺服系统和伺服驱动

一、数控机床伺服系统

(1) 伺服系统及其组成　伺服系统是以机械位置或角度作为控制对象的自动控制系统。伺服系统是计算机（或其他数控计算装置）与机床主体相联接的主要装置，是数控机床一个重要的组成部分，它决定数控机床的精度和速度等各方面的技术指标，其主要作用是接受发自数控系统的指令脉冲，经放大和转换后驱动执行元件实现预期的运动。

伺服系统与一般通用机床的进给系统有着本质的区别，进给系统的作用在于保证切削过程能够连续进行，它不能控制执行件的位移和轨迹。伺服系统可以根据一定的指令并加以放大和转换，从而不仅能控制执行件的速度，而且能精确控制其位置和一系列位置所形成的轨迹。伺服系统一般由驱动控制元件、比较元件、调节放大单元、驱动元件、控制对象和检测反馈环节组成。

(2) 伺服系统和伺服驱动的种类　如前述，伺服系统有开环和闭环两种系统。闭环系统的位置检测反馈，其作用是精确地控制机床运动部件坐标位置，快速而准确地跟踪指令运动。伺服驱动分为进给伺服驱动和主轴伺服驱动两种系统。前者控制机床各坐标轴的切削进给运动，后者控制机床主轴的旋转运动。伺服驱动系统通常由驱动部件（如交直流电动机及速度检测元件）和速度控制单元组成。其作用是为切削过程提供运动和动力，可以任意调节运动速度。

(3) 数控机床对伺服系统的技术要求

1) 有较高的工作精度。数控机床是按照预先制定的程序自动工作的，在工作过程中不可能用手动操作调整和补偿各种因素对加工精度的影响，故要求其自身具有高的定位精度和轮廓切削精度，用以保证加工质量的一致性。

2) 快速响应。伺服系统跟踪指令的响应速度要快，其衡量指标是系统响应的时间常数，时间常数小，即响应速度快，亦即灵敏度高，系统的灵敏度越高其动态精度就越高，从而保证轮廓切削的形状精度和加工表面精度。

3）调速范围宽。为了实现精确定位，伺服系统的低速应接近 0.1mm/min。为了提高工作效率，快速移动时可达到 20m/min 以上，因此要求调速范围很宽。一般数控机床应满足 0 ~ 20m/min 的进给速度范围内能进给稳定均匀，无爬行。

4）稳定性好。伺服系统正常工作的前提是稳定性，稳定性与系统的惯性、刚度、阻尼及增益有关。

5）可靠性好。数控机床是一种高精度、高效率的自动化设备，发生故障损失很大，因此可靠性是机床运行的重要指标。

二、步进电动机驱动

1. 步进电动机及其分类

（1）步进电动机与普通电动机的区别　步进电动机又称脉冲电动机，是一种将电脉冲信号转换为机械角位移的机电执行元件，它与普通电动机在结构上大致一样，主要结构包括转子、定子和定子绕组等。步进电动机是一种特殊的电动机，一般电动机通电后连续转动，而步进电动机则跟随输入脉冲一步一步地转动。

（2）步进电动机的分类

1）步进电动机按其产生转矩的原理分类，可分为反应式步进电动机和励磁式步进电动机。反应式步进电动机的转子上无绕组，均匀分布若干个齿，定子上有励磁绕组，当输给绕组一个脉冲时，转子就转过一个相应的角度。步进电动机的角位移量与输入脉冲的个数严格成正比，在时间上与输入脉冲同步，因而只要控制脉冲的数量、频率和电动机绕组的相序，即可获得所需转角的转速及旋转方向。反应式步进电动机的调速范围宽、响应速度快、位置精度高、控制系统简单，已获得广泛应用。

2）步进电动机按输出转矩的大小，可分为伺服步进电动机和功率步进电动机（输出转矩在 10N · m 以上）。伺服步进电动机只能驱动线切割等小负载，也可用步进电动机与液压转矩放大器相联，以驱动较大负载。这种结构体积小、惯性小、反应灵敏、精度高，但由于液压泄漏很难避免，目前已很少采用。功率步进电动机在国内已有较大发展，在许多经济型数控机床和旧设备的改造中被广泛采用。

2. 步进电动机的主要特性和选用

（1）步进电动机的主要特性

1）步距角 α：步进电动机的定子绕组通电状态每改变一次，转子转过一个确定的角度称为步距角。步距角越小，位置精度就越高。

2）步距误差 $\Delta\alpha$：理论步距角与实际步距角之差称为步距误差 $\Delta\alpha$，步距误差直接影响执行部件的定位精度。伺服步进电动机的步距误差 $\Delta\alpha$ 一般为 $\pm10' \sim \pm15'$；功率步进电动机的步距误差 $\Delta\alpha$ 一般为 $\pm20' \sim \pm25'$。

3）最高起动频率 f_q：空载时，步进电动机由静止突然起动，并不失步地进入稳速运行，其所允许的起动频率最高值称为最高起动频率。国产伺服步进电动机的最高起动频率 f_q 为 1000～2000Hz；功率步进电动机的最高起动频率 f_q 为 500～800Hz。

4）连续运行的最高频率 f_{max}：步进电动机连续运行时所能接受的最高控制频率称为最高连续工作频率，也可称为最高工作频率，它表明步进电动机所能达到的最高速度。

5）输出转矩——频率特性：步进电动机的输入频率越高，输出的转矩就会降低。

（2）步进电动机的选用　步进电动机的选用应注意以下要求：

1）保证步进电动机的输出转矩大于负载所需的转矩，即先计算机械系统的负载转矩，并使选用的电动机输出转矩有一定的余量，以保证可靠运行。

2）应使所选步进电动机的步距角与机械系统匹配，以达到机床所需的脉冲当量。

3）应使所选步进电动机与机械系统的负载惯量及机床要求的起动频率相匹配。

三、交直流伺服电动机驱动

1. 直流伺服电动机

直流伺服电动机在结构上与传统的直流电动机基本相同，其转动惯量较小，过载能力较强，而且具有较好的换向性能。目前在数控机床伺服机构中使用的大都是近年发展起来的大功率直流伺服电动机，如小惯量电动机和宽调速电动机等。

（1）小惯量直流电动机　如图 5-1 所示是小惯量直流电动机结构。电枢铁心 2 是光滑无槽的圆柱体，转子绕组 3 均匀分布在光滑电枢铁心表面，用环氧树脂 7 固化成型并与铁心粘在一起。该电动机气隙尺寸较大，比普通直流电动机大 10 倍以上。定子励磁一般采用的高磁能铝镍铁钴合金永久磁铁 6，上面装有极靴 4，并固定在机壳 5 上。这类电动机在早期的数控机床上应用比较多，其使用特点如下：

1）转动惯量小，瞬时可获得较大的加减速转矩。

2）机电时间常数小，即通电后可以很快起动运转，一般在 10s 以内，仅为普通直流电动机的 1/10。

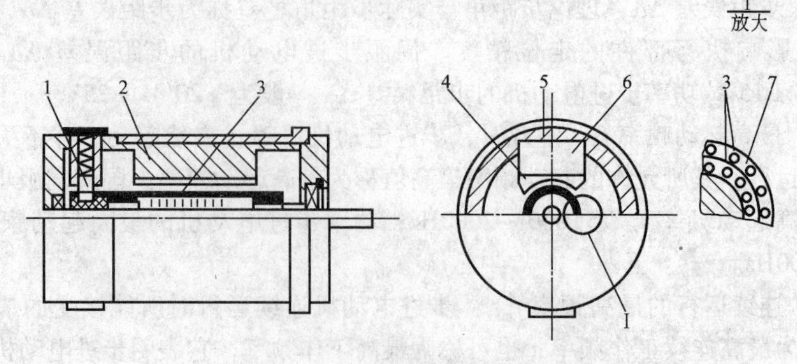

图 5-1　小惯量直流电动机结构

1—电刷　2—铁心　3—转子绕组

4—极靴　5—机壳　6—永久磁铁　7—环氧树脂

3）由于转子无槽，避免了磁通密度不均匀而产生的转矩脉动。在低转速时也能平稳运转，无爬行现象，换向性能好。

（2）宽调速直流伺服电动机　宽调速直流伺服电动机又称大惯量电动机，因其调速范围宽，可直接驱动滚珠丝杠，减少传动损失和传动误差，提高了精度。这类电动机采用永磁式励磁方式。为了得到大转矩，采用高性能磁性材料以产生强磁场。其结构如图 5-2 所示，转子外形与一般自流电动机有槽转子基本相同，直径较大，长度较短，极数较多。其使用特点如下：

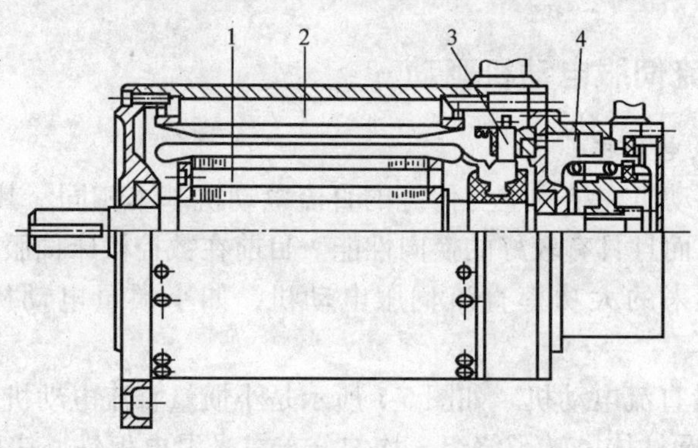

图 5-2　宽调速直流电动机结构

1—转子　2—定子（永磁体）　3—电刷　4—低波纹测速机

1）低速特性好，转矩大，可与机床丝杠直接连接，省去了齿轮传动机构，使机床结构简单，成本低。同时还避免了因齿轮传动产生的噪声和振动以及齿轮传动的误差，提高了传动精度。

2）转子惯量较大，受负载变化的影响相对较小，容易与机床匹配，工作稳定性高。

3）过载性能好，由于采用热管冷却，耐热性好，可过载运行几十分钟。

4）由于采用高矫顽力的永久磁铁，提高了机电效率，又没有磁极损耗，去磁临界电流可取得大些，能产生 10～15 倍的瞬时转矩，故在重切削过载情况下，具有优越的加减速特性。

2. 交流伺服电动机

交流伺服电动机是近年来发展起来的新型伺服电动机，是伺服驱动系统发展的方向。交流伺服电动机克服了直流伺服电动机电刷和整流子要经常维修、尺寸较大、容量和使用环境受到限制等缺点，是一种更为理想的伺服电动机。

四、伺服电动机与丝杠的连接

伺服电动机与丝杠的连接，必须保证无间隙，只有这样才能准确执行系统发出的指令。在数控机床中伺服电动机与滚珠丝杠主要采用以下三种连接方式：

（1）直联式　如图 5-3 所示为直联式，即通过柔性联轴器把伺服电动机和滚珠丝杠连接起来，图中锥环 7 是这种无键、无隙直联方式的关键元件。这种联轴器称为膜片弹性联轴器，在加工中心进给驱动系统中使用较多。

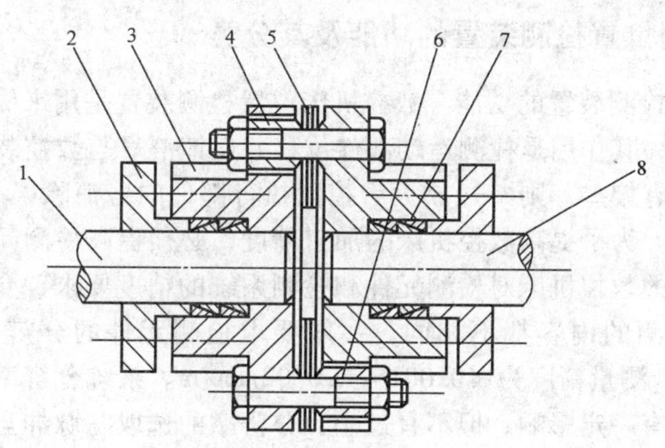

图 5-3　电动机与丝杠直联式

1—滚珠丝杠　2—压圈　3—联轴套

4、6—球面垫圈　5—柔性片　7—锥环　8—电动机轴

（2）齿轮减速式　如图 5-4 所示为齿轮减速式，这种连接方式主要用于因结构上的原因不能直联或因负载力矩大，需要放大伺服电动机输出转矩的地方。使用这种连接方式应注意齿轮精度和啮合间隙对传动精度的影响。齿轮减速式在数控机床上应用较普遍，特别是经济型数控机床，基本上都采用这种连接方式。

（3）同步带式　同步带式与齿轮减速式的使用条件基本相同，但在成本和低噪声方面，明显优于齿轮减速式。使用时应充分了解同步带特性，正确选用和调整，会收到良好的效果。同步带式目前应用相对较少。

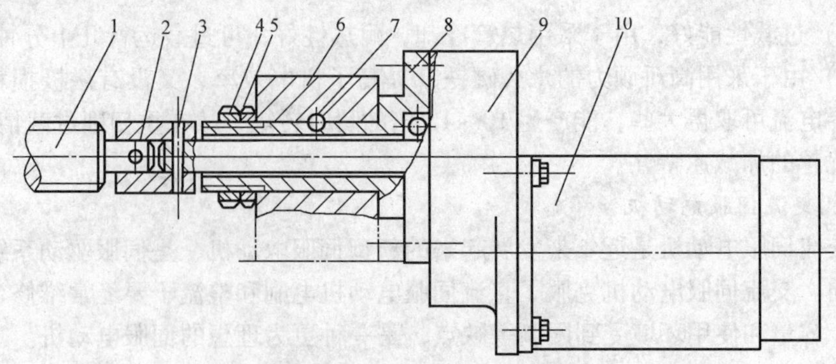

图5-4　步进电动机与丝杠的齿轮减速式连接

1—丝杠　2—套筒联轴器　3、7—锥销　4—螺母　5—垫圈
6—支架　8—支承套　9—减速箱　10—步进电动机（JBF）

第二节　常用位置检测装置

一、常用位置检测装置的功能及其分类

（1）位置检测装置的功能　数控机床位置检测装置是用来提供实际位移信息的一种装置，其作用是检测运动部件位移并反馈信号与数控装置发出的指令进行比较，若有偏差，则经过放大后控制执行部件向着消除误差的方向运动，直至偏差为零。为了提高数控机床的加工精度，必须提高检测元件和检测系统的精度。不同的数控机床对检测元件和检测系统的精度要求、允许的最高移动速度、位置检测的内容都不相同。一般要求检测元件的分辨率在 0.0001 ~ 0.01mm 之间，测量精度为 ±0.001 ~ ±0.02mm/m。系统分辨率的提高，对机床的加工精度有一定影响，但不宜过小，分辨率的选取与脉冲当量的选取不一样，应按机床加工精度的 1/3 ~1/10 选取。数控检测装置主要用于闭环伺服系统中的位置反馈、开环或闭环伺服系统的误差补偿、测量机与机床工作台等的坐标测量及数字显示、齿轮与螺纹加工机床的同步电子传动、直线-回转运动的相互变换用的精密伺服系统等。数控机床对位置检测装置的基本要求是：

1）工作可靠，抗干扰性强。

2）使用维护方便，适应机床的工作环境。

3）能够满足精度和速度的要求。

4）易于实现高速的动态测量、处理和自动化。

5）成本低。

（2）位置检测装置的分类方法　根据不同的工作条件和测量要求，位置检

测可采用以下分类方法：

1）数字式测量和模拟式测量。数字式测量是将被测量单位量化后用数字形式表示，其特点是：被测量转换成脉冲个数，便于显示和处理；测量精度取决于测量单位，与量程基本无关；测量装置简单，脉冲信号抗干扰能力强。模拟测量是将被测量用连续的变量来表示，在大量程内作精确的模拟式检测，在技术上要求较高，因此，模拟式测量主要用于小量程测量。其特点是：直接对被测量进行检测，无须量化；在小量程内可实现高精度测量；可用于直接检测和间接检测。

2）增量式测量和绝对式测量。增量式测量只测量位移增量，每移动一个测量单位就发出一个测量信号。其优点是：检测装置简单，任何一个对中点都可以作为测量起点。在此系统中，移距是通过对测量信号计数后读出，一旦计数有误，后面的测量结果将全错。发生事故后不能找到事故前的位置，事故排除后，必须将工作台移到起点重新计数才能找到事故前的正确位置。绝对式测量可以避免上述缺点，对于被测量的任意一点位置均由固定的零点作基准，每一个被测点都有相应的测量值。这种方式分辨率要求越高，结构也就更复杂。

3）直接测量和间接测量。直接测量是将测量装置直接安装在执行部件上。其缺点是测量装置要与工作台行程等长，因此，不便在大型数控机床上使用。间接测量是将测量装置安装在滚珠丝杠或驱动电动机轴上，通过测量转动件的角位移来间接测量执行部件的直线位移。其优点是：方便可靠，没有长度限制。其缺点是：测量信号中增加了由回转运动转变为直线运动的传动链误差，影响测量精度。

二、常用位置检测装置及其工作过程

（1）常用位置检测装置的种类　常用的位置检测装置有两大类：直线型和回转型。

1）直线型位置检测装置的增量式检测装置有直线感应同步器、计量光栅和磁尺。绝对式位置检测装置有三速直线感应同步器、绝对值式磁尺。

2）回转型位置检测装置的增量式检测装置有脉冲编码器、旋转变压器、圆感应同步器和圆光栅、圆磁栅等。绝对式检测装置有多速旋转变压器、绝对值脉冲编码器和三速圆感应同步器。

（2）感应同步器　感应同步器根据用途和结构不同分为直线式和旋转式。直线式由定尺和滑尺组成，旋转式由定子和转子组成，前者用于测量直线位移，后者用于测量旋转角度。

（3）旋转变压器　旋转变压器是一种间接测量装置，具有结构简单、动作灵敏、工作可靠、对环境条件要求低、输出信号幅值大和抗干扰能力强等特点，在数控连续控制系统中应用广泛。旋转变压器又称为同步分解器，是一种控制用的微电机，结构与两相绕线式异步电动机相似，由定子和转子组成，如图 5-5 所

示。旋转变压器若装在数控机床的丝杠上，通过检测感应电动势可得到丝杠转角的大小，通过检测丝杠的转角值，可间接测得丝杠的直线位移量。旋转变压器的测量精度一般为10′~30′。

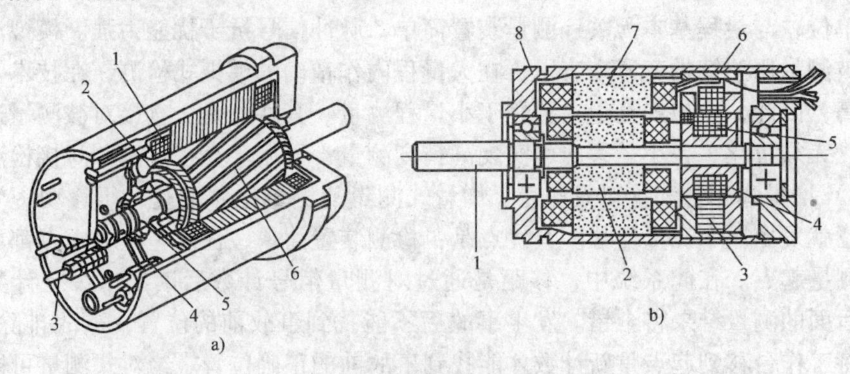

图 5-5　旋转变压器结构

a）有刷构造

1—定子绕组　2—转子绕组　3—接线柱

4—电刷　5—整流子　6—转子

b）无刷构造

1—转子轴　2—分解器转子　3—变压器二次绕组

4—变压器转子绕组　5—变压器一次绕组

6—变压器定子　7—分解器定子　8—壳体

（4）脉冲编码器　脉冲编码器是一种把机械转角变为电脉冲的旋转式脉冲发生器。数控机床上常用的是光电脉冲编码器。光电编码装置由光源、聚光镜、光电盘、光拦板、光敏元件、整形放大电路和数字显示装置组成，其工作原理如图5-6所示，光电盘装在回转轴上，轴的一端装有齿轮，与齿轮或齿条啮合时可带动光电盘转动；回转轴也可以直接与主轴、丝杠相连随之转动。光电盘转动时，光敏元件把通过光电盘和光拦板射来的光信号转换为电脉冲信号，经过整形、放大、分频、计数和译码后输出显示。由于每转发生的脉冲数一定，因此既可以表示回转角度，也可以换算成直线位移。根据光栅板上两条狭缝中信号的先后顺序，还可以判断光电盘的转动方向。

（5）磁尺　磁尺位置检测装置是由磁性标尺、磁头和检测电路组成，其方框图如图5-7所示。磁尺的工作原理与普通磁带的录磁和拾磁的原理是相同的。将一定周期变化的方波、正弦波或脉冲信号，用录磁磁头录在磁性标尺的磁膜上，作为测量的基准。检测时用拾磁磁头将磁性标尺上的磁信号转化成电信号，经过检测电路处理后，计量磁头相对磁尺之间的位移量。按其结构可分为直线磁尺和圆形磁尺，分别用于直线位移和角位移的测量。按磁尺基体形状分类的各种磁尺如图5-8所示。

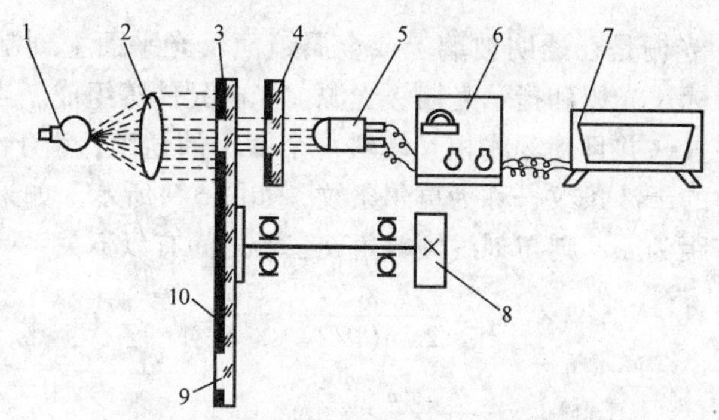

图 5-6　光电脉冲编码装置工作原理图

1—光源　2—聚光镜　3—光电盘　4—光拦板　5—光电管
6—整形放大电路　7—数显装置　8—传动齿轮　9—狭缝　10—铬层

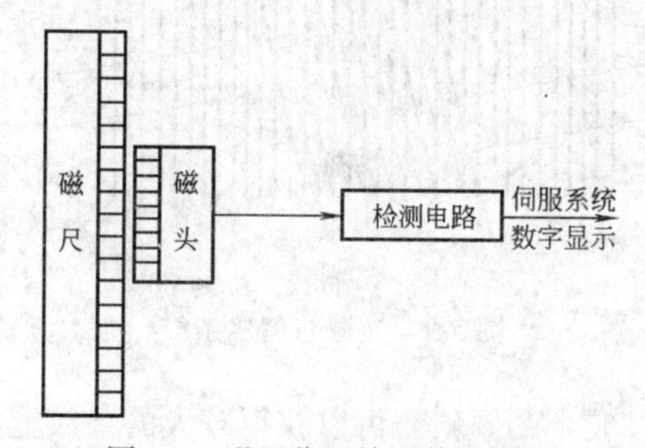

图 5-7　磁尺位置检测装置框图

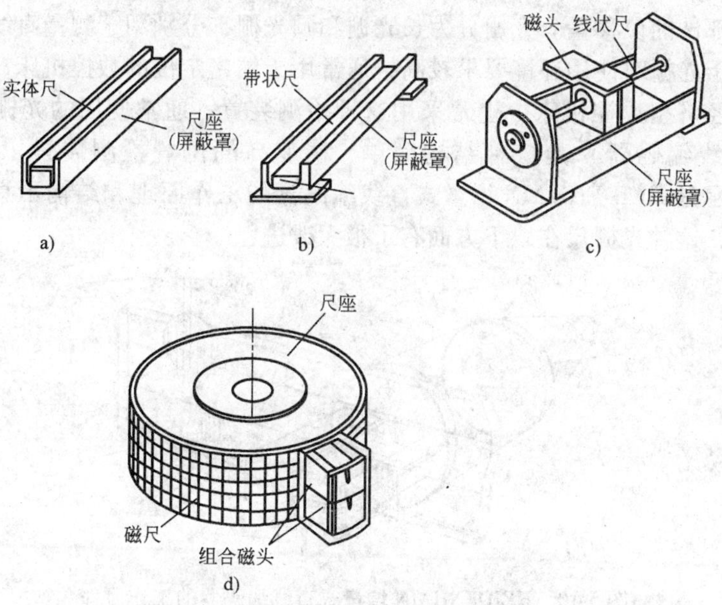

图 5-8　按磁尺基体形状分类的各种磁尺

a）实体型磁尺　b）带状磁尺　c）线型磁尺　d）回转型磁尺

（6）光栅　光栅是在透明玻璃上或金属镜面反光平面上刻制的平行、等距的密集线纹，由标尺光栅和指示光栅、光源、光电元件等组成。当两个光栅保持一定间隙平行放置，并且使刻线相互倾斜一个微小的角度，由于光的衍射作用，会产生明暗交替的干涉条纹，称为莫尔条纹，如图 5-9 所示。如果莫尔条纹的宽度为 W，光栅节距为 ω，则与刻线倾斜角 θ 三者之间有以下关系

$$W = \frac{\omega}{2\sin(\theta/2)} \approx \frac{\omega}{\theta} \tag{5-1}$$

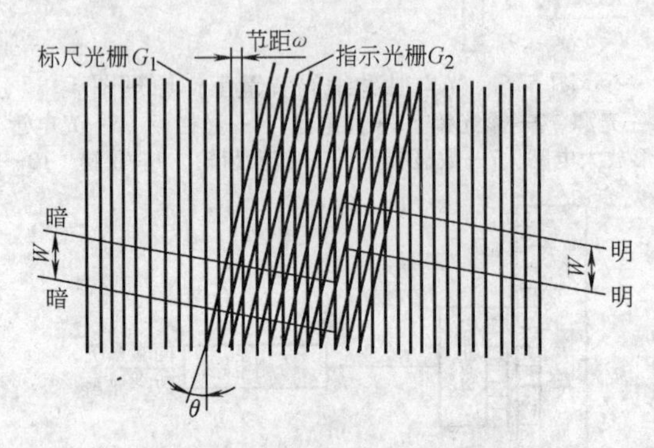

图 5-9　光栅与莫尔条纹

由以上公式可见，较小的倾斜角可以获得较大的条纹宽度，所以莫尔条纹相当于将光栅的条纹放大了。通过光敏元件测量出莫尔条纹移动的数量，便可测出机械运动部件的位移量。光栅分为长光栅和圆光栅，分别用于测量直线位移和角位移。由于光栅对使用环境要求较高，通常用于精密定位的数控机床，此外在数显机床和经济型数控机床中也常采用这种检测装置。通常使用的光栅尺（增量式光电直线编码器）是一种结构简单、精度高的位置检测装置，图 5-10 和图 5-11所示是 HEIDENHAIN 增量式直线编码器的工作原理和结构示意，与旧式光栅比较，这种光栅尺在以下方面有了很大改进：

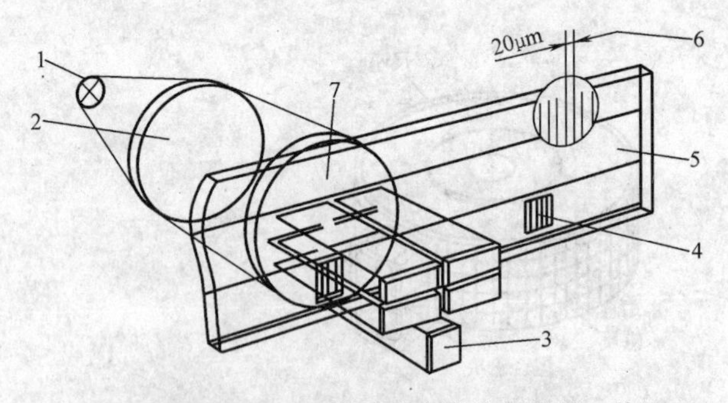

图 5-10　HEIDENHAIN 增量式直线编码器的工作原理

1—光源　2—聚光镜　3—硅光电池　4—基准标记

5—标尺光栅　6—线纹节距　7—指示光栅

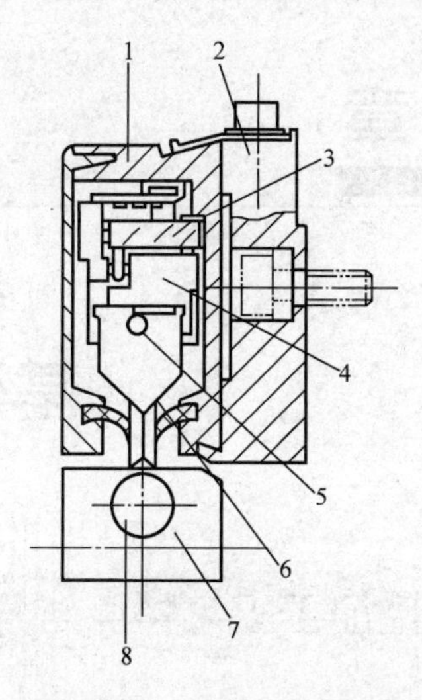

图 5-11　HEIDENHAIN 增量式直线编码器的结构
1—尺座组件　2—安装座　3—标尺光栅　4—扫描头
5—连接件　6—密封条　7—扫描头安装座　8—电缆

1）光栅和扫描头为圈密封结构，防护性好。

2）结构简单，截面尺寸小，安装方便。

3）反射性编码器具有补偿导轨误差的功能。

4）相配的电子线路设计成标准系列器件，便于选用。

第六章

数控加工工艺基础与机床操作

◆◆◆ 第一节 数控加工工艺特点与分析

一、数控机床加工的工艺特征

1. 数控加工工艺分析

（1）数控机床加工与普通机床加工工艺特点的比较分析　如前述，数控机床是通过程序和指令来自动完成零件切削加工工艺过程的，而使用普通机床加工，操作者必须将工艺过程细分为工步和具体操作步骤，然后通过操作者的精心操作来完成零件的切削加工工艺过程。根据工艺系统的主要组成部分分析，数控机床加工与普通金属切削机床加工比较，具有如下主要特点：

1）机床分析比较。

① 数控机床的机械传动部分采用的伺服电动机、滚珠丝杠螺母传动副、齿轮传动的间隙消除机构、滚动导轨或高精度滑动导轨等，其传动精度远高于普通金属切削机床，因此精度要求高的零件显然归属于数控机床加工工艺范畴。

② 数控机床有多轴联动的功能，而一般机床通常只能通过交换齿轮联接或内部传动链的联接，实现两轴联动切削，因此需要多轴联动进行切削的零件，采用数控机床可以通过一次装夹的工序即可完成，而普通机床只能将零件形体进行分解后，经过多种机床、多道工序，多个工步的切削加工才能完成。

③ 数控机床的加工采用程序控制，机床的主轴变速、进给量确定、刀具参数、工件装夹等基本自动化，操作方便，加工时间稳定，因此其执行工艺规程的严格性远超过由人工调整的普通机床。

2）刀具分析比较。

① 数控机床可采用由 PLC 系统控制刀具的自动装夹或转换，而普通机床一般由人工操作完成，有效降低了操作劳动强度。

② 数控机床的主轴精度和刀轴精度高，因此安装后的刀具回转精度远高于普通机床，有利于提高加工精度。

③ 数控机床加工通常均使用寿命长、耐磨损、安装精度高的可转位刀具，其切削速度、进给量等切削用量高于普通机床，便于进行大批量生产和大型模具等复杂型面工件的长时间连续加工，有利于保证产品质量，提高生产效率。

④ 数控机床自动换刀装置与刀库的应用，有利于实现柔性加工，使零件的加工工艺更为集约和简化。

⑤ 数控机床具有刀具补偿功能，可实现对刀具参数、切削余量的灵活运用和严格控制，而普通机床需要通过反复试切和测量才能对零件尺寸进行人工控制，有效降低了操作复杂程度和难度。

3）夹具分析比较。

① 数控机床通常采用数控对刀装置精确找正刀具的坐标位置，而普通机床加工需要人工利用夹具上的对刀装置进行目测对刀，因此用于数控加工的夹具一般不需要设置对刀装置。

② 数控机床通常具有移位精确的工作台、数控回转工作台和交换工作台等，因此，所使用的夹具常可省略普通机床夹具的等分对定等装置。

③ 对于具有液压、气动夹紧机构的夹具，数控机床的自动化程度和辅助设施（如液压泵站、气源等）配置比较齐全和可靠。

④ 对于孔加工位置的控制，数控机床不需要位置控制的钻模、镗模等引导装置。

⑤ 对于比较复杂的模具型面，可通过数控自动编程，省略夹具的仿形装置和设施。

4）工艺辅助设施分析。

① 数控机床通常带有刀具预检测设备，可以在配置、安装刀具前获得刀具的准确数据，便于保证加工质量和对刀调整，进行刀具补偿等。

② 数控机床的切削液的加注方式比较合理，特别是采用主轴中心加注方式，可充分发挥切削液的作用。

③ 数控机床具有故障报警系统，发生故障还可以通过自诊断功能来判断故障的位置和原因，而普通机床通常是依靠经验，采用逐级检查、排除的方法检查故障的。

④ 数控机床一般配置切屑清除、输送设施，有利于机床的自动维护与保养。

⑤ 数控机床对切削液、切屑飞溅等的防护都设置了合理的安全装置和自动保护系统，如防护门、紧急停止按钮、加工过程中的自动报警、规范操作未到位，机床就无法起动等。

(2) 数控机床加工工艺的主要内容分析　数控加工工艺的分析主要包括以下内容：

1）分析被加工零件的图样，明确加工内容和技术要求。在此基础上，确定零件加工方案，制定数控加工工艺路线，如划分工序、安排加工顺序、与传统加工工序的衔接等。

2）选择适用的数控机床，并根据机床的特点和零件的加工特点确定工序内容。

3）设计数控加工工序，如选取零件定位基准、划分工步、确定装夹方法、选择刀辅具、确定切削用量。

4）编制、调整、模拟数控加工程序，选取对刀点、换刀点、确定刀具补偿、加工切入切出路径等。

5）分配数控加工中的容差。

6）处理数控机床加工的部分工艺指令。

综上所述，数控机床的加工工艺与普通机床有相似之处，也有许多自身的特点。

2. 数控机床柔性加工的工艺特点（*）

(1) 数控机床加工的工作特性　数控机床单机加工，即一台数控机床或加工中心加工机械零件的方法，是柔性自动化加工中规模最小的一种，其柔性自动化程度主要是指切削加工过程，控制技术也相对比较简单，但数控单机加工是各种柔性自动化加工的基础，使用较简单，应用也最广泛。其主要功能特点如下：

1）柔性。主要表现在加工对象的灵活可变性，即通过更换软件可以很容易地在一定范围内，从一种零件的加工更换为另一种零件加工的功能，显著地缩短了多品种生产中的设备调整和生产准备时间。

2）实现机床操纵和加工过程的自动化。数控机床加工解决了普通机床加工自动化程度和加工效率低和自动机床、专用机床或自动线加工柔性差的基本矛盾，成为功能完善的现代化加工方法。

(2) 数控机床多工序集中的加工特点　根据对数控机床加工工艺特点的分析可以知道，数控加工有单工序加工和多工序集中数控加工。多工序集中加工的典型机床是立、卧和五面加工中心。机床在数控系统控制下，具有刀具自动交换（ATC）功能，有的还具有多个工作台自动交换（APC）功能，能对工作台面上的工件在一次定位装夹的条件下，进行多工序加工，显著提高加工中小批量零件的柔性和效率，提高异形零件加工能力，缩短零件在制时间，精简工装，进一步提高加工综合经济效益。数控多工序集中加工带来的新问题有：

1）切削热影响加工精度。大量材料切除使工件温度明显上升，使精加工在

工件半热态条件下进行，造成零件因冷缩影响加工精度。

2）加工应力影响加工精度。工序高度集中，使工件在由毛坯变成品的过程中内应力缺少时效，加工完后，工件从夹具上松开后可能进一步变形造成加工精度下降。

3）粗精加工造成矛盾复杂化。多工序集中加工要求在工件安装区周围为刀具运行留出足够的空间，限制了夹具定位元件、夹紧元件的安装空间；同时要求夹具在粗加工时刚性好和夹紧力大，精加工时定位精度高和工件变形小，致使要解决的矛盾复杂化。

4）机床需要有高的精度储备和精度保持性。在批量生产中，由于机床重复定位精度和其他一些不稳定的工艺因素影响，稳定加工精度一般比机床所能达到的最高精度低1~2级。因此一台能精加工箱体的加工中心，其精度不能低于精密坐标镗床的精度；同时又要用此设备铣削铸件毛坯和钻削低精度的孔，这就对机床提出了严格的综合要求。

5）切屑处理较困难。多工序集中加工给切屑处理带来困难，尤其在一些钢件加工时，切屑连续、堆积、缠绕，常会影响正常自动加工，需要在工艺上为清除切屑采取措施。

3. 加工零件的合理选择

数控机床适应的加工零件范围广，为了发挥数控机床的最大经济效益，可以优先考虑以下因素：

（1）重复性投产的零件　使用数控机床的工艺分析准备、程序编制、零件首件调整试切等工序准备时间是零件单件加工工时的几十倍，因此一种零件在数控机床上试制成功再重复投产时，可以重复使用保存的工装和资料，大大缩短生产周期，减低成本，可取得更好的经济效益。

（2）要求重点保证加工质量和高生产率的中小批关键零件　充分发挥高柔性、高效率、高精度的加工特点，节省专用机床的大量专用工装，排除普通机床复杂加工的长工艺流程中许多人为的干扰因素，加工的零件一致性和互换性好。

（3）零件批量应大于经济批量　在不具备自动编程、带数据处理的刀具预调仪、计算机辅助设计（CAD）、计算机辅助工艺设计（CAPP）、计算机辅助制造（CAM）等辅助设施和技术时，对一般复杂程度的零件（单件工时在1h左右），若采用手工编程，有5~10个零件就可以考虑使用数控机床。

（4）能充分发挥数控机床多工序集中的工艺特点的零件。

（5）零件加工内容限制　零件的形状、外形尺寸大小应与机床规格相适应，所用刀具的尺寸不要大于自动交换装置（ATC）所允许的最大尺寸。

（6）零件综合加工能力的平衡　作为单台数控机床需要与其他机床设备的

加工工序衔接配合，因而有生产节拍和能力的平衡要求，既要充分发挥数控机床加工特点，又要合理地安排其他设备的配套平衡工序。

（7）单件特殊零件　形状复杂、精度高、互换性好的零件，非数控机床无法达到加工要求的，只能安排在数控机床上加工。

二、数控机床的选择

1. 数控机床的选用原则

（1）实用性　能满足实际零件加工的需要。

（2）经济性　选用的数控机床在满足加工要求的条件下，所支付的代价是最经济的或者是较为合理的。

（3）可操作性　选用数控机床要与本企业的操作和维修水平相适应。

（4）可靠性　选用数控机床应综合考虑加工运行生产管理和维修服务的可靠性。

数控机床的运行成本一般在 20～200 元/h 之间，在定购前应进行必要的投资回报分析，数控机床投入使用后应采取各项措施，以获取预期的经济效果。

2. 数控机床的选择方法

（1）按数控机床的应用范围选择　不同的数控机床有不同的用途，在选用数控机床之前应对其类型、规格、精度、性能、特点、用途和应用范围有所了解，才能选择最适合加工零件的数控机床。

（2）按数控机床的层次选择　数控机床可分为三个层次：高档型、普及型和经济型。

1）高档型数控机床是指加工复杂形状的多轴控制或工序集中，自动化程度高，高柔性、复合型的数控机床。常见的有 5 轴或 5 轴以上的数控铣床，大型、重型数控机床，五面加工中心和车削中心，柔性加工单元（FMC），柔性加工系统（FMS）。高精度、高难度的零件采用此类数控机床。

2）普及型数控机床具有人机对话功能，价格适中，通常被称为全功能数控机床。这类机床品种门类极多，覆盖了各种数控机床类别。大部分的零件均可选用此类数控机床。

3）经济型数控机床仅能满足一般精度要求的数控加工，能加工形状较简单的直线、斜线、圆弧及带螺纹类的零件。这类机床结构简单，价格便宜，常见的是数控车床、数控铣床、数控线切割机和数控钻床等。

（3）按技术经济性选择　根据加工零件的精度、材料、形状、尺寸、数量和热处理等因素，并根据加工周期、加工成本，时间定额等，从最经济的尺度进行综合考虑和选择。

三、数控加工方案的确定

1. 零件毛坯加工余量和材质均匀化

由于数控机床加工费用高，因此在坯件上只能留下必要的最少余量，以达到提高加工精度和节省工时的目的。对一些余量不均匀的铸件、锻件，必要时应考虑在粗加工机床上预先粗加工，有利于提高数控机床的加工精度和经济效益，减少毛坯加工时的意外刀具破损。对于一些铸、锻件应经过时效处理，消除工件内应力，以减少在多工序集中加工后的零件变形。

2. 充分发挥数控机床强力、高效的潜能

选择刀具应尽可能配备优良的切削刀具，使用较大的切削用量，在满足加工精度的前提下，粗加工提高单位时间的材料切除量，精加工提高切削速度。在工艺系统刚度允许的前提下，可以采用多刀多刃的复合加工刀具，或采用小型多轴加工方案，以提高整机加工效率。

3. 合理安排工序顺序

在多工序集中加工的工艺方案中，对各工序内容和顺序应有合理安排，具体考虑时应注意以下几点：

1）注意零件在数控机床上加工工序的内容应与前后工序相联系，即确定采用的零件毛坯在进入数控机床前应加工的基准面、基准孔，需要留的加工余量，以及为以后工序所留的工艺内容。

2）一些复杂零件由于加工中的热变形、内应力释放、零件夹紧变形、加工精度、编程操作等因素，使加工很难一次完成的，应进行综合平衡，把一次装夹完成多工序内容的分为几次进行。

3）在每一个加工程序中各工序的工艺安排应采取由粗渐精的原则，先进行粗加工以切除大部分余量，然后安排一些发热量小、加工精度要求不高的工艺内容（如钻小孔、攻紧固螺纹等），使工件在精加工前有较充分的冷却和时效，最后再安排精加工。

4）在每一个工序中应考虑刀具加工路径的合理性。对于工序高度集中的加工中心等机床，采取按所用刀具来划分工序和工步的原则，即同一把刀具完成所有需要该刀具加工的部位后，再换一把刀具进行加工，以减少换刀次数和时间。对于加工中存在重复定位误差或同轴度要求很高的孔系，应该在一次定位后，通过顺序、连续换刀、顺序连续加工完该同轴孔系的全部孔后，再加工其他坐标位置的孔，以提高孔系的同轴度。

4. 工件装夹

1）尽可能减少工件的装夹次数，在一次装夹中尽可能多地完成各个工序和工步内容。

2）考虑便于各工序工步加工表面都能进行加工的定位方式，如箱体类零件，最好采用一面两销的定位方式，以便刀具对其他各表面的加工。

3）采用尽可能简单的夹紧方式，减少加工干涉。

4）装夹方式有利于对刀，有利于刀具的切入和切出，便于调整工件、刀具和机床坐标系之间的尺寸关系。

5. 采用大流量切削液冷却方式

采用大流量切削液冲刷工件和刀具的冷却方式，一些深孔加工还可以使用内冷却方式，以使被加工零件浸泡在接近室温的切削液中，切削中产生的热量被切削液迅速带走，以避免多工序集中加工、强力高速加工使工件变形而影响加工精度，提高刀具寿命及加工表面质量。

6. 选用多件加工工艺方案

对于工件批量较大，但工序又不太长时，可采用多件一起安装加工，提高加工效率，延长粗、精加工之间的间隔，以改善加工精度，减少机床换刀次数和单件工时。

四、加工路线的确定

1. 确定加工路线的原则

（1）加工路线确定的基本原则　在数控加工中，刀具刀位点相对于工件运动的轨迹称为加工路线。确定加工路线是编写程序前的重要步骤，加工路线的确定应遵循以下原则：

1）保证被加工工件的精度，并有较高的加工效率。

2）使加工数据计算简单，以减少编程的工作量和程序的复杂程度。

3）使加工路线尽可能短，既可以减少程序段，又可以减少空刀时间。

此外，确定加工路线时，还应考虑工件的加工余量、工艺系统的刚度，以便确定加工中的循环次数，以及铣削加工的顺铣和逆铣方式等。

（2）外轮廓切入和切出路径确定原则　在路径的辅助程序段设计时，外轮廓加工的切入和切出路径应在切入点的切向方向，避免法向切入，以免由于速度方向改变和弹性变形在工件表面留下接刀痕迹。

2. 确定加工路线的方法

刀具轨迹计算是指计算工件加工轨迹的尺寸，即计算工件轮廓的基点和节点的坐标，或刀具中心轨迹的基点和节点的坐标。在手工编程中，可以应用初等数学中的几何、三角函数或联立方程等计算获得较简单的基点和节点坐标。

1）计算基点坐标。数控机床一般只有平面和圆弧插补功能，因此，对于直线和圆弧组成的平面轮廓，刀具轨迹的计算主要是计算各基点的坐标。所谓“基点”，即相邻几何元素（直线、圆弧等）的交点或切点。有了基点的坐标，

就可以编写这些直线、圆弧等几何元素的加工程序。

2）计算节点坐标。有一些平面轮廓是由非圆方程曲线 $y = f(x)$ 组成的，如渐开线、阿基米德螺旋线等。一些数控机床没有直接加工这类曲线轮廓的插补功能，因此需要采用数控机床能加工的直线或圆弧去逼近零件轮廓，即将零件轮廓曲线按编程允许误差分割成若干小段，用直线或圆弧来代替（即逼近）这些曲线小段。逼近直线或圆弧小段的轮廓曲线的交点或切点，称为“节点”。有了节点的坐标，就可以编写这些直线、圆弧等几何元素的加工程序，采用逼近法加工零件轮廓。

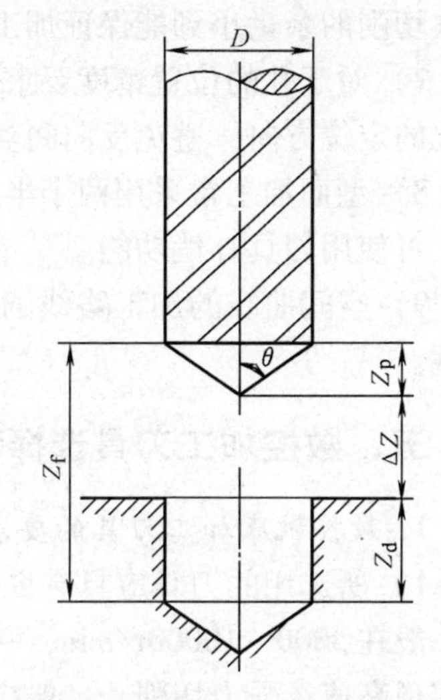

图 6-1　数控钻孔的尺寸关系

3. 确定加工路线的注意点

1）对于点位加工应使空程最短，并考虑加工时的刀具轴线运动尺寸，该尺寸由工件的孔深决定，还应考虑一些辅助尺寸，如图 6-1所示。通常引入距离 ΔZ 值可参见表 6-1。

表 6-1　点位加工刀具引入点距离 ΔZ 值　　（单位：mm）

工　序	已加工表面	毛坯表面
钻孔	2～3	5～8
镗孔	3～5	5～8
铰孔	3～5	5～8
攻螺纹	5～10	5～10

2）用立铣刀的侧刃铣削平面零件的外轮廓时，切入与切出部分应考虑外延，如图 6-2 所示，以保证工件轮廓的平滑过渡，切入时，应先与轮廓的延长线接触，然后沿轮廓曲线的切线方向切入。

3）铣削平面零件内槽的封闭轮廓时，切入与切出不能有外延部分。

4）车削螺纹时，沿工件的轴向进给方向应增加 $(2～5)P$ 的引入距离。

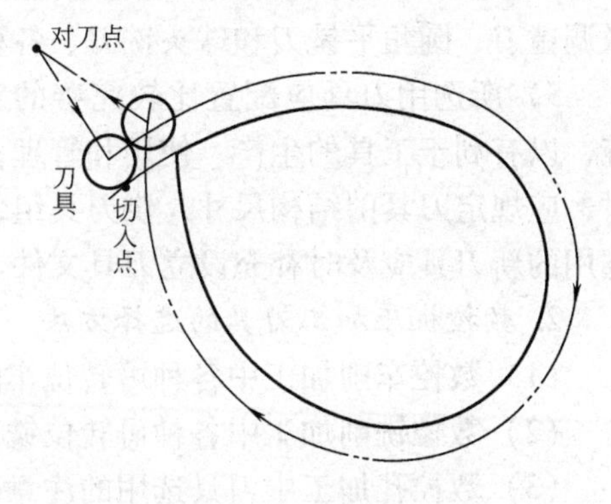

图 6-2　切入切出关系

5）轮廓铣削中，应避免进给停顿，以免留下切痕。

6）为了提高加工精度，降低表面粗糙度，可采用多次循环切削，并使最后一次切削的余量小到能保证加工精度要求。

7）对于孔的位置精度要求高的零件，在精镗孔系时，安排镗孔路径应注意各孔的定位方向，避免反向间隙，做到各孔的定位方向一致。

8）型面加工常采用两个半坐标编程，使其加工路径相当于地形图上的等高线，可使用刀具补偿功能。

9）空间曲线的加工路线通常应用多坐标编程软件和刀具半径的空间补偿实现。

五、数控加工刀具选择和自动换刀系统

1. 数控机床加工刀具的要求

1）所选用的刀具应具有良好、稳定、可靠的切削性能。数控机床的主轴转速一般在5000～10000r/min，一些高速轻载机床已达到20000～30000r/min，为了实现高速、强力切削，一般应尽可能选用硬质合金刀具和可转位刀片，以减少刀具磨损和更换预调时间。根据需要，还可选用涂层硬质合金刀具、超硬刀具和陶瓷刀具。

2）所选用的刀具有较高的使用精度。随着柔性制造技术的发展，要求刀具实现快速和自动更换，所加工的零件日益复杂和精密，因此，要求数控刀具必须具备较高的形状精度和关键尺寸的一致性。如镗铣类加工中心的刀轴锥柄达到一般锥度量规的精度；数控车床选用不需要预调的可转位精化刀具（Qualified Tool）；数控铣床选用的立铣刀直径精度在5μm 等。

3）所选用刀具、刀片应品种、规格齐全，并有多种复合型刀具。

4）所选用刀具应有利于发挥数控加工的高效功能，如采用高刚性麻花钻、可转位钻头和可转位扩孔钻、硬质合金螺旋齿立铣刀、机夹硬质合金单刃铰刀、微调镗刀、圆角平铣刀和球头铣刀、各种复合刀具。

5）所选用刀具应配置比较完善的工具系统，如配置 TSG 国际系列工具系统，以有利于工具的生产、使用和管理，有效减少使用厂的刀具储备。选择刀具时，应规定刀具的结构尺寸，供刀具组装预调使用，编程时应调用刀具文件，对选用的新刀具应及时补充设立刀具文件。

2. 数控机床加工刀具的选择方法

（1）数控车削加工中各种可转位车削刀具的选用（见图6-3）

（2）数控铣削加工中各种可转位铣削刀具的选用（见图6-4）

（3）数控孔加工中刀具选用的注意事项

1）钻孔。数控加工一般无钻模，钻孔刚度差，加工时及刀具选用应注意以

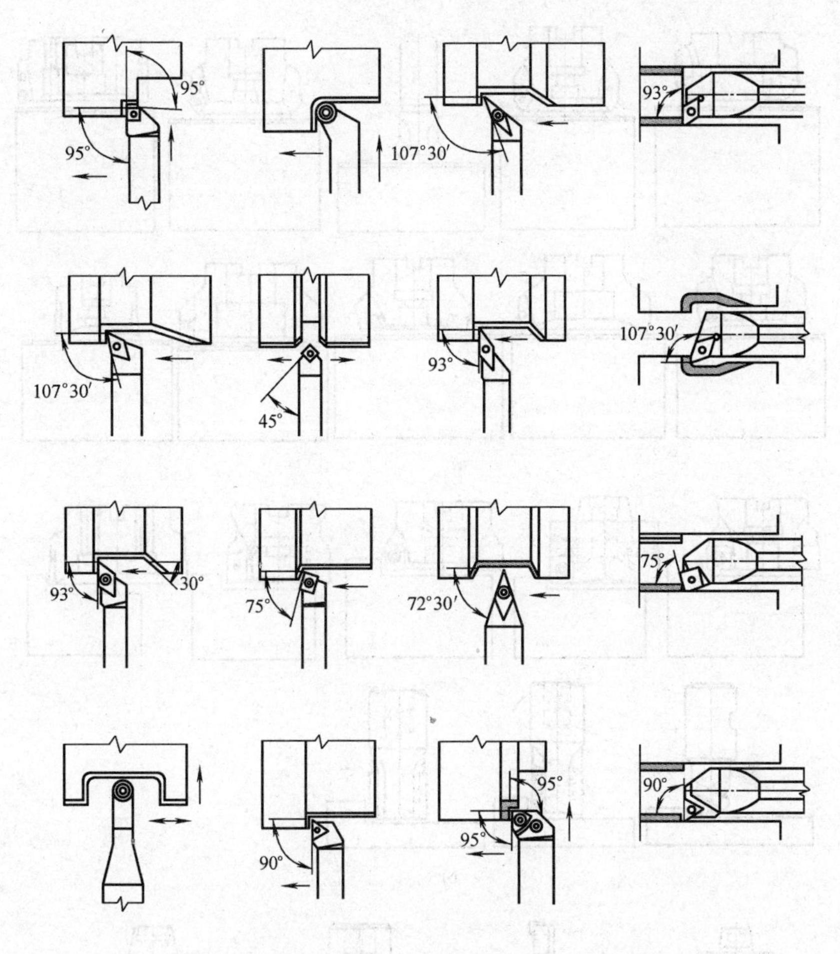

图 6-3　各种可转位车削刀具的选用

下几点：

① 孔深 L 与孔径 D 之比应满足 $L/D \leqslant 5$。

② 钻头两主切削刃应对称，以减少侧向力。

③ 先使用大钻头钻内锥坑作定位锥面，然后再钻孔加工。

④ 有硬皮时可选用硬质合金铣刀铣除孔口表皮，然后选用锪钻和钻头加工。

⑤ 钻大孔时选用刚度较大的硬质合金扁钻。

2）铰孔。精铰孔一般选用浮动铰刀，铰前孔口应倒角，铰刀两刃的对称度控制在 0.02～0.05mm 之间。

3）镗孔。悬臂加工，应选用对称的 2 刃或 2 刃以上的镗刀头加工，以平衡切削力，减轻镗削振动。精镗应选用微调镗刀。

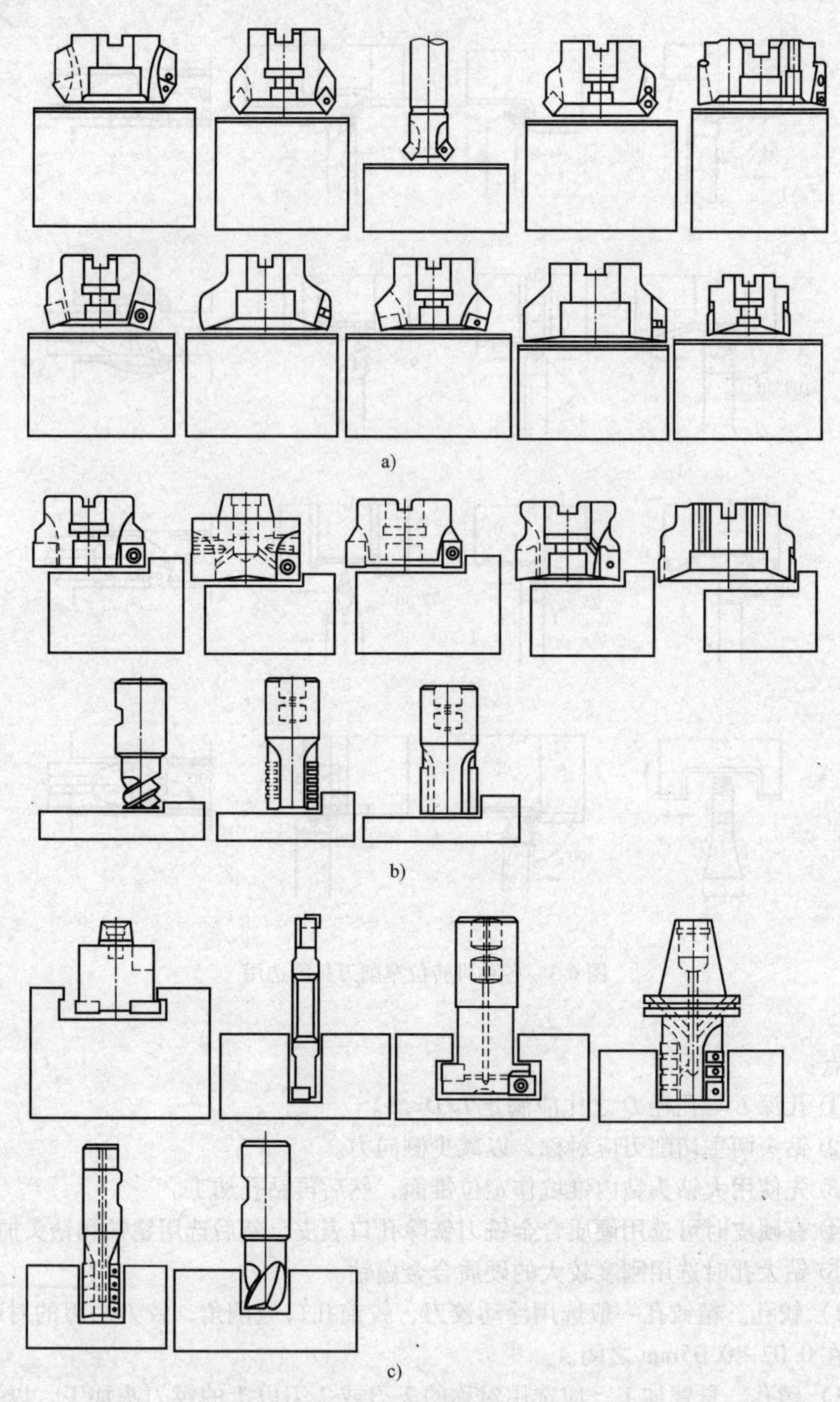

图 6-4　各种可转位铣削刀具的选用
a）面铣刀　b）圆周刃铣刀　c）槽铣刀

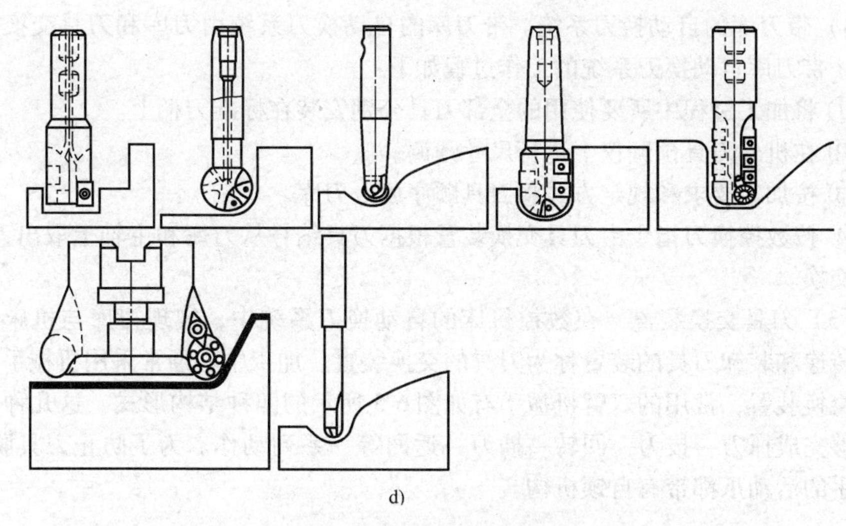

d)

图6-4 各种可转位铣削刀具的选用（续）

d）球头铣刀

3. 数控机床的刀具自动换刀装置和刀具交换装置（*）

（1）自动换刀装置的基本要求 为了进一步提高生产效率，压缩非生产时间，实现一次装夹完成多工序加工，一些数控机床配置了自动换刀装置。数控机床对自动换刀装置的基本要求为：

1）刀具换刀时间短。

2）刀具重复定位精度高。

3）足够的刀具储存量。

4）刀库的占地面积、占用空间小。

（2）自动换刀装置的主要形式

1）回转刀架换刀装置。数控机床上使用的回转刀架是一种最简单的自动换刀装置，通常有四方形、六角形或其他形式，回转刀架可分别安装四把、六把或更多的刀具，并按数控指令回转、换刀。回转刀架在结构上必须有较好的强度和刚性，并具有尽可能高的重复定位精度。数控车床常采用此类自动换刀装置。

2）更换主轴头换刀装置。在带有旋转刀具的数控机床中，更换主轴头换刀是一种简单的自动换刀装置，主轴头通常有卧式和立式两种，通常使用转塔的转位来更换主轴头以实现自动换刀。各个主轴头上预先装有各工序加工所需要的旋转刀具，当受到换刀数控指令时，各主轴头一次转到加工位置，并接通主运动使相应的主轴带动刀具旋转，而其他处于不加工位置的主轴都与机床主运动脱开。数控铣床常采用此类自动换刀装置。

3）带刀库的自动换刀系统。带刀库的自动换刀系统由刀库和刀具交换装置组成，带刀库自动换刀系统的工作过程如下：

① 将加工过程中所要使用的全部刀具分别安装在标准刀柄上。

② 在机外刀具预调仪上进行尺寸预调。

③ 按加工要求和规定方式将刀具顺序放入刀库。

④ 按数控换刀指令由刀具交换装置根据刀具编号从刀库和主轴上取出刀具，进行交换。

（3）刀具交换装置　在数控机床的自动换刀系统中，实现刀库与机床主轴之间传递和装卸刀具的装置称为刀具的交换装置。加工中心通常采用机械手作为刀具交换装置，常用的双臂机械手有如图 6-5 所示的四种结构形式，这几种机械手能够完成抓刀→拔刀→回转→插刀→返回等一系列动作。为了防止刀具脱落，机械手的活动爪都带有自锁机构。

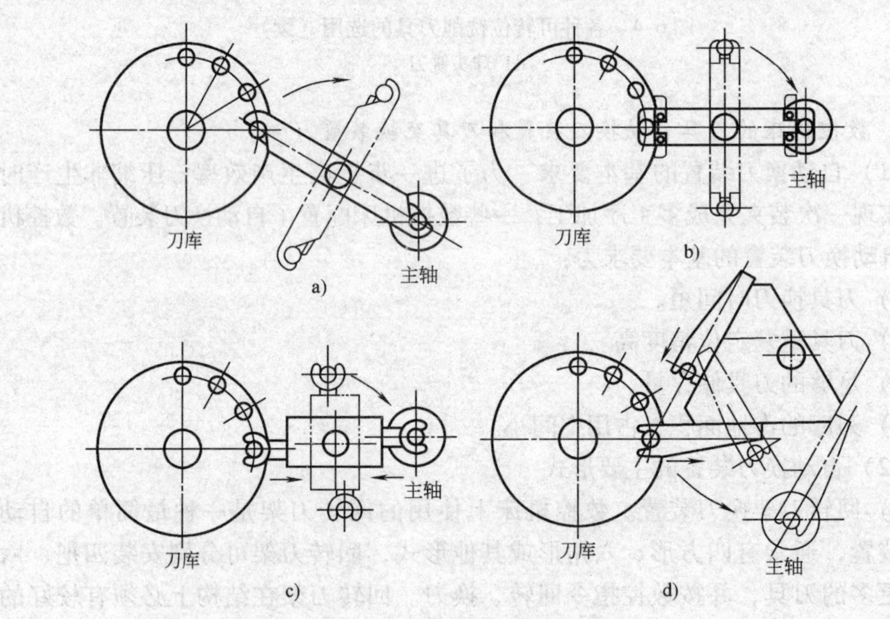

图 6-5　双臂机械手常用结构

a）钩手形式　b）抱手形式　c）伸缩手形式　d）插手形式

4. 刀库类型、容量和刀具选取方式

（1）刀库的类型　常用的刀库类型有：

1）盘式刀库。此类刀库结构简单，应用较多，刀具常采用双环或多环排列，以增加空间利用率。盘式刀库适用于刀具较少的数控机床。

2）链式刀库。此类刀库结构紧凑，刀库容量大，当刀具需求数量为 30 ~

120 把的数控机床，都采用链式刀库。

3）鼓轮弹仓式或格子式刀库。此类刀库占地面积小、结构紧凑、刀库容量大，选刀和取刀动作比较复杂，多用于柔性制造系统（FMS）的集中供刀系统。

（2）刀库的容量　刀库容量是指刀库中可容纳刀具的数量。刀库中的刀具并不是越多越好，过大的刀库容量会增加刀库尺寸、占地面积和选刀时间。根据统计，大部分数控机床的刀库容量取10～40。

（3）刀具选取方式　刀库的刀具选取方式有两种：

1）顺序选刀方式。在加工之前，将加工零件所需刀具按顺序插入刀库刀套，加工时按顺序调刀，不同的工件必须重新调整刀库中刀具的顺序。此种方式适用于加工批量较大、工件品种数量较少的中、小型自动换刀数控机床。

2）任意选刀方式。加工中心常采用记忆式的任意选刀方式，这种方式能将刀具号和刀库中的刀套位置对应记忆在数控系统中，刀库装有位置检测装置，这样便可以实现刀具的任意取出和送回。

六、工件装夹和程序起点设置

（1）工件装夹　数控机床上工件装夹与普通机床基本相同，通常应遵循以下原则：

1）尽可能使定位基准统一，减少定位误差。

2）尽可能减少装夹次数，使加工工序集中，以减少重复装夹误差。

3）尽可能采用交换工作台，减少装夹辅助时间，提高加工效率。

（2）程序起点的设置　程序起点的设置应遵循以下原则：

1）设置在编程时能够减少数据换算的特殊点、线、面上。

2）设置在零件的设计基准或工艺基准上。

七、切削用量的选择

数控机床的切削用量是经过程序进行控制的，在程序运行试切加工中，可根据试切加工质量和工艺系统的振动、刀具磨损等情况予以修正，以达到保证加工质量、合理规范刀具使用寿命和提高加工效率等基本要求。

（1）切削速度的选择　在工艺系统刚性许可的条件下，尽可能提高切削速度，以发挥数控机床潜力。高速钢材料的刀具一般选用25～35m/min，涂层硬质合金一般选用 110～120m/min。

（2）背吃刀量的选择　按常规切削用量数据，在粗精分开加工时，粗加工选取较大值，精加工选取较小值。

（3）进给量的选择　按常规切削用量数据，粗加工选取较大值，精加工选取较小值。车削粗加工一般选取 0.3～0.5mm/r，精加工一般选取 0.1mm/r。铣削加工的进给量应根据铣削方式和刀具材料和结构形式综合考虑，并经试切后选择确定。

◈◈◈ 第二节　数控加工工艺实例

一、数控车床加工实例

加工如图 6-6 的带螺纹短轴，数控加工工艺主要内容：

（1）选用机床　可选用 FANUC 系统的一般数控车床。

（2）工序内容　采用工序集中，一次装夹加工所有内容。

（3）坯料与工序衔接　可选用圆钢坯料直接进入数控加工，左端面加工采用其他机床进行工序衔接。

（4）选用刀具　需选用外圆车刀、4mm 车槽刀和标准外螺纹车刀。

（5）切削用量　主轴转速 1000r/min，进给量 0.1～0.3mm/r。

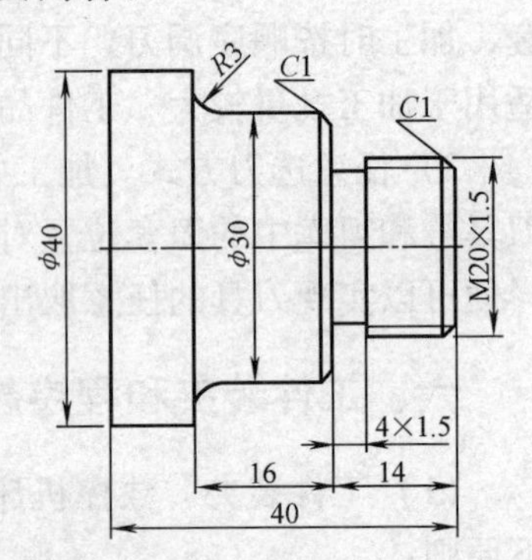

图 6-6　数控车床加工实例

（6）加工顺序　单一循环车圆柱螺纹端面→复合循环粗车外圆→半精车各外圆及端面→复合循环精车外形→换车槽刀车槽→换螺纹车刀分三刀单一循环车螺纹。

（7）工件坐标原点　设置在右端面中心，换刀点设置在 X100，Z120 坐标点位置。

（8）编程注意点

1）应用端面单一循环指令、外圆粗车复合循环指令。

2）加工循环所调用的程序段顺序号。

3）车槽槽底应停顿 1s 左右的时间。

4）车槽后应沿 X 向先退刀，然后快速退回换刀点。

5）快速接近工件后，应预留合适的距离。

二、数控铣床加工实例

加工如图 6-7 的样板外轮廓，数控加工工艺主要内容：

（1）选用机床　可选用 FANUC 系统的一般数控铣床。

（2）工序内容　采用工序集中，利用工件中部穿孔一次装夹加工直线和圆

弧构成的外形轮廓。

（3）坯料与工序衔接　进入数控加工前，工件两平面、中部穿孔、外形粗加工均留有1mm余量，加工时采用其他机床进行工序衔接。

（4）选用刀具　根据最小圆弧选用ϕ10mm的立式铣刀侧刃铣削工件轮廓外形。

（5）切削用量　主轴转速1000r/min，进给速度100mm/min。

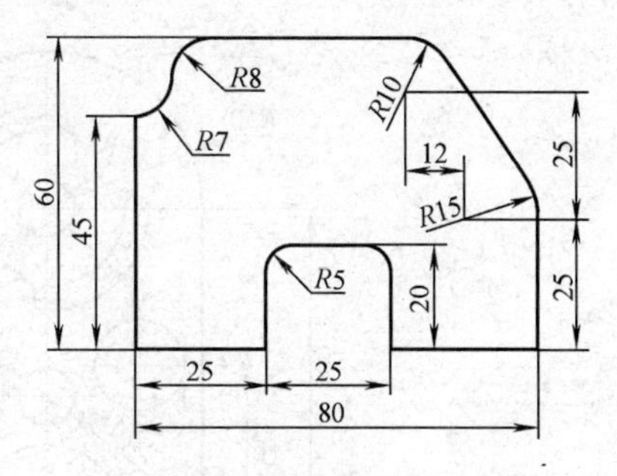

图6-7　数控铣床加工实例

（6）加工顺序　铣左侧平面→逆圆插补铣*R*7圆弧→顺圆插补铣*R*8圆弧→……（顺时针依次铣削）→逆圆插补铣*R*5圆弧→直线插补铣U形框左侧面→直线插补铣左下方水平面。

（7）工件坐标原点　设置在左下角交线与上表面交点处，换刀点设置在X0、Y0、Z100坐标点位置。

（8）编程注意点

1）采用顺铣方式，注意选用进给传动反向间隙小的机床。

2）立铣刀的直径尺寸应通过预调、试切后确定。

3）工件厚度方向应一次铣出。

4）铣削轮廓应在工件原点下方垂直外延直线沿Y轴正向切入，在原点左侧水平直线沿X轴负向切出。

5）快速接近工件应预留合适的距离。

6）圆弧插补注意顺逆方向的辨别。

三、加工中心加工实例（*）

铣削加工如图6-8所示的圆弧、直线连接而成的外轮廓以及表面圆弧槽，数控加工工艺的主要内容如下：

（1）选用数控机床　因外形与槽需要使用换刀操作，因此可选用FANUC等典型数控系统的立式加工中心。

（2）零件主要结构要素和加工精度分析

1）外形尺寸精度要求不高，由平行坐标的直线平面和两个半圆圆弧面组成。工件厚度为15mm。

2）表面有四条圆弧槽，径向截面为矩形槽；两条对称的为整圆槽；两条圆弧槽在分布圆的左下角和右上角，圆弧槽中心始、终点位于中心圆ϕ58mm的象限点；槽深尺寸为5mm，槽宽尺寸为8mm。

（3）工序内容　采用工序集中，利用两个直径为ϕ18mm的工艺安装孔装夹

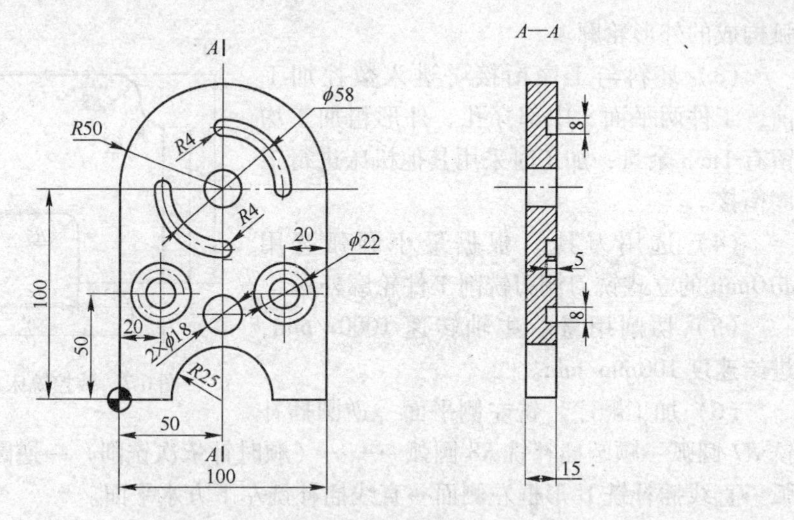

图 6-8　外轮廓与圆弧槽零件

工件，一次装夹完成所有加工内容。

（4）坯料与工序衔接　进入数控加工前，工件两平面与安装孔加工完毕，外形加工成矩形，保证各侧面之间的垂直度，以便对刀操作。

（5）刀具与切削用量的选择　圆弧槽采用 ϕ8mm 键槽铣刀，外形可选用 ϕ20mm 的立铣刀，为了提高外轮廓表面质量，可选用粗、精加工铣刀。按工件材料查表选用键槽铣刀和立铣刀的主轴转速和进给量，也可按经验数据，采用试切法确定。

（6）确定工件坐标原点和换刀点　工件坐标系按图样基准选取在工件的左下角，如图 6-8 所示。换刀点设置按机床规定，注意避免刀具与工件和夹具等的碰撞和干涉。

（7）加工工序过程　预制件检验→选用等高平行垫块和螺栓螺母组安装、找正工件→用寻边器对刀确定工件坐标系 X、Y 零点偏置值→选择、安装 ϕ8mm 键槽铣刀（ϕ20mm 立铣刀）→对刀确定 Z 轴偏置参数→编写或导入数控加工程序→加工轨迹运行显示→机床回参考点→自动加工运行→工件检验与质量分析。

（8）数控加工程序编制要点

1）采用机床规定的指令（如 G54）确定工件坐标系。

2）工件轮廓外形采用刀具半径左补偿指令（如 G41）按工件轮廓编程，应用刀具半径补偿值调用指令（如 D01）实现。切入切出路径为：在零点位置，沿 Y 轴正向切入，沿 X 轴负向切出。

3）圆弧槽采用刀具中心轨迹编程，均采用顺时针圆弧插补指令 G02 及 R 编程，因此外形加工后，注意取消刀具半径补偿 G40 的应用。切入位置选定在中

心圆的象限点，便于坐标值的获取。

（9）数控加工要点

1）工件装夹宜选用工艺平行板，工艺板装夹在工作台面上，工件用螺栓通过工艺孔压紧在平行工艺板上。然后找正工件基准底面与 X 轴平行。

2）外形铣削也可在深度上分两次进给铣削；需要提高外形表面质量时可通过铣刀半径补偿值的设置，使用侧面余量 0.3mm、全部深度的一次性精铣加工。

3）整圆圆弧槽铣削加工中注意观察象限点是否有切入切出痕迹，若有，则应注意调整加工圆弧槽时的进给量。

（10）检验与质量分析要点

1）圆弧 R50mm 可在圆周多个点利用中心孔壁进行检测，也可使用直径为 100mm 的样板进行缝隙检测。

2）圆弧 R25mm 可使用标准圆柱塞规外圆进行圆周缝隙和圆弧位置检测。

3）上部的圆弧槽可使用塞规插入槽的始、终点，然后用游标卡尺或将工件放置在标准平板上进行检测。

4）本例中工件的主要质量问题可能是轮廓表面质量差，主要原因可能是铣刀直径比较小，厚度为 15mm 工件的一次加工成形时铣刀容易产生偏让和振动，直接影响轮廓的表面质量；封闭的圆弧槽在左侧中心圆象限点切入切出，可能产生刀痕，主要原因可能是刀具直径较小，刚性不足及切削用量选择不当等。

第三节　数控加工的操作方法

一、数控车床的操作方法

1. 操作面板按键及其功能

FANUC 操作面板如图 6-9 所示，各按键的功能见表 6-2。

2. 操作的基本方法和步骤

（1）一般的屏幕操作

1）按下 MDI 面板上的功能键，属于所选功能软键就显示出来。

2）按下其中一个选择键，则所选屏幕就显示出来。

3）当屏幕显示后，按下操作选择键以显示要进行操作的数据。

4）为了重新显示选择软键，可按下菜单返回键。

在 MDI 面板上有多个功能键用来选择将要显示屏幕的种类，见表 6-3。

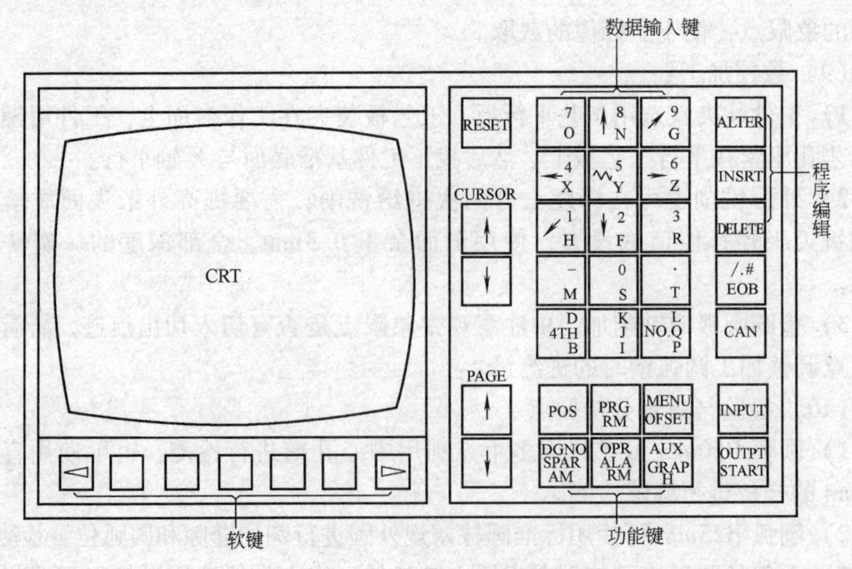

图 6-9　FANUC 操作面板

表 6-2　FANUC 操作面板按键功能

序号	按键名称	功　能
1	RESET 复位键	按下键可以使 CNC 复位或者取消报警等
2	HELP 帮助键	当对 MDI 键操作不了解时，按下该键可以获得帮助
3	软键	根据不同的画面，软键有不同的功能，软键功能显示在屏幕的底端
4	数据输入键	按下这些键可以输入字母、数字或者其他字符
5	SHIFT 换挡键	在键盘上有些键具有两个功能，按下该键可以在两个功能之间进行切换。当一个键右下角的字母可被输入时，就会在屏幕上显示一个特殊的字符 E
6	INPUT 输入键	当按下一个字母或数字键时，再按该键，数据就被输入到缓存区，并且显示在屏幕上
7	CAN 取消键	按下该键可以删除最后一个进入输入缓存区的字符或符号
8	DELETE、INSRT、ALTER 程序编辑键	按下这些键可以进行程序编辑：ALTER 替换、INSRT 插入、DELETE 删除
9	PRGRM、POS 功能键	按下这些键可以切换不同功能的显示屏幕
10	←、↑、→、↓ 光标移动键	光标移动键有四个不同的移动方向
11	PAGE 换页键	换页键有两个，可以用来将屏幕显示的页面向前、往回翻页

表 6-3　MDI 面板功能键显示的屏幕种类

序号	功能键名称	显示屏幕种类
1	POS 键	显示位置屏幕
2	PRGRM 键	显示程序屏幕
3	OFFSET、SETTING 键	显示偏置/设置 SETTING 屏幕
4	SYSTEM 键	显示系统屏幕
5	MESSAGE 键	显示信息屏幕
6	CUSTOM、GRAPH 键	显示用户宏程序屏幕和图形显示屏幕

（2）JOG 进给操作

1）按机床操作面板上的进给轴和方向选择开关，机床沿选定轴的进给方向移动，手动连续进给速度可用手动连续进给速度倍率刻度盘调节。

2）按快速移动开关以快速移动速度移动机床，不考虑 JOG 进给速度倍率刻度盘的位置，此功能称为手动快速移动。

3）手动操作通常一次沿一个轴移动，也可以选择沿三个轴同时移动。

（3）增量进给操作　在增量（INC）方式运动时，按机床操作面板上的进给轴和方向开关，机床移动部件在选定的轴向上移动一步，移动的最小距离是最小输入增量，每一步可以是最小输入增量的 10 倍、100 倍或 1000 倍，如图 6-10 所示。

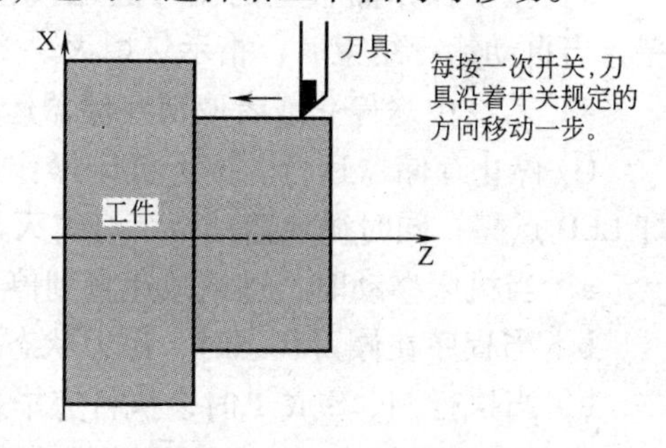

图 6-10　增量进给示意

（4）手轮进给操作　在手轮方式运动时，机床可由旋转操作面板上的手摇脉冲发生器移动，需连续不断移动，应用开关选择移动轴。当手摇脉冲发生器旋转一个刻度时，刀具移动的最小距离等于最小输入增量。手摇脉冲发生器转一个刻度时，刀具移动距离可被放大 10 倍，如图 6-11 所示。

（5）存储器运行操作　程序预先存储在存储器中，当选择了这些程序中的某一个，并按下机床操作面板上的循环启动按钮后，机床起动自动运行，并且循环启动 LED 点亮。在自动运行中，若按下机床操作面板上的进给暂停按钮，自动运行会临时中止，当再次按下循环启动按钮，自动运行又重新进行。当 MDI 面板上的 RESET 键被按下后，自动运行被终止，并且进入复位状态。具体操作步骤如下：

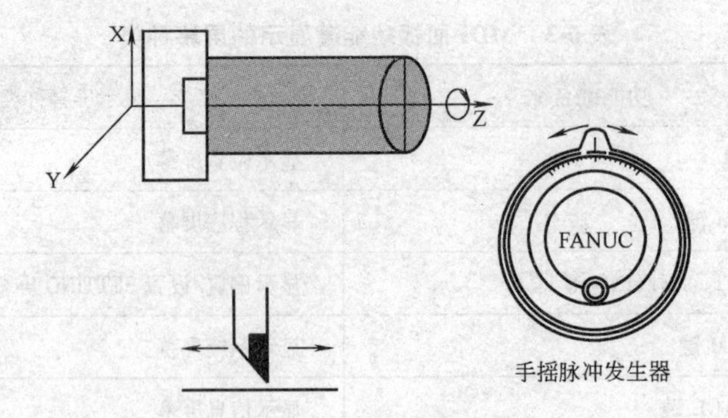

图 6-11　脉冲手轮进给示意

1）按下存储器方式选择键。

2）从存储的程序中选择一个程序，其步骤如下：

① 按下 PRGRM 键显示程序屏幕。

② 按下 0 地址簿。

③ 使用数据输入键输入程序号。

④ 按下［O SRH］软键。

3）按下操作面板上的循环起动按钮启动，自动运行并且循环启动 LED 闪亮，当自动运行结束时，指示灯熄灭。

4）若在中途停止或者取消存储器运行，可按以下步骤进行：

① 停止存储器运行。按下机床操作面板上的进给暂停按钮，进给暂停指示灯 LED 点亮，同时循环启动指示灯熄灭，机床有以下响应：

a. 当机床移动时，进给减速直到停止。

b. 当程序在停刀状态时，停刀状态终止。

c. 当执行 M、S 或 T 时，执行完毕运行停止。

当进给指示灯亮时，按下机床操作面板上的循环启动按钮，则重新启动机床的自动运行。

② 终止存储器运行。按下 MDI 面板上的 RESET 键自动运行被终止，并进入复位状态。在机床移动过程中执行复位操作时，机床将会减速直到停止。

（6）MDI 运行操作　在 MDI 方式中，通过 MDI 面板可以编制 10 行的程序并被执行。MDI 运行适用于简单的测试。其操作步骤如下：

1）按下 MDI 方式开关。

2）按下 MDI 操作面板上的 PRGRM 功能键，选择程序屏幕显示如图 6-12 所示，屏幕上已自动加入程序号 O0000。

3）用通常的程序编辑操作来编制一个要执行的程序时，需在程序的结尾加上 M99，用以当程序执行完毕后，能够自动返回程序的开始部位。在 MDI 方式

```
PROGRAM(MDI)                                O0001  N00003
O0000  G00  X100.0   Y200.0;
M03;
G01  Z120.0  F500:
M93  P9010:
G00  Z0.0:
%

G00   G90   G94   G40   G80   G50   G54   G69
G17   G22   G21   G49   G98   G67   G64   G15
        B   HM
  T          D
  F        S
>_
MDI    ····    ···    ···              12:42:39
[PRGRM]    [MDI]    [CURRNT]    [NEXT]    [(OPRT)]
```

图 6-12　程序中间点启动后自动加入程序号屏幕显示

中编程时，可以使用插入、修改、删除、字检索、地址检索和程序检索等操作进行程序编辑。

4）要完全删除在 MDI 方式中编制的程序，可先输入地址 0，然后按下 MDI 面板上的 DELETE 键。

（7）程序中间启动操作　为了执行程序，需将光标移动到程序的开始部分，也可以从中间点启动执行，按下操作面板上的循环起动按钮，程序即启动运行。当执行程序结束语句 M02 或 M30 或执行 ER% 后，程序自动清除，并且运行结束。通过指令 M99 控制，可自动返回到程序的开始部分。

（8）中途停止操作　若在中途停止或结束 MDI 操作，可按以下步骤进行：

1）停止 MDI 操作。按下操作面板上的进给暂停开关，进给暂停指示灯亮，循环启动指示灯熄灭，机床有如下响应：

① 当机床在运动时，进给操作减速并停止。

② 当机床在停刀状态时，停刀状态被终止。

③ 当执行 M、S 或 T 指令时，操作在 M、S 或 T 指令执行完毕后运行停止。

④ 当操作面板上的循环启动按钮再次被按下时，机床重新启动。

2）结束 MDI 操作。按下 MDI 面板上的 RESET 键。

（9）程序的重新启动　该功能用于指定刀具断裂或者操作人员停机后重新启动时，将要启动的程序段的顺序号从该段程序重新启动机床。该功能也可用于高速程序检查。重新启动有 P 型和 Q 型两种方法：P 型操作可在任意位置重新启动，这种方法用于刀具破裂时的重新启动，卸下刀具换上新刀具后必要时应改变偏置量；Q 型操作在重新启动之前刀具必须移动到程序的起始加工点，具体方法如下：

1）机床通电后解除急停，在此时执行所有必要的操作，包括返回参考点等。

2）手动将机床移动到程序的起始点，加工的起始点，使模态数据和坐标系与原来加工一样。

3）如果需要修改偏置量，操作步骤如下：

① 将机床操作面板上的重新启动开关接通。

② 按下 PRGRM 键显示需要的程序。

③ 找到程序起始点。

④ 输入要重新启动的程序段的顺序号，然后按下［P、TYPE］或［Q、TYPE］软键，如果程序中有相同的顺序号，就必须指定目标程序段的位置，指定重复次数和顺序号。

⑤ 顺序号检索。程序重新启动屏幕出现在 CRT 显示器上，DESTINATION 显示程序要重新启动的位置，DISTANCE TO GO 显示从当前位置到加工重新启动位置的距离。在每一轴左边的数字显示了轴的顺序，根据参数设置决定按这一顺序刀具移动到重新启动位置，要重新启动程序的坐标和移动的距离，可最多显示 4 轴。程序重新启动屏幕只显示 CNC 控制轴的数据，如图 6-13 所示。

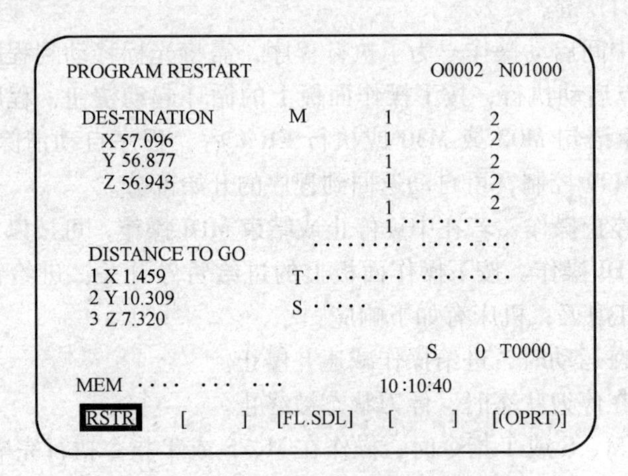

图 6-13　CNC 控制轴数据显示

⑥ 关闭程序重新启动开关，这时在 DISTANCE TO GO 项目中各轴名称之前的数字启动闪烁。

⑦ 检查将要执行的 M、S、T 和 B 代码，屏幕如果发现了这些代码进入 MDI 方式执行 M、S、T 和 B 功能，执行后恢复到以前的方式中，这些代码并不显示在重新启动屏幕上。

⑧ 检查在 DISTANCE TO GO 中显示的距离是否正确，同时检查在刀具移动到程序重新启动位置时，是否可能与工件或其他物体碰撞，如果存在这种可能

性，将刀具手动移动到不能碰到任何障碍物，就可以移动到程序重新启动的某一个位置。

⑨ 按下循环启动按钮，刀具按指定的顺序沿这些轴以空运行的速度移动到程序的重新启动位置，然后加工重新开始，用指定一个程序段号重新启动程序的步骤，DESTINATION 目标值显示程序要重新启动的位置，DISTANCE TO GO 剩余移动距离显示从当前位置到加工位置的距离，重新启动的位置之间的距离，在每一轴左边的数字显示了轴的顺序，根据参数设置决定按顺序刀具移动到重新启动位置。

（10）自动运行操作　重新启动程序坐标和移动的距离可最多显示 5 个轴，如果系统支持 6 轴或更多的轴，请按下［RSTR］软键，显示第 6 轴及其他轴的数据程序，重新启动屏幕只显示 CNC 控制轴的数据。

3. 数控车床一般加工操作方法与步骤

1）依次打开各电源开关，系统启动。

2）回参考点。

3）调入或输入加工程序。

4）进行“刀具参数”和“数据设定”设置。

5）测试运行（机床锁住）。

6）加工运行。

4. 数控车床操作注意事项

1）程序未经确认前，不得轻易解除“机床锁住”进入“加工运行”。

2）每次系统运行前必须进行“回参考点”操作。

3）“超程”等故障报警时，应及时按下“急停”钮。

4）在坐标轴某一方向出现故障或处于极限位置时，必须特别注意选择正确的进给方向。

5）严格检查程序，避免碰撞。

二、数控铣床的操作方法

1. 操作面板按键及其功能

如图 6-14 所示为西门子操作面板，其基本操作与 FANUC 相似，主要由手动输入、自动方式、返回对刀点、回参考点、步进方式移动（增量）、步进增量设定、步进增量选择、程序控制、启动键、停止键、单程序段运行、复位键、坐标轴键、轴选择键和方向键组成。

2. 操作的基本内容和步骤

（1）开机和回参考点　接通数控铣床电源，进入系统图形用户界面，如出现报警急停，可按箭头方向旋转急停按钮，再按复位键解除急停状态。机床参考

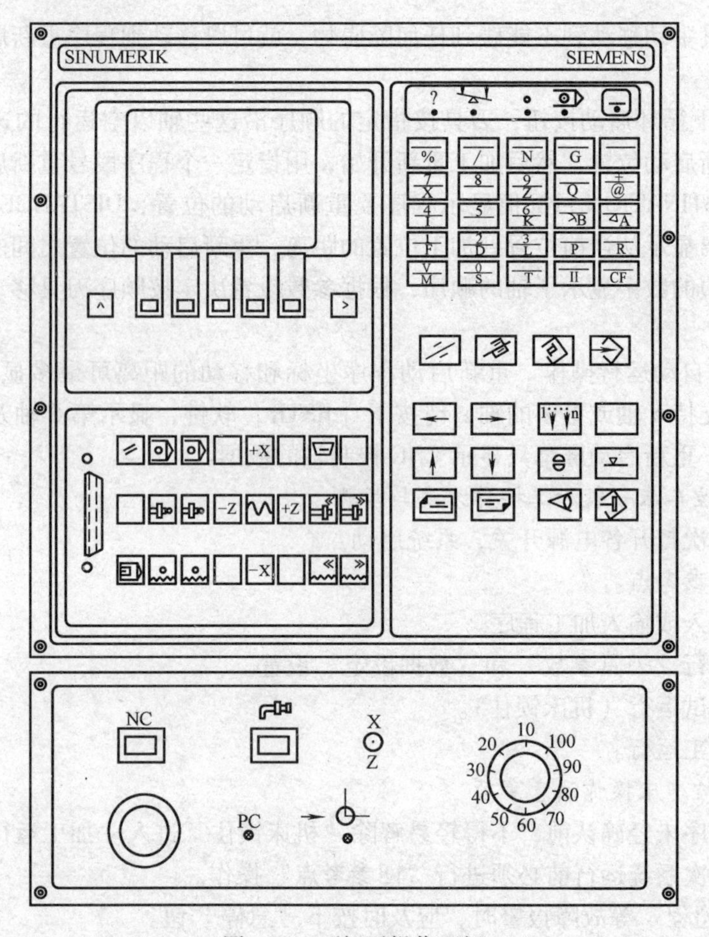

图 6-14　西门子操作面板

点又称机床零点。系统通电后，必须进行回参考点操作。回机床参考点的目的是确认机床坐标系的零点。进行回参考点操作之前，在手动方式下使机床移动部件到达安全位置。

（2）输入刀具补偿值　刀具补偿值是指刀具长度补偿和刀具半径补偿值。刀具补偿值可通过机外对刀仪测量获得。若无对刀仪，也可以通过机内试切对刀测量获得刀具补偿值。通过对刀仪测量可得到每一把刀具的长度值和半径值。

（3）计算刀具补偿值　数控铣床采用多把刀具自动加工时，刀具调用后，刀具长度补偿自动生效，数控系统自动进行刀具长度补偿。刀具的长度补偿值不一定是刀具的实际长度，但必须是相对于“基准刀具”的相对长度值。所以采用机内试切对刀时，为了对刀和计算的方便，常把其中一把刀具的长度补偿值设定为 0，这把刀具称为基准刀具。刀具的长度补偿值是该刀具与基准刀具的长度之差。如果当前刀具的长度大于基准刀具的长度，则其补偿值为正值，反之，如

果当前刀具的长度小于基准刀具的长度，则其长度补偿值为负值。

(4) 输入零点偏置值　在回机床参考点后，实际存储值以及显示的机床坐标值均以机床零点为基准，而工件的加工程序则以编程零点（也称为工件零点）为基准，工件零点相对于机床零点的偏移量称为零点偏置值。当工件装夹到机床工作台上后求出偏置量值，可输入到规定的数据区。

(5) 确定、计算零点偏置值　如图6-15所示，零点偏置值通常是使用寻边器，并通过计算来获得的。精度要求不高时也可以使用刀具直接寻边和对高，但易擦伤工件表面。具体操作步骤如下：

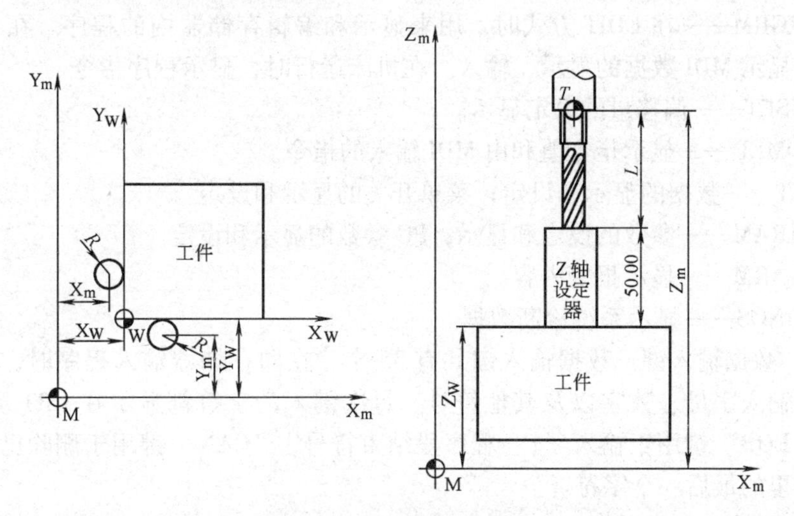

图6-15　确定零点偏置值

1）选择“参数”操作区。

2）选择“零点偏置值”菜单。

3）选择零点偏置。

4）在“标号”区中，送入所要的零点偏置值存储器号，或将光标定位于所要的零点偏置存储器号上。

5）选择“可设定零点偏置”菜单，进入可设定零点偏置页面，确定零点偏置值。

三、加工中心的操作方法（ * ）

数控加工中心的操作与数控铣床有许多相似之处，现以JCS-018加工中心为例介绍加工中心的操作方法。

1. 操作面板

该机床的操作面板由上、下两部分组成，上半部分为数控系统操作面板，下半部分为机床操作面板。

（1）机床操作面板　机床操作面板包括指示灯、按钮、开关和手摇脉冲发生器等，其具体功能及其操作方法在机床操作中介绍。

（2）数控系统操作面板　数控系统操作面板由 MDI 键盘和 CRT 显示器组成。显示器的左侧有两个数控系统的电源按钮，分别用于接通或断开电源。MDI 键盘上各主要按键的功能如下：

1）功能键：

POS——显示现在机床的位置。

PRGRM——在 EDIT 方式时，用来显示和编辑存储器内的程序。在 MDI 方式时，显示 MDI 数据的显示、输入。在机床运行时，显示程序指令。

CFSET——偏移量的设定显示。

COMED——显示指令值和由 MDI 输入的指令。

SET——数据的显示和设定；菜单开关的显示和设定。

PARAM——参数的设定和显示；PC 参数的显示和设定。

ALARM——显示报警内容。

DGNOS——显示系统诊断数据。

2）数据输入键：数据输入键共有 35 个，在向存储器输入程序时，可以用这些键输入字母、数字以及其他符号。每次键入的字符都显示在 CRT 屏幕上。其中“EOB”键用于输入“;”程序段结束符号，“CAN”键用于删除已输入到存储器里的最后一个字符。

3）程序编辑键：

ALTER——程序的修改。

INSRT——程序的插入。

DELET——程序的删除。

4）光标移动键和页面键：

CURSOR——光标移动键有两个，“↓”键将光标向下移动；“↑”键将光标向上移动。

PAGE——页面键有两个，“↓”键向后翻页；“↑”键向前翻页。

5）其他键：

ABS/INC——绝对/增量变换键，ABS 表示 MDI 指令是绝对值；INC 表示 MDI 指令是增量指令。

READ——读键，可读入纸带程序。

PUNCH——纸带穿孔键，将存储器内程序穿孔输入。

INPUT——输入键，可输入参数或补偿值。

START——启动键，用于执行 MDI 的命令。

ORIGIN——原点键，用于相对坐标系和工件坐标系执行坐标清零的操作。

RESET——复位键，在机床自动运行中，停止机床的所有运动和动作。

2. 机床的基本操作方法

（1）电源的接通与断开

1）电源的接通

① 在机床电源接通之前，检查电源柜空气开关是否全部接通，然后将电源柜门关好，方能打开机床主电源开关。

② 按下 CRT 显示器左侧的“POWER ON”按钮，即可开始工作。

③ 当 CRT 屏幕上显示 X、Y、Z 的坐标位置时，即可开始工作。

2）电源的断开

① 自动循环结束，“CYCLE START”按钮的显示信号灯熄灭。

② 机床运动部件停止运动。

③ 当机床执行穿孔带上的程序时，需将读带机的开关扳到“RELEASE”位置；将穿孔机的电源切断。

④ 按下 CRT 显示器左侧的“POWER OFF”按钮，断开 NC 装置的电源。

⑤ 最后切断电源板上的机床主电源开关。

（2）机床工作方式的选择　机床操作面板上有一个“MODE SELECT”工作方式选择开关，转动该旋钮，可以选择 8 种工作方式。当机床要进行某一种操作时，需将该旋钮旋至所需要的工作方式再进行操作。

1）编辑方式（EDIT）。控制系统在编辑方式时，可以完成以下操作。

① 将工件程序输入到存储器中。

② 可以对存储器中的程序进行修改、插入和删除。

③ 将存储器的程序穿孔输出或将穿孔带程序读入存储器。

2）存储器运行方式（MEM）

① 机床执行存储器中的程序，对工件进行自动加工。

② 可以检索存储器程序的顺序号。

3）手动数据输入方式（MDI）

① 用 MDI 键盘直接输入程序段，并立即执行（单程序段的运行），即为 MDI 工作方式。

② 用 MDI 键盘将加工程序输入到存储器内，即为手动数据输入。

4）纸带运行方式（TAPE）

① 可以执行纸带上的程序。

② 可以检索纸带程序的顺序号。

5）手动连续进给方式（JOG）是指以手动方式使 X、Y、Z 坐标轴执行连续进给或快速移动。

6）手动返回参考点方式（RPRN），在此方式时，可以用手动操作机床，使 X、Y、Z 坐标轴返回机床参考点。

7）手摇轮方式（HANDLE）。在此方式时，用手摇脉冲发生器使 X、Y、Z 坐标轴运动，并且每次只能操纵一个轴的运动。

8）增量进给方式（STEP）。使用增量进给方式时，按动一次“+”或“-”按钮，可以使选定的坐标轴移动选定的进给量。

（3）机床的手动进给

1）手动返回机床参考点。当机床出现下面三种情况之一时：机床电源接通开始工作之前，机床停电后再次接通数控系统的电源时，机床在急停信号或超程报警信号解除之后恢复工作时，操作者必须进行返回机床参考点的操作。该操作是以手动方式完成的，每次只能操纵一个坐标轴。返回参考点时，坐标轴的实际速度为快移速度。返回机床参考点的操作步骤如下：

① 将“MODE SELECT”开关置于“RPRN”方式。

② 将坐标轴选择旋转开关（AXIS SELECT）置于 X、Y、Z 三个坐标轴中所需要的坐标轴位置。

③ 转动快速倍率旋转开关（RAPID TRAVERST OVERRIDE），设定坐标返回参考点的进给速度。

④ 当坐标位置远离参考点位置时，压下坐标轴正向运动“+”按钮后放开，坐标运动自动保持到返回参考点，而且参考点指示灯亮时才停止。在参考点附近有一个参考点减速开关，当坐标的运动部件压下减速开关时会自动减速移动，直到参考点的位置。提醒操作者注意的是，在上面的操作中，如果误操作，按下了坐标轴负向运动“-”按钮，则坐标轴向负向运动约 40mm 后会自动停止，此时应改按“+”按钮，方能使坐标轴返回机床参考点。当机床的坐标位置处于参考点位置而参考点指示灯不亮时（机床刚通电，或工作中按了坐标返回参考点；此种情况下，如果误按了“+”按钮，该坐标超程，报警灯亮而不闪。解除这一误操作的方法是，按住“-”按钮，用手摇轮将坐标向负方向移动离开超程位置，再返回参考点。

⑤ 在进行手动返回机床参考点操作时，操作者要注意观察对应坐标轴的参考点指示灯：当手动返回机床参考点时，指示灯亮；当机床电源刚刚接通时，坐标位置恰好在参考点位置，但是指示灯并不亮，这时需按前述的操作方法，手动返回参考点；当参考点指示灯亮时，如果坐标移动离开了参考点或是按了紧急停止按钮（RESET），则指示灯灭。

2）手动连续进给及快速移动。用手动操作方式使 X、Y、Z 任一坐标轴连续或快速移动，操作步骤：

① 将“MODE SELECT”开关置于“JOG”方式。

② 将“AXIS SELECT”开关置于X、Y、Z三个坐标轴中准备操作的坐标轴位置。

③ 转动手动进给速度旋转开关（JOG FEEDRATE），选择合适的进给速度。

④ 根据坐标轴运动的方向，压下“+”或“-”按钮，运动部件便在相应的坐标轴方向上连续运动。当按钮放开时，部件沿坐标运动停止。

⑤ 本机床将快速移动设为手动连续进给的一种，当把“JOG FEEDRATE”开关置于“RAPID”位置时，各坐标便可实现快速移动，其移动速度为X、Y轴14m/min，Z轴10m/min。

3）手摇轮进给。转动手摇轮，可以使X、Y、Z任一坐标轴运动，操作时可按下述步骤进行：

① 将MODE SELECT开关置于HANDLE方式，其中有3挡可供选择：0.001表示手摇轮1格，坐标移动0.001mm；0.01表示手摇轮1格，坐标移动0.01mm；0.1表示手摇轮1格，坐标移动0.1mm。手摇轮一圈为100格，根据需要，可以将开关转至3挡中的某一个位置。手摇轮控制机床坐标的运动，其最高速度为3m/min，如果快速转动手摇轮，实际速度也不会超过3m/min。

② 将HANDLE-STEP变换开关置于HANDLE位置。

③ 将AXIS SELECT开关置于所需坐标轴位置。

④ 转动手摇轮，顺时针转为坐标轴正向，逆时针转为坐标轴负向。

4）增量进给。增量进给又称步进给，每按一次“+”或“-”按钮时，相应的坐标轴沿正方向或负方向移动一步。操作步骤如下：

① 将“MODE SELECT”开关置于“STEP”方式，其中有5挡可供选择：0.001、0.01、0.1、1、10，这5挡分别表示每次坐标对应的移动量为0.001mm、0.01mm、0.1mm、1mm、10mm。根据需要，可将开关转至5挡中的某一个位置，作为增量进给的移动量。

② 将HANDLE-STEP开关置于STEP位置。

③ 将AXIS SELECT开关置于所需坐标轴位置。

④ 转动JOG FEEDRATE开关选择增量进给速度。

⑤ 按下“+”或“-”按钮，每按一次坐标在相应的方向上按照选定的移动量移动一步。

5）手动绝对值开关功能。手动绝对值开关（MANUAL ABSOLUTE）的功能为：在程序自动运行中，用机床上的进给保持按钮（FEED HOLD）使自动运行暂停，以手动方式移动坐标，在转回自动运行方式之前，将此开关置于“ON”位置，则手动方式的移动量将加到自动运行暂停前的坐标值上；反之，此开关将处于“OFF”位置，在手动方式的移动量将不加到原来的坐标值上。

（4）机床的自动运行 机床的自动运行也称为机床的自动循环，包括纸带程序的运行和存储器的运行。

1）自动运行的启动操作步骤：

① 自动运行前必须使各坐标返回机床参考点。

② 选择将运行的程序号。

③ 将“MODE SELECT”开关置于“MEN”方式。

④ 按下循环启动“CYCLE START”按钮，在自动运行开始，按钮上方循环启动绿灯亮。CYCLE START 按钮仅用于在 MEN、MDI 或 TAPE 三种方式下，启动加工程序。

2）自动运行中有关开关的使用功能

① 进给保持按钮（FEED HOLD）。在自动运行过程中，如果按下 FEED HOLD 按钮，则 CYCLE START 灯灭，进给保持按钮上方的红灯亮。此时，机床处于以下状态：

a. 正在运动的坐标轴减速停止。

b. 如果正在执行 G04 暂停指令，则暂停功能中断，剩余的暂停时间仍然被保留。

c. M、S、T 指令的动作完成后，机床暂停止。

要解除这种保持状态，需按下 CYCLE START 按钮，这时被保持的坐标轴将继续走完剩余的坐标量。如在暂停（DWELL）时被保持，将继续停留到剩余的暂停时间结束。

② 单程序开关（SINGLE BLACK）。将此开关置于 ON 位置，机床在自动运行过程中，使程序分段执行，即每按一次 CYCLE START 按钮，只执行一个程序段的指令。将此开关置于 OFF 位置，按下 CYCLE START 按钮，则程序继续执行。

③ 跳过任选程序段开关（BLOCK DELETE）。将此开关置于“ON”位置，则机床在自动运行中，遇到含有“/”的程序段跳过不执行。当此开关处在“OFF”位置时，自动运行中对含有“/”的程序段同样执行。

④ 进给倍率旋转开关（FEEDRATE OVERRIDE）。加工程序中用 F 代码设定的进给速度，在自动运行中可以用进给倍率开关进行调整。

⑤ 快速倍率旋转开关（RAPID TRVERSE OVERRIDE）。此开关用来调整机床快速移动的速度，调整值有 100%、50%、25%、LOW 四挡，其对应的快速移动速度分别为 14m/min、7m/min、3.5m/min、1m/min。在自动运行中，对于程序中的快速定位、返回参考点、固定循环中的快速进给和快速退回的速度，均需用快速倍率开关来设定。

⑥ 倍率无效开关（OVERRIDE CANCEL）。将此开关置于“ON”位置，则全部倍率开关无效。

⑦ 选择停止开关（OPTIONAL STOP）。将此开关置于“ON”位置，机床在自动运行中，执行完含有 M01 代码的程序段后，循环中止，同时开关上面的指示灯亮，表示机床处于暂停状态（执行 M00 指令后，该指示灯也亮，表示程序停止）。当按下“CYCLE START”按钮时，继续自动循环。当此开关置于“OFF”位置时，M01 指令无效。

⑧ 试运行开关（TRY RUN）。机床在“MEN”、“TAPE”或“MDI”方式时，将此开关置于“ON”位置，则程序段中的 F 代码无效。其进给速度由“JOG FEEDRATE”旋转开关设定。

3）其他开关

① 机床锁定开关（MACHINE LOCK）。当检查程序时，需将此开关置于“ON”位置，则程序运行中，机床坐标不运动，CRT 屏幕上显示的内容如同机床运动一样。此状态下，程序中的 M、S、T 代码仍然执行，但是 M06（刀具交换）指令不执行。另外，由于机床不运动，没有压下参考点行程开关，所以执行参考点返回指令（G28）后，参考点指示灯并不亮。在程序运行中途也可以操作此开关。

② Z 轴锁定开关（Z XEIS CANCLE）。此开关的功能与机床锁定开关类似，用于限制 Z 轴的运动。用于检查程序时，在主轴上装铅笔画出由程序确定的零件平面轮廓。

③ 辅助功能锁定开关（M、S、T LOCL）。将此开关置于“ON”位置，自动运行中，主轴不转，刀库无动作，只有机床各坐标运动。由 NC 装置内部处理的 M00、M01、M02、M30、M98、M99 仍然执行，执行完含有 M00、M01 代码的程序段后，“PROGRAM STOP”指示灯亮，表示程序停止或是选择停止。

④ 冷却液开关（COOLANT）。冷却液开关有三个位置，置于“AUTO”位置时，在自动运行中由程序中的 M 代码指令切削液的开与停。置于“MAN”位置时，在任何工作方式中都使冷却泵工作。置于“OFF”位置时，冷却泵不工作。

（5）机床的急停　机床在手动或自动运行中，一旦出现异常情况，必须立即停止机床的运动。使用下面两个按钮中的任意一个，均可使机床停止运动。

1）按下紧急停止按钮。机床左下角有红色紧急停止按钮，按下此按钮，机床的主轴运动、进给运动、刀库的转动及换刀动作等全部停止。待故障排除后，顺时针转动急停按钮，按钮弹起复位，则急停状态解除。此时要恢复机床的工作，必须进行手动回机床参考点的操作。如果在刀库转动中按下急停按钮，也必须进行手动返回刀库参考点的操作。如果在换刀动作中按下急停按钮，则必须用 MDI 工作方式把换刀机构调整好。

2）按下“FEED HOLD”按钮后，机床的自动运行处于保持状态。待急停解除后，按下“CYCLE START”按钮，恢复自动运行。

（6）自动换刀装置（ATC）的操作　机床在自动运行中，ATC 的换刀是靠执行换刀程序自动完成的。当手动操作时，ATC 的换刀是由人工操作完成的或是用 MDI 工作方式完成。

1）“ATC”按钮的功能。在机床的操作面板上设有“ATC”按钮，其右侧有“ATC”指示灯。ATC 按钮具有两方面的功能：

① 使刀库返回参考点。机床在 JOG、HANDLE 和 STEP 某一种手动方式时，按下“ATC”按钮，则刀库返回参考点，即刀库上的 1 号刀套定位在换刀位置上。在以下三种情况下，需要进行刀库返回参考点的操作：

a. 在向刀号存储器输入刀号之前，应使刀库返回参考点。

b. 在调整刀库时，如果刀套不在定位位置上应使刀库返回参考点。

c. 在机床通电后，或是在机床和刀库调整结束，机床自动运行之前，应使刀库返回参考点。

② 在 MDI 方式时用于换刀。首先用手动方式使 Z 轴返回参考点；再将 MODE SELECT 工作方式选择旋转开关置于 MDI 方式，输入“M19”指令，完成主轴定向。仍然在 MDI 方式，按下 ATC 按钮，使得换刀运动连续进行，即主轴上的刀具与换刀位置上的刀具交换，但刀库不转动。

2）在 MDI 方式下操作 ATC。将 MODE SELECT 开关置于 MDI 方式，可进行下面的操作：

① 此时 Z 轴已返回参考点，输入 M06 指令，得到刀具交换的连续动作。M06 指令中包含了主轴定向的动作。这时的换刀动作与在 MDI 方式时使用 ATC 按钮换刀相同。

② 输入 T××，使刀库转动，并将插有 T××的刀套定位在换刀位置上。

③ 输入 T××M06，在 Z 轴已返回参考点的前提下，首先将现在位于换刀位置上的刀具和主轴上的刀具进行交换，之后刀库转动，将 T××刀具转到换刀位置上。

④ 在执行了 Z 轴返回参考点和主轴定向后，使用 M80～M89 指令，便可以得到 ATC 的分解动作。使用该换刀方法时，刀号存储器不能自动跟踪调整。M 功能与分解动作关系见表 6-4。由于 ATC 分解动作之间具有互锁关系，因此若在换刀过程中途停止换刀运动，当恢复工作时，需要根据表 6-4 中的动作顺序，使用 M80～M89 中的指令，将换刀动作分步完成，才能继续进行自动循环。而在不考虑条件时任意使用表 6-4 中的 M 指令，有可能不动作。

3）在刀库上装刀。在刀库一侧，有一个刀库回转按钮，每按一次按钮，刀库顺时针转一个刀位，此按钮仅能控制刀库转动一位。如果因为某种原因刀库不在定位点上，则用此按钮始终不能使刀库的任何刀套进入换刀位置。遇此情况，

必须进行刀库返回参考点操作，然后才能装刀。装刀的操作步骤如下：

表 6-4　M 功能与 ATC 分解动作的关系

动　　作	使用的 M 指令	说　　明
刀套下转 90°	M80	
手臂转出 75°	M81	机械手爪进入两边刀具柄
刀具松开	M82	功能同主轴上的刀具松开与夹紧按钮
手臂下降	M83	拔刀
手臂转 -180°	M84	两边刀具交换
手臂上升	M85	插刀
刀具夹紧	M86	功能同主轴上的刀具松开与夹紧按钮
手臂转 180°液压缸返回	M87	机械手无动作
手臂 -75°转回	M88	手臂回到初始位置
刀套上转 90°	M89	

① 使用刀库转位按钮，转出装刀位置。

② 将刀具插入刀套。

③ 按动刀库转位按钮，依次插入所有的刀具。

4）主轴上刀具的装取。主轴箱上有一个主轴刀具的松开与夹紧按钮，按下此按钮刀具被松开，按钮上方的指示灯亮，可以装取刀具；再按下此按钮，刀具被夹紧，指示灯灭。操作时应注意，在按下按钮松开主轴之前，应用手握住刀柄，以免刀具松开落下时损坏工作台和刀具。

（7）主轴操作按钮和开关　在操作面板上，有 4 个主轴操作按钮和 1 个主轴转速倍率开关。

1）主轴操作按钮和开关的功能：

① CCW。按下此按钮，从工作台向主轴方向观察，主轴逆时针转动。该按钮只在手动方式时有效。

② CW。按下此按钮，主轴顺时针转动。此按钮只在手动方式时有效。

③ STOP。主轴停止按钮，在任何工作方式下均有效。在自动运行中，如果主轴正在转动，按下此按钮，则机床处于进给保持（FEED HOLD）状态。

④ ORTENTATION。按下此按钮，主轴进行定向动作，定向完成后，按钮左侧的指示灯亮。该按钮在手动时生效。

⑤ OVERRIDE。主轴转速倍率旋转开关，在自动运行中，可用其来调整由 S 代码设定的主轴转速。其调整值为 S 代码的 0～120%，每刻度的增量为 10%，共有 8 级。此开关在任何方式下均有效，但是在执行 G74、G84 指令循环中无效。

2）主轴转速的设定。用手动方法起动主轴时，必须先设定主轴转速。方法是：将“MODE SELECT”开关置于 MDI 方式，输入S××××。主轴的转速一经设定，在没有新的设定值取代原设定值之前，始终被保留。当机床出现故障急停、清除全部程序及切断电源时，该设定消除，需重新设定主轴转速。

3）主轴负载表。在机床操作面板上的主轴负载表分为白区、黄区和红区，其功能是指示主轴电动机输出功率的倍率。机床连续运转时，应在白区使用电动机；机床重切时，如果长时间（超过 30min），在黄区使用电动机，会引起电动机过热，造成主轴的报警状态。

四、柔性加工的运行管理方法（*）

柔性加工时数控机床加工的主要特点如下：许多企业将数控机床或与其他专用机床组成柔性加工系统用于加工批量的多品种零件。与传统加工方法相比，以数控机床柔性加工为主的柔性制造系统（FMS）的生产效率可提高 140%～200%，工件传送时间可缩短 40%～60%，数控机床利用率可达到 95% 以上，普通机床利用率可提高到 70%。

在柔性加工运行管理中应注意以下要点：

(1) 注意了解和熟悉所参与管理的 FMS 系统构成　如图 6-16 所示，通常 FMS 系统由计算机、数控机床、机器人、托盘、自动搬运小车和自动仓库组成。

(2) 注意掌握 FMS 系统的三个基本组成部分及其功能　FMS 系统一般由加工系统、物流系统和信息系统三大部分组成，其功能如下：

1）加工系统。如图 6-17 所示是 FMS 实例的布局示意，该系统由两台加工中心组成，机床前方有一条封闭的矩形运输线，有 8 台小车在运输线上循环运行，小车上装有托盘，并沿着箭头方向不断运送工件。FMS 的加工系统主要由数控机床组成，承担机械加工任务。

2）物流系统。在 FMS 中的工件、工具流称为物流系统，一般由三个部分组成：

① 输送系统。使各加工设备之间建立自动运行的联系。

② 储存系统。具有自动存取机能，用以调节加工节拍的差异。

③ 操作系统。建立加工系统同物流系统中的输送、存储系统之间的自动化联系。

3）信息流系统。这个系统的基本核心是一个分布式数据库管理系统和控制系统，整个系统采用分级控制结构。信息流系统的主要任务是：组织和指挥制造流程，并对制造流程进行控制和监视；向 FMS 的加工系统、物流系统（储存系统、输送系统及操作系统）提供全部控制信息，并进行过程监视，反馈各种在线检测数据，以便修正控制信息，保证安全运行。

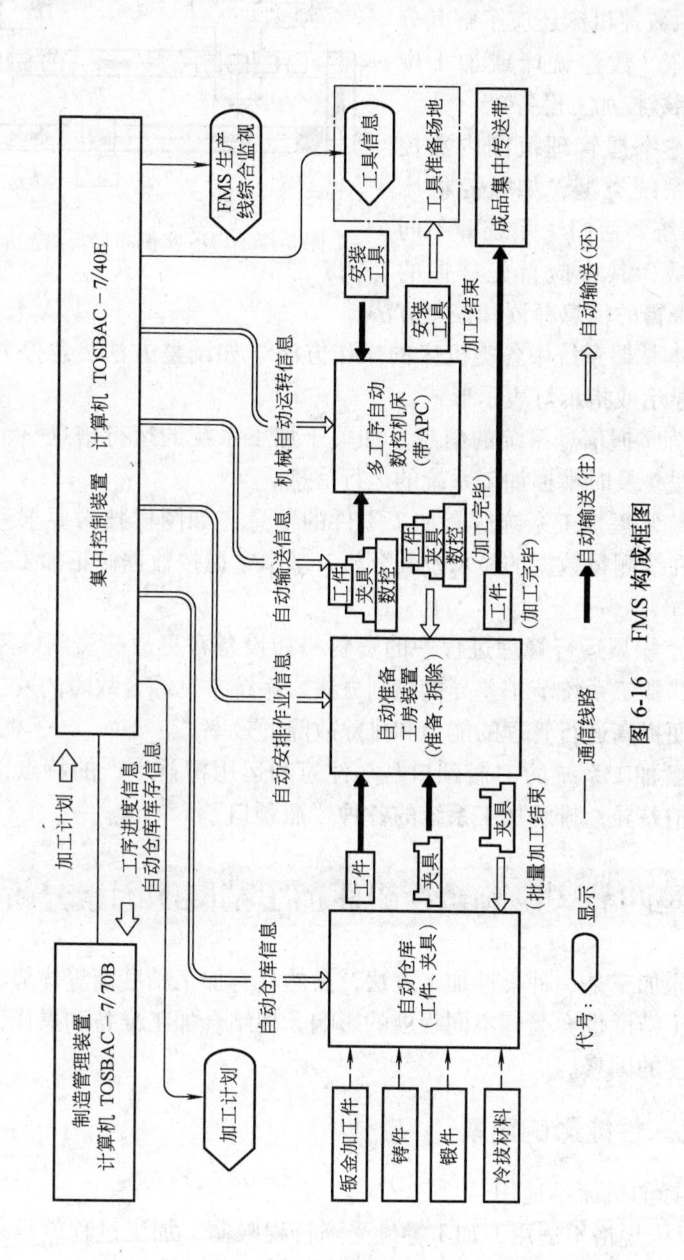

图 6-16　FMS 构成框图

（3）熟悉加工系统的基本组成　对所管理的加工系统应熟悉其组成方式，如组成机床的数量、机床的类型（数控机床、专用机床、组合机床或普通机床）等，对数控机床还应了解其分类（数控车床、数控铣床或加工中心，以及专用数控加工设备）。

（4）基本掌握管理范围内数控机床的数控系统类型，如数控机床由 FANUC 系统、西门子系统等不同类型系统组成，其中应首先掌握的是系统故障报警的信息释读和控制方法。

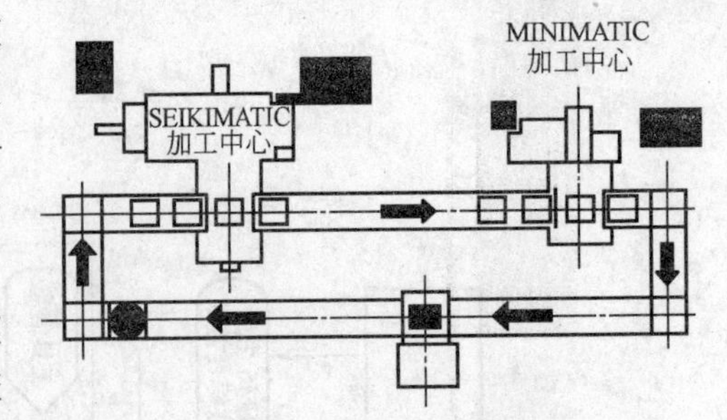

图 6-17　FMS 实例布局与物流示意图

（5）基本掌握系统中各类机床的操作方法　如调整方法、急停方法、正常运行的信息显示或指示灯表示形式。

（6）熟练掌握信息系统的信息　如关于加工系统的运行信息显示内容的寻找和释读方法，及时掌握加工系统的运行信息。

（7）熟练掌握加工系统所有加工零件的信息　如图样技术要求和测量检验方法，以及在线测量数据的显示及其分析，基本掌握按数据修正加工控制数据的方法。

（8）注意积累运行管理过程中的资料　如设备常见故障资料、零件加工质量分析资料、加工系统节拍差异的控制方法、系统常见综合故障的发生频率和产生原因，以便提高运行管理的能力和排除故障的效率。

（9）排解加工系统的“瓶颈口”　注意和运用精益生产的特点，采用多种方法消除节拍差异，排解加工系统的各种“瓶颈口”。

第四节　影响数控机床加工精度的因素分析

数控机床加工是一种柔性加工方法，虽然具有加工精度高等优势，但由于各种因素，加工精度也会受到不同程度的影响，现结合加工准备和操作，简要分析影响加工精度的因素。

一、机床性能影响因素

（1）选择的机床不适用

1）如机床规格不适用，加工零件受到行程限制，加工过程就得采用工序分拆方法，会由于工件装夹定位、刀具对刀调整等误差影响加工精度。

2）如机床功能不适用，加工深孔没有内冷却功能，刀具和工件切削热无法

及时传递散发，从而影响深孔的加工精度，甚至造成工件报废。

3）如机床系统不适用，加工圆周均布槽的工件无法使用极坐标编程，若将图样分布圆和等分夹角化为直角坐标又十分烦琐，不仅增加了编程计算工作量，还会影响加工精度。

4）如机床的精度等级不适用，稳定加工精度等级低于零件图样的精度要求，使得加工无法达到要求。

（2）使用的机床调整不当

1）如机床主轴轴承间隙调整不当，或受冲击后轴承局部损坏，影响零件加工表面质量和尺寸精度。

2）如回转工作台的锁紧机构、定位机构调整不当，影响分度精度和重复定位精度，从而影响角度分度和等分零件的加工精度。

3）如进给传动系统的间隙消除机构调整不当，机床有反向死区，会影响需要双向进给运动进行切削加工零件的加工精度。

4）如机床的导轨间隙和预紧调整不当，影响机床的位移精度，直接影响加工精度。

5）如机床主轴伺服电动机与主轴的传动带张力不够、联轴器间隙过大，会引起切削停顿，影响加工表面质量。

（3）使用的机床出现故障

1）如主轴由于切削冲撞，致使轴承松动、局部损坏，引起主轴回转精度降低，或产生切削振动，影响加工精度。

2）如机床位置检测装置因防护不当受损，直接影响加工位移检测精度。

3）如机床滚珠丝杠防护装置受损，丝杠副受垃圾影响使传动产生误差，影响零件加工位移精度。

4）如机床控制系统故障，影响机床的响应速度，使得轮廓加工出现误差。

5）如机床对刀装置因油污、切屑末的渗入，装置精度受到影响，便直接影响刀具坐标位置精度。

二、刀具使用影响因素

（1）刀具选用不当

1）如刀具的结构尺寸选用不当，致使铣削加工面不能一次完成，需要接刀加工，不仅使得程序编制烦琐，而且影响加工表面的切削纹路，接刀部位还会有连接痕迹。

2）如刀具的材质选用不当，致使刀具寿命期缩短，无法完成一次装夹的全部工序，由于中间换刀、对刀引起误差，影响零件加工精度。

3）如刀具的形式选用不当，刀具轨迹无法满足零件轮廓加工轨迹需要，产生加工死角，影响零件轮廓加工形状精度。

4）如刀具精度等级选用不当，致使加工部位（如孔径）的精度无法达到零件图样要求。

(2) 刀具使用不当

1）如细长刀具轴向进给量过大，致使刀具受阻变形，影响加工精度。

2）如较小直径的刀具，切削速度未达到最低要求，致使加工过程中刀具扭曲，造成加工表面质量下降。

3）如涂层硬质合金刀具，切削速度过低，不仅没有提高加工精度，反而使得刀具崩裂破损，直接影响加工进行。

4）如使用超硬硬质合金刀具，安装和对刀造成微小擦伤，影响零件加工精度的稳定性。

5）如使用可转位刀具，因刀片安装、刀体精度误差等因素，使得刀具检测位置和实际切削时的位置有差异，影响刀具对刀精度，从而影响零件加工精度。

三、加工操作影响因素

1）手工编程程序输入不熟练或出现数据差错，而程序运行又是符合规则的，未发现程序错误提示，细微差错造成加工精度误差。

2）分析图样不熟练或出现差错，轮廓的分解或逼近曲线的分段出现微小差错，致使加工精度下降。

3）零件轮廓的基点或节点计算不熟练出现微小差错，使得加工轮廓变形。

4）对数控程序的释读不熟练，自动编程程序转换输入后，检查或试运行未能发现其微小差错，致使加工后的零件不符合图样精度要求。

5）对所使用的机床操作不熟练或操作失误，如机床返回零点操作、工件坐标位置对刀操作、刀具坐标位置对刀操作、工件装夹位置与切削加工路径的干涉判断等出现微小差错，均会影响零件加工精度。

6）对易变形工件装夹不熟练，致使零件加工装夹后变形影响精度。

四、加工工艺与程序编制的影响因素

(1) 加工工艺不合理

1）进入数控加工前的基准面加工精度要求偏低，或实际加工精度较低，使得数控加工定位精度误差加大。

2）在数控加工前的工序所留的余量过多，且不均匀，数控精加工产生误差复映。

3）一次装夹后连续完成的加工内容设定不合理：如刀具数量较多，换刀装置容量不够，需要插入手动换刀操作；再如工件的装夹位置容易与刀具路径发生

干涉等。

4）选择的切削用量与所使用的刀具、工件材料等不匹配，影响刀具正常使用，影响零件加工精度的稳定性。

5）零件的数控加工工步顺序不合理，粗精渐进过程混乱，引起工件因切削热影响加工精度，或因加工路径不合理影响孔的同轴度、平面与基准的尺寸精度、型面的形状精度等。

（2）程序编制不合理或出现差错

1）刀具补偿数据出现差错直接影响加工精度。

2）辅助功能指令编制的位置不正确，使加工的过程控制失调，如切削开始应及时加注切削液，否则会使已进行切削的刀具提前磨损而影响加工精度控制。

3）切入或切出的路径设置不合理，在工件加工中产生切痕。

4）子程序的编制和调用不合理或出现差错，引起加工过程失调，影响加工精度。

第七章

数控加工程序编制基础

第一节　程序编制基础

一、数控机床坐标系和运动方向

在数控机床上加工零件时，刀具与工件的相对运动必须在确定的坐标系中进行。编程人员必须熟悉机床坐标系统。规定数控机床的坐标轴及运动方向，是为了准确地描述机床的运动，简化程序的编制方法，并使所编程序具有互换性。

(1) 数控机床的坐标系　数控机床上的坐标系采用右手笛卡儿坐标系（图 7-1），右手笛卡儿坐标系规定直角坐标 X、Y、Z 三者的关系及其正方向用右手定则判定，绕 X、Y、Z 轴的回转运动及其正方向 +A、+B、+C 分别用右手螺旋法则判定。与 +X、+Y、+Z、+A、+B、+C 相反的方向用 +X′、+Y′、+Z′、+A′、+B′、+C′表示（图 7-2）。

(2) 常见数控机床的标准坐标系简图

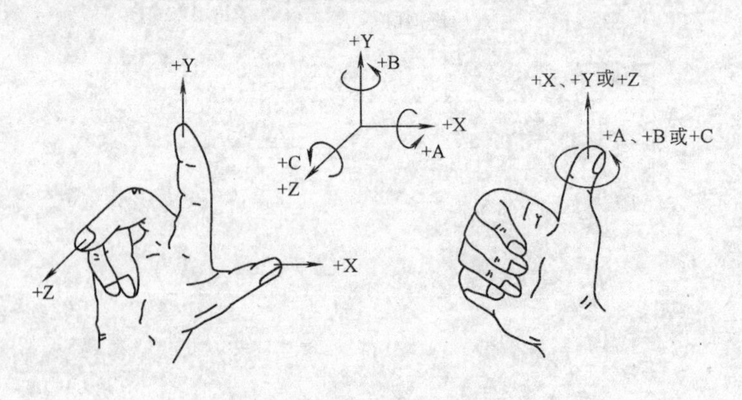

图 7-1　右手笛卡儿坐标系

1）图 7-3 所示为数控车床的坐标系；

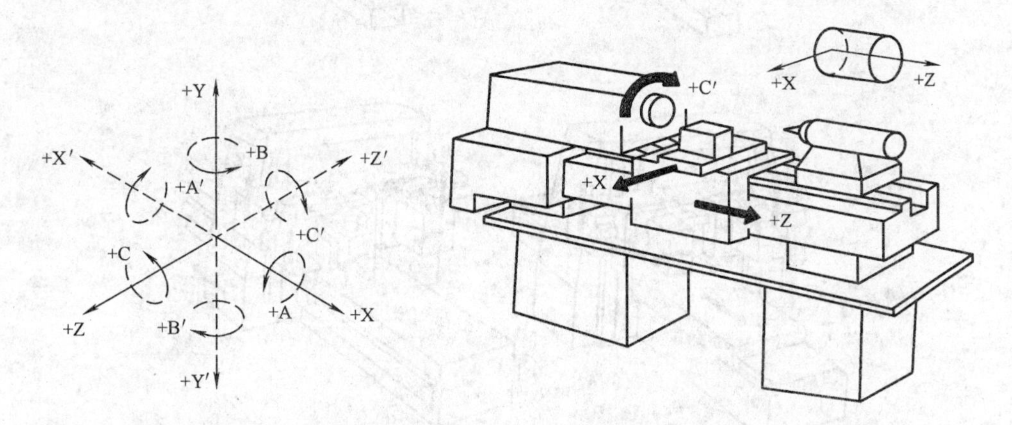

图 7-2　机床坐标系与转动方向　　图 7-3　数控车床的坐标系

2）图 7-4 所示为数控铣床的坐标系；

3）图 7-5 所示为数控刨床的坐标系；

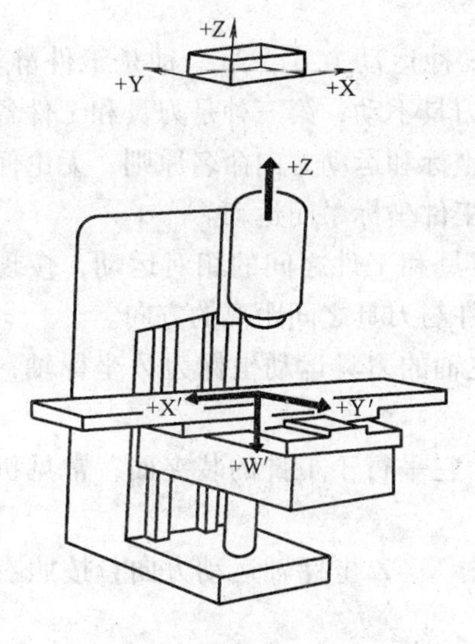

图 7-4　数控铣床的坐标系

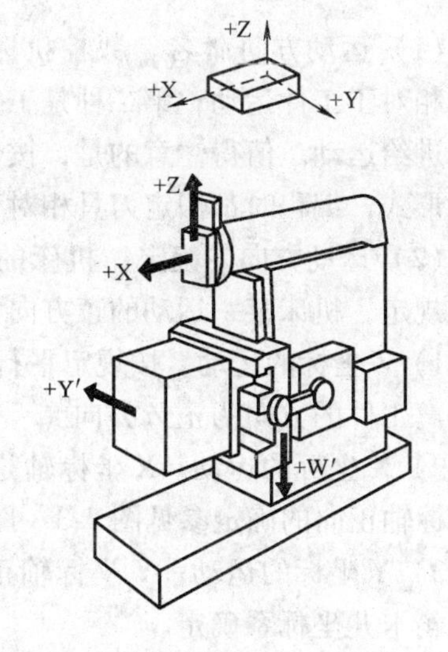

图 7-5　数控刨床的坐标系

4）图 7-6 所示为数控龙门铣床的坐标系。

如果在 X、Y 和 Z 主要直线运动之外，另有第二组平行或不平行于它们的直线运动，可分别指定为 U、V 和 W 或 P、Q 和 R。

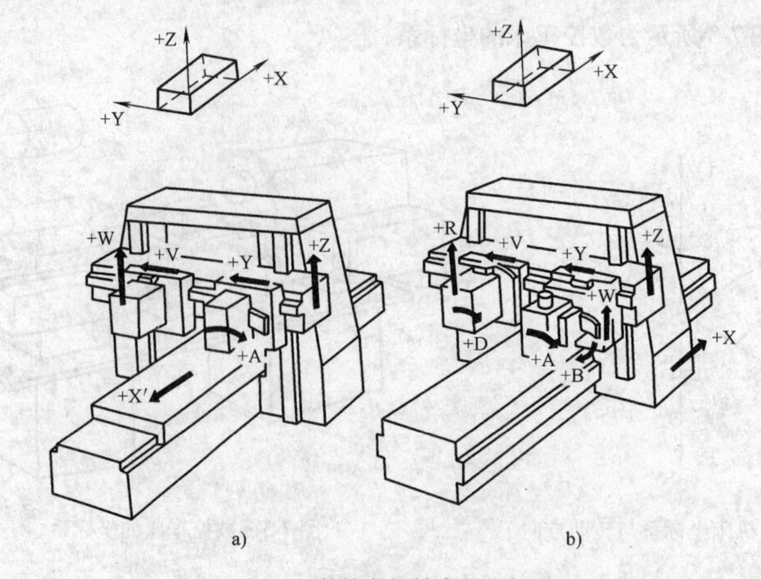

图 7-6　数控龙门铣床的坐标系

a）工作台移动式轮廓铣床　b）龙门移动式轮廓铣床

二、数控机床各坐标轴及其运动方向

（1）运动方向命名　数控机床常见有三种运动方式，第一种是工件静止，刀具相对于工件运动；第二种是工件运动，刀具不动；第三种是刀具和工件各做部分进给运动。值得注意的是，按数控机床坐标和运动方向命名原则，无论何种运动形式，编程时都假定刀具相对于静止的工件坐标系而运动。

（2）运动方向的确定　机床的运动是刀具和工件之间的相对运动，按现行标准规定，机床某一运动的正方向为增大工件与刀具之间距离的方向。

1）Z 坐标的运动。按规定平行于机床主轴的刀具运动坐标为 Z 坐标轴，刀具远离工件的方向为正 Z 方向。

2）X 坐标的运动。X 坐标轴是水平的，它平行于工件的装夹面，常见机床 X 坐标轴正向的确定参见图 7-3 ~ 图 7-6。

3）Y 坐标的运动。Y 坐标轴正向可根据 X、Z 坐标轴运动方向，按照右手直角笛卡儿坐标系确定。

4）主轴旋转运动。主轴顺时针旋转运动方向，是按照右旋螺纹进入工件的方向确定。

三、坐标系统与原点

（1）机床坐标系与原点　机床坐标系是用来确定工件坐标系的基本坐标系，

其坐标和原点方向视机床的种类和结构而定。机床坐标系的原点亦称机械原点。这个原点在机床设计和制造后便被确定下来，因此机械原点是机床坐标系中固有的点，不能随意改变。

（2）工件坐标系与原点　编程时一般选择工件上的某一点作为程序的原点，并以这个原点作为坐标系的原点而建立的坐标系称为工件坐标系。

（3）编程中的坐标系与基准点　在编程与加工时，需确定机床坐标系、工件坐标系和刀具起点三者之间的相对位置，如图 7-7 所示的数控车床加工程序编制，需要确定机床零点 M、参考点 R、工件零点 P、起刀点 A 等基准点的位置数据。

1）机床零点与参考点　机床零点（M）即机床基本坐标系的原点，机床参考点又称机械原点（R），是指机床各运动部件在各自的正向自动退至极限的一个固定点（由限位开关准确定位），至参考点时所显示的数值则表示参考点与机床零点间的距离，该数值即被记忆在数控系统中，并在系统中建立了机床零点作为系统运算的基准点。有的机床返回机床参考点（又称“回零”）时，显示为零（X0，Y0，Z0），则表示机床零点与参考点重合。实际上，机床参考点是机床上最具体的一个机械固定点，而机床零点只是系统内的运算基准点，机床参考点与机床零点可以重合也可以不重合，但每次回零时所显示的（距离）数值必须相同，否则加工会有误差。机床参考点在机床出厂时已调定，用户一般不作变动。

2）工件零点　工件零点（P）即工件坐标系的原点，编程时，一般选择工件图样上的设计基准作为编程零点，如回转体零件的端面中心、非回转体零件的角边、对称图形的中心等，通常是作为零件几何尺寸的绝对值基准。前述的工件坐标系一般是以工件零点为原点建立的。

3）对刀点（起刀点）和换刀点　对刀点又称起刀点，是指刀具起始运动的刀位点，亦即程序开始执行时的刀位点；而刀位点是指刀具的基准点，如圆柱铣刀端面中心、球头刀的球心、车刀和镗刀的理论刀尖等。对刀点的位置应尽量选在零件的设计基准或工艺基准上，也可以选在工件外面，但必须与零件的定位基准有一定的尺寸联系，如图 7-7 中的 X_0 和 Y_0，这样才能确定机床坐标系与零件坐标系的关系。换刀点是指刀架转位换刀时的位置。换刀点可以是某一固定点（如加工中心换刀机械手的位置），也可以是任意的，但必须设置在工件或机具的外部，以刀架转位时不碰工件及其他部件为准。

4）绝对坐标系与增量（相对）坐标系　在坐标系中，所有点的坐标均以原点为基准计量的坐标系称为绝对坐标系。在绝对坐标系中，点的坐标用 X、Y、Z 表示，如图 7-8 所示，点 A 和点 B 的绝对坐标分别为：$X_A=30$，$Y_A=30$；$X_B=15$，$Y_B=10$。运动轨迹终点坐标以其起点（和称前一点）为基准计量的坐标系统称为增量坐标系（亦称相对坐标系），由于数控系统一般都具备绝对和增量两种坐标系统，所以编程时可根据工件的加工方法和编程方便（即按工件图样尺寸标注方式）选用坐标系。

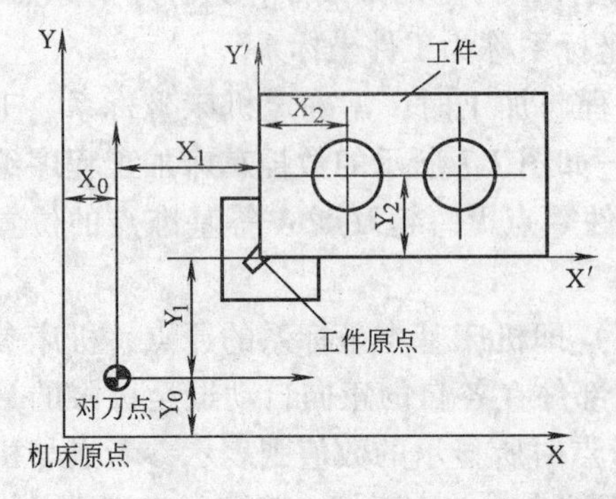

图 7-7　对刀点的设定

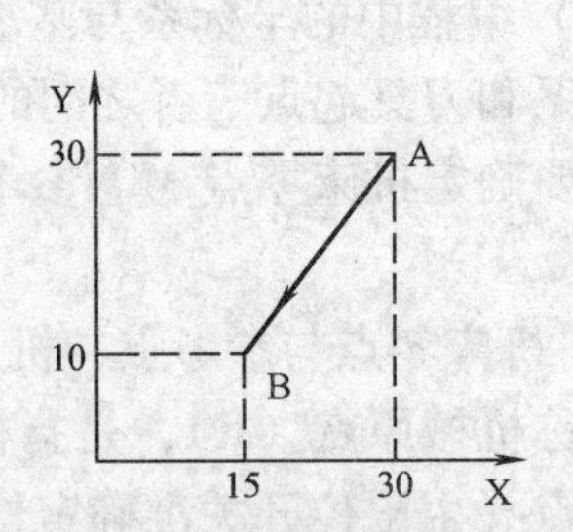

图 7-8　绝对坐标系与点坐标

第二节　数控程序的编制过程

如前所述，通过编程人员对零件图样的技术特性、几何形状、尺寸精度和工艺要求进行分析，确定加工方法和加工路线，进行必要的数值分析和处理，然后按数控机床规定的代码和程序格式编制成数控加工程序，并进行校验的整个过程称为数控程序编制。必要时，程序编制还包括控制介质（如磁盘、磁带和半导体存储器）的制作过程。数控机床程序编制的具体步骤和要求如图 7-9 所示。

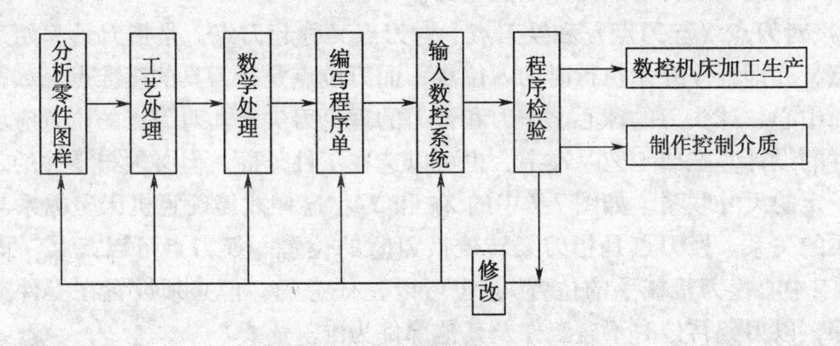

图 7-9　数控编程步骤框架图

（1）零件图样分析和工艺处理　这一步骤的内容包括：对零件图样进行分析；明确加工内容和要求；确定加工方案；选择合适的数控机床；设计和选择刀

具；确定合理的进给路线和切削用量等。

（2）数学处理　根据零件的几何尺寸、加工路线，计算刀具中心运动轨迹，以获得刀位数据。一般的数控系统都具有直线插补和圆弧插补的功能，对于加工由圆弧和直线组成的较为简单的平面零件，只需计算出相邻几何元素的交点或切点的坐标值，得出各几何元素的起点和终点、圆弧的圆心坐标值等。如果系统无刀具补偿功能，还应计算刀具中心的运动轨迹。对于较为复杂的零件或零件的几何形状与控制系统的功能不对应时，就需进行较为复杂的数值计算。在手工编程中，数学计算由人工借助计算工具完成，采用 CAD/CAM 系统，计算由计算机软件完成。

（3）编写程序单　程序编制人员按照数控系统规定的程序格式，逐段编写零件加工程序代码，或者由 CAD/CAM 系统通过后置处理自动生成。

（4）输入数控系统　将编制的程序输入数控系统。

（5）程序检验和修改　程序输入数控系统后，需经过试运行和试切削校核后，才可进行正式加工。试运行过程常采用刀具轨迹模拟显示和空运行等方法，用以检验程序语言和加工轨迹的正确性，若有错误，可对其相应的程序段进行检查和修改。试切削过程用以校核其加工工艺以及相关切削参数是否合理，加工精度能否满足零件图样的要求以及加工工效等，当发现工件不符合加工图样技术要求时，可修改程序或采取尺寸补偿等具体措施。

（6）制作控制介质　对某些经程序校核合格备用的零件加工程序，可将该程序存放在磁盘、磁带等控制介质上，这样可以不占用数控系统的内存。需使用时，可用输入/输出（I/O）设备将其输入数控系统。

第三节　数控程序的结构与分类

每种数控系统，根据系统的特点及编程的需要，都有一定的程序格式。对于不同机床，其程序格式是不同的。因此，编程人员必须严格按机床说明书的规定格式进行编程。

一、程序结构

一个完整的程序由程序号、程序内容和程序结束符构成。

（1）程序号　为便于程序检索，程序开头应有程序号，程序号可理解为零件程序的编号，并表示该程序的开始。程序号常用字符“%”及其后面的 4 位十进制数表示，如%××××，4 位数中若前面为“0”，则可省略。例如“%0101”等效于“%101”。在一些系统中，采用字符“O”或“P”及其后面的 4 位或 6 位十进制数表示程序号，如“O1001”。

（2）程序内容　程序内容由若干个程序段组成，每个程序段由一个或多个指令构成。

（3）程序结束　程序结束时，以程序结束指令 M02 或 M03 等作为程序结束的符号，以表示整个程序的结束。

二、主程序与子程序

在一个加工程序中，如果有几个一连串的程序段完全相同（即一个零件有几处几何形状相同），或顺次加工几个相同的工件，为缩短程序，可将这些重复的程序段按规定的程序格式编成子程序，并存储在子程序存储器中。子程序以外的为主程序，主程序在执行过程中，如需执行该子程序即可调用，并可多次重复调用，从而可大大简化编程工作，也可减少出错。主程序与子程序的内容不同，但两者的程序格式应相同，其具体的编程方法按各种机床的具体规定。

三、程序段的组成

程序段是控制机床加工的一种语句，表示一个完整的运动或操作，程序段由程序段号，若干数据字及程序段结束符号组成。

（1）程序段号　程序段号（N×××）又称程序段名，由地址 N 及其后的数字组成，习惯上按顺序并以 5 或 10 的倍数编程，以备插入新的程序段。

（2）数据字　数据字又称程序字、功能字，简称“字”，它是由一组排列有序的字符组成，如 G01，Z-12.50，F0.15 等，表示一种功能指令。程序中常用的数据字有：准备功能字（G 指令）；尺寸字，地址码 X、Y、Z、U、V、W、I、J、K、R、A、B、C；进给速度功能字（F 指令）；主轴转速功能字（S 指令）；刀具功能字（T 指令）；辅助功能字（M 指令）。此外还有刀具偏置号、固定循环参数等。

（3）程序段结束符号　在程序单上常用分号“;”或星号“*”，具体应用取决于具体机床的规定。

四、程序段的格式

程序段格式是指程序中的字、字符、数据的书写安排规则，若格式不符规定，数控系统不予接受并报警。数控机床发展的初期采用固定程序段格式及后来的分隔符程序段格式，现已不用或很少用。现今广泛应用字地址可变程序段格式（简称字地址程序段格式），但每个数控系统都规定了各自的字地址程序格式。

字地址程序段格式的特点是：字首为地址，可区分字的功能类型与存储单

元。由于字首为地址，一个程序段除程序段号和程序段结束字符外，其余各字的顺序并不严格，可先可后，但为了便于编写，检查程序，习惯上可按N，G，X，Y，Z，…，F，S，T，M的顺序编程。值得注意的是，一个程序段的字符总数不得超过数控系统规定的程序段长度。

第四节 数控程序的编制方法

一、数控程序编制方法的分类

数控编程一般分为手工编程与自动编程两种基本方法，还可按以下方法分类：

（1）根据编程地点分类　可分为办公室编程和车间编程。

（2）根据编程工具分类　可分为CNC内部计算机编程、个人计算机（PC）编程或工作站（Workstation）编程等。

（3）工具编程软件分类　可分为CNC内部编程软件编程或CAD/CAM集成数控编程软件编程。

图7-10描述了几种不同的数控编程分类方法及其相互之间的关系，其中采用集成的面向车间编程（WOP）CNC系统进行的编程是在机床上进行的，对于简单零件的编程及程序的局部修改十分有效，整个过程都是在以图像支持为基础的菜单及命令交互方式下完成的，此种编程方法属于手工编程的范畴。

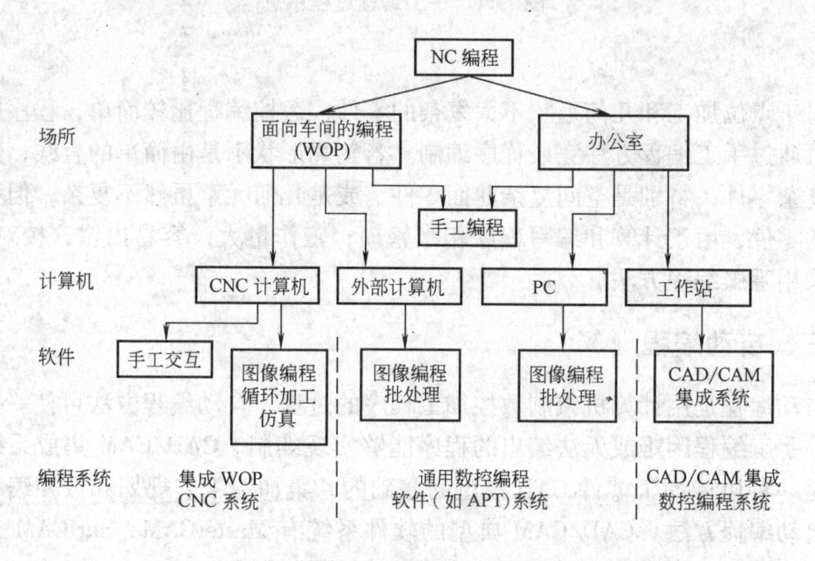

图7-10 数控程序编制方法及其分类

二、手工编程

手工编程是指编制零件数控加工程序的各个步骤，即从零件图样分析、工艺处理、确定加工路线和工艺参数、几何计算、编写零件的数控加工程序，直至程序的检验，均由人工完成。图 7-11 所示为手工编程的过程示意。

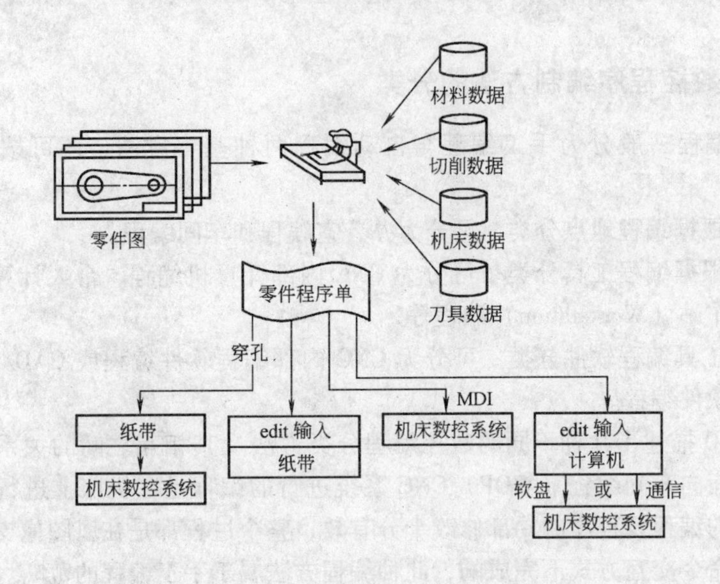

图 7-11　手工编程过程示意

对于点位加工和几何形状不太复杂的零件，数控编程比较简单，程序段比较少，可通过手工编程方法完成程序编制。若轮廓形状不是由简单的直线、圆弧组成的复杂零件，特别是空间复杂曲面零件，或是几何元素虽然不复杂，但程序量很大的零件，由于计算和编写程序相当繁琐，工作量大，容易出错，校对困难，不宜采用手工编程方法。

三、自动编程（＊）

自动编程是用计算机编制数控加工程序的过程。自动编程方法可使一些计算复杂、手工编程困难或无法编出的程序能够实现编制。CAD/CAM 集成系统数控编程是一种以待加工零件 CAD 模型为基础的，集加工工艺规划和数控编程为一体的自动编程方法。CAD/CAM 典型的软件系统有 MasterCAM、SurfCAM 等数控编程系统。图 7-12 描述了自动编程的原理与过程。

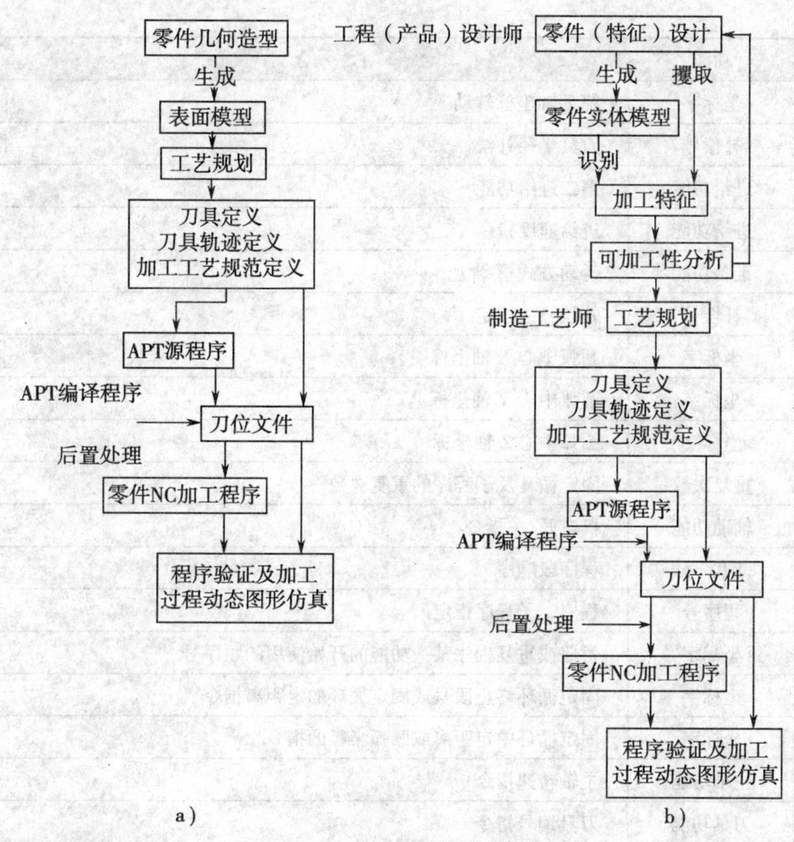

图 7-12　自动编程过程示意

第五节　数控车床程序编制基础

不同数控车床的编程功能指令是基本相同的，但也有个别功能指令的定义有所不同，因此编制程序应仔细阅读机床的操作手册，按机床规定的格式要求进行编制。本节以日本 FANUC 0T D 系统为例介绍数控车床的基本编程。

一、数控车床程序编制准备

（1）地址字母　地址字母的功能见表 7-1。

表 7-1　地址字母表

地址	功能	含　义
A	坐标字	绕 X 轴坐标转动
B	坐标字	绕 Y 轴坐标转动

（续）

地址	功能	含　义
C	坐标字	绕 Z 轴坐标转动
D	补偿号	刀具半径补偿
E	进给功能	第二进给功能
F	进给功能	进给速度指令
G	准备功能	运动方式指令
H	补偿号	补偿号的指定
I	坐标字	圆弧中心 X 轴坐标
J	坐标字	圆弧中心 Y 轴坐标
K	坐标字	圆弧中心 Z 轴坐标
L	重复次数	固定循环及子程序的重复次数
M	辅助功能	机床开/关指令
N	顺序号	程序段顺序
O	程序号	程序、子程序指定
P	坐标字	暂停或重复程序某一功能的开始使用的顺序号
Q	坐标字	固定循环终止段号或固定循环的定距离指令
R	坐标字	固定循环中定距离或圆弧半径的指令
S	主轴功能	主轴转速指令
T	刀具功能	刀具编号指令
U	坐标字	与 X 轴平行的附加坐标增量坐标值或暂停时间
V	坐标字	与 Y 轴平行的附加坐标增量坐标值
W	坐标字	与 Z 轴平行的附加坐标增量坐标值
X	坐标字	X 轴的绝对坐标或暂停时间
Y	坐标字	Y 轴的绝对坐标值
Z	坐标字	Z 轴的绝对坐标值

（2）准备功能　准备功能亦称 G 功能或 G 代码。准备功能的命令是由地址 G 和后面的两位数字表示，它规定了程序段含有命令的意义，是建立某种加工方式的指令。G 代码分为模态代码和非模态代码两种。模态 G 代码是一经指定，直到同一组的其他代码被指定之前均有效的 G 代码，具有续效性。而非模态代码是指仅在被指定的程序段内有效的 G 代码。例如：

```
G01  X100  Y200       ;
     Z-50             ; G01 是模态代码，所以有连续性。
G00  X20  Y30  Z10    ; G00 和 G01 属于同组，G01 被 G00 替代。
```

G04 P100 ；G04 是非模态代码，仅在本程序段有效。

X40 ；G00 在本程序段继续有效。

（3）辅助功能 辅助功能亦称 M 功能和 M 代码，是机床操作时的工艺性指令，主要用于控制机床各种功能的接通/断开。辅助功能由地址 M 和后面的数字表示，每个 M 代码用于何种功能是由标准规定的，若标准上不指定或永不指定的代码，可由机床制造厂家自行定义，因此使用前应阅读机床生产厂家的随机说明书。辅助功能 M 代码见表 7-2。

表 7-2 辅助功能 M 代码

代码	功能开始时间		功能保持到被注销或被适当程序指令代替	功能仅在所出现的程序段内有作用	功能
	与程序段指令运动同时开始	在程序段指令运动完成后开始			
M00		*		*	程序停止
M01		*		*	计划停止
M02		*		*	程序结束
M03	*		*		主轴顺时针方向旋转
M04	*		*		主轴逆时针方向旋转
M05		*	*		主轴停止
M06	#	#		*	换刀
M07	*		*		2 号切削液开
M08	*		*		1 号切削液开
M09		*	*		切削液关
M10	#	#	*		夹紧
M11	#	#	*		松开
M12	#	#	#	#	不指定
M13	*		*		主轴顺时针方向旋转，切削液开
M14	*		*		主轴逆时针方向旋转，切削液开
M15	*			*	正运动
M16	*			*	负运动
M17 ~ M18	#	#	#	#	不指定
M19		*	*		主轴定向停止
M20 ~ M29	#	#	#	#	永不指定
M30		*		*	纸带结束
M31	#	#		*	互锁旁路

（续）

代　码	功能开始时间		功能保持到被注销或被适当程序指令代替	功能仅在所出现的程序段内有作用	功　能
	与程序段指令运动同时开始	在程序段指令运动完成后开始			
M32 ~ M35	#	#	#	#	不指定
M36	*		*		进给范围 1
M37	*		*		进给范围 2
M38	*		*		主轴转速范围 1
M39	*		*		主轴转速范围 2
M40 ~ M45	#	#	#	#	如有需要作为齿轮换挡，此外不指定
M46 ~ M47	#	#	#	#	不指定
M48		*	*		注销 M49
M49	*		*		进给率修正旁路
M50	*		*		3 号切削液开
M51	*		*		4 号切削液开
M52 ~ M54	#	#	#	#	不指定
M55	*		*		刀具直线位移，位置 1
M56	*		*		刀具直线位移，位置 2
M57 ~ M59	#	#	#	#	不指定
M60		*		*	更换工件
M61	*		*		工件直线位移，位置 1
M62	*		*		工件直线位移，位置 2
M63 ~ M70	#	#	#	#	不指定
M71	*		*		工件角度位移，位置 1
M72	*		*		工件角度位移，位置 2
M73 ~ M89	#	#	#	#	不指定
M90 ~ M99	#	#	#	#	永不指定

注：1. * 表示该功能有效。

2. #号表示：如选作特殊用途，必须在程序说明中说明。

3. M90 ~ M99 可指定为特殊用途。

（4）进给功能　进给功能亦称 F 功能，由地址 F 与后面的数字表示。F 功能分为每分钟进给（G98）和每转进给（G99）。系统开机为 G99 状态，当输入

G98 指令后，G99 指令才被取消。G98 和 G99 均属于模态代码。

（5）刀具功能　刀具功能亦称 T 功能，表示换刀功能，即根据加工需要，在某些程序段指令进行选刀和换刀。刀具功能是由地址 T 和其后的四位/二位数字表示，其中前二位/一位为刀具号，后二位/一位为刀具补偿号。每一刀具加工结束后应该取消其刀具补偿。例如：

N10　G50　X200.0　Z100.0；

N20　S1500　M03；

N30　T0205；　（2 号刀具，5 号补偿）

N40　G00　X40.0　Z60.0；

N50　G01　Z30.0　F30；

N60　G00　X200.0　Z100.0；

N70　T0200；　（2 号刀具补偿取消）

……

（6）主轴功能　亦称 S 功能，表示主轴转速或线速度。主轴功能 S 是用地址 S 和其后面数字表示的。主轴功能有恒线速控制（G96）和恒转速控制（G97）两种。恒转速控制（G97）是取消恒线速控制（G96）的指令，此时，S 指定的转速表示主轴转速(r/min)。例如：G97　S1000，表示主轴转速为 1000r/min。恒线速控制是指地址 S 之后指令的线速度是恒定的，即 S 指定的数值表示切削速度(m/min)。例如：G96　S200 表示切削速度为 200m/min。

在恒线速控制中，数控系统将刀尖所处的 X 坐标值作为工件的直径值进行计算，因此在使用 G96 指令前必须正确地设定工件坐标系。根据切削速度与转速的计算公式，当切削速度恒定时，转速将随切削直径的减小而增大。

主轴最高转速限制是使用 G50 指令实现的，即用地址 S 之后指令的是主轴每分钟的最高转速。例如：G50　S3000 表示把主轴最高转速设定为 3000r/min。在用恒线速控制加工工件端面、锥度和圆弧时，由于 X 坐标不断变化，因此主轴的转速也在不断变化。当刀具逐渐移近工件旋转中心时，主轴转速越来越高，可能导致工件松夹飞出，也可能超过主轴电动机的最高转速，因此必须用 G50 指令限制主轴的最高转速。

二、数控车床程序编制方法

在为一台数控车床编制加工程序前，一定要通过阅读机床说明书和编程手册，了解机床数控系统的功能及有关参数。现以 FANUC 0 系统为例，简要介绍数控车床的编程方法。

1. 数控车床 FANUC 0 系统 G 代码（表 7-3）

表 7-3　G 代码及其功能

标准 G 代码	组	功　能
G00	01	定位（快速进给）
G01		直线进给（切削进给）
G02		顺时针方向圆弧插补
G03		逆时针方向圆弧插补
G04	0	暂停
G27	00	返回参考点检测
G28		自动返回参考点
G29		从参考点返回
G32	01	螺纹切削
G34		可变导程螺纹切削
G40	07	取消刀尖半径补偿
G41		刀尖半径左补偿
G42		刀尖半径右补偿
G50	0	设定坐标系，或主轴最高转速
G70	00	精加工循环
G71		外径粗加工循环
G72		端面粗加工循环
G73		封闭切削循环
G74		端面切断循环
G75		外径、内径槽切削循环
G76		复合螺纹切削循环
G90	01	外径、内孔单一切削循环
G92		螺纹单一切削循环
G94		端面单一切削循环
G96	02	恒线速控制
G97		取消恒线速控制（恒转速控制）
G98	5	每分钟进给
G99		每转进给

2. 编程要点

（1）坐标系设置——G50　数控车床编程时，因工件安装在卡盘上，机床坐标系与工件坐标系是不重合的，应建立一个工件坐标系，是刀具在工件坐标系中进行加工。工件坐标系的设定用 G50 指令。例如（图 7-13）：G50　X20　Z50 或

G50　U20　W50 规定刀具起刀点至工件原点的距离，或将已建立的坐标系沿 X 轴和 Z 轴平移至坐标原点的位移量。

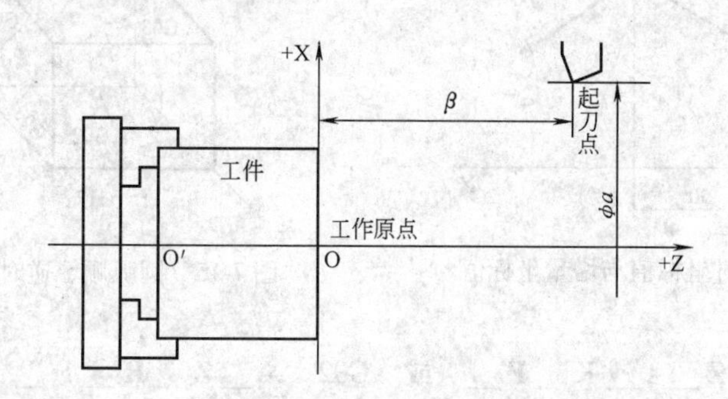

图 7-13　工件坐标系设定

（2）绝对尺寸与增量尺寸指令——G90、G91　在 ISO 和 JB 代码中，绝对尺寸指令和增量尺寸指令分别用 G90、G91 指令，绝对坐标值用 X、Y、Z 表示；增量坐标值用 U、V、W 表示。某些系统不用 G90 和 G91 指定，而是绝对尺寸用 X、Y、Z 表示，增量尺寸用 U、V、W 表示。如图 7-14 所示，AB 和 BC 两个直线插补程序段的运动方向，由于 BC 运动的起点坐标与上一程序 AB 运动的终点坐标是一致的，故 BC 程序段只需考虑 C 点的绝对值（相对于 XY 的坐标原点）或其相对值（相对于起点 B），其程序分别为：

G90　G01　X30.0　Y40.0；（绝对尺寸）

或　G91　G01　U-50.0　V-30.0；（增量尺寸）

或　G01　X30.0　Y40.0；（绝对尺寸）

或　G01　U-50.0　V-30.0；（增量尺寸）

（3）快速定位指令——G00　指令 G00 用于快速点定位，G00 指令刀具以点位控制方式从刀具所在点以最快速度移动到坐标系的另一点，运动的轨迹根据具体控制系统的设计而有所不同。

（4）直线插补指令——G01　G01 是直线运动指令，其特点是两坐标（或三坐标）间以插补联动方式并按指令 F 的进给速度作任意斜率的直线运动。G01 程序中必须含有 F 指令，G01 和 F 指令都是续效指令。

（5）圆弧插补指令——G02，G03　G02 指令顺时针方向圆弧插补，G03 指令逆时针方向圆弧插补，圆弧的顺时针和逆时针方向判断如图 7-15 所示，即沿垂直于圆弧所在平面的坐标轴的负方向看，顺时针圆弧用 G02，逆时针方向用 G03。圆弧程序应包括圆弧的顺逆、圆弧的终点坐标、圆心坐标和圆弧半径值等。目前的数控系统一般都可以编制过象限圆和整圆。具体编程格式如下：

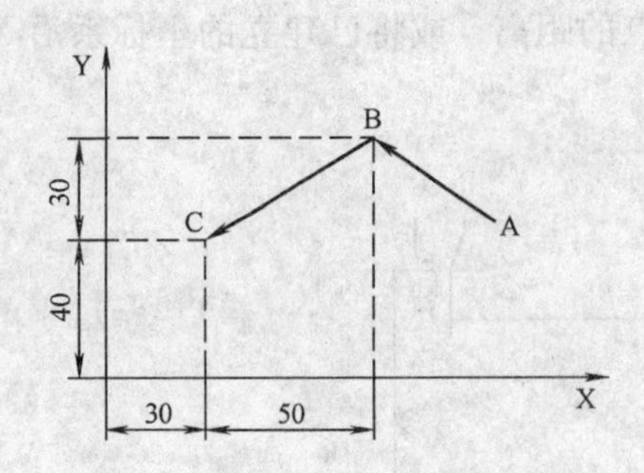

图 7-14　绝对坐标值与增量坐标值

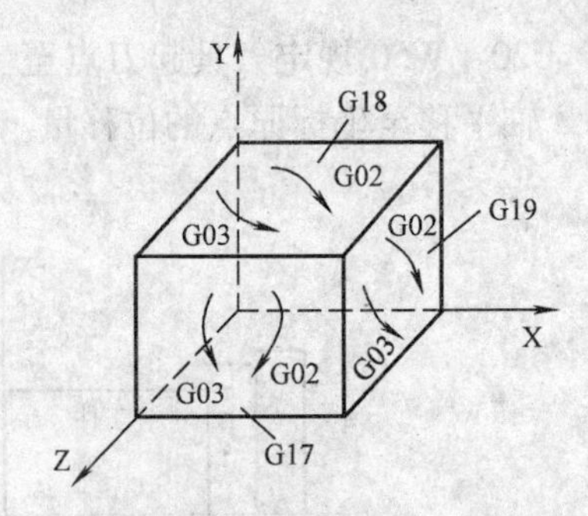

图 7-15　圆弧顺、逆时针的判断

G02　X__Z__I__K__F__　或　G02　X__Z__R__F__

G03　X__Z__I__K__F__　或　G03　X__Z__R__F__

其中 X、Z 是圆弧的终点坐标值，I、K 是圆弧的圆心坐标值，通常是圆心相对圆弧起点的相对坐标值。R 是圆弧的半径，数控系统一般规定，插补圆弧小于 180°时，用正号编制半径程序，当圆弧大于 180°时用负号编制半径程序。对于整圆插补编程只能用给定的圆心坐标编程。

（6）暂停指令——G04　G04 指令可使刀具作短时间的无进给光整加工，用于车槽、钻镗孔、镗平面、锪孔等场合，还可用于拐角轨迹控制。由于系统的自动加减速作用，刀具在拐角处的轨迹并不是直角，如果拐角处的精度要求很高，其轨迹必须是直角时，可在拐角处使用暂停指令。其程序格式：

G04　X__;

G04　P__;

G04　U__;

X、U、P 的指令值是暂停时间，其中 P 后面的数值为整数，单位是 μs，X、U 后面的数值为带小数点的数，单位是 s。G04 是非续效指令，仅在本程序段有效。

（7）刀具补偿指令——G41、G42、G40　当用圆形刀具（铣刀、圆头车刀）编程时，利用刀具半径自动补偿功能，只需向系统输入刀具半径值，即可按工件轮廓尺寸编程，而不必计算刀心轨迹，不需按刀心轨迹编程。当刀具实际半径与理论半径不一致、刀具磨损、调换新刀，以及使用同一把刀具实现不同余量加工等情况时，同样只需要改变输入的半径值，而原来的轮廓程序无须改变，十分方便，因此，现代数控机床都具有刀具半径补偿指令。

刀具半径补偿指令可使刀具按程序坐标尺寸的方向偏置一个输入的半径值。G41 为左偏指令，即顺着刀具前进的方向看，刀心偏在零件轮廓的左边（图 7-16a）；而 G42 为右偏指令（图 7-16b）；G40 为补偿注销指令。G41、G42、

G40 为模态指令。

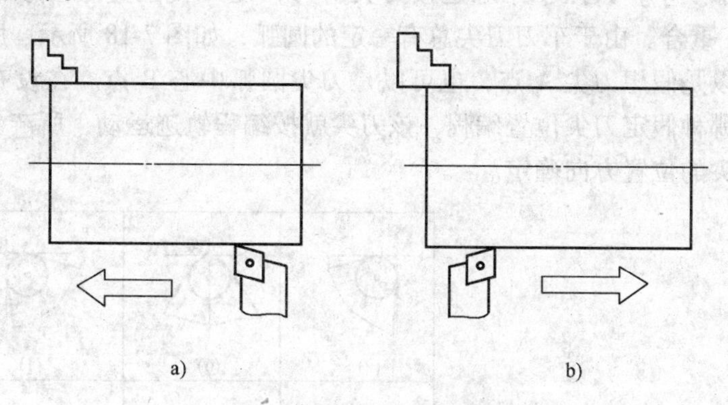

图 7-16　刀具左右补偿示意

a）刀具左补偿　b）刀具右补偿

刀具切削时，为提高刀尖强度，降低表面粗糙度值，刀尖处一般需刃磨圆弧过渡刃。在切削圆柱内孔、外圆和端面时，刀尖圆弧不影响其尺寸、形状。在切削锥面或圆弧时，会造成过切或欠切（图 7-17），此时可采用刀尖半径补偿功能来消除误差。

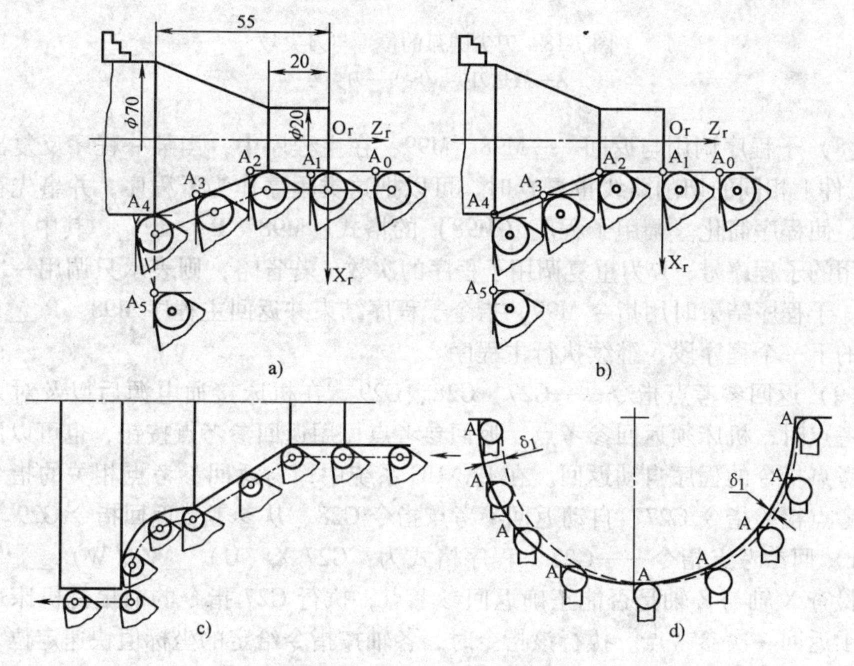

图 7-17　工件坐标系设定

a）刀具左补偿车削圆锥面　b）无刀具补偿车削圆锥面

c）刀具左补偿车削圆弧面　d）无刀具补偿车削圆弧面

在实际加工中，数控车床总是按刀尖对刀，使刀尖位置与程序中的起刀点（或换刀点）重合。由于车刀刀尖总有一定的圆弧，如图 7-18 所示，所以假定刀尖的位置可以是假想刀尖 A 点，也可以是刀尖圆弧中心 B 点。在没有刀尖半径补偿时，按哪种假定刀尖位置编程，该刀尖就按编程轨迹运动，所产生的过切或欠切将由刀尖的位置方向确定。

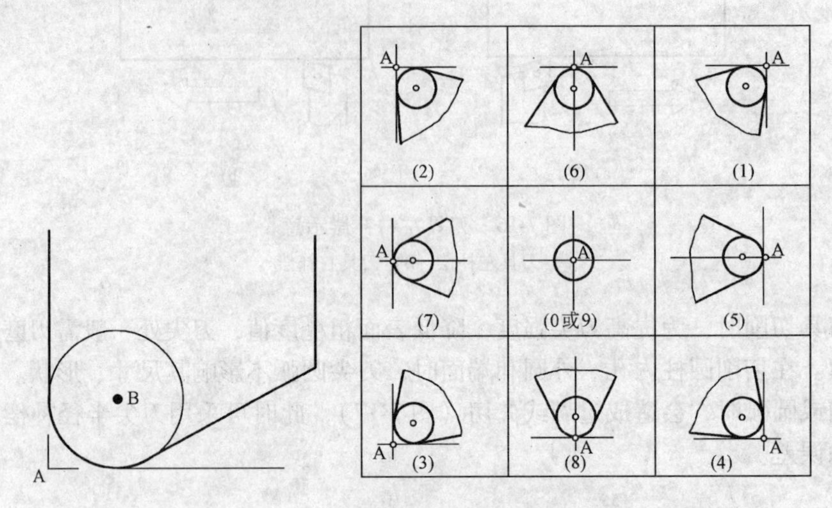

图 7-18　刀尖圆弧的位置与刀尖号

A—假想刀尖　0 ~ 9—刀尖号

（8）子程序调用与返回——M98、M99　在主程序中，当某一程序反复出现（即工件上相同的切削路线重复）时，可以把这类程序作为子程序，并事先存储起来，使程序简化。调用子程序（M98）的格式：M98　P __ L __；其中，P 为所调用的子程序号；L 为重复调用子程序的次数，若省略，则表示只调用一次子程序。子程序结束时用指令 M99，指令子程序结束并返回主程序 M98　P __ L __ 后面的下一个程序段，继续执行主程序。

（9）返回参考点指令——G27、G28、G29　在机床接通电源后以及对刀检查参考点时，机床须返回参考点。返回参考点可用返回参考点按钮，也可以用返回参考点指令的程序自动返回。在 FANUC 系统中，与返回参考点相关的指令有回参考点检验指令 G27、自动返回参考点指令 G28、从参考点返回指令 G29。

1）回参考点指令——G27　程序格式为：G27 X（U）__ Z（W）__；G27 用于检查 X 轴与 Z 轴是否能正确返回参考点，执行 G27 指令的前提是机床通电后必须返回一次参考点。执行该指令时，各轴按指令给定的坐标值快速定位，且在系统内部检测参考点的行程开关信号。当定位结束后，检测到行程开关信号发令正确，参考点的指示灯亮，说明该轴回到了正确的参考点位置；如果检测到的信号不正确，系统报警，说明程序中指令的参考点坐标值不对，或机床定位误差

过大。

2）自动返回参考点指令——G28　程序格式为：G28 X(U)__ Z(W)__；例如：G28 U40.0 W40.0 T0000；执行该指令时（图7-19），刀具由当前点A先快速移动到指令值所指令的中间点B位置，然后自动返回参考点R，相应坐标方向的指示灯亮。在使用G27、G28指令时，须注意预先取消刀补量，否则会发生不正确的动作。

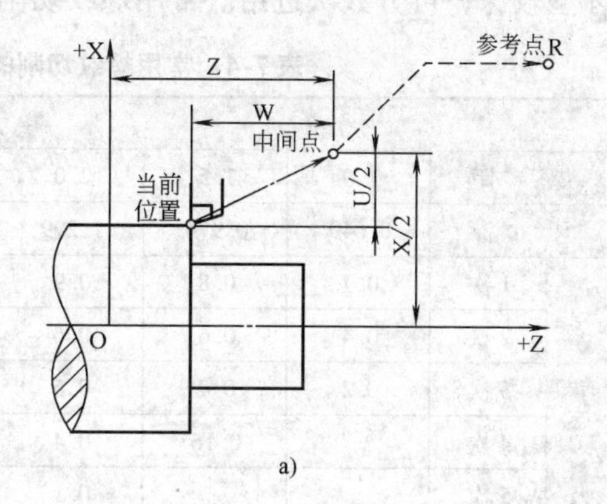

a)

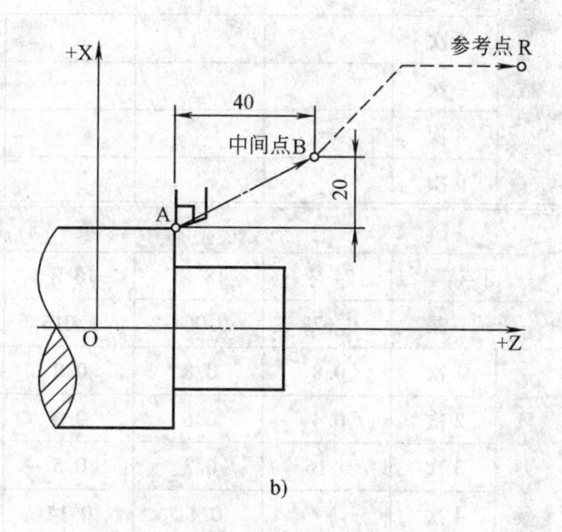

b)

图7-19　自动返回参考点示意

a）返回路径　b）示例

3）从参考点返回指令——G29　程序格式为：G29 X（U）__ Z（W）__；G29指令各轴由参考点经由中间点，移至指令值所指令的返回点位置定位。增量编程时，指令值U、W是中间点到返回点位移X、Z轴方向的坐标增量。执行G29指令时，该指令的各轴快速移动到前面G28所指令的中间点，然后再移至G29所指令的返回点定位。例如：

G28　U40.0　W100.0　T0202；

G29　U－80.0　W50.0；

如图7-20所示，执行G28指令，路径A→B→R；执行G29指令，路径R→B→C。

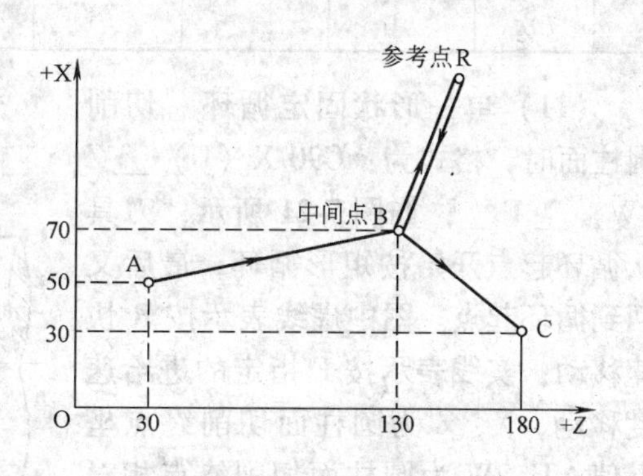

图7-20　参考点返回示意

（10）螺纹切削　螺纹切削有固定导程和可变导程两种，在FANUC系统中导程固定的螺纹切削用G32指令，导程可变的螺纹切削采用G34指令。导程固定的螺纹切削指令G32格式为：G32 X（U）__ Z（W）__ F__；其中F是指螺纹的导程，X（U）和 Z（W）分别是 X 方向和 Z 方向上的终点值。如果螺纹的牙型较深，可分数次进给。常用螺纹切削次数与背吃刀量可参考表 7-4 选取。

表 7-4　常用螺纹切削的进给次数与背吃刀量　　（单位：mm）

米制螺纹								
螺距		1.0	1.5	2.0	2.5	3.0	3.5	4.0
牙深		0.649	0.974	1.299	1.624	1.949	2.273	2.598
背吃刀量及切削次数	1 次	0.7	0.8	0.9	1.0	1.2	1.5	1.5
	2 次	0.4	0.6	0.6	0.7	0.7	0.7	0.8
	3 次	0.2	0.4	0.6	0.6	0.6	0.6	0.6
	4 次		0.16	0.4	0.4	0.4	0.6	0.6
	5 次			0.1	0.4	0.4	0.4	0.4
	6 次				0.15	0.4	0.4	0.4
	7 次					0.2	0.2	0.4
	8 次						0.15	0.3
	9 次							0.2
英制螺纹								
牙/in		24 牙	18 牙	16 牙	14 牙	12 牙	10 牙	8 牙
牙深		0.678	0.904	1.016	1.162	1.355	1.626	2.033
背吃刀量及切削次数	1 次	0.8	0.8	0.8	0.8	0.9	1.0	1.2
	2 次	0.4	0.6	0.6	0.6	0.6	0.7	0.7
	3 次	0.16	0.3	0.5	0.5	0.6	0.6	0.6
	4 次		0.11	0.14	0.3	0.4	0.4	0.5
	5 次				0.13	0.21	0.4	0.5
	6 次						0.16	0.4
	7 次							0.17

（11）单一形状固定循环　切削圆柱面时，格式为：G90 X（U）__ Z（W）__ F __；如图 7-21 所示，刀具从循环起点开始按矩形循环，最后又回到循环起点。图中虚线表示按 R 快速移动，实线表示按 F 指定的进给速度移动，X、Z 为圆柱面切削终点坐标值；U、W 为圆柱面切削终点相对循环起点的坐标增量值。

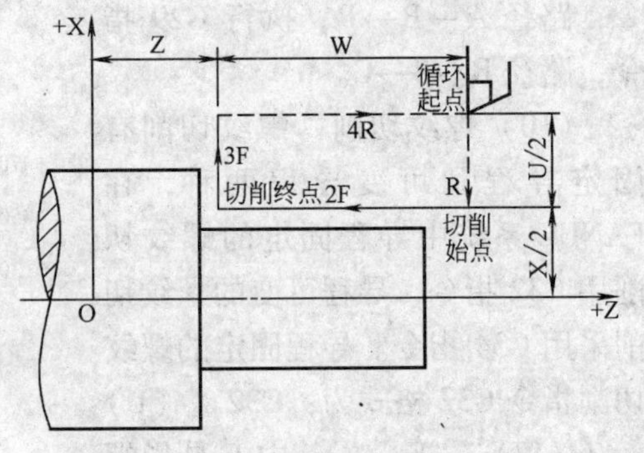

图 7-21　外圆切削循环

切削圆锥面时，指令格式为：G90 X（U）__ Z（W）__ I（或 R）__ F __；如图 7-22 所示，I（或 R）为圆锥面切削始点与切削终点的半径差。

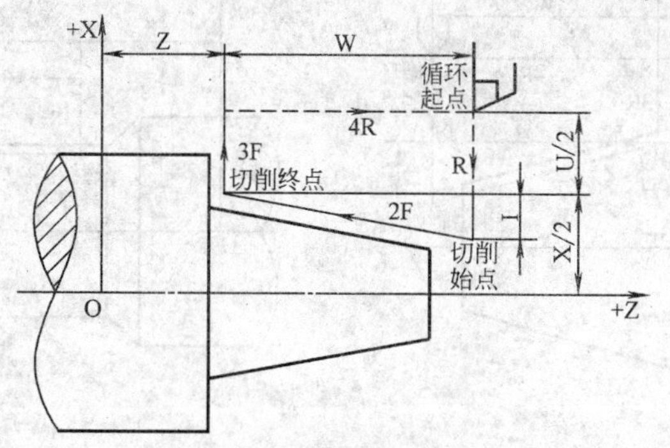

图 7-22 锥面切削循环

切削端平面时，指令格式为：G94 X（U）__ Z（W）__ F __；如图 7-23 所示，X、Z 为端平面切削终点坐标值；U、W 为端面切削终点相对循环起点的坐标增量值。

切削带有锥度的端面时，指令格式为：G90 X（U）__ Z（W）__ K（或 R）__ F __；如图 7-24 所示，K（或 R）为端面切削始点至终点位移在 Z 轴方向的坐标增量。

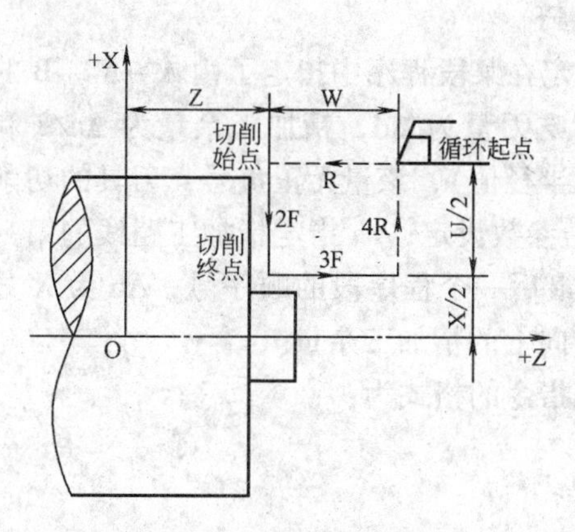

图 7-23 端面切削循环

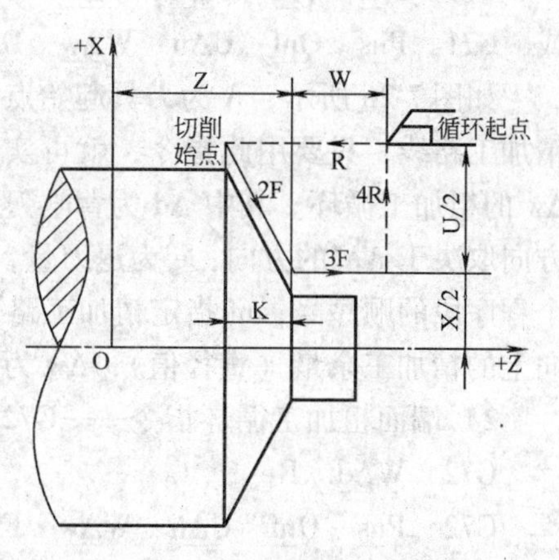

图 7-24 带锥度端面切削循环

切削螺纹时，指令格式为：G92 X（U）__ Z（W）__ I __ F __；该指令可切削锥螺纹和圆柱螺纹（图 7-25）。锥螺纹切削循环时（图 7-25a），刀具从循环起点开始按梯形循环，最后又回到循环起点，图中虚线表示按 R 快速移动，实线表示按指令的进给速度移动，其中 I 为锥螺纹始点与终点的半径差。加工圆柱螺纹时（图 7-25b），I 为零，可省略。

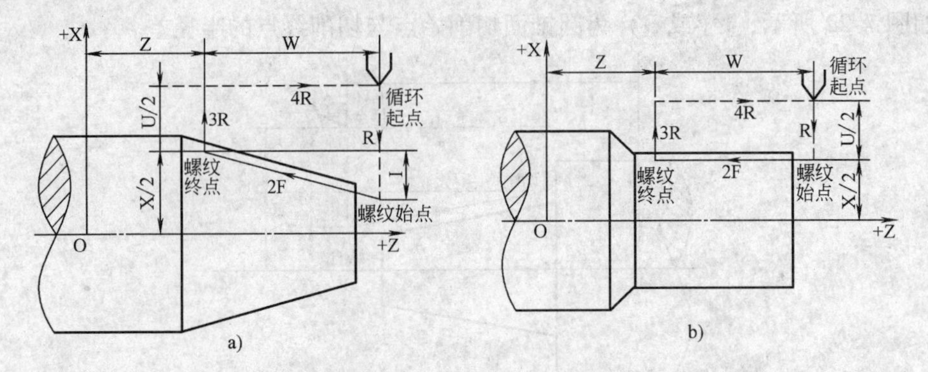

图 7-25　螺纹切削循环

a）锥螺纹切削循环　b）圆柱螺纹切削循环

（12）多重复合循环　运用 G70 ~ G76 指令，只须指定精加工路线和粗加工的背吃刀量，系统会自动计算出粗加工路线和加工次数，因此可简化编程。

1）外圆粗加工循环指令——G71　指令 G71 用于切除棒料毛坯的大部分加工余量，指令格式为：

G71　UΔd　Re

G71　Pns　Qnf　UΔu　WΔw　Ff

或　G71　Pns　Qnf　UΔu　WΔw　DΔd　Ff

如图 7-26 所示，A 为刀具起始点，假定在某段程序中指定了由 A→A′→B 的精加工路线，只要用此指令，就可实现背吃刀量为 Δd，精加工余量为 Δu/2 和 Δw 的粗加工循环。其中 Δd 为背吃刀量（半径值），该量无正负号，刀具的切削方向取决于 AA′的方向；e 为退刀量，可由参数设定；ns 指定精加工路线的第一个程序段的顺序号；nf 指定精加工路线的最后一个程序段的顺序号；Δu 为 X 方向上的精加工余量（直径值）；Δw 为 Z 方向上的精加工余量。

2）端面粗加工循环指令——G72　该指令的格式为：

G72　WΔd　Re

G72　Pns　Qnf　UΔu　WΔw　Ff

或　G72　Pns　Qnf　UΔu　WΔw　DΔd　Ff　Ss

其中各符号的含义与 G71 相同。

3）固定形状粗加工循环指令——G73　该功能适合加工铸造、锻造后已基本成形的工件。格式为：

G73　Ui　Wk　Rd

G73　Pns　Qnf　UΔu　WΔw　Ff

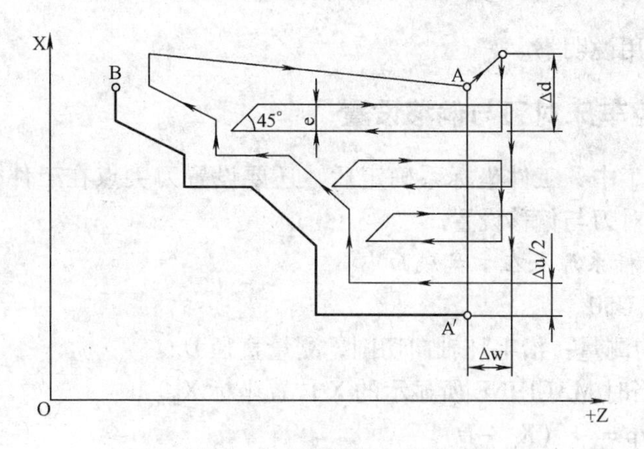

图 7-26　外圆粗加工循环

或　G73　Pns　Qnf　Ii　Kk　UΔu　WΔw　DΔd　Ff　Ss

如图 7-27 所示，其中 I 为 X 轴上的总退刀量（半径值）；K 为 Z 轴上的总退刀量；d 为重复加工的次数；ns 指定精加工路线的第一个程序段的顺序号；nf 指定精加工路线的最后一个程序段的顺序号；Δu 为 X 轴上的精加工余量（直径值）；Δw 为 Z 轴上的精加工余量。

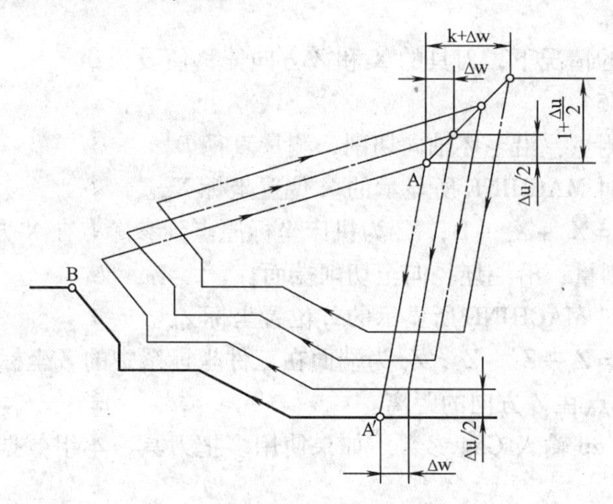

图 7-27　固定形状粗加工循环

4）精加工复合循环指令——G70　指令格式为：G70　Pns　Qnf

当用 G71、G72、G73 粗加工完毕后，用 G70 指定精加工循环，切除粗加工留下的余量。其中 ns 指定精加工路线的第一个程序段的顺序号；nf 指定精加工路线的最后一个程序段的顺序号。

此外，还有端面切槽循环 G74、内外圆切槽循环 G75 和螺纹切削复合循环，可参见相关使用说明书。

三、数控车床对刀与偏移设置

在数控加工中，工件坐标系确定后，还要设置刀尖点在工件坐标系中的位置，即常说的对刀与偏移设置。

1. 机床坐标系原点在卡盘底面中心

（1）使用 G50

1）X 方向测量：沿毛坯轴向切削，测量直径 D。

2）记录当时 MACHINE 所显示的 X 位置坐标 X_m。

3）计算 $xp = -(X_m - D)$。

4）Z 方向测量：沿毛坯径向至切削端面。

5）记录当时 MACHINE 所显示的 Z 位置坐标 Z_m。

6）计算 $zp = -(Z_m - Z_z)$，Z_z 为端面在工件坐标系中的 Z 坐标值。

7）修改程序：G50 Xxp Zzp。该段程序是以刀架处于刀具参考点为前提的，所以在执行该程序段前，必须先执行 G28 U0 W0，使刀架回到参考点。

8）如果使用多把刀具，每一把刀都需测量，分别记录其 xp、zp，并在程序中作相应的修改。

9）在一般的情况下，刀具的 X 和 Z 方向偏移值设为 0。

（2）使用 G54

1）X 方向测量：沿毛坯轴向切削，测量直径 D。

2）记录当时 MACHINE 所显示的 X 位置坐标 X_m。

3）计算 $xp = X_s + X_m - D$；X_s 为机床坐标原点到参考点在 X 方向的距离。

4）Z 方向测量：沿毛坯径向至切削端面。

5）记录当时 MACHINE 所显示的 Z 位置坐标 Z_m。

6）计算 $zp = Z_s + Z_m - Z_z$，Z_z 为端面在工件坐标系中的 Z 坐标值，Z_s 为机床坐标原点到参考点在 Z 方向的距离。

7）把 xp 和 zp 输入 G54 参数。如果使用多把刀具，本组数据作为基准刀具数据。

8）如果使用多把刀具，每一把刀都需测量，分别记录其 xp_i、zp_i。

9）计算每一把刀与基准刀的偏移值 $\Delta X_i = xp - xp_i$，$\Delta Z_i = zp - zp_i$。

10）把 ΔX_i 和 ΔZ_i 输入相应的刀具偏移值。在这种情况下，基准刀具的 X 和 Z 方向偏移值设为 0。

（3）直接使用机床坐标系

1）X 方向测量：沿毛坯轴向切削，测量直径 $D = D_p$。

2）X 方向不移动，切换到刀具偏移值输入界面（形状/GEOMETRY），光标

移到相应位置，输入 MXD_p。

3）Z 方向测量：沿毛坯径向至切削端面。

4）Z 方向保持不动，切换到刀具偏移值输入界面（形状/GEOMETRY），光标移到相应位置，输入 MZZ_p，Z_p 为端面在坐标系中的 Z 坐标值。

5）如果使用多把刀具，每一把刀具都需测量，输入其刀具测量偏移值。

2. 机床坐标系原点在刀具参考点

机床坐标系原点在刀具参考点也可使用 G50、G54 指令或直接使用机床坐标系，其对刀和偏置方法与前述类似，详见有关说明书。

第六节　数控铣床与加工中心程序编制基础

一、数控铣床与加工中心程序编制准备

1. 数控铣床与加工中心的编程特点

1）通常数控车床是二轴控制系统，数控铣床和加工中心至少是三轴的控制系统，编程考虑的问题比较复杂。

2）数控铣床和加工中心的控制系统在编程时有多个工件坐标系可供选用。

3）数控铣床和加工中心类控制系统具有各种固定循环指令以适应镗、铣、钻、攻等工序的特点，便于程序的编制。

4）在加工轮廓和型面零件时，数控铣床和加工中心的编程十分复杂，需要采用计算机辅助编程系统或是 CAD/CAM 系统进行编程。

2. 数控铣床的坐标系和编程零点

（1）数控铣床的机床坐标系　数控铣床是用来加工工件的平面、内外轮廓和空间曲面等工序的，数控铣床的坐标系为右手笛卡儿坐标系。对于卧式铣床，人面对机床主轴，左侧方向为 X 轴正方向；对于立式铣床，人面对机床主轴，右侧方向为 X 轴正方向。Y 轴方向则根据 X、Z 轴按右手笛卡儿坐标系来确定。机床坐标系的零点是一个固定的点，由生产厂家在设计时确定。

（2）数控铣床的工件坐标系　工件坐标系是用来确定工件几何形状上各要素的位置而设置的坐标系，工件坐标系的原点即为工件零点。工件零点的位置是任意的，它是由编程人员在编制程序时根据零件的特点选定的，在选择数控铣床和加工中心工件零点位置时应注意：

1）工件零点应选在零件图的尺寸基准上，以便于坐标值的计算，减少错误。

2）工件零点尽量选在精度较高的工件表面上，以提高被加工零件的加工精度。

3）对于对称的零件，工件零点应设在对称中心上。

4）对于一般零件，工件零点应设在外轮廓的某一个角上。

5）Z 轴方向上零点，一般设在工件表面。

（3）编程零点　一般情况下，编程零点即编程人员在计算坐标值时的起点。对于一般零件，工件零点即为编程零点。

3. 数控铣床编程中的常用术语

（1）插补　工件的轮廓形状均是由直线、圆弧及自由曲线等几何元素构成的。一般情况下，这些几何元素是由其有限个参数（如起点、终点、圆心、圆弧半径、型值点等）进行定义的。确定几何元素的一些中间点，进行数据密化的过程称为插补，即“插入、补上”运动轨迹中间点的坐标值。以便机床伺服系统根据坐标值控制各坐标轴协调运动，形成预定的轨迹。

（2）直线插补和圆弧插补　所谓直线插补是指预定的刀具运动轨迹是直线，圆弧插补是指预定的刀具轨迹是圆弧。实际上，刀具并不是完全严格按照直线和圆弧运动，而是一步步按阶梯折线逼近预定的直线和圆弧，只要折线的步长足够小，就能满足逼近精度，达到工件的加工精度要求。

（3）刀具补偿　在数控铣床上加工轮廓，由于刀具半径的存在，刀具中心轨迹和工件轮廓是不重合的，若按刀心轨迹编程，其计算十分复杂，尤其当刀具磨损、重磨和换装新刀具而使刀具直径变化时，必须重新计算刀心轨迹，修改程序。因此，数控铣床和加工中心数控系统都具有刀具半径补偿功能，编程时只需按工件轮廓进行，数控系统会自动计算刀心轨迹，使刀具偏离工件轮廓一个半径值。铣床数控系统的刀具补偿包括刀具半径补偿和刀具长度补偿。根据 ISO 标准，当刀具中心轨迹沿前进方向位于零件轮廓右边时称为刀具半径右补偿，反之称为刀具半径左补偿。刀具长度补偿分为正补偿和负补偿，前者是使编程终点坐标向正方向移动一个偏差量，后者是使编程终点向负方向移动一个偏差量。

二、数控铣床加工零件的工艺分析

在数控铣床上加工零件是按照程序进行的，因此对零件加工中所有的要求，都要体现在程序中。比如加工顺序、加工路线、切削用量、加工余量、刀具尺寸、切削液的使用等都要确定后编入程序。预先对加工零件进行工艺分析，确定必要的工艺参数，是正确、合理编制程序的基础工作。

（1）加工工序的划分　数控铣床的加工对象与机床型式有关，立式数控铣床一般适用于加工平面凸轮、样板、形状复杂的平面或立体零件以及模具的型腔等。卧式数控铣床适用于加工箱体、泵体、壳体等零件。在数控铣床上加工零件，加工工序的划分通常采用以下方法：

1）刀具集中分序法。这种方法就是按所用刀具来划分工序，用同一把刀具

加工完成所有可以加工的部位，然后再换刀。这种方法可以减少换刀次数，缩短辅助时间，减少不必要的定位误差。

2）粗、精加工分序法。根据零件的形状、尺寸精度等因素，按粗、精加工分开的原则，先粗加工，然后半精加工，最后精加工。

3）按加工部位分序法。即先加工平面、定位面，再加工孔；先加工简单的几何形状，再加工复杂的几何形状；先加工精度较低的部位，再加工精度较高的部位。

（2）加工路线的确定　对于数控铣床，加工路线是指刀具中心运动轨迹和方向。合理选择加工路线不但可以提高切削效率，还可以提高零件的加工精度，确定加工路线时应考虑以下几个方面：

1）尽量减少进、退刀时间和其他辅助时间。

2）铣削零件轮廓时，尽量采用顺铣方式，以提高表面精度。

3）进、退刀位置应选在不太重要的位置，并且使刀具沿零件的切线方向进刀和退刀，以免产生刀痕。

4）先加工外轮廓，再加工内轮廓。

（3）切削用量的选择　可根据数控机床的刚度、刀具的使用寿命、工件的材料、所选用的切削液等因素，并结合实际经验予以确定。

三、数控铣床程序编制方法要点

（1）单一方向定位（G60）　在需要排除间隙的精密定位时，可以始终从一个方向定位，见图 7-28a。指令 G60 可以代替 G00，定位过冲量及定位方向由参数设定，若指令的定位方向与参数设定的定位方向一致时（图 7-28b），也在距离终点过冲量的位置停一下，然后在终点准确定位。使用该指令注意以下几点：

1）G60 为非模态 G 代码。

2）钻孔固定循环中，Z 轴不能进行单一方向定位。

3）没有参数设定的轴不能进行单一方向定位。

4）指令移动量为零的轴不能进行单一方向定位。

5）用参数设定的轴不能加镜像。

6）G76、G87 固定循环时，用偏移量移动的轴不能进行单一方向定位。

（2）圆弧插补（G02、G03）

1）根据下列指令，刀具按圆弧移动。

① XY 平面圆弧：G17　G02（G03）X __ Y __ R __（I __ J __）F __;

② ZX 平面圆弧：G18　G02（G03）X __ Z __ R __（I __ K __）F __;

③ YZ 平面圆弧：G19　G02（G03）Y __ Z __ R __（J __ K __）F __;

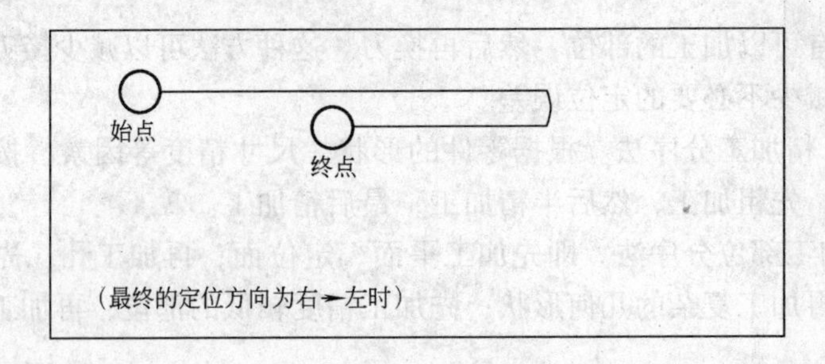

a）

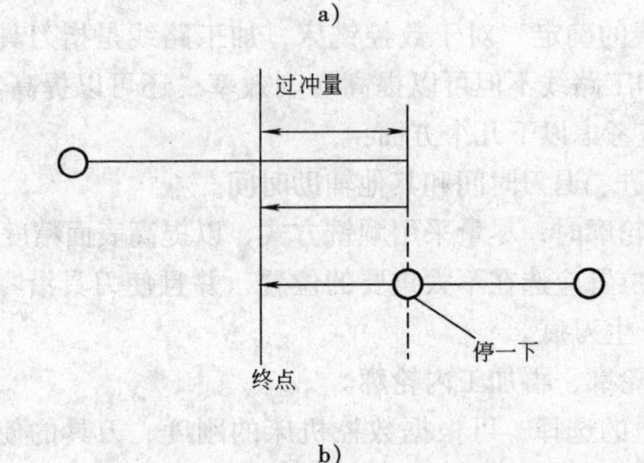

b）

图 7-28　单一方向定位

a）始终从一个方向定位　b）同向过冲定位

2）圆弧插补指令分为顺时针圆弧插补指令 G02 和逆时针圆弧插补指令 G03，圆弧的顺时针和逆时针可相对于 XY（ZX、YZ）平面沿 Z（Y、X）轴由正向负看（即图 7-29a、b、c 所示位置）予以判断。

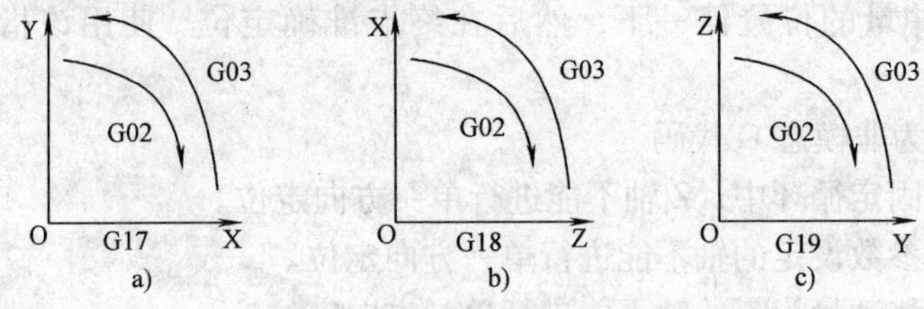

图 7-29　圆弧方向的判断

a）XY 平面　b）ZX 平面　c）YZ 平面

3）圆弧的终点位置由地址 X、Y、Z 指定，按照 G90 或 G91 可用绝对值或增量值表示，增量值由圆弧的起始点到终点的坐标值。

4）圆弧的圆心与 X、Y、Z 相对应，分别由 I、J、K 指令，但 I、J、K 后面的数值，是从圆弧的起始点到圆弧中心的矢量分量，始终为增量值（图 7-30），而且带有方向。

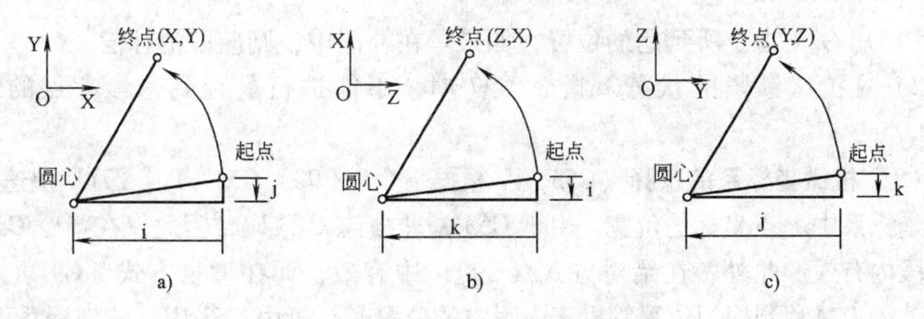

图 7-30　圆弧起始点的矢量分量

a）XY 平面　b）ZX 平面　c）YZ 平面

5）圆弧半径由 R 指令，指令所对应圆心角小于 180°的圆弧，用负值指定圆弧半径，指令所对应圆心角大于 180°的圆弧时用正值指定圆弧半径。

6）圆弧插补的进给速度为 F 代码指定的切削进给速度，并且按沿圆弧移动的切线方向指令进给速度进行控制。

7）注意事项：

① I0、J0、K0 可以省略。

② 当 X、Y、Z 均被省略；用 I、J、K 指令圆心（如 G02　I_;）；当起始点与终点处于同一位置时，可指定 360°的圆弧（整圆）。

③ 用 I、J、K 和 R 同时被指令时，R 指令优先，I、J、K 被忽略。

④ 若指令平面内不存在的轴时，系统报警。

（3）准确停止（G09）　程序中指定了准确停止指令 G09，在工件拐角形成锐边等场合切削时，移动减速并进行到位检测。使用 G00 时，即使没有准确停止的指令也能在终点减速并进行到位检测。所谓“到位”是指进给电动机到达了指令位置一定范围内，该范围一般由机床制造时用参数设定。

（4）准确停止方式（G61）　指令了 G61，在以后的切削中，均在各程序段终点减速并进行到位检测。G61 在切削方式指令 G64 之前均有效。

（5）切削方式指令（G64）　指令了 G64，在以后的切削指令中，每一个程序段的终点不减速就转移到下一个程序段，G64 在 G61 被指令前均有效。但即使指令了 G64 方式，在定位方式 G00、G60 时，或指令了准确停止检测 G09 以及在下一个程序段没有移动指令时，则进给速度还是会减速为零，并进行到位检测。

（6）自动返回参考点（G28、G29）　G28 指令可使被指定的轴自动返回参考点。指令 G29 可使指定的轴经过中间点向指定的位置定位，通常在 G28、G30（返回第二参考点指令）指令后使用。

（7）返回参考点检测（G27）　使用 G27 可检测指定轴是否准确返回参考点。使用 G27 指令须注意：

1）用 G27 指令所到达的位置，如果是在补偿中，则应取消补偿。

2）在机床锁紧的状态下指令 G27 时，不能进行是否到达参考点的距离测定。

（8）机械坐标系的选择（G53）　根据指令（G90）G53　P __;刀具快速移到机械坐标系中 P 点坐标的位置。由于 G53 是非模态 G 代码，因此仅在指令 G53 的程序段内有效。此外，在绝对方式（G90）中有效，而在增量方式（G91）中无效。若需刀具移到换刀位置等机床中固定的位置时，可由 G53 用机械坐标系编程。使用 G53 指令应注意：

1）执行 G53 指令时，应取消刀具半径、长度补偿与刀具偏置。

2）在指令 G53 之前，应设定机械坐标系，接通电源后必须进行一次手动返回参考点或者由 G28 返回参考点。

（9）设定工件坐标系（G92、G54 ~ G59）　为加工工件而使用的坐标系，称为工件坐标系。工件坐标系可由以下两种方法设定：

1）用 G92 的方法设定工件坐标系　根据（G90）G92　P __；可使刀具某一点（如刀尖的位置）变为坐标值（P），从而建立工件坐标系。如果一旦设定了工件坐标系，以后指令的绝对值指令则成为该工件坐标系的位置。

2）用 G54 ~ G59 的方法设定工件坐标系　用 G54 ~ G59 可设定 6 个工件坐标系，设定可用 CRT/MDI 控制面板，指定从机械原点到各坐标系原点的各轴距离（工件原点偏移量），如图 7-31 所示。其中 ZOFS1 ~ ZOFS6 分别为工件坐标系 1 ~ 6 的工件原点偏移量。

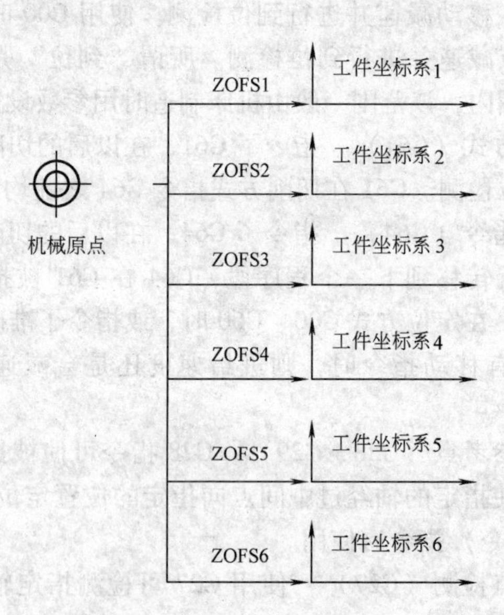

图 7-31　工件坐标系设定

若预先在机床中设定 6 个固有的坐标系，用 G54 ~ G59 指令，可选择 6 个坐标系中的任意一个：

G54……工件坐标系 1

G55……工件坐标系 2

G56……工件坐标系 3

G57……工件坐标系 4

G58……工件坐标系 5

G59……工件坐标系 6

设定时，须注意在接通电源返回参考点后，才能正确地建立工件坐标系。

第八章

数控机床的合理使用与维护

◈◈◈ 第一节　数控机床的合理选择与使用（*）

一、数控机床的层次特点

数控机床可分为三个层次：高档型、普及型和经济型。

（1）高档型数控机床　高档型数控机床是指加工复杂形状的多轴控制或工序集中、自动化程度高、高柔性、复合型的数控机床。常见的有5轴或5轴以上的数控铣床，大型、重型数控机床，五面加工中心和车削中心，柔性加工单元（FMC），柔性加工系统（FMS）。这类数控机床的特点如下：

1）数控系统为32位或64位微处理器。

2）5轴或5轴以上交流伺服驱动（可实现联动）。

3）进给分辨率为0.1μm，快速进给速度可达100m/min。

4）具有远程通信、联网、监控和管理功能。

（2）普及型数控机床　具有人机对话功能，价格适中，通常被称为全功能数控机床。这类机床品种门类极多，覆盖了各种数控机床类别。其主要特点如下：

1）数控系统为16位或32位微处理器。

2）4轴以内交流或直流伺服驱动。

3）进给分辨率1μm，快速进给速度为20m/min。

4）具有RS232接口。

（3）经济型数控机床　仅能满足一般精度要求的数控加工，能加工形状较简单的直线、斜线、圆弧及带螺纹类的零件。这类机床结构简单，价格便宜，常见的是数控车床、数控铣床、数控线切割机和数控钻床等，其主要特点如下：

1）由单板机或单片机构成数控系统。

2）3 轴以内的步进电动机驱动。

3）进给分辨率为 10μm，快速进给速度在 10m/min。

二、数控机床的合理选用原则

（1）实用性　能满足实际零件加工的需要。

（2）经济性　选用的数控机床在满足加工要求的条件下，所支付的代价是最经济的或者是较为合理的。

（3）可操作性　选用数控机床要与本企业的操作和维修水平相适应。

（4）可靠性　选用数控机床应综合考虑加工运行生产管理和维修服务的可靠性。

数控机床的运行成本一般在 20～200 元/h 之间，在订购前应进行必要的投资回报分析，数控机床投入使用后应采取各项措施，以获取预期的经济效果。

三、数控机床的合理使用

数控机床的合理使用应贯穿使用的全过程，通常订货的数控机床到货后，即为使用阶段的开始标志。使用全过程包括机床的安装、验收、试运行和正规的加工使用。

（1）数控机床的安装与调试要点

1）机床粗就位和组装：包括按机床基础的技术要求做好机床安装基础；按技术文件把机床各部件组装成整机；按机床说明书进行电缆、油管和气管的连接。

2）数控系统的连接与调整：包括外部电缆的连接；电源线的连接；输入电源电压、频率和相序的确认；短路棒和参数的设定、纸带阅读机的调整；数控系统与机床的接口等。

3）通电试车：包括通电前的准备，如机床润滑油加注、接通气源；调整机床水平、粗调机床主要几何精度；重新调整各主要运动部件与主轴的相对位置等。机床通电操作最好采用各部分分别供电，也可以全面供电，随后根据机床说明书检查机床主要部件的功能是否齐全、正常，使机床各环节都运动起来。数控系统与机床连接通电后，工作应正常无任何报警，为预防万一，应在接通电源的同时，做好按压紧停按钮的准备。通电正常后，应用手动方式检查机床各运转功能，如各轴的移动、主轴的正反、手摇脉冲发生器等。

（2）数控机床的验收　数控机床的验收是和安装、调试同步进行的，验收工作是数控机床交付使用前的重要环节。一般用户的验收工作主要根据机床出厂检验合格证上规定的验收条件以及实际能提供的检测手段，来部分或全部测定机床合格证上的各项技术指标。检测的结果作为该机床的原始资料存入技术档案中，作为今后维修时的技术指标依据。数控机床的验收通常包括开箱检验和外观检查；机床性能及数控功能检验；机床精度（几何精度、定位精度、切削精度）验收等。

（3）机床试运行　数控机床在安装调试后，应在一定负荷或空载下进行较长一段时间的自动运行试验，根据国家有关标准，连续运转时间：数控车床等一般为16h，加工中心一般为32h。在自动运行期间，不应发生除操作失误以外引起的任何故障。试运行中应注意以下事项：

1）因初期使用通常会遇到各种问题，如加工程序差错、控制系统故障、操作不当等问题，因此应做好运行记录。

2）当零件程序第一次在机床上运行时，程序编制者应到场，以便验证加工流程，检查刀具的配置和机床的调整数据。

3）验证加工流程可利用运行轨迹图形显示功能进行检查，而刀具的配置应在实际加工位置上进行检查。

4）机床调整数据设定时，机床的状态应与加工状态一致，若实际零件经过自动切削加工成为合格零件，试运行才算完成。

（4）正确、合理使用数控机床　使用数控机床需要操作者不仅具有数控技术专业知识，还需要实际加工的经验积累。数控机床操作者必须全面掌握并运用相关的知识和技能，才能达到正确、合理使用的目标。数控机床初学者在使用中必须注意以下几点：

1）熟练掌握操作方法，避免操作失误引起机床碰撞。

2）正确安装刀具，避免因刀具安装方法错误引起零件报废和机床损坏。

3）正确使用量具和检测装置，避免零件报废和机床损坏。

4）正确装夹工件，包括工件位置、定位与夹紧，避免因工件松动、碰撞等引起工件报废和机床损坏。

5）合理使用冷却系统和切削液。

第二节　数控机床的精度检测（*）

一台数控机床的全部验收检测工作是一项复杂的工作，试验检测手段和技术要求都很高，通常需要使用各种高精度的测量仪器，对机床的机、电、液、气等各部分和整机进行综合性能及单项性能检测，还包括对机床进行刚度和热变形等试验。如前述，对一般用户而言，在机床验收和精度检测中应做好以下主要工作。

一、数控机床的几何精度检测

数控机床的几何精度检测项目、方法、工具与普通机床的检测大致相同，但检测的精度要求比较高。

（1）几何精度检测项目　例如，一台普通立式加工中心几何精度检测项目

如下：

1）工作台面的平面度。

2）各坐标方向移动的相互垂直度。

3）X坐标方向移动时工作台面的平行度。

4）Y坐标方向移动时工作台面的平行度。

5）X坐标方向移动时工作台面T形槽侧面的平行度。

6）主轴的轴向窜动。

7）主轴孔的轴向圆跳动。

8）主轴箱沿Z坐标方向移动时主轴轴线的平行度。

9）主轴回转轴线对工作台面的垂直度。

10）主轴箱沿Z坐标方向移动的直线度。

（2）几何精度检测常用工具　目前，国内数控机床几何精度检测的常用工具有：精密水平仪、直角尺、精密方箱、平尺、平行光管、千分表、测微仪、高精度检验棒以及检测用辅具等。所用检测工具的精度等级必须比所检测的几何精度高一等级。

（3）几何精度检测方法　数控机床几何精度检测方法应严格按各类机床的检测条件规定。例如，表8-1所列是卧式数控车床几何精度检验项目、方法和技术要求。

表8-1　卧式数控车床几何精度检验项目、方法和技术要求

序号	检测内容		检测方法	允许误差/mm	实测误差
1	往复工作台Z轴方向运动的直线度	a Z轴方向垂直平面内		0.05/1000	
		b X轴方向垂直平面内		0.05/1000	
		X轴方向水平面内		全长0.01	
2	主轴轴向圆跳动			0.02	
3	主轴径向圆跳动			0.02	

（续）

序号	检测内容		检测方法	允许误差/mm	实测误差
4	主轴中心线与往复工作台Z轴方向运动的平行度	a 垂直平面内	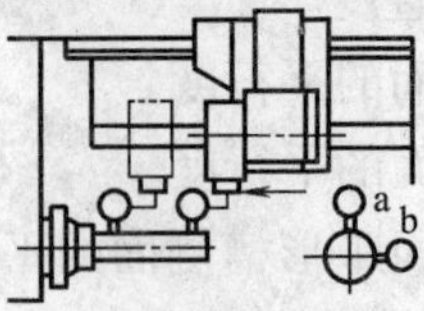	0.02/300	
		b 水平平面内		0.02/300	
5	主轴中心线对 X 轴的垂直度		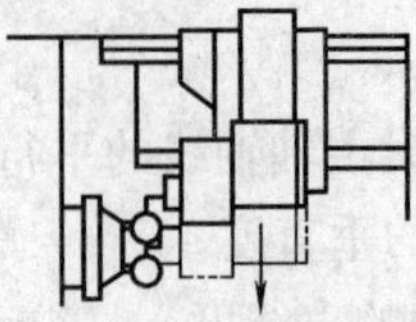	0.02/200	
6	主轴中心线与刀具中心线的偏离程度	a 垂直平面内	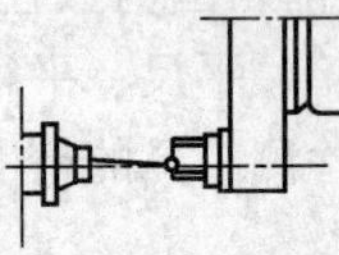	0.05	
		b 水平平面内	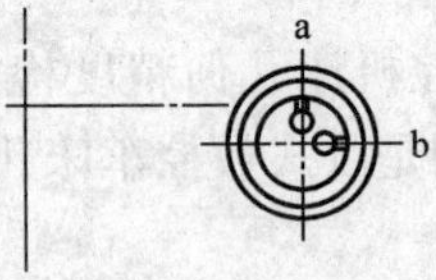	0.05	
7	床身导轨面的平行度	a 山形外侧	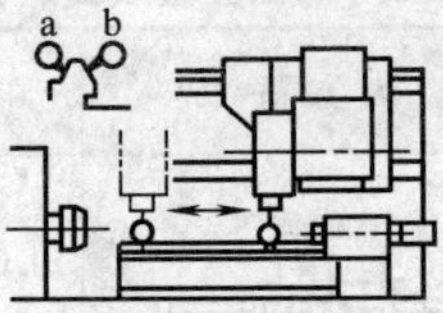	0.02	
		b 山形内侧			
8	往复工作台Z轴方向运动与尾座中心线平行度	a 垂直平面内	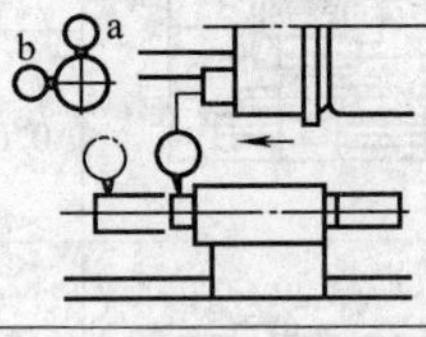	0.02/100	
		b 水平平面内		0.01/100	
9	主轴与尾座中心线之间的高度偏差		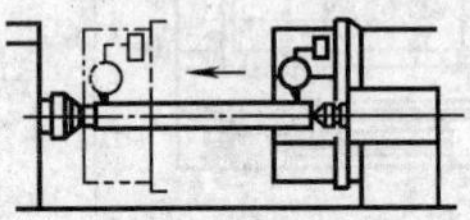	0.03	
10	尾座回转径向圆跳动		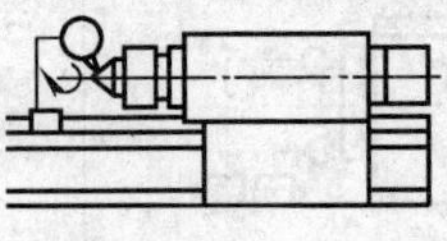	0.02	

（4）几何精度检测的注意事项

1）进行数控机床几何精度检验必须在机床地基及地脚螺栓的固定混凝土完全固化后才能进行，同时应对机床的水平进行精调整。

2）由于一些检测项目的相互联系和影响，数控机床的几何精度检测应在机床精调整后一次完成，不允许调整一项检测一项。

3）检测中应尽量消除检测工具和检测方法造成的误差，例如检验棒自身的振摆和弯曲、表架的刚性、测微仪的重力等因素造成的精度检测误差。

4）数控机床的几何精度检验应注意机床的预热，按有关标准，几何精度检测应在机床通电后各移动部件往复移动几次，主轴按中等转速回转几分钟后才能进行。

二、数控机床的定位精度检测

数控机床的定位精度，是指机床各运动部件沿坐标轴在数控装置控制下运动所能达到的位置精度。数控机床的定位精度取决于数控系统和机械传动误差。根据数控机床的定位精度可以判断该机床自动加工中零件能达到的最好加工精度。

（1）机床定位精度主要检测项目

1）直线运动各轴的定位精度和重复定位精度。

2）直线运动各轴机械原点的返回（复归）精度。

3）直线运动各轴的失动量（反向误差）。

4）回转运动（回转工作台）的定位精度。

5）回转运动的重复定位精度。

6）回转运动的失动量（反向误差）。

7）回转轴原点的返回（复归）精度。

（2）机床定位精度常用检测工具　测量直线运动的检测工具有：测微仪和成组量块、标准长度刻线尺、光学读数显微镜、双频激光干涉仪等；测量回转运动的检测工具有：360齿精确分度的标准转台或角度多面体、高精度圆光栅及平行光管等。

（3）机床定位精度的检测方法简介

1）直线运动定位精度检测：常用检测方法如图8-1所示，按有关标准，对数控机床的检测应以激光测量为准（图8-1a），若用标准刻线尺和读数显微镜进行比较测量（图8-1b），测量仪器的精度须提高1～2个等级。为了反映多次定位中的全部误差，ISO标准规定每个定位点按5次测量数据算出平均值和散差$\pm 3\sigma$，图8-2所示的定位精度曲线是由各定位点平均值连贯起来的一条曲线加上$\pm 3\sigma$散差带构成的定位点散差带。

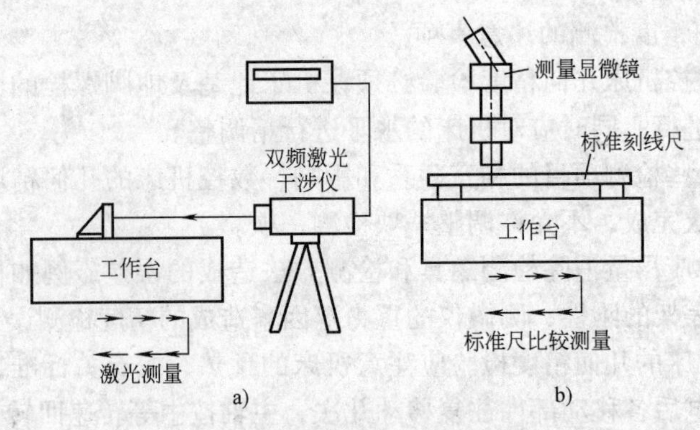

图 8-1　直线运动的定位检测
a）用激光测量　b）用标准尺测量

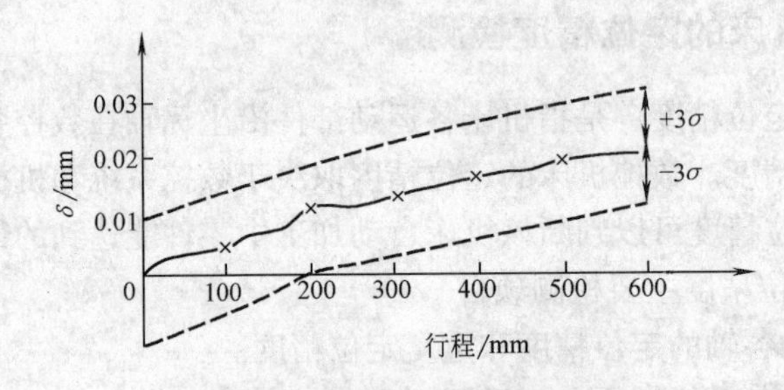

图 8-2　带散差的定位精度曲线

2）直线运动重复定位精度检测：重复定位精度检测是轴运动精度稳定性的最基本指标，检测时所使用的检测工具和方法与定位精度检测基本相同。一般检测方法是在靠近各坐标行程中点及两端的任意三个位置进行测量，每个位置用快速移动定位，在相同条件下重复作 7 次定位，测出停止位置数值并求出读数最大差值。以三个位置中最大一个差值的 1/2，附上正负号，作为该坐标的重复定位精度。

3）直线运动的原点返回精度检测：原点返回精度实际上是该坐标轴上一个特殊点的重复定位精度，因此其测定方法与重复定位精度完全相同。

4）直线运动失动量检测：失动量的测定方法是在所测量的坐标轴行程内，预先向正向或反向移动一个距离，并以此停止位置为基准，再向同一方向给予一定移动指令值，使之移动一段距离，然后再往相反方向移动相同距离，测量停止位置与基准位置之差（图 8-3）。在靠近行程中点及两端的三个位置分别进行多次测量（一般为 7 次），求出各个位置的平均值，以所得平均值中的最大值为失动测量值。

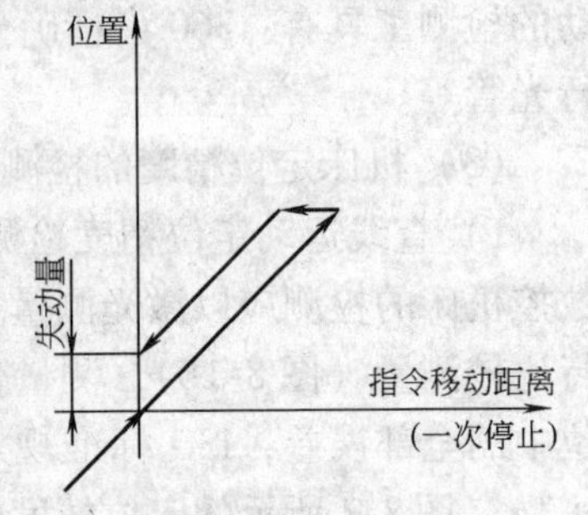

图 8-3　失动量检测

5）回转轴运动精度检测：回转运动各项精度的检测方法与上述直线运动精度基本相同，所使用的检测工具为标准转台和平行光管（准直仪）等，通常可根据实际使用要求，对0°、90°、180°、270°等几个直角等分点进行重点检测，要求这些点的精度较其他角度位置提高一个精度等级。

（4）定位精度检测的分析

1）数控机床现有定位精度都以快速定位检测，实际上数控机床加工是采用各种进给速度的，在一些进给传动链刚度不够好的数控机床上，采用不同进给速度定位时会得到不同的定位精度曲线和不同的反向死区（间隙）。因此即使具有很好的出厂定位精度检测数据，实际加工中仍有可能因定位精度误差影响加工精度。

2）由于综合原因，数控机床运行时正、反向定位精度曲线不可能完全重合，可能出现图8-4所示的几种不正常情况。

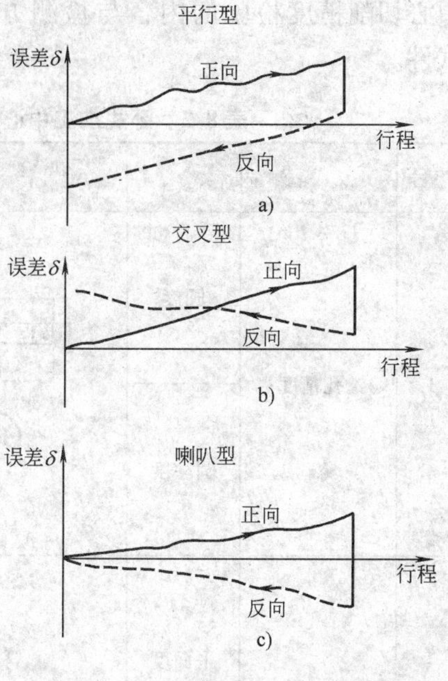

图8-4　异常的定位精度曲线
a）平行状曲线　b）交叉状曲线
c）喇叭状曲线

平行状曲线（图8-4a）即正向曲线和反向曲线在垂直坐标上很均匀地拉开一段距离，这段距离表示该坐标轴的方向间隙。这种误差可以用数控系统间隙补偿功能修改间隙补偿值使正反向曲线接近。

交叉状和喇叭状曲线（图8-4b、c）都是由于被测坐标轴各段反向间隙不均匀造成的，方向间隙不均匀现象较多地表现在全行程内一头松一头紧，结果得到喇叭状的正反向定位曲线，如果此时不恰当地使用数控系统的间隙补偿功能，就会造成交叉状定位曲线。

3）定位精度曲线还与测定的环境温度和轴的工作状态有关。目前大部分的数控机床都是半封闭的伺服系统，不能补偿滚珠丝杠的热伸长，滚珠丝杠的热伸长也会影响定位精度，其行程上的定位误差约为0.01～0.02mm/m。

4）坐标轴的失动量实质上是该坐标轴进给传动链驱动部件（如伺服电动机、伺服液压马达和步进电动机）的反向死区、各机械运动传动副的反向间隙和弹性变形等误差的综合反映，这类误差越大，机床的定位精度误差也越大。

三、数控机床的切削精度检测

数控机床切削精度检验是一项综合精度检验，切削精度进一步反映了机床的几何精度和定位精度，同时还包括了试件材料、环境温度、刀具性能以及切削条件等各种因素造成的误差及计量误差。切削精度检验可按有关标准规定，也可按机床厂规定的条件，如试件材料、刀具技术要求、主轴转速、背吃刀量、进给速度、环境温度以及切削前的机床空运行时间等。切削精度检验可分为单项加工精度检验和加工一个标准的综合性试件精度检验两种方式。表 8-2 所列是卧式加工中心切削精度检验的内容与检测方法。表 8-3 所列是数控卧式车床车削综合试件。

表 8-2　卧式加工中心切削精度检验的内容与检测方法

序号	检测内容		检测方法	允许误差/mm	实测误差
1	镗孔精度	圆度	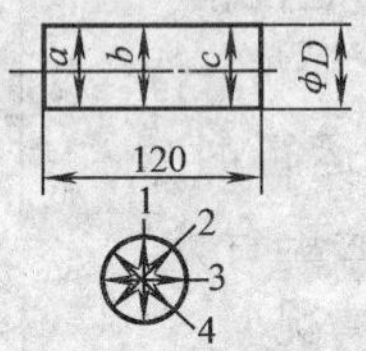	0.01	
		圆柱度		0.01/100	
2	面铣刀铣平面精度	平面度	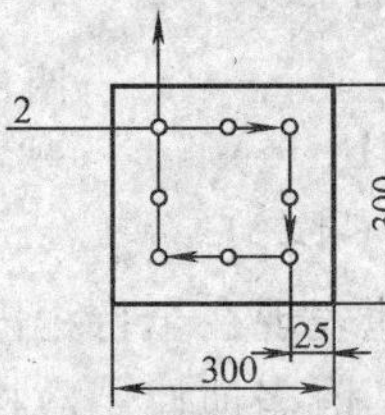	0.01	
		阶梯差		0.01	
3	面铣刀铣侧面精度	垂直度	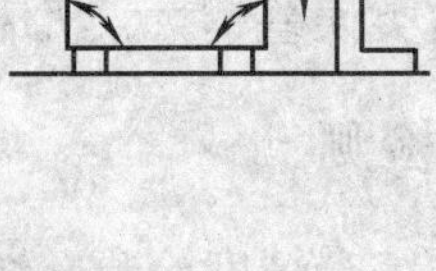	0.02/300	
		平行度		0.02/300	

（续）

序号	检测内容		检测方法	允许误差/mm	实测误差
4	镗孔孔距精度	X轴方向		0.02	
		Y轴方向			
		对角线方向		0.03	
		孔径偏差		0.01	
5	立铣刀铣削四周面精度	直线度		0.01/300	
		平行度		0.02/300	
		厚度差		0.03	
		垂直度		0.02/300	
6	两轴联动铣削直线精度	直线度		0.015/300	
		平行度		0.03/300	
		垂直度		0.03/300	
7	立铣刀铣削圆弧精度			0.02	

表 8-3　数控卧式车床车削综合试件

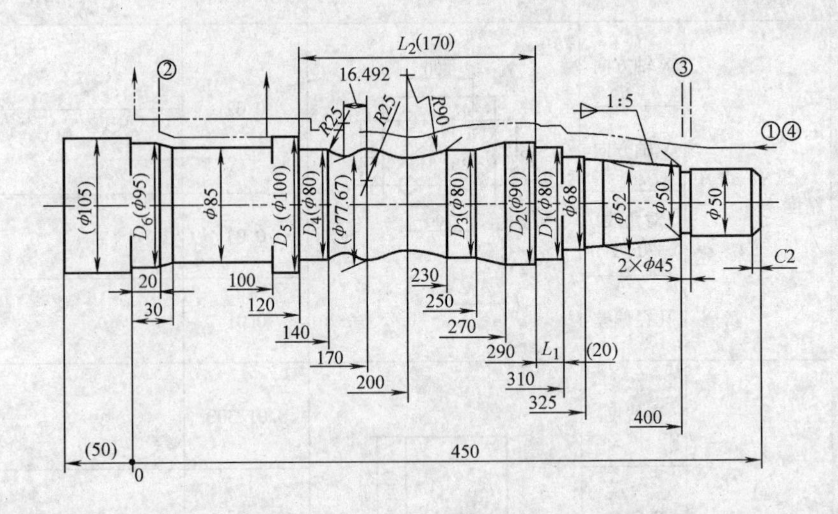

序号	检验项目		允差/mm
1	圆度（直径差）	D_6	0.015
2	直径尺寸精度	D_3、D_4、D_6	±0.025
3	直径尺寸精度	D_1、D_2、D_5	±0.020
4	直径尺寸差	$D_2-D_1=10$	±0.015
5	直径尺寸差	$D_3-D_4=0$	±0.020
6	长度尺寸精度	$L_1=20$	±0.025
		$L_2=170$	±0.035

注：1. 编程时进给途径和次数可以不同。
2. 小规格机床试件尺寸可适当缩小。
大规格机床试件尺寸可适当放大。
3. 尺寸精度为实测尺寸与指令值的差值。
4. 具备螺距补偿装置、间隙补偿装置的机床，应在使用这些装置的条件下进行试验。

要保证数控机床的切削精度，就必须要求机床的几何精度和定位精度的实际误差要比允差小。但几何精度和定位精度合格，切削精度不一定合格，只有当几何精度和定位精度的误差大大小于允差时，才能保证切削精度合格。因此，当定位精度有个别不合格时，可以以实际切削精度为准，一般情况下，各项切削精度的实测误差值为允差的 50%，机床切削精度是比较好的。个别关键项目实测值

能在允差的30%，则该机床的此项精度相当理想。对影响机床使用的关键项目，如果实测值超差，应视为不合格。

第三节　数控机床的维护与故障处理

数控机床投入使用后，对机床进行预防性维护保养能延长控制系统元器件的使用寿命，延长机械部件的磨损周期，防止意外恶性事故的发生，即可能延长机床的无故障工作时间。数控机床的维护工作包括日常保养、常见故障处理和数控机床运行记录等。

一、数控机床的日常维护保养

（1）数控机床日常保养主要内容

1）检查液压和气压系统压力和温度，定期清洗保养液压泵及其管路，更换过滤器，清洗油箱，更换润滑油。

2）及时清理分水器中滤出的水分，保证空气干燥机正常工作。

3）检测调整传动链间隙，保证位置控制精度。

4）定期检查自动刀架、换刀装置及冷却系统、排屑装置的工作情况。

5）检查驱动传动带的松紧程度，及时调整和更换传动带。

6）清洗外露的滚珠丝杠，及时更换润滑剂。

7）清理电器柜的积尘，保持良好的通风条件。

8）注意RAM保持电池的能量，及时更换电池。

（2）日常维护保养检查表　表8-4列举了数控机床的维护检查顺序，可供日常维护参考使用。

表8-4　数控机床的维护检查顺序

序号	检查周期	检查部位	检查要求
1	每天	导轨润滑油箱	检查油标、油量，及时添加润滑油，润滑泵能定时起动打油及停止
2	每天	X、Y、Z轴向导轨面	清除切屑及脏物，检查润滑油是否充分，导轨面有无划伤损坏
3	每天	压缩空气气源压力	检查气动控制系统压力，应在正常范围
4	每天	气源、自动分水滤气器、自动空气干燥器	及时清理分水器中滤出的水分，保证自动空气干燥器工作正常

（续）

序号	检查周期	检查部位	检查要求
5	每天	气液转换器和增压器油面	发现油面不够时及时补足油
6	每天	主轴润滑恒温油箱	工作正常，油量充足并调节温度范围
7	每天	机床液压系统	油箱、液压泵无异常燥声，压力表指示正常，管路及各接头无泄漏，工作油面高度正常
8	每天	液压平衡系统	平衡压力指示正常，快速移动时平衡阀工作正常
9	每天	CNC 的输入/输出单元	如光电阅读机清洁，机械结构润滑良好
10	每天	各种电器柜散热通风装置	各电器柜冷却风扇工作正常，风道过滤网无堵塞
11	每天	各种防护装置	导轨，机床防护罩等应无松动、漏水
12	每半年	滚珠丝杠	清洗丝杠上旧的润滑脂，涂上新油脂
13	每半年	液压油路	清洗溢流阀、减压阀、过滤器，清洗油箱箱底，更换或过滤液压油
14	每半年	主轴润滑恒温油箱	清洗过滤器，更换润滑脂
15	每年	检查并更换直流伺服电动机电刷	检查换向器表面，吹净碳粉，去除毛刺，更换长度过短的电刷，并应磨合后才能使用。
16	每年	润滑液压泵，过滤器清洗	清理润滑油池底，更换过滤器
17	不定期	检查各轴导轨上镶条，压滚轮松紧状态	按机床说明书调整
18	不定期	冷却水箱	检查液面高度，切削液太脏时需更换并清理水箱底部，经常清洗过滤器
19	不定期	排屑器	经常清理切屑，检查有无卡住等
20	不定期	清理滤油池	及时取走滤油池中废油，以免外溢
21	不定期	调整主轴驱动带松紧	按机床说明书调整

二、数控机床的故障判断和处理（＊）

（1）常见故障种类

1）系统性故障和随机性故障。

2）诊断显示故障和无诊断显示故障。

3）破坏性故障和非破坏性故障。

4）硬件故障和软件故障

5）数控机床运行特性的质量故障。

（2）数控机床的故障诊断方法

1）数控机床机械故障的诊断方法见表 8-5。

表 8-5　数控机床机械故障的诊断方法

类型	诊断方法	原理及特征	应　用
简易诊断技术	听、摸看、问、嗅	借用简单工具、仪器，如指示表、水准仪、光学仪等检测。通过人的感官，直接观察形貌、声音、温度、颜色和气味的变化，根据经验来诊断	需要有丰富的实践经验，目前，被广泛采用于现场诊断
精密诊断技术	温度监测	接触型：采用温度计、热电偶、测温贴片、热敏涂料直接接触轴承、电动机、齿轮箱等装置的表面进行测量 非接触型：采用先进的红外测温仪、红外热像仪、红外扫描仪等遥测不宜接近的物体 具有快速、正确、方便的特点	用于机床运行中发热异常的检测
	振动监测	通过安装在机床某些特征点上的传感器，利用振动计巡回检测，测量机床上特定测量处的总振级大小，如位移、速度、加速度和幅频特性等，对故障进行预测和监测	振动和噪声是应用最多的诊断信息。首先是强度测定，确认有异常时，再做定量分析
	噪声监测	用噪声测量计、声波计对机床齿轮、轴承在运行中的噪声信号频谱中的变化规律进行深入分析，识别和判别齿轮、轴承磨损失效故障状态	
	油液分析	通过原子吸收光谱仪，对进入润滑油或液压油中磨损的各种金属微粒和外来杂质等残余物形状、大小、成分、浓度的分析，判断磨损状态、机理和严重程度，有效掌握零件磨损情况	用于监测零件磨损
	裂纹监测	通过磁性探伤法、超声波法、电阻法、声发射法等观察零件内部机体的裂纹缺陷	疲劳裂缝可导致重大事故，测量不同性质材料的裂纹应采用不同的方法

2）数控机床 CNC 故障常采用的诊断方法如下：

① 启动诊断（Start Diagnostics）：启动诊断是指 CNC 系统每次从通电开始到进入正常运行准备转台为止，系统内部诊断程序自动执行的诊断。

② 在线诊断（On—Line Diagnostics）：在线诊断是指通过 CNC 系统的内装程序，在系统正常运行的情况下所进行的自诊断。在 CRT 上的故障信息显示有上百条，甚至上千条。这些信息大都以报警号和适当注释的形式出现。

③ 离线诊断（Off—Line Diagnostics）：离线诊断是指停止加工和停机进行故障检查的方法。离线诊断的主要目的是将故障定位在尽可能小的范围内，以便进行维修。现代的 CNC 系统离线诊断用的软件可由维修人员在键盘上按规定调用，若违反规定可能给机床和系统造成严重故障。

（3）数控机床的故障处理　数控机床一旦发生故障，操作人员首先应采取急停措施，停止系统运行，保护好现场，并对故障进行尽可能详细的记录，及时通知维修人员。数控机床产生故障的原因往往比较复杂，故障处理的一般方法与步骤如下：

1）调查故障现场，充分掌握故障信息。主要信息包括：报警号和报警提示；系统所处工作状态；故障发生时所处的程序段、指令、操作；故障发生时的运动速度、工作位置；类似故障发生的记载、现场的异常情况、故障的重复发生情况等。

2）分析故障原因，确定检查的方法和步骤。通常采用归纳法和演绎法进行分析，从故障现象开始，根据故障机理，列出多种可能产生该故障的原因，然后对这些原因逐个进行分析，排除不正确的原因，最后确定故障点。

3）故障的检测和排除。在故障的检测排除中应遵循以下原则：

① 先外部后内部：即当数控机床发生故障后，应先采用望、听、嗅、问、摸等方法由外向内逐一进行检查。

② 先机械后电气：因机械故障较易察觉，而数控系统的故障较难诊断，因此排除故障首先应排除机械性故障。

③ 先静后动：先在机床断电的静态，通过观察测试、分析，确认为非恶性故障或非破坏性故障后，方可给机床通电，在工况下运行，进行动态观察、检验和测试。对恶性的破坏性故障，必须先行排除危险后，方可进行机床通电和工况动态诊断。

④ 先公用后专用：因公用性的问题影响全局，专用性的问题只影响局部，因此先解决影响一大片的主要矛盾，局部的、次要的矛盾才能迎刃而解。

⑤ 先简单后复杂：当出现多种故障相互交织掩盖，一时无从下手时，应先解决容易的问题，后解决难度较大的问题。

⑥ 先一般后特殊：在排除某一故障时，应先考虑最常见的可能原因，然后再分析很少发生的特殊原因。

第九章

数控仿真系统的功能与应用

数控仿真系统是基于虚拟现实的仿真软件系统。20 世纪 90 年代初源于美国的虚拟现实技术，可用于产品设计与制造，以降低成本，避免新产品开发的风险；也可用于产品演示，借助多媒体效果提高市场竞争力；若用于数控操作演示和培训，可避免数控设备的损耗和运行试验的风险，便于程序的验证和操作技能的提高，以及产品加工质量的预测。

第一节　数控仿真系统的功能与应用范围

目前国内外数控加工仿真系统软件可实现对数控加工全过程的仿真，其中包括毛坯定义与夹具，刀具定义与选用，零件基准测量和设置，数控程序输入、编辑和调试，加工仿真以及各种错误检测功能。现以上海宇龙软件公司研制开发的仿真软件（以下简称宇龙软件）为例，介绍仿真系统的功能以及应用方法。

一、控制系统与机床

宇龙软件所使用的控制系统和相应机床见表 9-1。

表 9-1　宇龙软件控制系统和机床

控制系统	机　床	操作面板
FANUC 0M	数控铣床	通用机床操作面板
	卧式加工中心	通用机床操作面板
	立式加工中心	南通机床厂 KH713 面板
FANUC 0-TD	数控车床	通用机床操作面板
FANUC PowerMater 0	数控车床	浙江诸暨市凯达机床有限公司面板

（续）

控制系统	机　床	操作面板
SIEMENS 810D	数控车床	0P032 面板
	数控铣床	0P032 面板
	卧式加工中心	0P032 面板
	立式加工中心	0P032S 面板，包括刀库管理操作
SIEMENS 802S	数控车床	SIEMENS 802S 标准面板
	数控铣床	SIEMENS 802S 标准面板
	卧式加工中心	SIEMENS 802S 标准面板
	立式加工中心	SIEMENS 802S 标准面板
PA 8000	数控车床	上海富安工厂自动化公司 FA32 机床面板
	数控铣床	上海富安工厂自动化公司 FA32 机床面板
	卧式加工中心	上海富安工厂自动化公司 FA32 机床面板

二、软件功能与应用范围

（1）机床操作过程仿真功能　机床操作过程仿真包括以下内容：

1）毛坯定义。

2）工件装夹。

3）压板安装。

4）基准对刀。

5）刀具安装。

6）机床手动操作。

（2）加工运行环境仿真功能　加工运行环境仿真包括以下内容：

1）数控程序的自动运行和 MID 运行模式。

2）三维工件的实时切削，刀具轨迹的三维显示。

3）刀具补偿、坐标设置等参数设定。

（3）互动式教学功能　教师可以用广播方式将自己屏幕上的信息发送到学生的屏幕上；教师可以将任意指定的学生屏幕上的信息传到自己的屏幕上；屏幕信息的传输都是实时的。

（4）数控操作过程的考试功能　可以记录考生考试的全过程；事后可以用多种方式回放考生考试操作的全过程；操作过程的记录数据可归档保存。

◇◇◇ 第二节　仿真系统基本功能的应用方法

一、项目文件

（1）项目文件的作用　保存所有操作过程的结果，但不包括操作过程内容。

（2）项目文件的内容　包括机床、毛坯、经过加工的零件、选用的刀具和夹具、在机床上的安装位置和方式；输入的参数：工件坐标系、刀具长度和半径补偿数据；输入的数控程序。

（3）应用操作方法

1）新建项目文件：打开菜单“文件→新建项目”。

2）打开项目文件：打开选中的项目文件夹，选中并打开文件夹中后缀名为“mac”的项目文件。

3）保存项目文件：打开菜单“文件→保存项目”或“文件→另存为”，选择需要保存的内容按下“确认”按钮。

4）查看演示：打开菜单“文件→演示”，再打开已记录的文件的右上角增加了查看演示的操作面板（图 9-1），其操作方法如下：

图 9-1　演示操作面板

①“播放”按钮：从当前位置起按指定速度播放所有操作。

②“快进”按钮：快速查看操作记录。

③“加快播放速度”与“放慢播放速度”按钮（在播放和快进状态下有效）。

④“倒退”按钮：回到操作记录的起始位置。

⑤“循环播放”按钮：选定内容循环播放。

⑥“暂停”按钮：单击“播放”或“快进”，按钮即变为“暂停”。

⑦ 在播放的过程中，按住“Shift”键即可控制鼠标的操作。

二、视图变换

（1）弹出上下浮动菜单　置光标在显示区域内，单击鼠标右键，浮动菜单即可出现。

（2）工具条中视图变换的选择　在工具条中的按键，如图 9-2a 所示，相对应于菜单“视图”下拉菜单如图 9-2b 中的“复位”、“局部放大”、“动态放缩”、“动态平移”、“动态旋转”、“左/右侧视图”、“俯视图”、“前视图”。

（3）控制面板的切换　打开菜单“视图/控制面板切换”或在工具条中单击切换按钮，即可完成控制面板切换。未选择“控制面板切换”时，面板的状态如图9-3a所示，此时FANUC系统可完成机床回零、手动控制等操作。选择“控制面板切换”后，面板状态如图9-3b所示，此时FANUC系统可完成各参数的输入及编辑程序等操作。

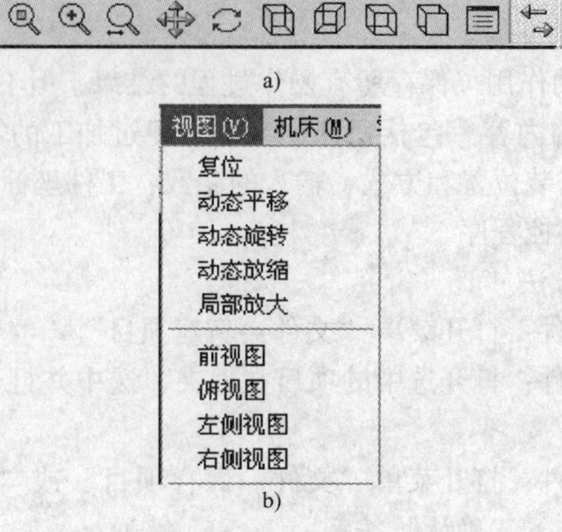

a)

b)

图9-2 视图变换按键与菜单

（4）选项对话框　打开菜单“视图/选项”或在工具条中选择“视图/选项”按钮，在对话框中可进行设置，如图9-4所示。其中透明显示方式可方便观察内部加工状态。“速度设置”中的速度值是用以调节仿真速度的，有效数值范围从1到100。如果选中“对话框显示出错信息”，出错信息提示将出现在对话框中，否则出错信号将出现在屏幕的右下角。

（5）触摸屏工具　打开菜单“视图/触摸屏工具”，如图9-5a所示，屏幕显示触摸屏工具箱（图9-5b），使用机床绕轴旋转，可改变视角，进行操作观察。图9-6所示为车床复位与旋转后位置示意，图9-7所示为铣床复位与旋转后位置示意。

三、系统设置

系统设置功能主要供具有用户管理权限的用户使用。

（1）用户管理　打开菜单“系统管理/用户管理”对话框，拥有管理权限的用户可以更改自身及其他用户的基本信息及用户权限，普通用户只能更改用户自己的口令。

（2）铣刀具库管理　打开菜单“系统管理/铣刀具库管理”对话框，享有管理权限的用户可以对相应的刀具进行更改、添加、删除。

1）添加刀具：选择菜单“添加刀具”，输入新的刀具编号（名称）；选择刀具类型，首先在刀具类型中根据图片选择类型，然后按下“选定该类型”按钮；

输入刀具参数；按“保存”按钮。

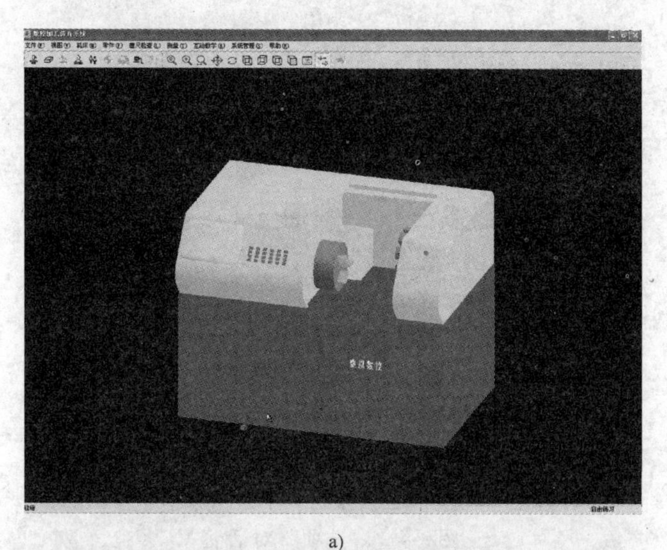

a)

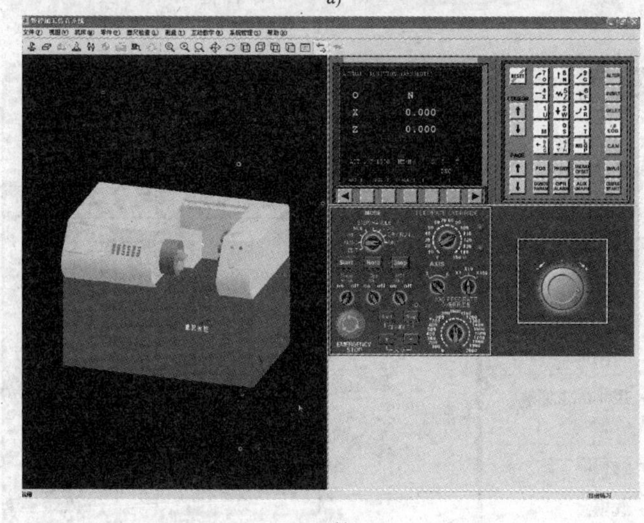

b)

图 9-3　控制面板的切换

a）未切换面板状态　b）切换后面板状态

2）删除刀具：在刀具编号（名称）列表框内选择要删除的刀具；按“删除当前刀具”按钮，完成删除操作。

3）详细资料：选中刀具，单击“详细资料”，可查看刀具的基本信息。

（3）系统设置　打开菜单“系统设置”对话框，如图 9-8 所示。享有管理权限的用户可更改公共属性、FANUC 属性。

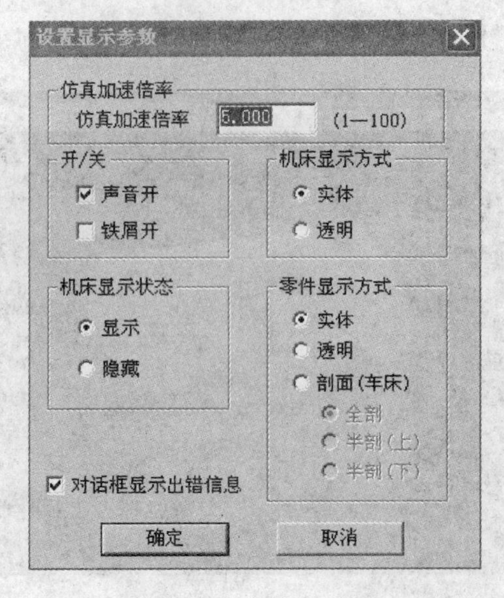

图 9-4　“选项”对话框

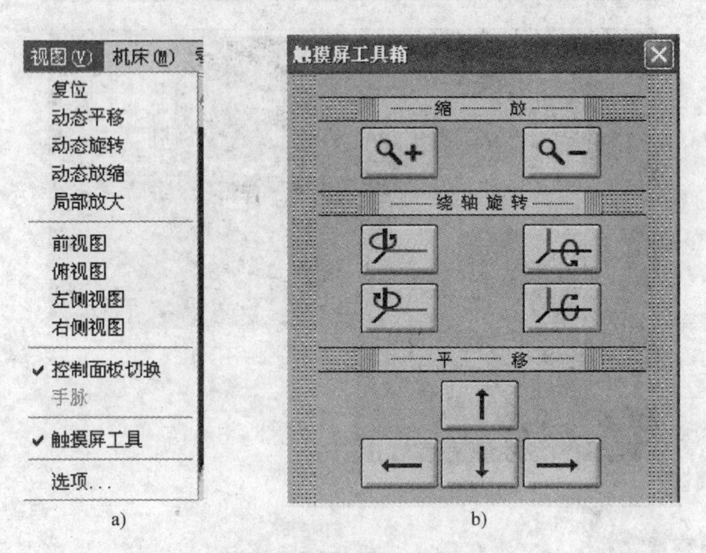

图 9-5　触摸屏菜单与工具箱

四、考试功能

（1）开始考试　单击菜单“开始考试”，进入考题界面。

（2）收卷　单击“交卷”菜单，弹出“选择目录”对话框，选择“答卷存放”目录，单击确定，即可将考生答题信息从学生机中取出，存入教师机中。

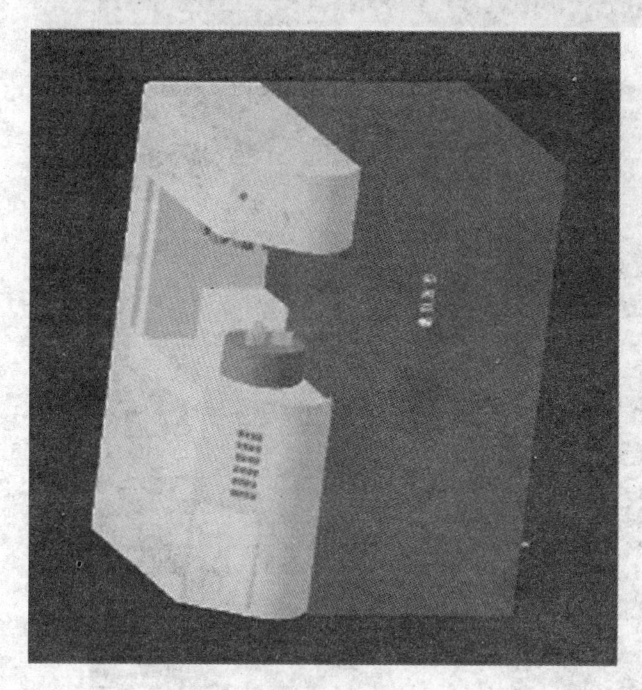

a)

b)

图9-6　车床复位与旋转后位置示意

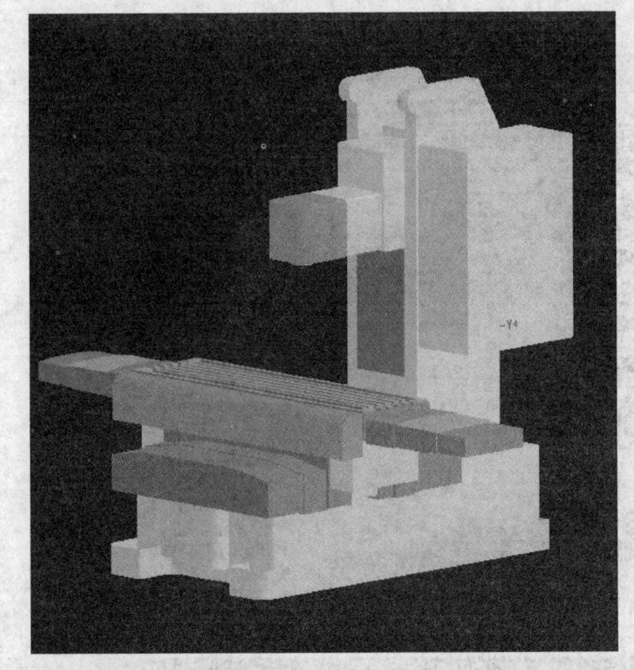

a)

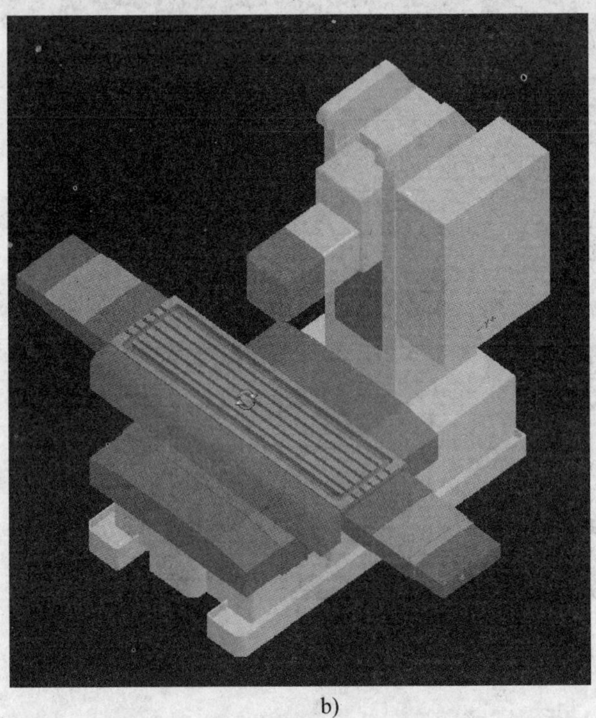

b)

图 9-7　铣床复位与旋转后位置示意

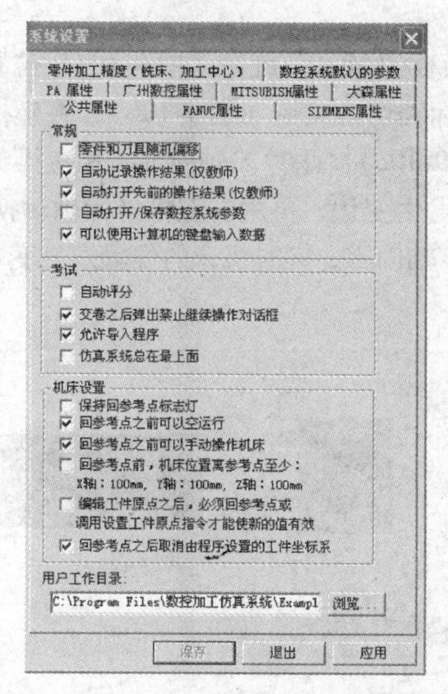

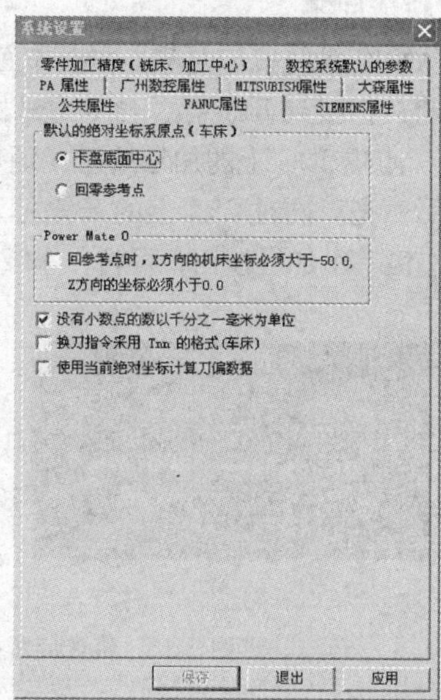

图 9-8　“系统设置”对话框

第三节　工件和机床的使用

一、机床选择

（1）选择机床类型　打开菜单“机床/选择机床”，在“选择机床”对话框中选择控制系统类型和相应的机床并按“确定”按钮，此时界面如图 9-9 所示。

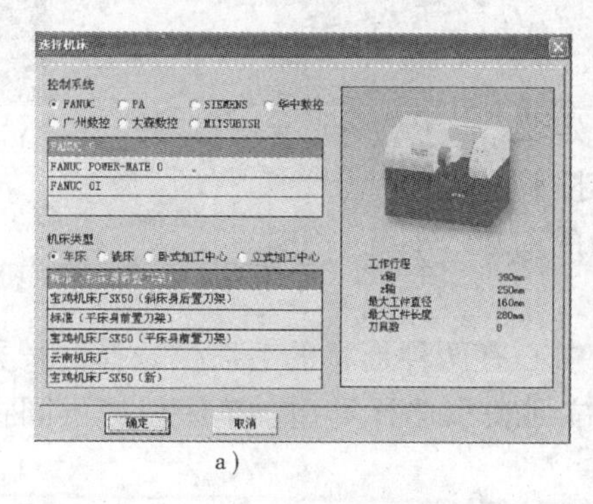

a）

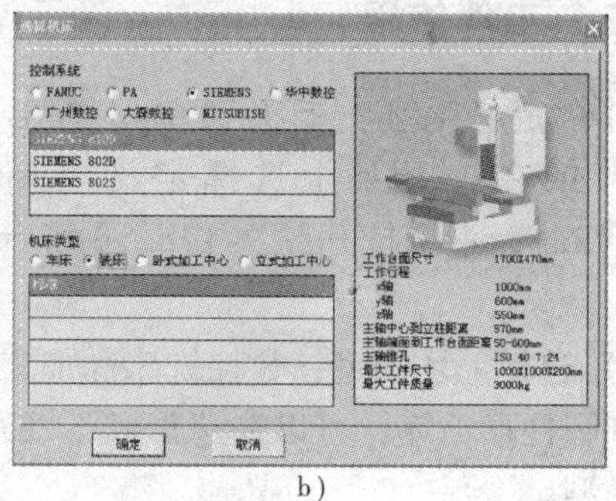

b）

图 9-9　“选择机床”对话框

a）FANUC 系统　b）SIEMENS－810D 系统

（2）机床回零

1）FANUC 系统机床回零：在操作面板的 MODE 旋钮（图 9-10a）位置单击鼠标左键，将旋钮拨到 REF 挡，再单击坐标轴切换旋钮（图 9-10b），将坐标轴切换到 X 轴后，点击 JOG 上的加号按钮（图 9-10c），此时 X 轴回零，相应操纵面板上 X 轴的指示灯亮，同时 CRT 上的 X 坐标发生变化。再用右键将坐标轴切换到 Y 和 Z 轴，用左键单击加号按钮，可将 Y 和 Z 轴回零，同时机床的位置发生变化。

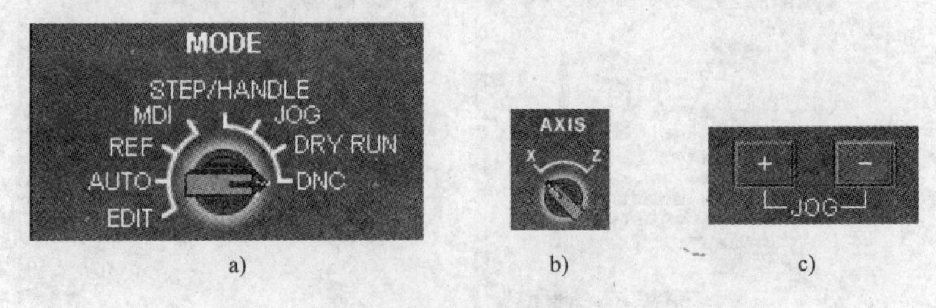

图 9-10　机床回零操作有关旋钮、按钮

2）PA 系统的回零：在进入系统后必须取消紧急停止状态，按 Ctrl + C，切换到机床准备好的状态，在手动方式下，子任务栏中单击回原点按钮（图 9-11a），切换到回原点操作栏，单击菜单栏上的 X、Y、Z，使之成为被选中状态，单击操作面板上的回零按钮（图 9-11b），X、Y、Z 即可达到回零状态，此时机床状态栏上“位置”栏中的 X、Y、Z 轴显示为“ +00000.000”。

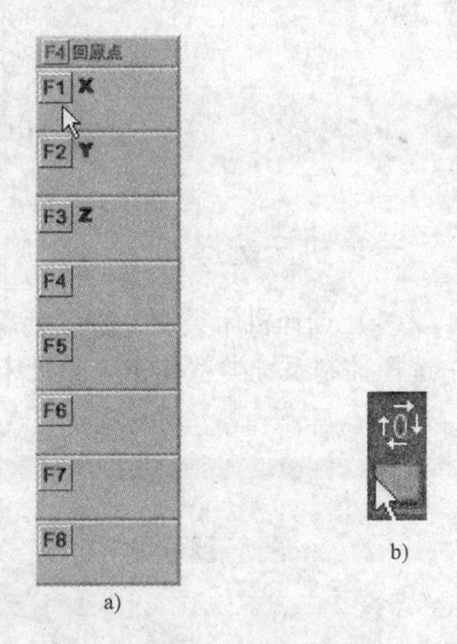

图 9-11　系统回原点和回零按钮

二、工件使用

（1）定义毛坯　打开菜单“零件/定义毛坯”或在工具条上选择定义毛坯按钮（图 9-12a），系统打开图 9-12b、c 所示的对话框。

1）选择毛坯类型：数控铣床和加工中心有两种形状的毛坯供选择，长方形毛坯和圆柱形毛坯，可以在“形状”下拉列表中选择类型。车床仅提供圆柱形毛坯类型。

2）参数输入：在毛坯名字输入框内输入毛坯名，也可以使用默认值。尺寸输入框用于输入尺寸，单位为 mm。

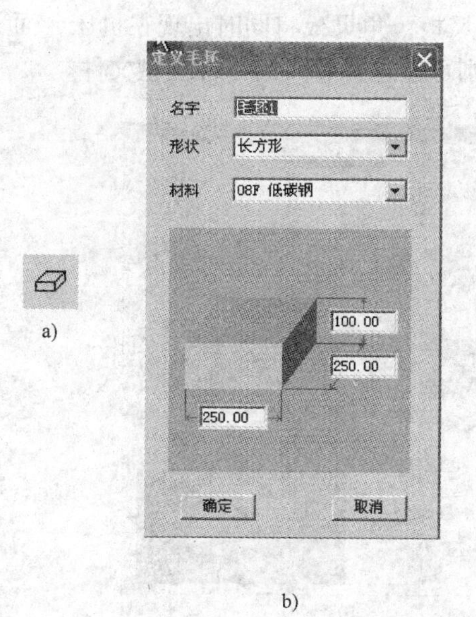

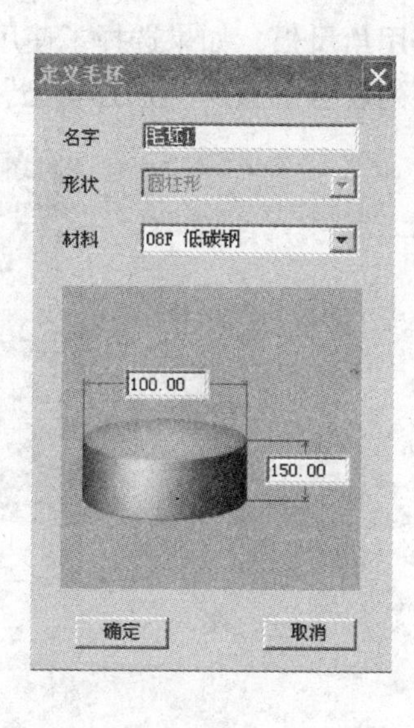

图 9-12　“毛坯定义”对话框

a）定义毛坯图标　b）长方形毛坯定义　c）圆柱形毛坯定义

3）保存退出：按“确定”按钮，保存定义的毛坯并且退出本操作。

4）取消退出：按“取消”按钮，退出本操作。

（2）导出零件模型　打开菜单“文件/导出零件模型”，系统弹出“另存为”对话框，在对话框中输入文件名，保存零件模型，利用保存零件模型这个功能，可以把经过部分加工的零件作为成形毛坯予以存放。

（3）导入零件模型　打开菜单“文件/导入零件模型”，系统弹出“打开”对话框，在此对话框中选择并且打开后缀名为“PRT”的零件文件，此为通过“文件/导出零件模型”所保存的成形毛坯。

（4）使用夹具　打开菜单“零件/安装夹具”命令或者在工具条上选择安装夹具图标（图 9-13a），打开操作对话框。在“选择零件”列表框中选择毛坯，在“选择夹具”列表框中选定夹具。长方体零件可以使用工艺板或者平口钳，圆柱形零件可以选择工艺板或者卡盘（图 9-13b）。“夹具尺寸”成组控件内的文本框仅供用户修改工艺板的尺寸。“移动”成组控件内的按钮供调整毛坯在夹具上的位置。车床没有使用夹具操作，铣床和加工中心也可以不使用夹具。

（5）放置零件　打开菜单“零件/放置零件”命令或者在工具条上选择放置零件图标（图 9-14a），打开操作对话框，如图 9-14b 所示。在列表框中单击所需的零件，按下“确定”按钮，系统自动关闭对话框，零件和夹具（如果已经选择了夹具）将被放到机床上，对于卧式加工中心还可以在上述对话框中选择是否使用角尺板，如果选择了使用角尺板，角尺板将同时出现在机床台面上。若在类型列表框中选择“选择模型”，则可以选择导入的零件模型文件。

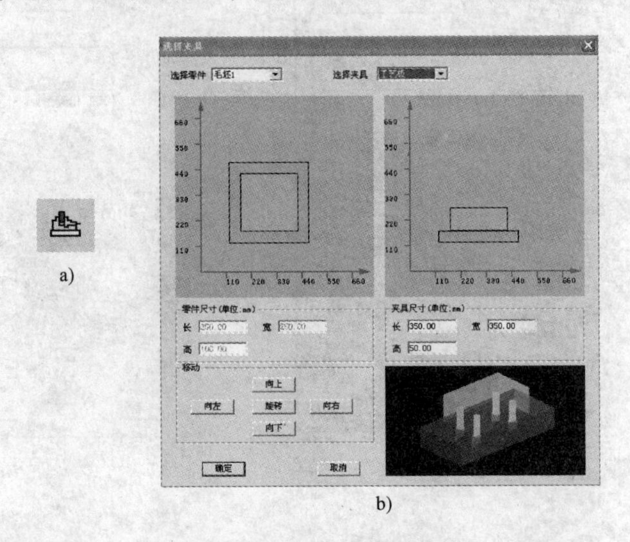

图 9-13　夹具选择图标与对话框

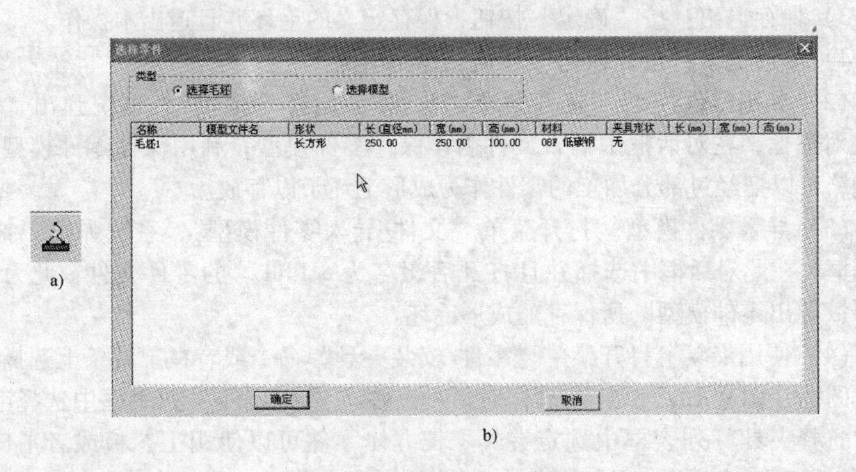

图 9-14　放置零件图标与“选择零件”对话框

（6）调整零件位置　零件可以在工作台面上移动。毛坯放在工作台上后，系统将弹出一个小键盘（图 9-15），通过按动小键盘上的方向按钮，实现零件的平移和旋转。小键盘上的“关闭”按钮用于关闭小键盘。选择菜单“零件/移动零件”也可以打开小键盘。

（7）使用压板　当使用工艺板或者不使用其他夹具时，可以使用压板。

1）安装压板：打开菜单“零件/安装压板”，系统打开“选择压板”对话框。图9-16中列出了各种安装方案，拉动滚动条，可以浏览全部可能方案，选择所需要的安装方案，按下“确定”按钮以后，压板将出现在工作台面上。在“压板尺寸”中可更改压板长、高、宽。范围：长度30～100mm，高度10～20mm，宽度10～50mm。

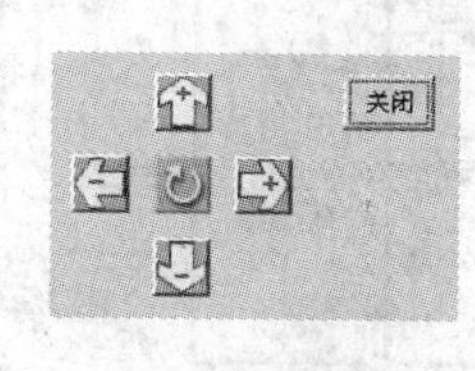

图9-15　调整零件位置小键盘

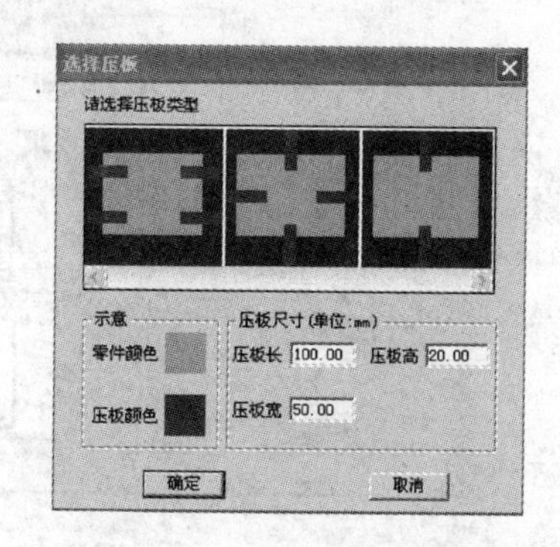

图9-16　“选择压板”对话框

2）移动压板：打开菜单“零件/移动压板”，系统弹出小键盘，操作者可以根据需要平移压板。首先用鼠标选择需移动的压板，被选中的压板颜色变成灰色，然后按动小键盘中的方向按钮操纵压板移动。

3）拆除压板：打开菜单“零件/拆除压板”，可拆除压板。

三、刀具选择

打开菜单“机床/选择刀具”或者在工具条中选择刀具图标，进入“刀具选择”对话框。

（1）数控车床刀具选择　系统中数控车床允许同时安装8把刀具，对话框如图9-17所示。

1）选择车刀。

① 在对话框左侧排列的编号1～8中，选择所需的刀位号。被选中的刀位编号的背景颜色变为蓝色。

② 指定加工方式。

③ 选择刀片，随后系统自动给出相匹配的刀柄供选择。

④ 选择刀柄。当刀片和刀柄都选择完毕后，刀具被确定，并且输入到所选的刀位中，旁边的图片显示其适用的方式。

⑤ 按“确认退出”，保存选择结果。退出时所选中的刀位将是当前工作刀位，当前刀位处于加工位置。

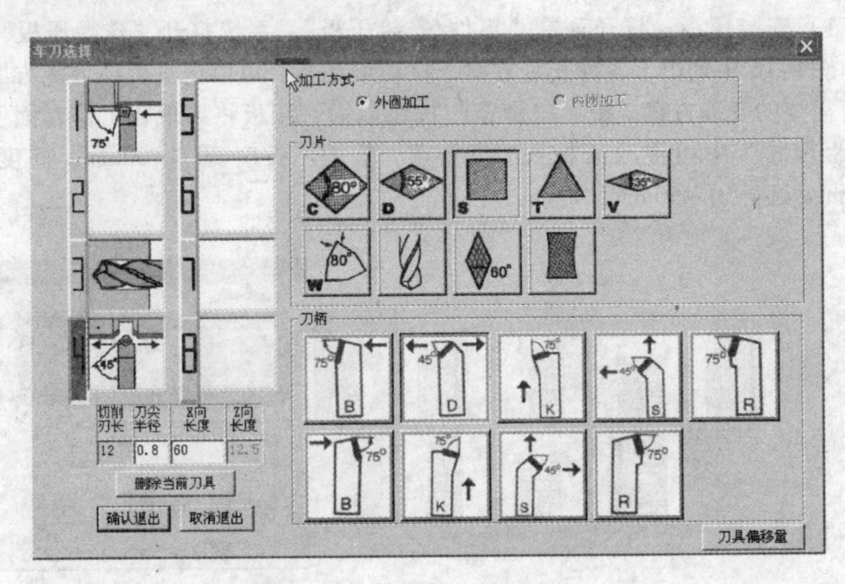

图 9-17 “车刀选择”对话框

2）刀尖半径修改：允许操作者修改刀尖半径，刀尖半径值可以是“0”，其单位为 mm。

3）刀具长度修改：允许修改刀具长度，刀具长度是指从刀尖开始到刀架的距离。

4）输入钻头直径：当在刀片中选择钻头时，允许输入直径。

（2）加工中心和数控铣床刀具选择

1）按条件列出工具清单：筛选的条件是直径和类型（图 9-18）。

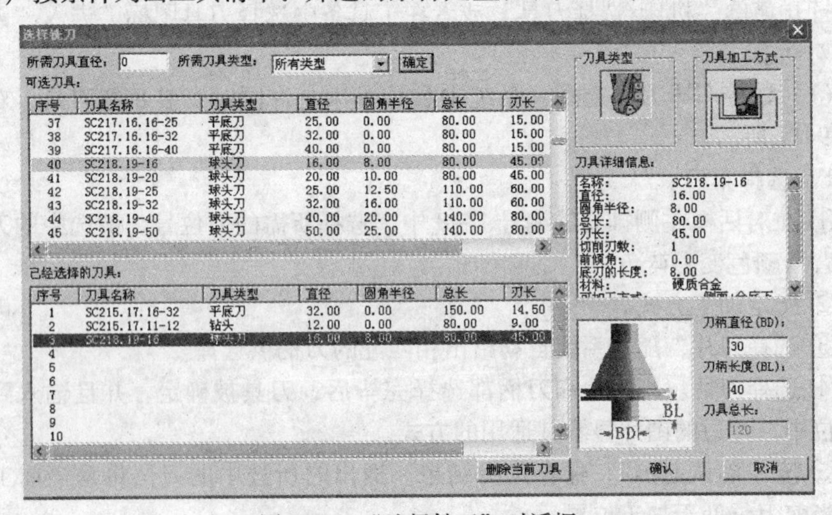

图 9-18 “选择铣刀”对话框

① 在“所需刀具直径”输入框内输入刀具直径，如果不把直径作为筛选条件，应输入数字“0”。

② 在“所需刀具类型”选择列表中选择刀具类型。可供选择的刀具类型有平底铣刀、球头铣刀、平底圆角铣刀、钻头和镗刀等。

③ 按下“确定”，列出刀具数据库中符合条件的刀具。

2）指定序号：在对话框的下半部中指定序号，这个序号即刀库中的刀位号。卧式加工中心允许同时选择20把刀具；立式加工中心允许同时选择16把刀具。数控铣床只有一个刀位。

3）选择需要的刀具：卧式加工中心装载当前选中的刀具，其余刀具放在刀架上，通过程序调用。立式加工中心暂不装载刀具，刀具选择后放在刀架上，程序可调用。铣床只需在刀具列表中，把光标移动到所需要的刀具上，单击鼠标，按下“确定”即完成刀具选择。

4）输入刀柄参数：操作者可以按需要输入刀柄参数，参数包括刀具直径和长度，总长度是指刀柄长度与刀具长度之和。

四、基准对定

（1）铣床选用刚性圆柱基准工具对基准　打开菜单“机床/基准工具…”，在基准工具对话框中选取左边的刚性圆柱基准工具，其直径为 ϕ14mm，如图9-19所示。各系统的对基准方法如下：

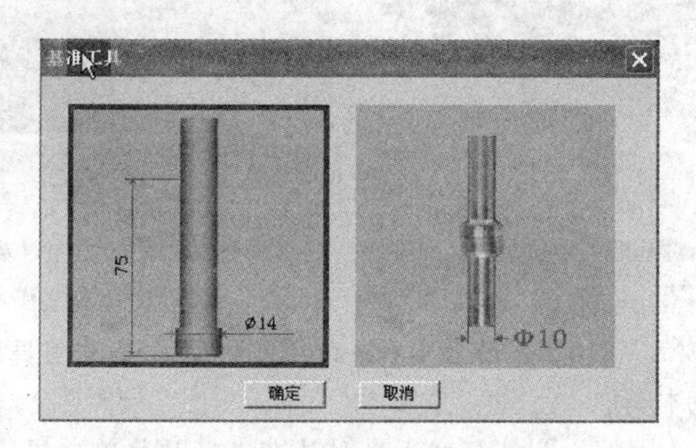

图9-19　选定刚性圆柱基准工具

1）FANUC系统：将操作面板中MODE旋钮切换到JOG，单击MDI键盘的POS按钮，利用操作面板上的JOG按钮和X、Y、Z轴的控制按钮AXIS，将机床移动到如图9-20所示的大致位置。单击菜单“塞尺检查/1mm”，首先对X轴方向的基准，将基准工具移动到如图9-21所示的位置。将操作面板上的MODE旋钮切换到STEP，通过调节操作面板上的倍率旋钮和JOG按钮移动基准工具，使得提示信息对话框显示“塞尺检查的结果：合适”，记下此时 CRT 中的 X 坐标，故工件中心的 X 坐标为所显示的 X 值—塞尺厚度—基准工具半径—工件半径（侧面至工件对称中心距离）所得的值。用同样的方法可以得到工件中心的 Y 值。X、Y 方向基准对好后，单击菜单“塞尺检查/收回塞尺”，收回塞尺，抬高并单击菜单“机床/拆除工具”拆除基准工具，单击菜单“机床/选择刀具”，选择一把刀具，安装刀具后，用类似方法得到工件表面的 Z 坐标值。

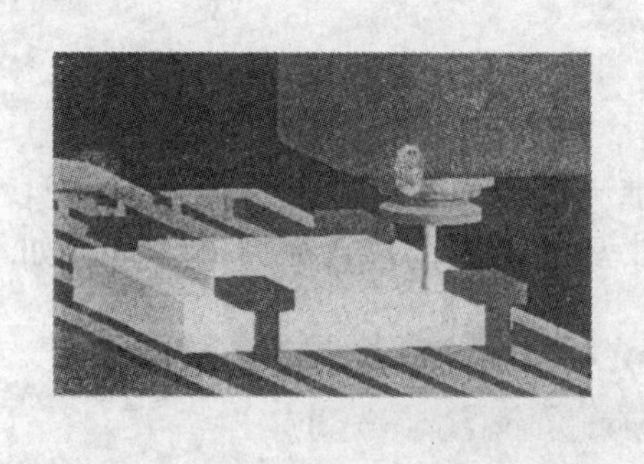

图 9-20　对基准大致位置

图 9-21　X 方向对基准位置

2）SIEMENS－810D 系统和 PA 系统用刚性圆柱基准工具对基准的方法与 FANUC 系统基本类似。

（2）铣床选用偏心圆柱基准工具对基准　打开菜单“机床/基准工具…”，在“基准工具”对话框中选取右边的偏心基准工具，如图 9-19 所示。对基准操作方法如下：

1）FANUC 系统：参照刚性圆柱基准工具的操作方法，将机床移动到如图 9-20所示的大致位置，在 JOG 状态下，点击 SPINGDLE 中的 Start 按钮，转动主轴，未与工件接触时，偏心圆柱基准工具上下部分呈不同轴，首先对 X 轴方向的基准（图 9-21）。移动 JOG 中的“—”按钮，在主轴转动缓慢，且基准工

具上下块趋向同轴时，将 MODE 旋钮切换到 STEP 模式，移动“—”按钮，直到下块突然向外弹出，这时利用倍率按钮和手动脉冲按钮，对手动脉冲进行操作。在倍率精度达到 1μm 时，下块突然弹出后，手动脉冲回退 1 个精度，此时达到基准工具的上下块同轴，如图 9-22 右侧基准工具所示。其余操作与采用刚性圆柱基准工具时相同。

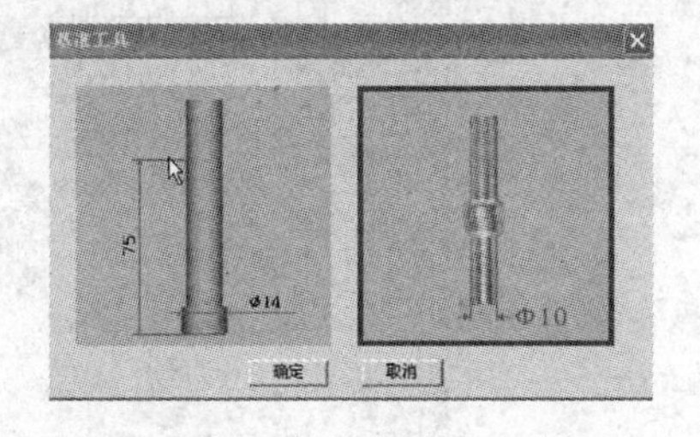

图 9-22　偏心圆柱基准工具对基准示意

2）SIEMENS－810D 系统和 PA 系统

用偏心圆柱基准工具对基准的方法与 FANUC 系统基本类似。

（3）车床对基准

1）FANUC 系统：将操作面板中 MODE 旋钮切换到 JOG 上，单击 MID 键盘的 POS 按钮，利用操作面板上的 JOG 按钮和 X、Z 轴的控制按钮，将机床移动到图 9-23 所示的大致位置。打开菜单“视图/选项…”中“铁屑开”选项（目的是为第一时间看清刀具和零件的碰撞，以确保对刀的准确性）。单击操作面板上的 SPINDLE 按钮控制零件的转动。将操作面板上的 MODE 旋钮切换到 STEP，通过调节操作面板上倍率旋钮和 JOG 按钮进行微调。在刀具和零件刚开始碰撞时，记下 CRT 中的 X 坐标值，工件中心的 X 坐标为所显示的 X 值减去零件半径所得的值。用同样方法可得工件中心的 Z 坐标值。零件半径可单击“工艺分析/测量…”单击对刀时切割的边，在右边对话框中获得 X、Z 长度，X 轴长度的一半即为零件切割后的准确半径。

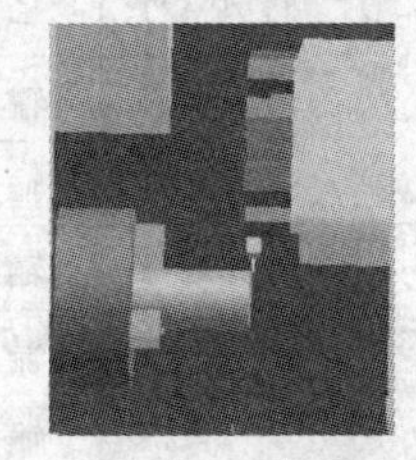
图 9-23　车床对基准大致位置

2）SIEMENS－810D 系统和 PA 系统车床对基准的方法与 FANUC 系统基本类似。

五、程序检查

（1）检查错误　打开菜单“机床/检查 NC 程序”，出现如图 9-24 所示的对话框，在“选择 NC 程序”下拉式列表中选择被检查程序，这些程序必须是已经被输入的程序。检查时，按“开始检查”，检查结果显示在下部；按“退出”关闭对话框；改正错误，再次检查程序直至没有错误报告为止。

（2）运行中的错误信息处理　手工关闭出错信息对话框；在数控系统面板上按“RESET”键；修改错误。

（3）错误信息　数控程序错误信息见表 9-2。

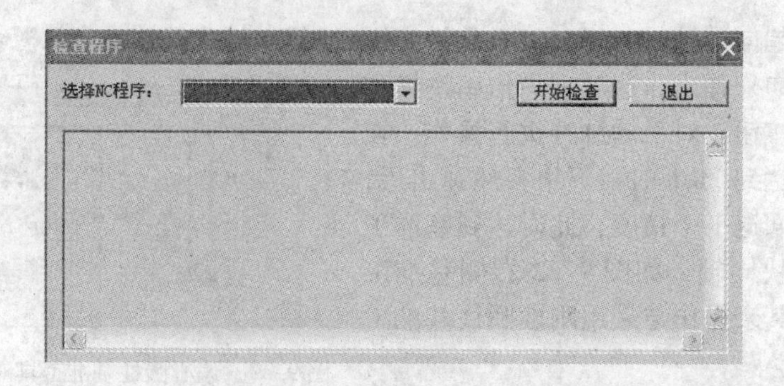

图 9-24 “机床/检查 NC 程序”对话框

表 9-2 数控程序错误信息

故障号	属性	内 容
3	FM/T	输入数据超过允许范围（按最大值执行）
4	FM/T	在一个单节开始没有地址，直接出现“－”或数字（修改程序）
5	FM/T	地址后面无数据，出现下一个地址或者 EOB 代码（修改程序）
6	FM/T	输入了一个不允许的“－”或者出现两个“－”（修改程序）
7	FM/T	输入了一个不允许的“·”或者出现两个“·”（修改程序）
9	FM/T	输入了不被使用的文字（修改程序）
10	FM/T	输入了 FANUC 系统不使用的 G 代码（修改程序）
10-1	FM/T	输入了 FANUC 系统使用，但本软件还没有支持的 G 代码
11	FM/T	在切削指令中没有进给速率或者进给速率不合适（修改程序）
15	FM/T	指令轴数超过允许同时控制轴数
20	FM/T	起点半径和终点半径之差超过规定值
27	FM/T	有 G43/G44 的 BLOCK 中没有指定轴，或者原先指定的长度补偿没有取消，指定了其他轴的长度补偿（修改程序）
29	FM/T	刀具补偿量太大（修改程序）
30	FM/T	刀具偏置号太大（修改程序）
33	FM/T	在刀补中没有求到交点（修改程序）
34	FM/T	刀补指令开始或者结束在 G02/G03 上（修改程序）
37	FM/T	在刀补没有撤销前变更工作平面（修改程序）
38	FM/T	圆弧的起点或者终点与圆心重合（修改程序）
41	FM/T	刀补中连续两个或者两个以上指令不移动（修改程序）
43	FM/T	没有 M06 的同时指定 T_{xx}，或者 T_{xx} 无效

（续）

故障号	属性	内　　容
44	FM/T	在固定循环中指定了 G27～G30 之间的一个代码（修改程序）
61	FT	在 G70、G71、G72、G73 的程序段中，P 和 Q 都没有被指定
62	FT	在 G71、G72 中，切入量为零或者负值 在 G73 中，重复次数为零或者负值 在 G74、G75 中，ΔI，ΔK 为负值 在 G74、G75 中，虽然 ΔI 和 ΔK 为零，但 U 或 W 不是零 在 G74、G75 中，虽然决定了退刀方向，但 Δd 为负数 在 G76 中，指令了螺纹的高度及第一次的切入量为零 在 G76 中，最小切入量比螺纹高度大 在 G76 中，刀尖的角度为不能使用的值
63	FT	在 G70、G71、G72、G73 中，没有找到用 P 指定的顺序号
65	FT	在 G71、G72、G73 中，用 P 指定的程序段，不能指令 G00 或者 G01 在 G71、G72、G73 中，用 P 指定的程序段，指令了 Z(W)［对于 G71］，X(U)［对于 G72］
66	FT	在 G71、G72、G73 中，用 P 指定的程序段之间，指令了不允许的 G 代码
74	FM/T	程序号超出范围（1～9999）（修改程序）
76	FM/T	子程序调用（M98）的程序段中没有地址 P（修改程序）
78	FM/T	没有找到在 M98、M99、M65、M66 的程序段中用 P 指定的程序号或者顺序号

第四节　FANUC 系统仿真操作

一、仿真机床操作

操作时，在 MODE 面板（图 9-25）上，置光标于旋钮上，单击鼠标左键，旋钮逆时针转动，单击鼠标右键，旋钮顺时针转动，转动旋钮可进行模式切换。机床主要操作内容如下：

（1）自动加工操作步骤

1）机床回零。

2）导入数控程序或自行编写的程序。

3）将控制面板上的 MODE 旋钮切换到 AUTO 上，进入自动加工模式。

4）选择单步开关“Single Block”置于“ON”的位置上，运行程序时每次执行一条指令。

5）选择跳过开关“Opt Skip”置于“ON”的位置上，数控程序的跳过符号“/”有效。

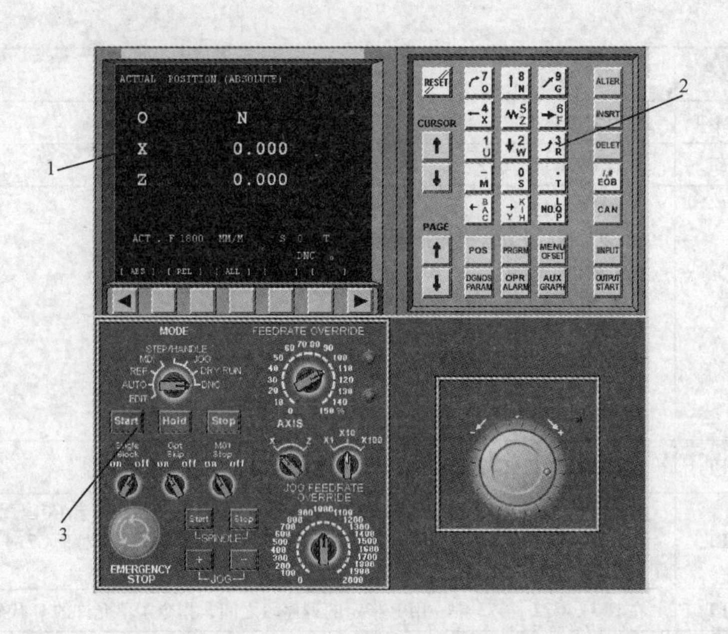

图 9-25　机床控制面板
1—CRT 面板　2—MDI 键盘　3—机床操作面板

6）将 M01 开关“M01 Stop”置于“ON”的位置上，“M01”代码有效。

7）根据需要调节进给速度（F）调节旋钮“FEEDRATE OVERRIDE”，来调节数控程序的进给速度，调节范围为 0～150%。

8）按“Start”“Hold”“Stop”按钮，控制其开始、停止。

9）若此时将控制面板上 MODE 旋钮切换到 DRY RUN 上，则表示此时是以 G00 速度进给。

（2）手动/连续加工操作步骤

1）将控制面板上 MODE 旋钮切换到 JOG 上。

2）配合移动按钮和 X、Y、Z 轴控制旋钮和步进量调节旋钮以及手脉（把光标置于手轮上，按鼠标右键，手轮顺时针转，机床向正方向移动；按鼠标左键，手轮逆时针转，机床向负方向移动），其对应图标如图 9-26 所示，便可快速准确调节机床。

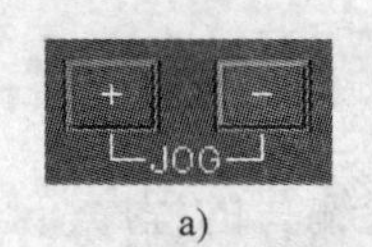

a)

b)

c)

d)

图 9-26　调节机床按钮、手轮图标
a）连续移动按钮　b）移动轴选择按钮
c）单步进给量控制按钮　d）脉冲手轮

3）单击“SPINDLE”按钮，控制主轴的转动、停止。

（3）手动/单步加工操作步骤

1）在手动连续加工时，或在对基准时，需精确调节机床，可使用单步调节机床操作方法。

2）将控制面板上 MODE 旋钮切换到 STEP/HANDLE 上。

3）配合移动按钮和步进量调节旋钮，单步调节机床。其中 X1 为 0.001mm，X10 为 0.01mm，X100 为 0.1mm。

4）单击机床主轴手工控制按钮“SPINDLE”，控制主轴的转动、停止。

5）使用“STEP”是点动，“HANDLE”是手轮移动。

（4）MDI 标记模式

1）将控制面板上的 MODE 旋钮切换到 MDI 上，进行 MDI 操作。

2）在 MDI 键盘上按“PRGRM”键，进入编辑页面。

3）书写数据指令：在输入键盘上单击数字/字母键，第一次单击为字母输出，其后单击均为数字输出。可以进行取消、插入、删除等修改操作。

4）按数字/字母键入字母“O”，再键入程序编号，但不能与已有的程序编号重复。

5）输入程序后，用回车换行键结束一行的输入后换行。

6）移动光标：按 PAGE 上下方向键翻页。按 CURSOR 上下方向键移动光标。

7）按 CAN 键，删除输入域中的数据，按 DELET 键，删除光标所在的代码。

8）按键盘上“INPUT”键，输入所编写的数据指令。

9）输入完整数据指令后，按运行控制键运行程序。

10）用 RESET 清除输入的数据。

（5）选择数控程序操作步骤

1）在 MDI 键盘上，单击数字/字母键，键入字母“O”；再键入搜索的号码××××，按 CURSOR 的向下方向键开始搜索。

2）找到后，“O××××”显示在屏幕右上角程序编号的位置，数控程序显示在屏幕上。

（6）删除数控程序操作步骤

1）在输入程序号码后，按 DELET 键便可删除此程序。

2）删除全部数控程序时，在 MDI 键盘上，单击数字/字母键键入“-”，再键入“9999”，按 DELET 键，便可删除全部数控程序。

（7）查看轨迹操作步骤

1）导入数控程序或自行编写程序。

2）单击控制面板上的 AUX GRAPH 命令。

3）单击操作面板上的运行控制按钮 Start，即可观察程序运行轨迹，还可以通过“视图”菜单中的动态旋转、动态缩放、动态平移等方式对运行轨迹进行全方位的动态观察。其中红线代表刀具快速移动轨迹，绿线代表刀具正常移动轨迹。

（8）导入程序的操作步骤　数控程序可以通过记事本或写字板等编辑软件输入并保存为文本格式文件，也可以直接用 FANUC 系统的 MDI 键盘输入。

1）将操作面板中 MODE 旋钮切换到 DNC，即从计算机中读取一个数控程序。

2）打开菜单“机床/DNC 传送…”，在打开文件对话框中选取文件。

3）单击菜单“视图/控制面板切换”，打开 FANUC 系统的 MDI 键盘。

4）单击 MDI 键盘上的 PRGRM 键，再通过 MDI 键盘输入 O××，点击 INPUT 键，即可输入预先编辑好的数控程序。

（9）输出（编辑）程序操作步骤

1）键操作面板中 MODE 旋钮切换到 EDIT，用于直接通过操作面板输入数控程序、编辑程序和输出程序。

2）按 PRGRM 键，进入编辑页面。

3）书写数据指令：在输入键盘上单击数字/字母键，第一次单击为字母输出，其后单击均为数字输出，还可以进行取消、插入、删除等修改操作。

4）按 INSRT 键，读入编写的程序指令。

5）按 OUTPUT START 键，输出程序。

二、仿真参数设置

（1）G54～G59 参数设置操作步骤

1）按 MEUN OF SET 键三次（车床需按四次），进入参数设定页面。

2）用 PAGE 上下方向键在 No. 1～No. 3 坐标系页面和 No. 4～No. 6 坐标系页面（图 9-27）之间切换（No. 1～No. 6 分别对应 G54～G59）。

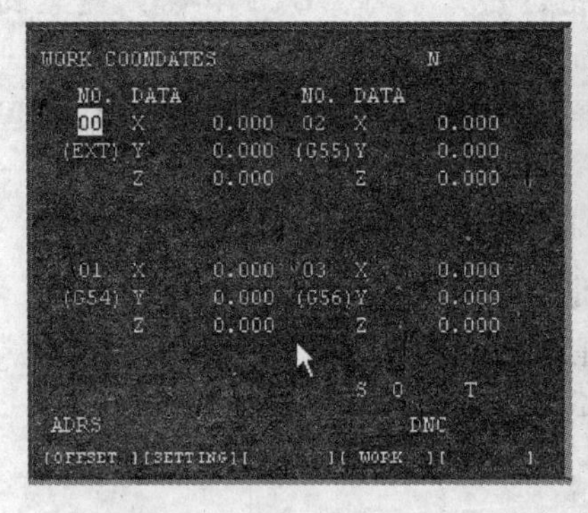

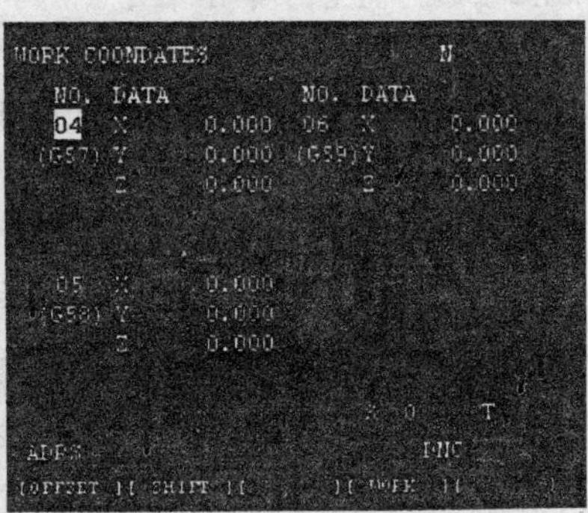

图 9-27　坐标系页面的切换

3）用 CURSOR 上下键选择坐标系。

4）按数字输入键输入地址字（X、Y、Z）和数值到输入域。

5）按 INPUT 键，把输入域中间的内容输入到所指定的位置。

（2）铣床刀具半径补偿参数输入步骤

1）按 MEUN OF SET 键进入参数设定页面。

2）用 PAGE 上下方向键选择半径补偿参数页面。

3）用 CURSOR 上下方向键选择参数编号。

4）输入补偿值到输入域。

5）按 INPUT 键，把输入域中间的补偿值输入到所指定的位置。

（3）铣床刀具长度补偿参数输入步骤

1）按 MEUN OF SET 键两次，进入参数设定页面。

2）用 PAGE 上下方向键选择长度补偿参数页面。

3）用 CURSOR 上下方向键选择参数编号。

4）输入补偿值到输入域。

5）按 INPUT 键，把输入域中间的补偿值输入到所指定的位置。

（4）车床磨损量和形状补偿参数输入　具体步骤与上述方法基本相同。

第五节　SIEMENS 系统仿真操作

一、仿真机床操作

SIEMENS 802D 机床面板由机床操作面板和系统面板组成，如图 9-28 所示（按钮序号及其功能见表 9-3）。与前述方法相同，使用鼠标进行操作，面板操作可参照表 9-3 进行。

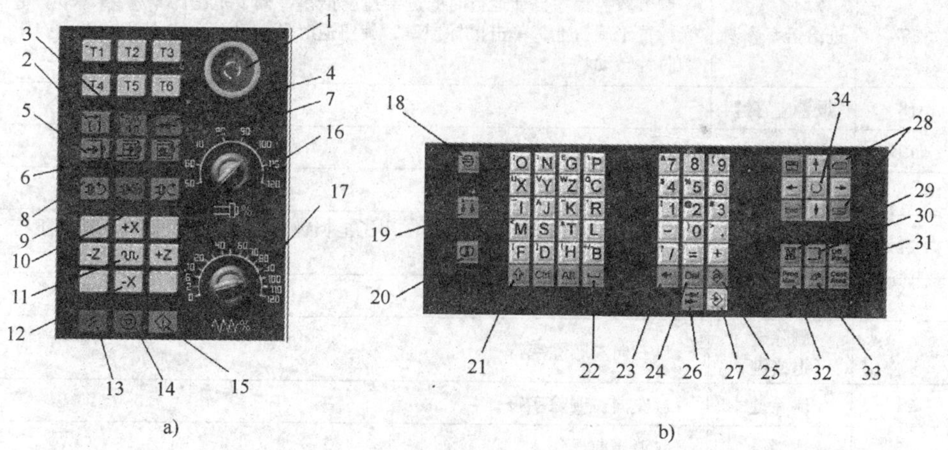

图 9-28　SIEMENS 802D 机床面板

a）机床操作面板　b）系统面板

表 9-3　SIEMENS 802D 面板按钮功能

按钮序号	名称	功 能 简 介
1	紧急停止	按下急停按钮，使机床移动立即停止，并且所有的输出（如主轴的转动等）都会关闭
2	点动距离选择按钮	在单步或手轮方式下，用于选择移动距离
3	手动方式	手动方式，连续移动
4	回零方式	机床回零；机床必须首先执行回零操作，然后才可以运行
5	自动方式	进入自动加工模式
6	单段	当此按钮被按下时，运行程序时每次执行一条数控指令
7	手动数据输入	
8	主轴正转	按下此按钮，主轴开始正转
9	主轴停止	按下此按钮，主轴停止转动
10	主轴反转	按下此按钮，主轴开始反转
11	快速按钮	在手动方式下，按下此按钮后，再按下移动按钮则可以快速移动机床
12	移动按钮	可确定移动轴及其方向
13	复位	按下此键，复位 CNC 系统，包括取消报警、主轴故障复位、中途退出自动操作循环和输入、输出过程等
14	循环保持	程序运行暂停，在程序运行过程中，按下此按钮运行暂停。按运行键恢复运行
15	运行开始	程序运行开始
16	主轴倍率修调	将光标移至此旋钮上后，通过单击鼠标的左键或右键来调节主轴倍率
17	进给倍率修调	调节数控程序自动运行时的进给速度倍率，调节范围为0% ~120%。将光标置于旋钮上，单击鼠标左键，旋钮逆时针转动，单击鼠标右键，旋钮顺时针转动
18	报警应答键	
19	通道转换键	
20	信息键	
21	上档键	对键上的两种功能进行转换。用了上档键，当按下字符键时，该键上行的字符（除了光标键）就被输出
22	空格键	
23	删除键（退格键）	自右向左删除字符
24	删除键	自左向右删除字符
25	取消键	取消当前操作
26	制表键	

（续）

按钮序号	名称	功 能 简 介
27	回车/输入键	接受一个编辑值；打开、关闭一个文件目录；打开文件
28	翻页键	多页界面翻页
29	加工操作区域键	按此键，进入机床操作区域
30	程序操作区域键	按此键，进入程序操作区域
31	参数操作区域键	按此键，进入参数操作区域
32	程序管理操作区域键	按此键，进入程序管理操作区域
33	报警/系统操作区域键	
34	选择转换键	一般用于单选、多选框

二、仿真参数设置

（1）零点偏置数据的设定

1）基本设定方式。在相对坐标系中设定临时参考点（相对坐标系的基本零偏）。按手动方式键或按手动数据输入方式键切换到 MDA 方式下，按软键进入“基本设定”界面（图 9-29）。设置基本零偏有两种方式：一种是“设置关系”软键被按下的方式；另一种是“设置关系”软键没有被按下的方式。

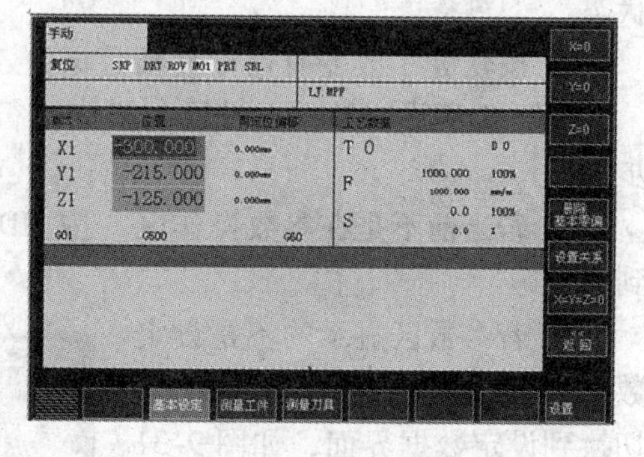

图 9-29　基本设定界面

① 当“设置关系”软键没有被按下时，文本框中的数据表示相对坐标系的原点在机床坐标系中的坐标。例如：当前机床位置在机床坐标系中的坐标为 X = 390、Z = 300，基本设定界面中文本框的内容分别为 X = 390、Z = 300，则此时机床位置在相对坐标系中的坐标为 X = 0、Z = 0。

② 当“设置关系”软键被按下时，文本框中的数据表示当前位置在相对坐标系中的坐标。例如：文本框中的数据为 X = 100、Z = 100，则此时机床位置在相对坐标系中的坐标为 X = 100、Z = 100。

2）基本设定的操作方法如下：

① 直接在文本框中输入数据。

② 使用软键 X = 0、Z = 0，将对应文本框中的数据设成零。

③ 使用软键 X = Z = 0，将所有文本框中的数据设成零。

④ 使用软键“删除基本零偏”，用机床坐标系原点来设置相对坐标系原点。

（2）输入和修改零点偏置

① 若当前不是在参数操作区，按 MDI 键盘上的“参数操作区域键”，切换到参数区。

② 若参数区显示的不是零偏界面，按软键“零点偏移”切换到零点偏移界面，如图 9-30 所示。

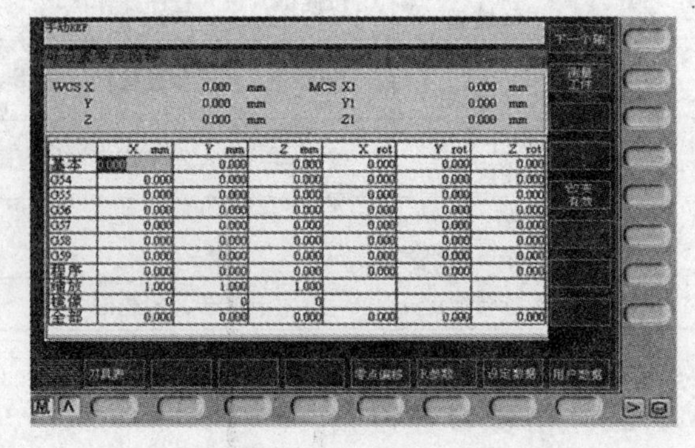

图 9-30　零点偏移界面

③ 使用 MDI 键盘上的光标键定位到到修改数据的文本框上（其中程序、缩放、镜像和全部等几栏为只读），输入数值，按 INPUT 键或移动光标，系统将显示软键“改变有效”，此时输入的新数据还没有生效。在程序实现时可以使软键“改变有效”始终处于显示状态。

④ 按软键“改变有效”使新数据生效。

（3）编程设定数据　设置与机床运行和程序控制相关的数据时可参照以下步骤：

① 若当前不是在参数操作区，按 MDI 键盘上的“参数操作区域键”，切换到参数区。

② 若参数区显示的不是设定数据界面，按软键“设定数据”切换到设定数据界面，如图 9-31 所示，此界面中其他软键不做处理。图 9-31 中的参数含义如下：

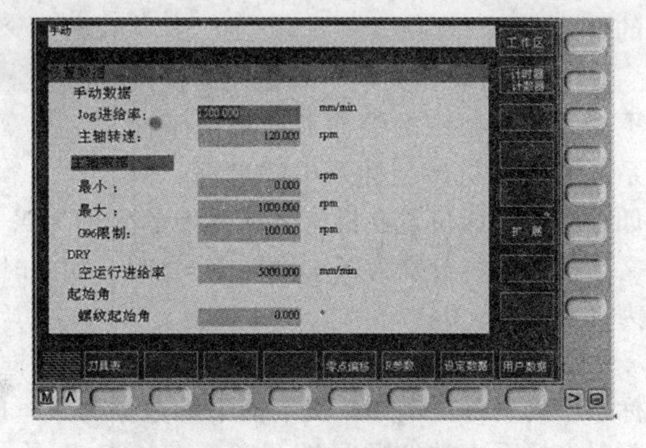

图 9-31　设定数据界面

a. JOG 进给率。在 JOG 状态下的进给率。如果设进给率为零，则系统使用机床数据中存储的数值。

b. 主轴。可设置主轴转速。

c. 最小值/最大值。对主轴转速的限制只可以在机床数据所规定的范围内进行。

d. 可编程主轴极限值。指在恒定切削速度（G96）时可编程的最大速度（LIMS）。

e. 空运行进给率。在自动方式中若选择空运行进给功能，则程序不按编程的进给率执行，而是执行在此输入的进给率。

f. 螺纹切削开始角（SF）。在加工螺纹时主轴有一起始位置作为开始角，当重复进行该加工过程时，就可以通过改变此开始角切削多线螺纹。

③ 移动光标到输入位置并输入数据。

④ 按输入键或移动光标到其他位置来确定输入。

（4）R 参数修改　“R 参数”窗口中列出了系统中所用到的所有 R 参数，需要时可以修改这些参数，若当前不是在参数操作区，按“参数操作区域键”，并按软键“R 参数”进入 R 参数修改界面，如图 9-32 所示，利用移动光标或翻页键移动要输入的位置，按“数字键”输入数据，然后按输入键或移动光标到其他位置来确认输入。也可利用“搜索”软键，输入要搜索的 R 参数的索引号，按“确认”或“输入”键进行确认查找 R 参数。R 参数从 R0 ~ R299 共有 300 个，输入数据范围为 ±（0.0000001 ~ 99999999）。若输入数据超过范围，自动设置为允许的最大值。

图 9-32　R 参数修改界面

第六节　PA 系统仿真操作

一、仿真机床操作

PA 系统机床操作面板和主控面板如图 9-33、图 9-34 所示。具体操作包括手动方式、自动方式，操作步骤与上述类同，可详见有关资料。数控程序执行有连续方式和单段方式。用户还可通过测试程序下的子功能测试程序，此时机床显示区将显示程序运行轨迹的三维视图，而机床不会产生任何移动。

二、仿真程序处理

点击“数据”主任务按钮后，系统切换到数据主任务界面，在此主任务下，用户可以载入、存储、管理和修改 NC 工件程序和其他的相关偏置值，一级子功能包括：

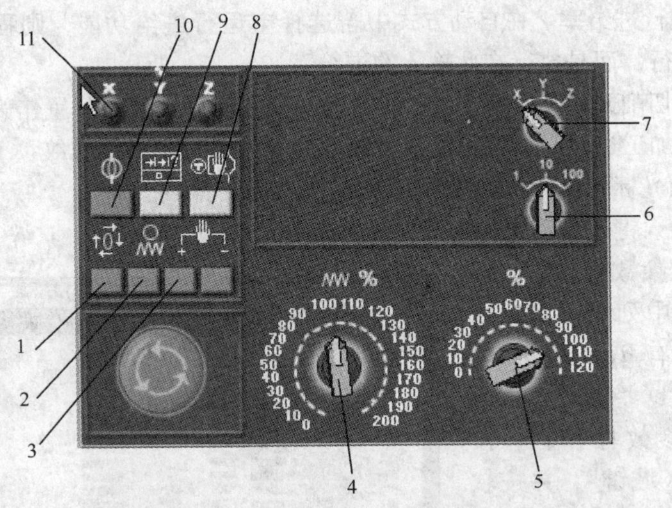

图 9-33　PA 系统操作面板

1—运行按钮　2—暂停按钮　3—点动按钮　4—进给速度比率按钮　5—主轴变速比率按钮　6—手轮移动量按钮　7—手轮移动轴选择按钮　8—主轴控制按钮　9—释放按钮　10—电源开关　11—机床就位指示灯

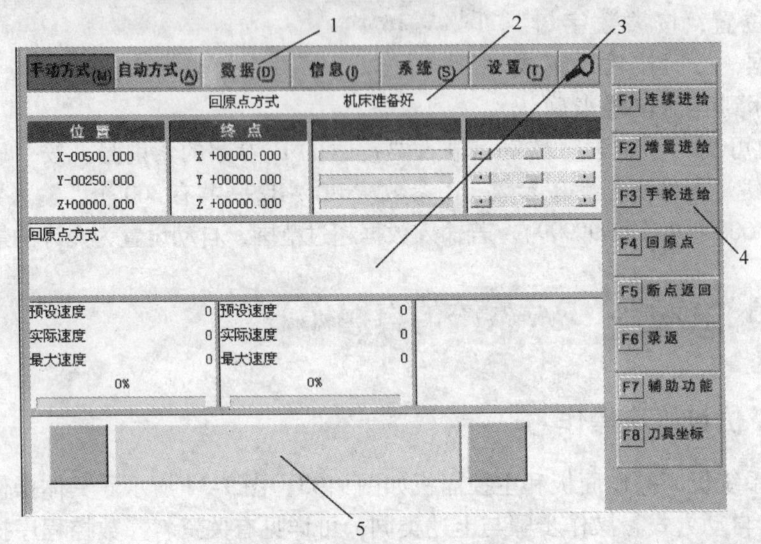

图 9-34　PA 系统主控面板

1—主任务栏　2—状态栏　3—机床状况栏

4—子任务栏　5—报警信息栏

1）数据类型选择：选择数据类型，如 NC 工件程序、参数 P、路径补偿和长度补偿、相关工件坐标系和刀库。

2）载入数据：从硬盘或软盘中载入数据。

3）存储数据：储存数据到硬盘内或软盘。

4）管理数据：对 NC 储存器内数据进行复制、删除或更名等操作。

具体操作包括新建一个程序、保存程序、载入程序（载入所有工件程序、载入文件、载入主程序及子程序）、管理数据（复制、删除、更名、删除所有工作程序）等内容，与 FANUC 系统类似，详见有关说明书。

三、仿真参数设置

参数设置的基本步骤（以参数 P 设置为例）：

1）单击“数据”子任务菜单中的“数据类型选择”菜单，出现如图 9-35 所示界面，单击其上的“参数 P”命令（其他参数单击相应命令）。

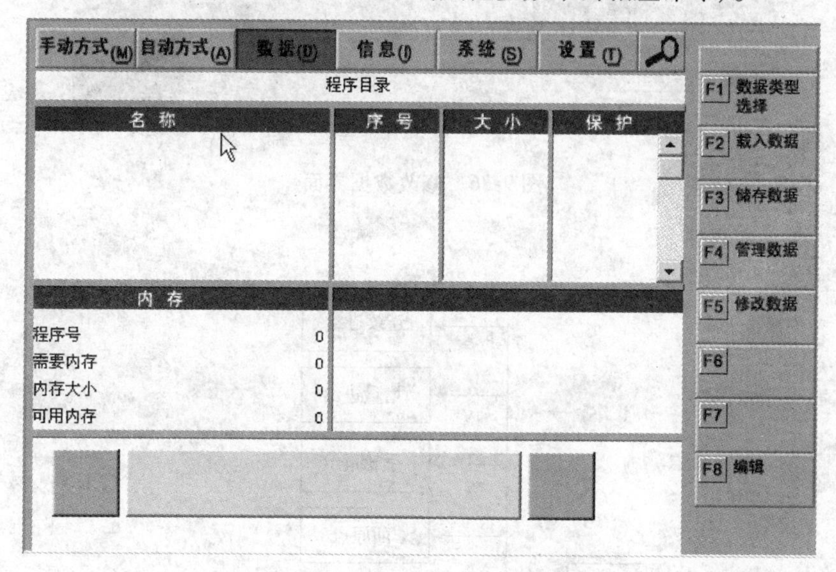

图 9-35　数据类型选择界面

2）单击“数据”子任务栏中的“修改数据”菜单，如图 9-36 所示。

3）在输入对话框中输入 P 值（其他命令输入相应的数值）。

设置长度补偿 H 值，路径补偿 D 值，工件坐标系 G（G54 ~ G59）值可参照上述基本操作步骤。

四、任务栏的操作

（1）手动方式结构（图 9-37）

（2）自动方式结构（图 9-38）

（3）数据栏结构（图 9-39）

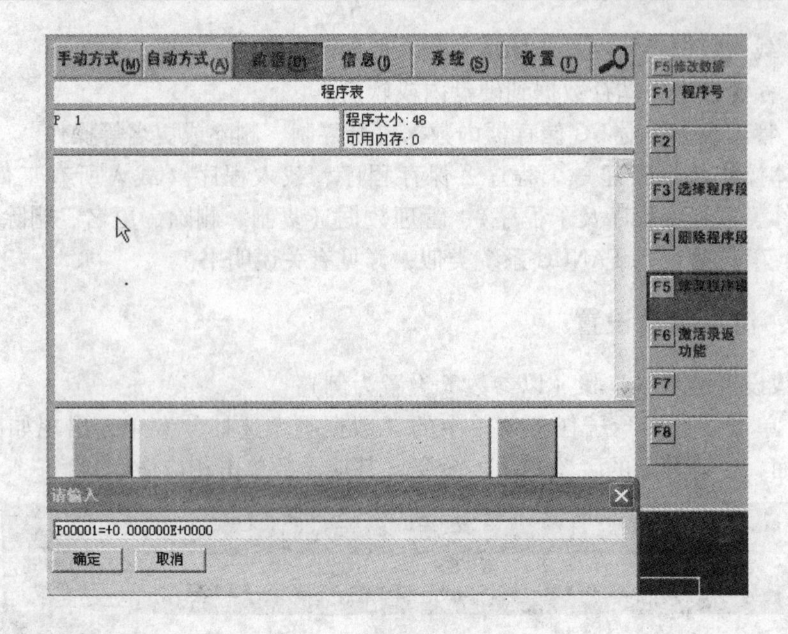

图 9-36　修改数据界面

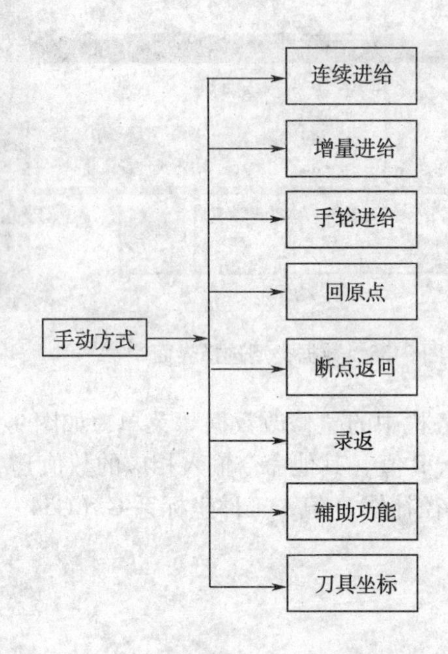

图 9-37　手动方式结构

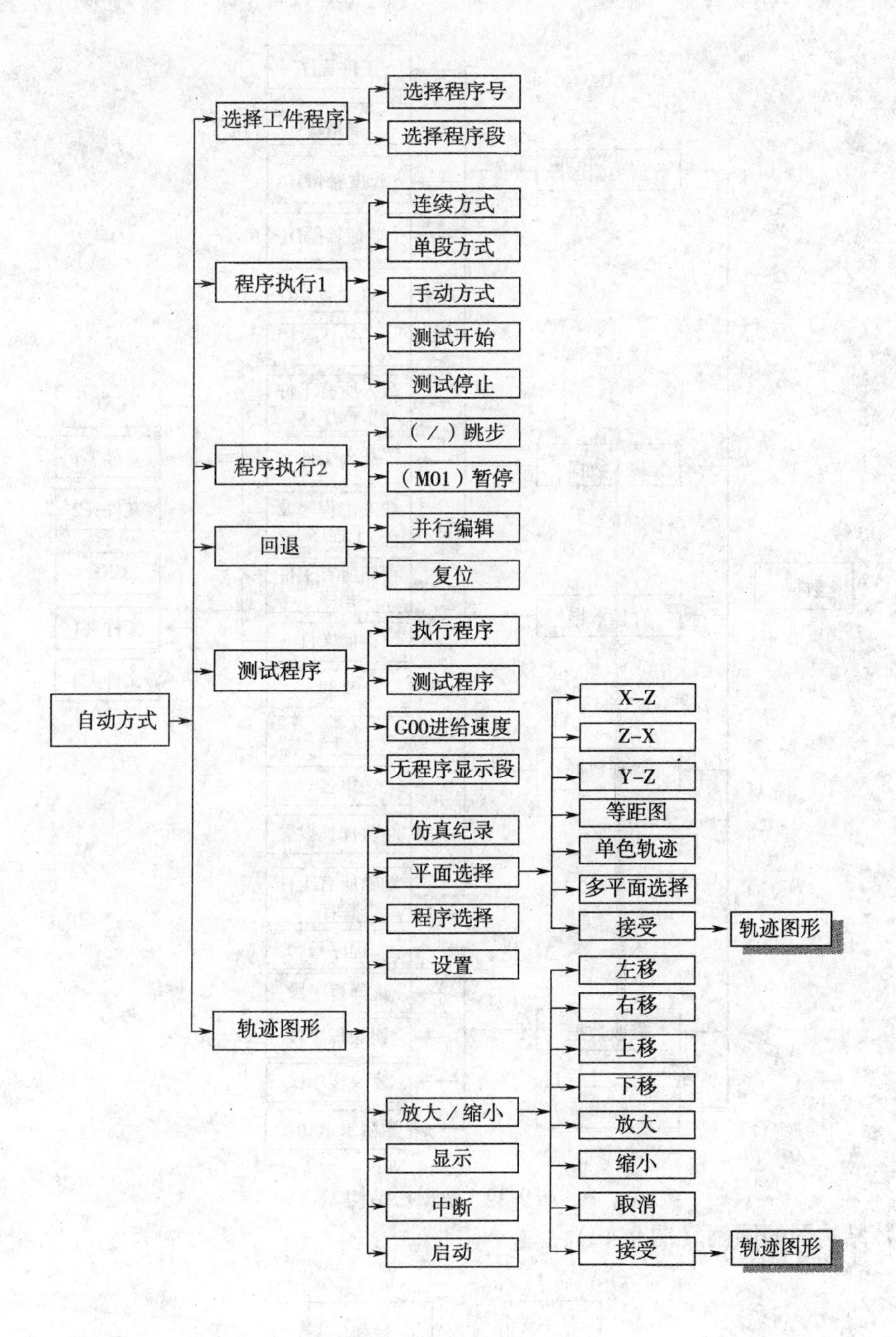
自动方式
选择工件程序
选择程序号
选择程序段
程序执行1
连续方式
单段方式
手动方式
测试开始
测试停止
程序执行2
（／）跳步
（M01）暂停
回退
并行编辑
复位
测试程序
执行程序
测试程序
G00进给速度
无程序显示段
轨迹图形
仿真纪录
平面选择
X–Z
Z–X
Y–Z
等距图
单色轨迹
多平面选择
接受
轨迹图形
程序选择
设置
放大／缩小
左移
右移
上移
下移
放大
缩小
取消
接受
轨迹图形
显示
中断
启动

图 9-38　自动方式结构

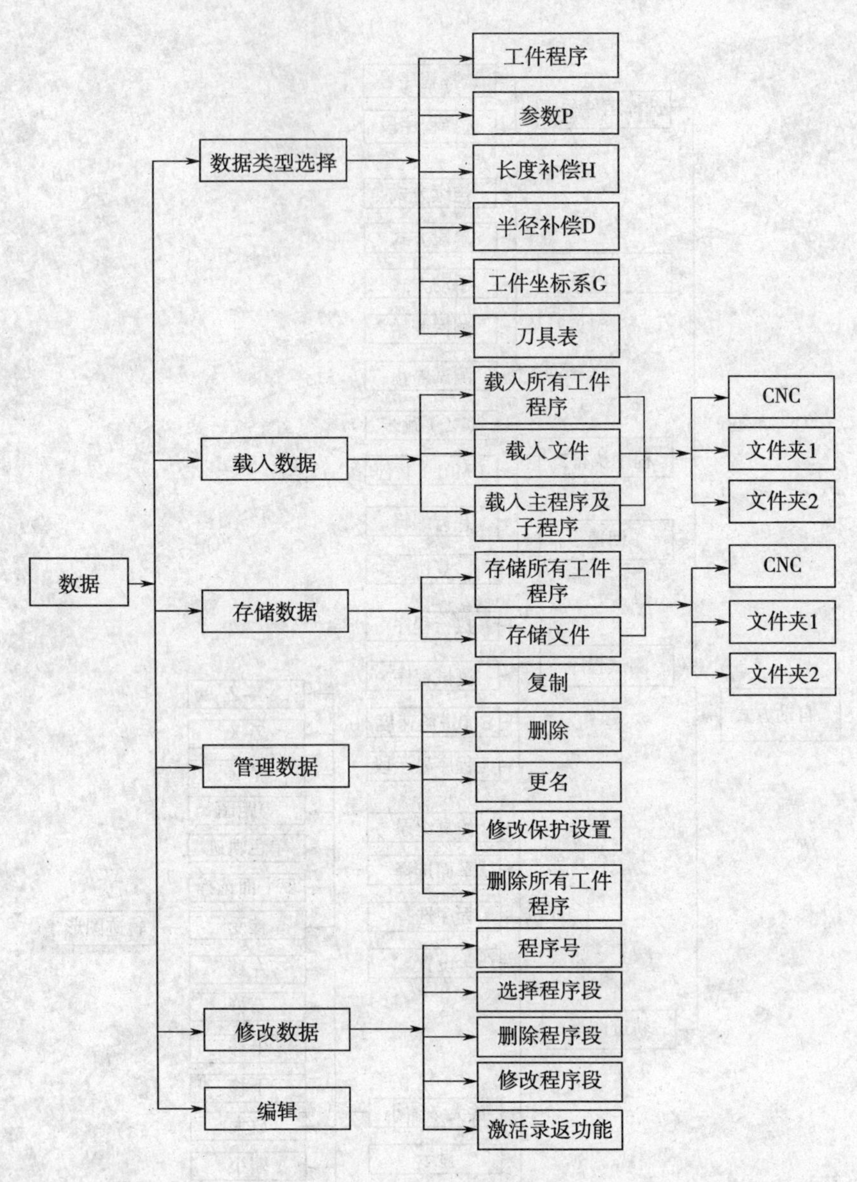

图 9-39　数据栏结构

（4）结构图的图例（图 9-40）

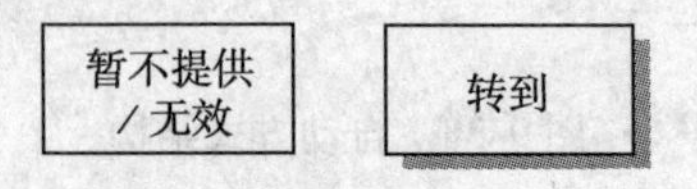

图 9-40　结构图的图例

第七节　CAXA数控车编程软件简介

一、界面介绍

（1）基本应用界面组成　CAXA数控车2000基本应用界面如图9-41所示，各种应用功能通过菜单栏和工具条驱动，状态栏指导用户进行操作并提示当前状态和所处坐标的位置，绘图区显示各种绘图操作的结果，使用数控功能后，绘图区显示刀具轨迹和仿真模拟的过程。工具条中的每一个图标都对应一个菜单的命令，操作中可以单击图标，也可以单击菜单命令。基本界面由窗口布置、主菜单、弹出菜单、工具条、键功能等构成。

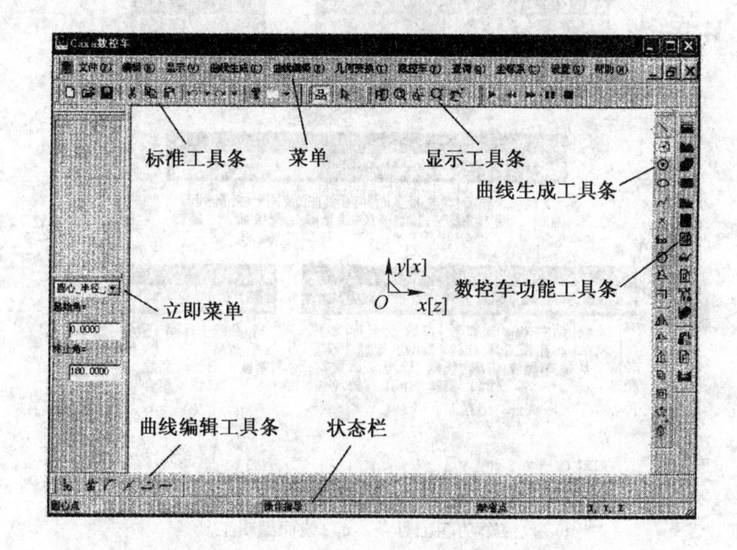

图9-41　CAXA数控车2000基本应用界面

（2）各组成部分的功能

1）窗口布置分为绘图区、菜单区、工具条、参数输入栏、状态栏五个部分，合理的布局便于操作。

2）主菜单包括系统的所有应用功能，具体见表9-4。

3）弹出菜单是按空格键弹出当前命令的子命令，不同命令状态下有不同的子命令组，用于设置子状态的子命令，可通过状态栏中显示的提示命令设置子状态。

4）工具条包括标准工具条、显示工具条、曲线生成工具条、曲线编辑工具条和数控功能工具条。工具条中图标的含义如图9-42所示。

表 9-4　CAXA 数控车主菜单栏

选项	说　明
文件	对系统文件进行管理，包括新建、打开、关闭、保存、另存为、数据输入、数据输出、退出等功能项
编辑	对已有的图形进行编辑，包括撤消、恢复、剪切、复制、粘贴、删除、元素不可见、元素可见、元素颜色改变、元素层修改等功能项
显示	设置系统的显示，包括显示工具、全屏显示、视角定位等功能项
应用	在屏幕上绘制图形和设置刀具路径，包括各种曲线生成、线面编辑、后置处理、轨迹生成、几何变换等功能项
工具	包括坐标系、查询、点工具、矢量工具、选择集拾取工具、轮廓拾取工具等功能项
设置	设置屏幕上图形显示，包括当前颜色、层设置、拾取过滤设置、系统设置、自定义等功能项

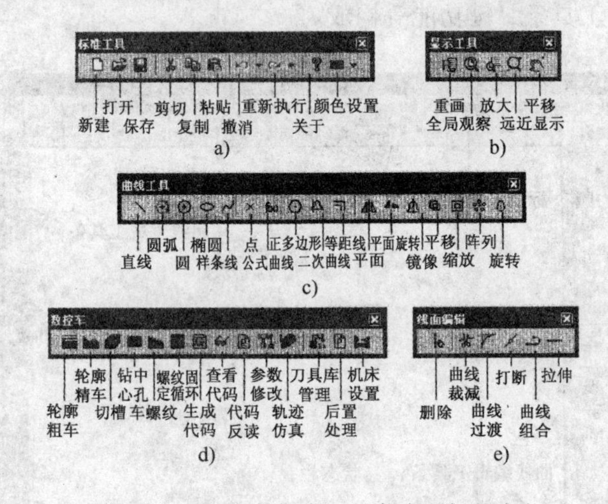

图 9-42　CAXA 数控车工具条中图标的含义
a）标准工具条　b）显示工具条　c）曲线生成工具条
d）数控车功能工具条　e）线面编辑工具条

5）键的功能："回车键"和"数值键"可激活坐标值输入框，输入的坐标值若以@开始，为相对坐标值；在系统要求输入点时，按"空格键"可弹出点工具菜单；鼠标左键用来激活菜单、确定位置点、拾取元素等；鼠标右键用来拾取、结束操作，终止命令。一些命令的结束也可以使用 ESC 键。

二、图形绘制

（1）绘图与图形编辑

1）CAXA 的绘图功能如图 9-42c 所示，使用时可按需要绘制的图元选择绘图工具。

2）CAXA 的图形编辑功能如图 9-42e 所示，在绘图过程中可对图元进行编

辑，形成所需要的图形。

（2）工件轮廓和毛坯轮廓的绘图方法示例 CAXA 数控车自动编程需要绘制零件加工部位的轮廓线，旋转体零件的轮廓线是对称的，因此只需绘制单侧的轮廓线就可以了。工件轮廓线的绘制方法与一般的 CAD 绘图方法相似。现以图 9-43 所示零件为例，介绍用 CAXA 数控车绘制零件轮廓线的方法。

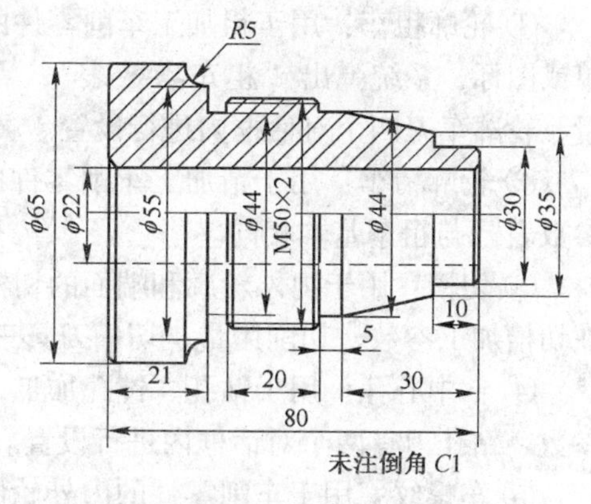

图 9-43 数控车床仿真示例零件简图

1）按直线绘图工具图标，屏幕左侧显示立即菜单，选两点线/连续/正交。

2）按左下角提示：“第一点”，按回车键，屏幕显示点坐标框，输入“0，0”，按回车键确认，第一点确认为坐标原点，即工件坐标系的原点。

3）按以上方法，第二点的坐标为“0，15”，第三点的坐标为“-10，15”，第四点的坐标为“-10，17.5”，每输入一次坐标后按回车键确认，屏幕上的直线就会显示出来，逐步绘制出工件的轮廓线。

4）绘制轮廓线时将圆弧线 *R*5 的起点坐标“-59，27.5”延伸到圆弧中心坐标“-59，32.5”，然后输入点坐标“-80，32.5”、“-80，0”，结束工件轮廓直线的绘制。

5）按圆绘制工具图标，立即菜单选“圆心_半径”方式，用鼠标捕捉圆心点“-59，32.5”，确认后，输入半径值“5”，确认后绘制出半径为 5 的圆。

6）选择曲线下拉菜单中的“曲线裁剪”，选择立即菜单中的“快速裁剪”，用鼠标左键单击不需要的线段和圆弧，即可完成圆弧 *R*5 的绘制。

7）绘制毛坯轮廓线的方法比较简单，圆钢一般按最大圆柱面加上加工余量绘制毛坯圆柱面直线，然后在两端绘制端面毛坯直线，注意最后需要使毛坯轮廓线与工件轮廓线相交。绘制毛坯轮廓线时，可改变线条的颜色，方法是单击工具栏上的颜色设置，在下拉菜单中选择某一种与工件轮廓线不同的颜色，以便在加工选取时鉴别。

三、自动编程

（1）刀具轨迹的生成 在使用 CAXA 数控车的 CAD 功能绘制完成工件轮廓线和毛坯轮廓线的基础上，可进行生成刀具加工轨迹的操作。现仍以上述工件为例，介绍工件数控加工刀具轨迹生成的方法。

1）熟悉 CAXA 数控车的基本加工功能。CAXA 数控车的基本加工功能在加工菜单中，如图 9-42d 所示。

① 轮廓粗车：用于粗加工车削零件的内外轮廓和端面，按“轮廓粗车”菜单或图标，系统弹出“粗车参数表”，需要在加工参数、进退刀参数、切削用量、轮廓车刀四个对话框内进行设置。

② 轮廓精车：用于精加工车削零件的内外轮廓和端面，系统弹出的“精车参数表”与粗车基本相同。

③ 切槽：用于内外轮廓和端面的切槽加工，系统弹出“切槽参数表”，需要在切槽加工参数、切削用量、切槽刀具三个对话框内进行设置。

④ 钻中心孔：用于钻孔、镗孔加工，系统弹出“钻孔参数表”，需要在加工参数、钻孔刀具两个对话框内进行设置。

⑤ 车螺纹：用于车削零件的内外轮廓和端面螺纹。按“车螺纹”菜单或图标，系统弹出“车螺纹参数表”，需要在螺纹参数、螺纹加工参数、进退刀参数、切削用量、螺纹车刀五个对话框内进行设置。

⑥ 固定循环车螺纹：用于加工变螺距的螺纹，按“车螺纹”菜单项或图标，系统弹出“车螺纹参数表”，需要在螺纹参数、切削用量两个对话框内进行设置。

2）加工功能应用示例。以图 9-43 所示工件为例，加工内容有外轮廓粗加工、外轮廓精加工、切槽加工、外圆螺纹加工、内孔加工。现以轮廓粗加工为例，介绍加工轨迹的生成。

① 单击轮廓粗加工功能图标，系统弹出“粗车参数表”对话框，可按工艺规定的加工参数、进退刀参数、切削参数、刀具参数等进行输入确认，具体见表 9-5 ~ 表 9-8。

表 9-5　粗车加工参数

内容	选项及参数	对 话 框
加工表面类型	外轮廓	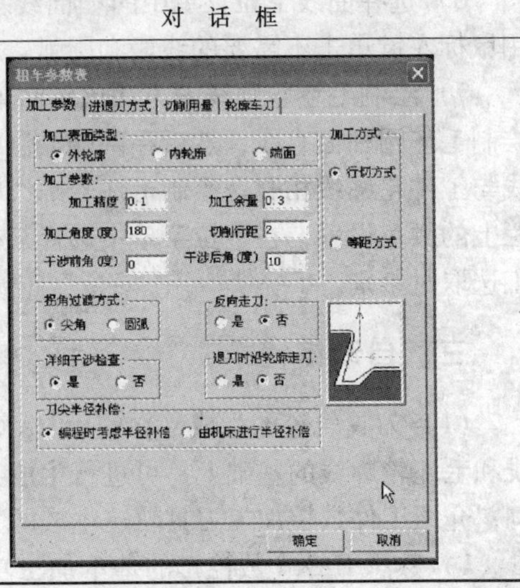
加工方式	行切方式	
加工精度	0.1	
加工余量	0.3	
加工角度	180°	
切削行距	2	
干涉前角	0	
干涉后角	10	
拐角过渡方式	尖角	
反向走刀	否	
详细干涉检查	是	
退刀时沿轮廓走刀	否	
刀具半径补偿	编程时考虑半径补偿	

表 9-6　粗车进退刀参数

内容	选项及参数	对　话　框
每行相对毛坯进刀方式	与加工表面成定角：长度 $l=2$，角度 $A=45°$	
每行相对加工表面进刀方式	与加工表面成定角：长度 $l=2$，角度 $A=45°$	
每行相对毛坯退刀方式	垂直	
每行相对加工表面退刀方式	垂直	
快速退刀距离	$L=5$	

表 9-7　粗车切削参数

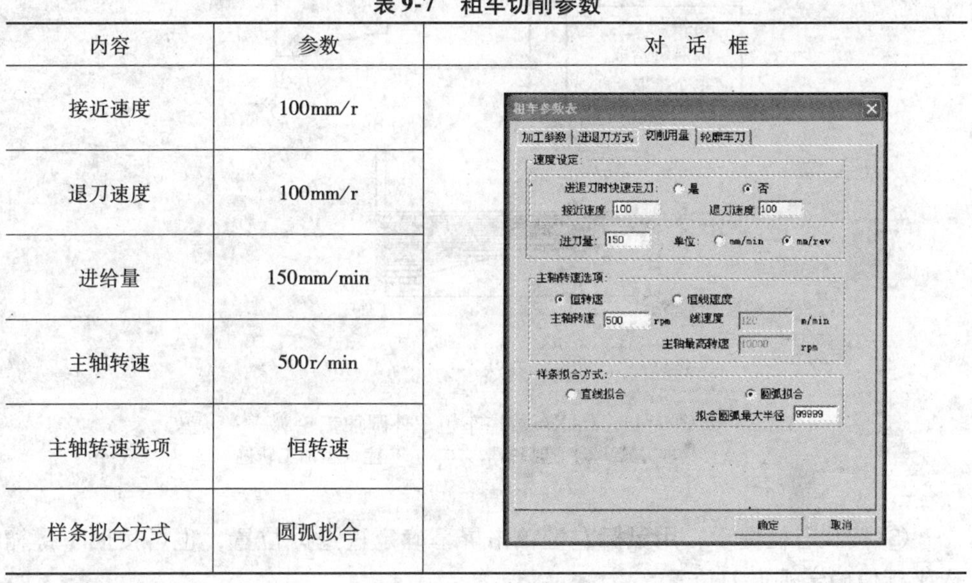

内容	参数	对　话　框
接近速度	100mm/r	
退刀速度	100mm/r	
进给量	150mm/min	
主轴转速	500r/min	
主轴转速选项	恒转速	
样条拟合方式	圆弧拟合	

② 如图 9-44a 所示，按空格键选单个拾取方式。

③ 按状态栏提示，用鼠标左键拾取工件起始的外轮廓线，选择拾取方向如图 9-44b 所示，依次拾取外轮廓加工线，拾取后的轮廓线变为红色虚线，单击右键确认。

④ 按状态栏提示，用鼠标左键拾取外轮廓毛坯的起始轮廓线，按确定的方向顺序拾取外轮廓毛坯轮廓线并单击“确定”。

表 9-8　粗车刀具参数

内容	选项及参数	对　话　框
刀具名	93°车刀	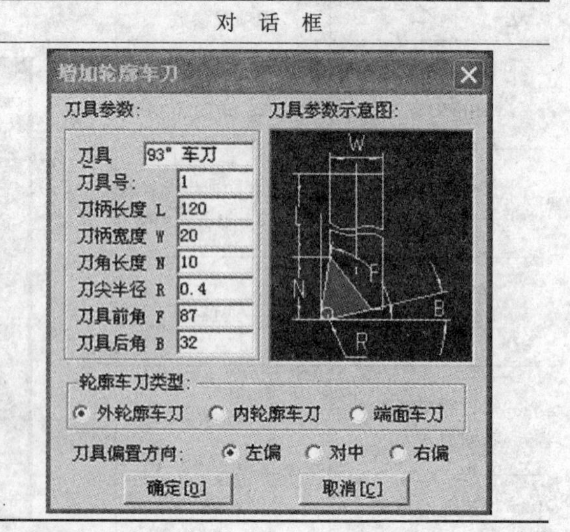
刀具号	1	
刀柄长度	120	
刀柄宽度	20	
刀角长度	10	
刀尖半径	0.4	
刀具前角	87	
刀具后角	32	
轮廓车刀类型	外轮廓车刀	
刀具偏置方向	左偏	

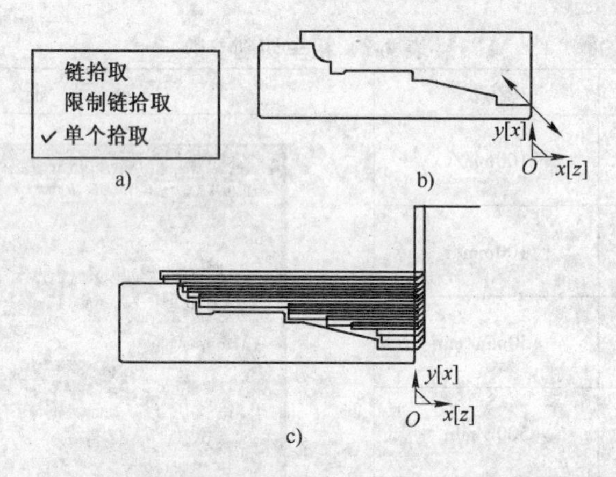

图 9-44　CAXA 数控车粗车外圆加工轮廓
a）拾取方式　b）选择拾取方向　c）生成粗加工轨迹

⑤ 按状态栏提示，用鼠标左键单击屏幕确定进退刀位置，也可按回车键输入坐标值确定进退刀位置。

⑥ 按回车键确认后，生成如图 9-44c 所示的粗加工轨迹。

用类似方法，可生成精加工外轮廓轨迹、切槽轨迹、车螺纹轨迹和内孔加工轨迹，如图 9-45 所示。

（2）后置处理方法　CAXA 数控车后置处理步骤如下：

1）机床设置。单击“数控车”图标或工具菜单“机床设置”，系统弹出“机床类型设置”对话框，如图 9-46 所示。选定机床后，对话框中的有关内容应

按机床系统规定输入。

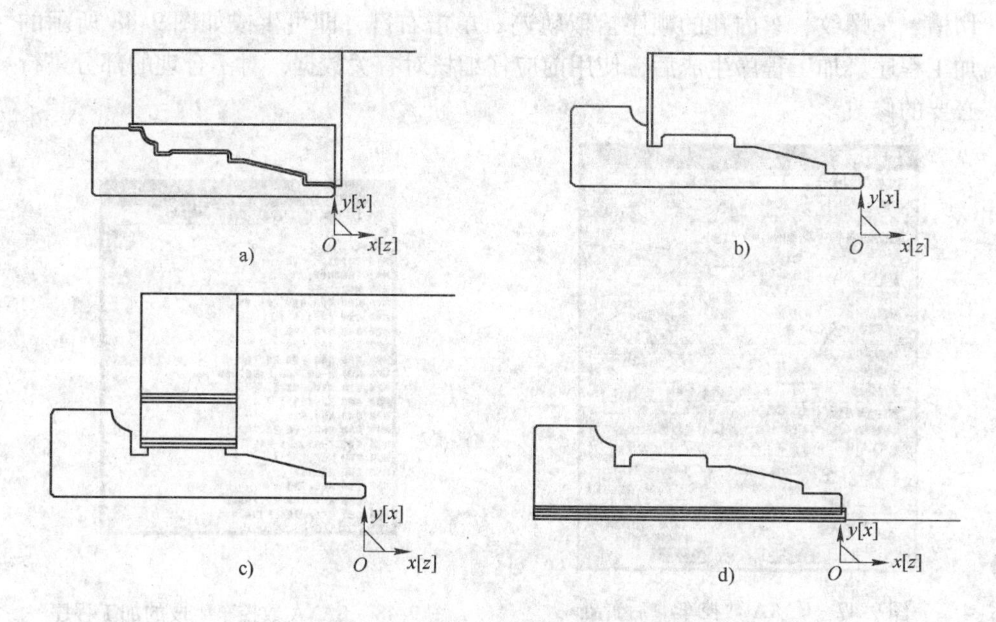

图 9-45　CAXA 数控车加工轨迹示意
a）精车外轮廓加工轨迹　b）切槽加工轨迹　c）车螺纹加工轨迹　d）车内孔加工轨迹

内部指令必须与所选系统相符

宏程序代码

机床类型设置

机床名：LATHE1　增加机床　删除机床

行号地址：	N	行结束符：		速度指令：	F	换刀指令：	T
快速移动：	G00	顺时针圆弧插补：	G02	逆时针圆弧插补：	G03	直线插补：	G01
主轴转速：	S	主轴正转：	M03	主轴反转：	M04	主轴停：	M05
冷却液开：	M08	冷却液关：	M09	绝对指令：	G90	相对指令：	G91
恒线速度：	G96	恒角速	G97	最高转速限	G50	螺纹切削	G33
半径左补偿：	G41	半径右补偿	G42	半径补偿关闭：	G40	长度补偿	G43
坐标系设置：	G54	延时指令：	G04	程序起始符号：	%	分进给	G98
程序停止：	M30	延时表示	X	程序结束符号：	%	转进给	G99

刀具号和补偿号输出位　一位　补足两位　螺纹节距 K

说明：O $POST_CODE

程序头：$G50 $ $SPN_F $MAX_SPN_SPEED @G00 $ $IF_CONST_VC $ $SPN_F $CONST

换刀：M01@ $G50 $ $SPN_F $MAX_SPN_SPEED @G00 $ $IF_CONST_VC $ $SPN_F $

程序尾：$COOL_OFF@$PRO_STOP

确定(O)　取消(C)

图 9-46　CAXA 数控车“机床类型设置”对话框

2）后置处理。单击“后置处理”图标或菜单“后置处理”项，系统弹出“后置处理设置”对话框，各项参数可参照如图 9-47 所示内容输入。

3）生成代码。单击“生成代码”图标或菜单项，系统弹出需要输入后置程序文件名的对话框，输入后单击“打开”，系统询问是否建立，单击“是”软件确认按文件名创建文件。

4）生成加工程序。按状态栏提示“拾取刀具轨迹”，按外轮廓粗车、精车、切槽、车螺纹、车内孔的顺序拾取轨迹。单击右键，即可生成如图 9-48 所示的加工程序。加工程序生成后，使用前应仔细核对有关数据，对不合理的部分进行必要的修改。

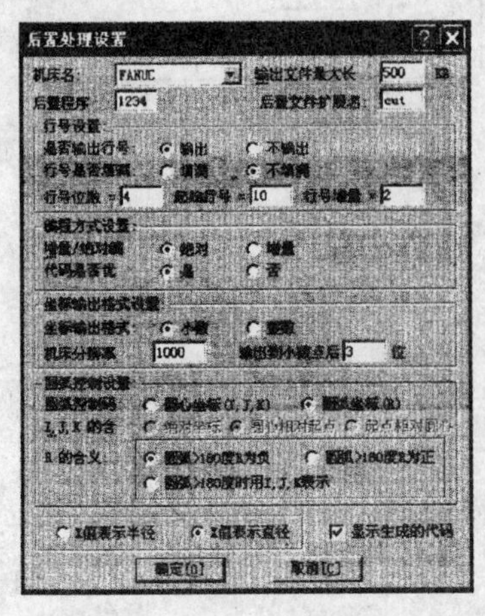

图 9-47　CAXA 数控车“后置处理设置”对话框

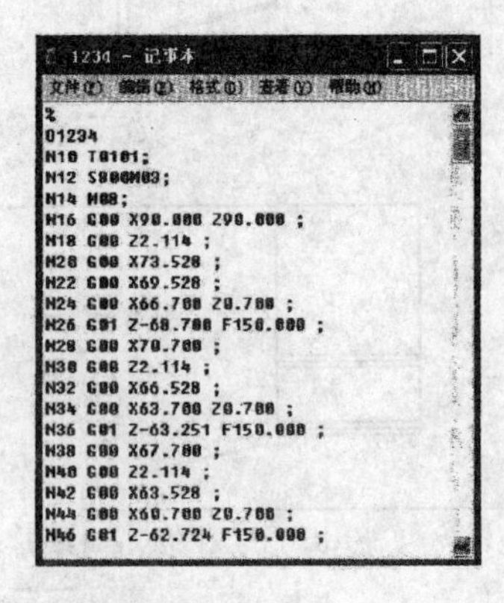

1234 - 记事本

```
%
O1234
N10 T0101;
N12 S800M03;
N14 M08;
N16 G00 X90.000 Z90.000 ;
N18 G00 Z2.114 ;
N20 G00 X73.528 ;
N22 G00 X69.528 ;
N24 G00 X66.700 Z0.700 ;
N26 G01 Z-60.700 F150.000 ;
N28 G00 X70.700 ;
N30 G00 Z2.114 ;
N32 G00 X66.528 ;
N34 G00 X63.700 Z0.700 ;
N36 G01 Z-63.251 F150.000 ;
N38 G00 X67.700 ;
N40 G00 Z2.114 ;
N42 G00 X63.528 ;
N44 G00 X60.700 Z0.700 ;
N46 G01 Z-62.724 F150.000 ;
```

图 9-48　CAXA 数控车生成的加工程序

第十章

AutoCAD 应用基础

第一节　AutoCAD 概述

一、AutoCAD 简介

CAD 是英文 Computer Aided Design（计算机辅助设计）的缩写。近年来，计算机辅助设计技术随着计算机技术、信息技术、网络技术的发展，在机械、电子、航空航天、轻工、建筑、纺织、服装等行业得到了广泛的应用，计算机辅助设计技术已被越来越多的行业和领域所接受。

AutoCAD 是美国 Autodesk 公司于 1982 年推出的一种通用的计算机绘图和设计软件。该软件版本不断更新，从早期的 AutoCAD V1.0，经由 AutoCAD R14、2000、2004、2007 等版本，发展到最新的 AutoCAD 2010 版。

AutoCAD2010 是为适应当今技术的快速发展而开发的面向 21 世纪的软件，体现了世界技术的发展趋势，它以便利、快捷、灵巧的设计和绘图能力成为当前人们设计和绘图的基本方式，成为 CAD 系统的标准和工程技术人员之间交流思想的公共语言。

在实际应用中，最新版本的 AutoCAD2010 正在普及过程中，目前一些鉴定考核机构使用 AutoCAD2004 和 AutoCAD2007 版本较多，因此本章以 AutoCAD2007 版本为基础进行 AutoCAD 的应用介绍。

二、AutoCAD2007 的功能特点

（1）用户接口功能　AutoCAD2007 提供了多种接口，便于用户与之交流。

1）键盘和鼠标：用户可以通过主机的键盘和鼠标，输入各种命令和数据以及用鼠标定位。

2）屏幕菜单：用户可以通过多级菜单与之进行对话，也可以通过提供的菜单文件建立自己的屏幕菜单。

3）数字化仪。

4）图形输出器：提供两种图形输出方式，一是通过打印机输出图形，二是通过绘图仪器输出图形。

（2）基本绘图功能　AutoCAD2007提供了基本绘图的图形元素，提供的图形元素见表10-1。

表10-1　AutoCAD图形元素表

序　号	图　元	
	中文名称	英文名称
1	点	Point
2	直线	Line
3	圆	Circle
4	圆弧	Arc
5	椭圆	Ellipse
6	正多边形	Dolvgon
7	圆环	Doughnut
8	多义线	Polyline
9	块	Block
10	区域填充	Solid
11	文本	Text
12	形	Shape

（3）图形编辑功能　AutoCAD2007版提供了很强的图形编辑功能，例如对图形的移动、缩放、复制、镜像、阵列、旋转、修整、等距离等。用户可以把已经存入的图形文件输入到当前正在建立或修改的图形中，以形成新的图形文件。

（4）三维绘图功能　AutoCAD2007能绘制三维图形，只要改变视点位置，便能生成与观察方向一致的相应的三维图形，并能自动消除隐藏线。

（5）与高级语言连接的功能　AutoCAD2007所支持的编程语言接口包括：Visual LISP、VAB ActiveX和Object ARX。更为先进的AutoCAD2010软件将帮助用户进一步支持设计过程的自动化水平和智能化水平。

（6）其他功能　如帮助功能，该功能可以帮助用户提示命令名称、输入点及其他数据的选择项，还能提示用户某条命令的用法。

三、AutoCAD2007的窗口界面

AutoCAD2007使用时，应先启动。启动的方式有多种，常用的是：单击开始按钮，在菜单中指向程序子菜单，再指向AutoCAD2007子菜单，然后单击Auto-

CAD2007 命令。AutoCAD2007 启动时，系统弹出如图 10-1a 所示的工作空间设置对话框，选择三维建模或 AutoCAD 经典后单击“确定”按钮，系统会弹出如图 10-1b所示的“新功能专题研习”对话框，选择“以后再说”选项后，即可进入 AutoCAD2007 的窗口界面。

如果以后启动时不想显示图 10-1 所示的对话框，可在图 10-1 所示的对话框中选择“不再显示此消息”项，直接进入操作界面。

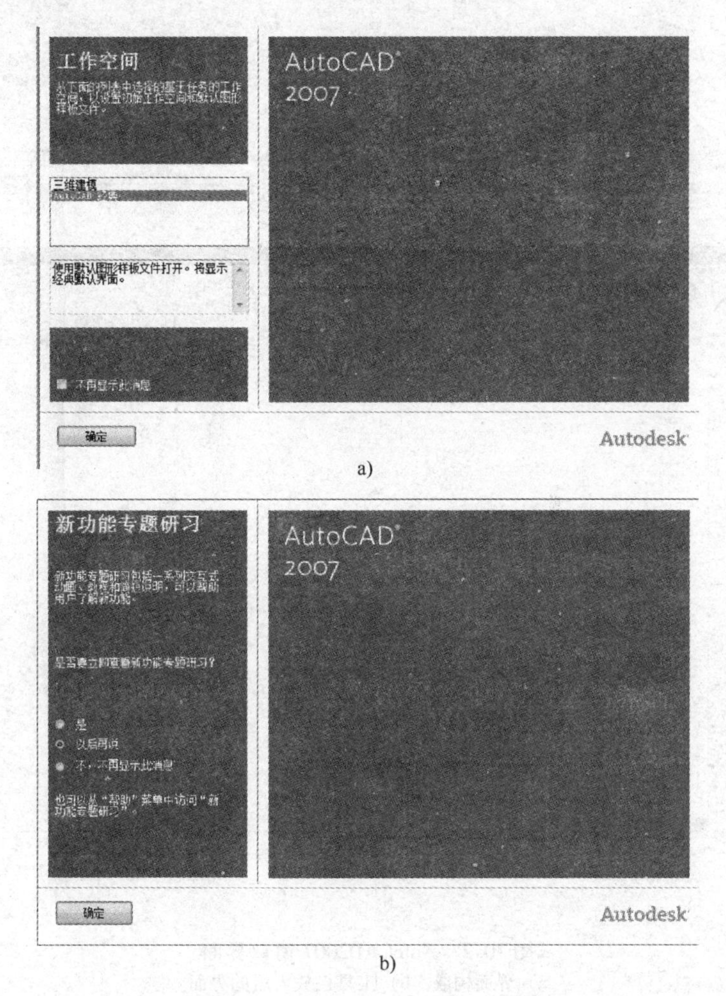

图 10-1　AutoCAD2007 启动对话框

a）“工作空间设置”对话框　b）“新功能专题研习”对话框

AutoCAD2007 的窗口界面是设计人员进行绘图的工作环境，整个绘图环境由标题栏、菜单栏、工具栏、状态栏、作图区域、屏幕菜单栏、附签、坐标系图标和十字光标等构成（图 10-2）。

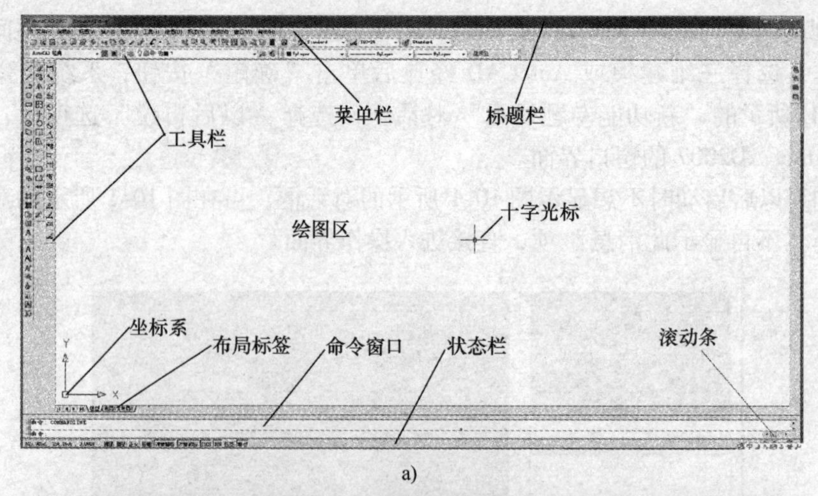

a)

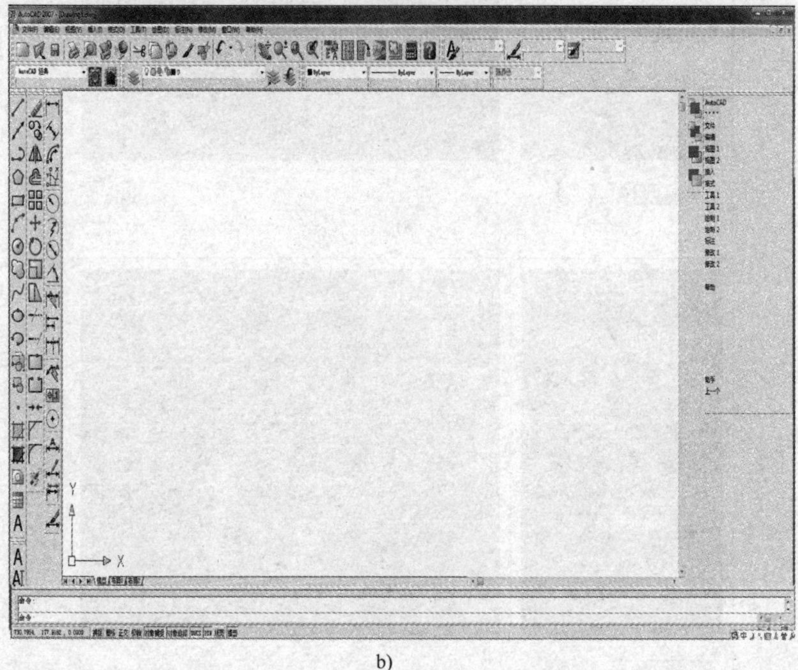

b)

图 10-2　AutoCAD2007 窗口界面
a）界面构成　b）工具栏放大后的界面

（1）标题栏　标题栏显示当前应用程序的名称。如果图形窗口最大化后，在标题栏中还将显示当前图形文件的名称。

（2）菜单栏　标题栏下方是菜单栏，菜单栏由 12 个菜单组成。每个菜单含有若干条命令，每条命令用于执行相应的操作。由鼠标单击某个菜单就可以

打开该菜单，打开菜单后再用鼠标单击其中某一条命令就可以执行相应的命令。例如，单击 File（文件），就可以打开 File 菜单，再单击 Save As（另存为）命令就可以保存文件。由于经常要这样执行菜单命令，因此，以后为了叙述方便，将这样的操作简述为：选择 File→Save As（文件→另存为）命令。

菜单栏的命令分为几种类型：

1）可以直接执行的命令，这类命令后面没有任何信息。例如：选择 Draw→Line（绘图→直线）命令。

2）在命令后面带有省略号（…），这类命令执行后将弹出一个对话框。例如选择 File→Open（文件→打开）命令将弹出一个 Select File（选择文件）对话框。

3）在命令后面带有黑三角箭头，这类命令执行后将引出一个下级子菜单。例如选择 Draw→Circle（绘图→圆）命令将会引出一个绘制圆的子菜单。

4）命令显示为灰色，表示这类命令在当前条件下不能执行。

5）如果命令名的右侧有对应的快捷键，则这类命令可以按快捷键直接执行。例如按 Ctrl + N 键将直接执行 File→New 命令。

（3）工具栏　工具栏以图标形式提供了部分常用菜单命令的功能。只要用鼠标单击代表某个命令的图标按钮，就能直接执行相应的命令，不必再去打开某个菜单，选择某条命令。例如单击标准工具栏的 Open（打开）按钮就相当于选择 File→Open（文件→打开）命令。AutoCAD2007 提供有标准、绘图、编辑等 35 个不同的工具栏。

（4）状态栏　状态栏位于屏幕的底部，显示光标所处当前位置的坐标值以及各种模式等重要信息。

（5）命令窗口和文本窗口　命令窗口又称命令栏，常用于直接输入命令，是 AutoCAD 显示提示符和信息的地方。命令栏可以浮动，可以将其拖动至屏幕任意位置。命令栏的上部为显示命令记录区，下部为输入命令区。在输入区中出现 Command（命令）提示符后，表示 AutoCAD 准备接受命令，键入一个命令或者从菜单工具栏中选择了一个命令后，接着提示要提供响应，直到命令完成或被终止。键入命令后，应按回车键或空格键将输入到程序区处理，空格键除了具有回车键的功能外，还可以在 TEXT 命令中输入空格。在 Command 提示符下，直接按回车键或空格键将重复前一命令。终止命令的方式有四种：正常完成；在完成前，按 Esc 键；在菜单中调用另一条命令，将自动终止当前正在执行的命令；从该命令菜单中选择 Cancel 命令选项。

文本窗口可以显示当前进程中命令的输入和执行过程，用 F2 键可在图形窗口和文本窗口之间切换。

（6）作图区　作图区是显示图形对象的区域，又称图形窗口。在此区域中显示当前工作点的光标。当移动鼠标时，光标将“跟随”鼠标的移动，当 AutoCAD

提示选择一个点时，光标变为十字形。当需要在屏幕上拾取一个对象时，光标变为一个小十字框。光标在不同的状态下，将分别显示为十字、拾取框、虚线框和箭头等样式。AutoCAD2007作图区的底部设有Model（模型）选项卡和Layout（图纸）选项卡。单击这些选项卡，可以在模型空间和图纸空间之间进行切换，通常在模型空间进行图纸设计，在图纸空间中创建布局1或布局2，用于输出图形。

四、AutoCAD2007的启动操作

（1）设置工具栏　打开AutoCAD2007界面后，界面会显示一些默认的工具栏，若需要打开其他工具栏，可将光标放在操作界面上方的工具栏区右键单击，系统会自动打开单独的工具栏选项，如图10-3a所示，单击某一个未在界面上显示的工具栏，工具栏选项前会显示带框的打钩图标，系统自动在界面上打开该工具栏；反之，工具栏关闭。工具栏可以在绘图区“浮动”显示，如图10-3b所示，浮动的工具栏显示该工具栏的标题，并可关闭该工具栏。拖动“浮动”工具栏到绘图区的边界，可以使之变为“固定”工具栏，此时工具栏标题隐藏。也可以把“固定”工具栏拖出，使之成为“浮动”工具栏。

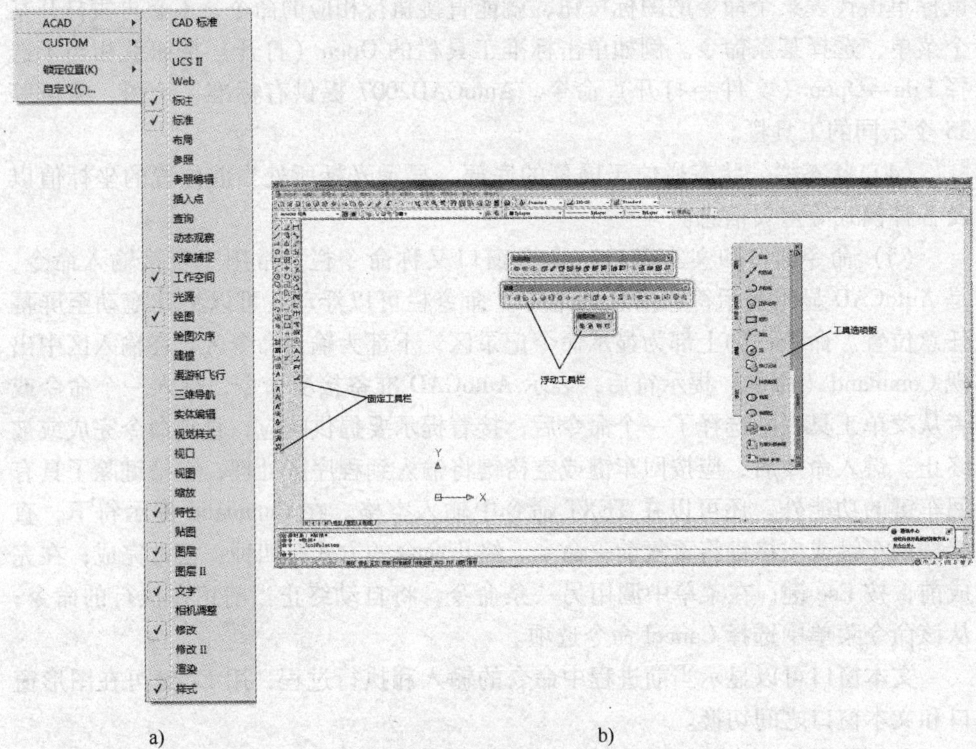

图10-3　工具栏设置

a）工具栏选项　b）“固定”与“浮动”工具栏

（2）图形打开、新建和保存

1）图形打开。在 AutoCAD2007 中，打开一幅已有的图形可以选择以下任何一种方式：

① 如果 AutoCAD 已经启动，在 File（文件）菜单中选择 Open（打开）命令。

② 在标准工具栏中选择“打开”按钮。

③ 在命令栏 Command 提示符下键入 Open 并按回车键或空格键。

操作图形打开后，界面会显示“选择文件”对话框，如图 10-4 所示。此时可选择需要打开的文件或在文件名中输入需要打开的文件，单击打开按钮，即可打开所需要的图形文件。

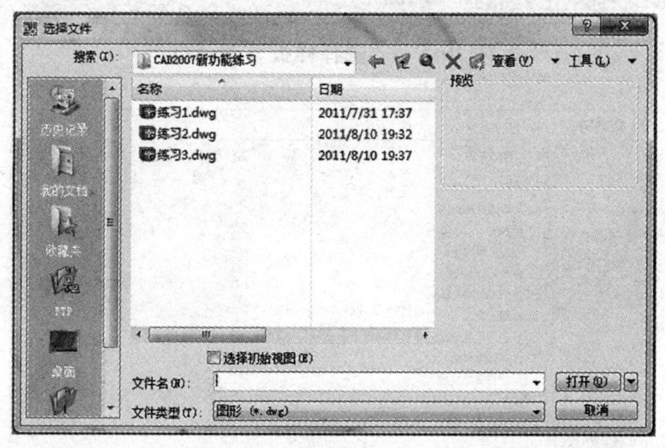

图 10-4 “选择文件”对话框

2）新建图形文件。使用 NEW（新建）命令绘制新图，具体操作步骤如下：

① 选择下述任一种方法：命令行输入 NEW（新建）命令；菜单栏 File→NEW（文件→新建）命令；工具栏选择“新建”图标。

② AutoCAD2007 将显示如图 10-5 所示的“选择样板”对话框，在其对话框中系统默认“acadiso. dwt”，单击“打开”按钮。

3）保存图形文件。在绘图过程中，应该养成每隔一段时间就存储图形文件的良好习惯，以避免由于意外情况发生而丢失在自动保存期间所做的工作。在 AutoCAD2007 中，可以随时用 SAVE（保存）或 SAVE AS（另存为）命令来存储图形，如图 10-6 所示。SAVE 命令可以给未起名的文件起名。SAVE 和 SAVE AS 命令都可以给文件另起名，使用 SAVE AS 命令后，新起名的图形文件成为当前处理的图形文件。

（3）功能键、常用文件和帮助系统

1）功能键：AutoCAD 中某些命令除了可以通过输入命令、单击工具栏图标或单击菜单来完成外，还可以使用键盘上的一组功能键。AutoCAD2007 中可以使

图 10-5 “选择样板”对话框

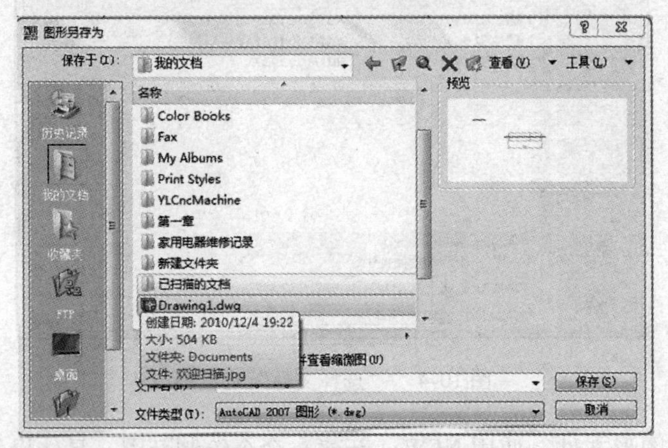

图 10-6 “图形另存为”对话框

用的键盘功能键和相应功能如下：

F1：调用 AutoCAD2007 帮助对话框。

F2：图形窗口与文本窗口的切换。

F3：对象捕捉开关。

F4：校准数字化仪开关。

F5：不同方向正等轴测立体图作图平面间的切换开关。

F6：坐标显示模式的切换开关。动态直角坐标、静态直角坐标和动态相对极坐标显示模式。

F7：Grid（栅格）模式开关。

F8：Ortho（正交）模式开关。

F9：Snap（间隔捕捉）模式开关。

F10：Polar（极轴追踪）开关。

F11：Otrack（对象追踪）开关。

2）常用文件：AutoCAD2007 常用图形文件格式如图 10-7 所示，包括 AutoCAD2007 图形文件、AutoCAD2004 和 AutoCAD2000 图形文件、图形模板文件、图形标准文件和 DXF 文件等，以便于绘图软件版本之间的转换和传递，操作时可根据需要选择文件保存的类型。通常高版本的图形文件是不能在低版本的软件中打开的，如在 AutoCAD2007 中绘制的图形，若保存为 AutoCAD2007 图形文件，在 AutoCAD2004 中是无法打开的，因此若需要在 AutoCAD2004 中打开，应以 AutoCAD2004 的文件类型予以保存。而低版本的图形文件，在高版本的软件中是可以打开的。

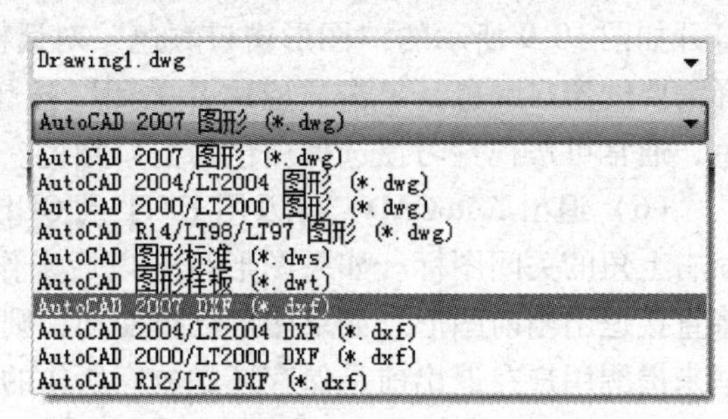

图 10-7　图形文件保存的类型

3）帮助系统：AutoCAD2007 有一套十分有用的帮助系统，可以帮助用户深入了解 AutoCAD2007 的功能和使用方法。启动方法有多种，其中最简便的一种是：按一下功能键 F1，快捷执行 Help（帮助）命令，进入帮助系统。Help 命令可以透明使用，即在其他命令执行过程中查询该命令的帮助信息。Help 命令的两种主要应用如下：

① 直接检索与命令或系统变量有关的信息。如：查询 Line（直线）命令的帮助信息，可以按功能键 F1，弹出对话框，单击索引选项卡，在索引选项卡中输入“Line”，则 AutoCAD 自动定位到 Line 命令，单击显示按钮，将显示 Line 命令的有关帮助信息。

② 在命令执行过程中调用帮助。如在执行 Line 命令中出现“Specify first point”时，按一下功能键 F1，将直接显示 Line 命令的有关帮助信息。

（4）绘图区十字光标的设置　使用 AutoCAD2007 可以按需要设置绘图区十字光标的大小，系统默认为绘图区大小的 5%，修改光标大小的方法是：选择菜单栏中的“工具”→“选项”命令，打开选项对话框，单击“显示”选项卡，在“十字光标大小”文本框中直接输入数值，或拖动文本框后面的滑块，即可对十字光标的大小进行调整，如图 10-8 所示。输入命

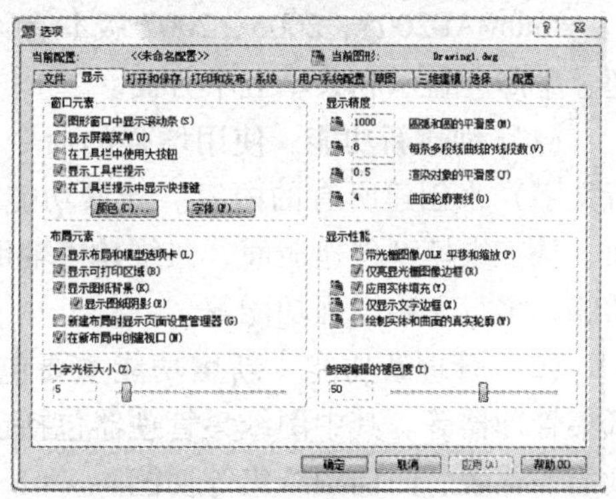

图 10-8　“显示”选项卡

令 CURSORSIZE 也可以通过改变输入区的数值调整光标的大小。

（5）设置绘图区的颜色　在默认情况下，AutoCAD 的绘图区颜色是黑色背景、白色线条，若需要重新设置绘图区的颜色，可选择菜单栏中的“工具”→“选项”命令，打开选项对话框，单击“窗口元素”选项组中的“颜色”按钮，打开如图 10-9 所示的“图形窗口颜色”对话框，在“颜色”下拉列表框中，选择需要的窗口颜色，单击“应用并关闭”按钮，此时绘图区变换为所需的背景色，通常可按视觉习惯选择白色为窗口颜色。

（6）退出 AutoCAD　可以用 EXIT 或 QUIT 命令退出 AutoCAD，也可使用界面右上角的关闭图标。如果图形打开以后未作变动，则输入 EXIT 或 QUIT 命令将直接退出当前图形。如果图形已被变动，则将显示一个如图 10-10 所示的对话框来提醒用户在退出前是保存还是放弃所作的变动。

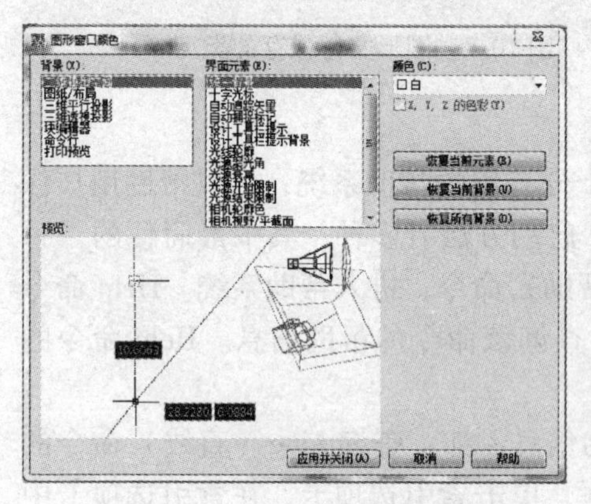

图 10-9　“图形窗口颜色”对话框

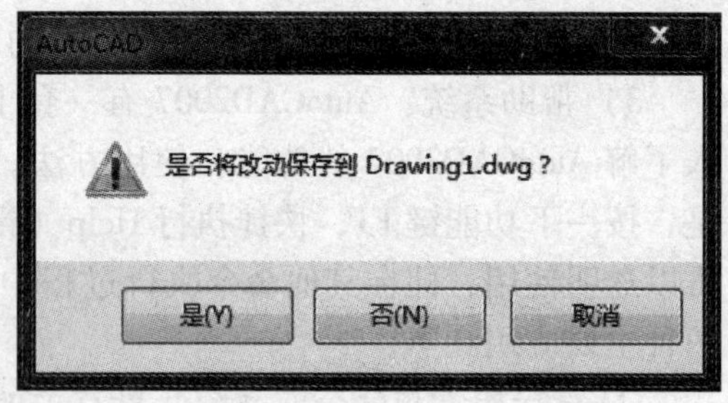

图 10-10　AutoCAD 的警告信息

五、AutoCAD 新增功能简介

AutoCAD2005、2006、2007 版本有许多新增的功能，新增功能有创建、管理、生产、显示和共享五个方面。

（1）创建新功能　使用增强的命令和绘图工具（包括图形填充、标注和多行文字）来创建所有的内容。新增功能包括创建三维对象、修改三维实体和曲面、从三维模型创建截面、三维建模辅助工具等，还有命令增强功能、标注增强功能、多行文字增强功能等。

（2）管理新功能　新增功能主要包括用户界面、界面改进、管理工具、图纸集管理器等。其中图纸集管理器包括创建图纸集、查看和修改图纸集、创建图纸集一览表、归档图纸集等功能。

（3）生产新功能　新增功能主要包括光源、材质、增强的导航功能、更新

的相机功能、视觉样式、动态块、动态输入等。

（4）显示新功能　主要是动画、穿越漫游、渲染等。

（5）共享新功能　主要是 Autodesk Vault、DWF 参考底图、PDF、标记、您的 Autodesk 连接等。

单击菜单栏的“帮助”→“新功能专题研习”，即可显示如图 10-11 所示的“新功能专题研习”对话框，单击菜单栏中的“创建”等五个主菜单，可显示子菜单，如单击一级子菜单中的“创建三维对象”，再单击二级子菜单中的“创建三维实体图元”，即可显示“创建三维图元”的演示屏幕，如图 10-12 所示，单击向左或向右的箭头图标，可演示“创建三维图元”的操作方法。

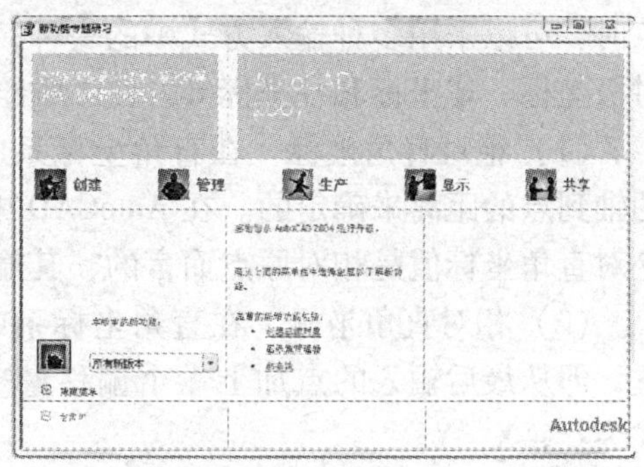

图 10-11　“新功能专题研习”对话框

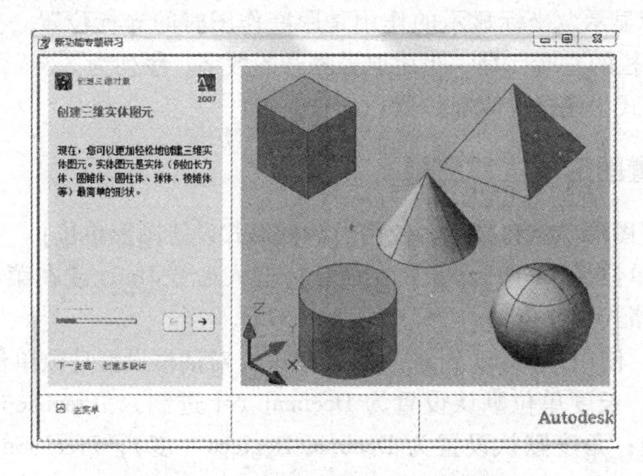

图 10-12　“创建三维图元”演示屏幕

◈◈◈ 第二节　AutoCAD 二维应用基础

一、坐标系统

AutoCAD 通过坐标系统确定图形元素（对象）在平面和空间的位置。AutoCAD 的坐标系规定：坐标原点位于屏幕的左下角，指向屏幕右方的水平方向为

X 轴的正方向，Y 轴的正方向指向屏幕的上方，Z 轴垂直于屏幕指向用户为正方向。这套坐标轴定义为世界坐标系，缩写为 WCS。在 WCS 下可以定义相对于它的不同坐标系统，这些其余的坐标系统称为用户坐标系，缩写为 UCS。

在 AutoCAD 中绘图时，可以按对象的真实尺寸绘图。当 AutoCAD 提示输入点时，可以采用多种输入方式中的一种，包括绝对直角坐标、相对直角坐标和相对极坐标、球坐标和柱坐标等。在二维绘图中一般使用直角坐标和极坐标。

（1）绝对直角坐标　在直角坐标系中，点是通过二维系统中两个相互正交的轴到点的距离来确定的。在 AutoCAD 中，默认原点（0，0）在窗口的左下角。绝对直角坐标值是相对原点而言的，其输入表达式为：X，Y。

（2）相对直角坐标　在直角坐标系中，可以相对前一点来确定一个点的位置，即从最后输入的点加上一个偏移量来确定该点。在 AutoCAD 中，输入表达式为：@X，Y。

（3）相对极坐标　极坐标是基于相对于一个固定点的距离和角度而确定的。在 AutoCAD 中默认角度方向为逆时针方向，输入的表达式为：@r<α。α 表示该点和原点的连线与 X 轴正方向的夹角。

（4）坐标显示　坐标显示的作用是跟踪作图时的光标位置。坐标显示位于屏幕底部状态栏的左端，是一组用逗号隔开的数字。序列为 X，Y，Z。AutoCAD 的默认显示方式为光标的当前位置。

二、设置图形单位和图限

（1）设置图形单位和精度　使用对话框形式设置图形单位：

1）绘图单位（Units）命令：在命令行输入命令 Units 或在菜单栏选择 Format→Units（格式→单位）。

2）功能：使用 Drawing Units（绘图单位）对话框设置计数单位和精度。

3）说明：长度单位默认设置为 Decimal（十进制），Precision（显示精度）为小数点 4 位；角度默认设置为 Decimal Degrees（度），Precision（显示精度）为小数点 4 位；按 Direction（方向）按钮，将弹出 Drection Control（方向控制）对话框，其中默认设置为 0°，方向正东，逆时针为正。

（2）图限设置　图限是用 Limits（图限）命令在绘图空间设置的一个矩形绘图区域。图线所确定的区域是可见栅格指示的区域，不会影响当前的屏幕显示。使用 Limits 命令设置图限范围：

1）图限（Limits）命令：在命令行输入 Limits 或在菜单栏 Format→Limits（格式→图限）。

2）功能：设置图形界限就是控制图形的范围，通常有两种图形设置方式：按图幅大小设置图形界限或按实物大小使用绘图面积设置图形界限。

3）操作步骤：输入命令、指定左下角图限位置、指定右上角图限位置、结束操作。

4）说明：改变图限时，只有在打开栅格模式下才能反映出图限的变化；Limits 命令有 ON 和 OFF 两个选项，选择 ON，AutoCAD 将打开图限检查，即不允许在图限之外结束一个图形对象，若选择 OFF，AutoCAD 将禁止图限检查，即可以在图限之外画图形对象。

三、显示控制与图层

（1）显示控制　显示控制包括视图缩放（Zoom）、显示偏移（Pan）和重画（Redraw）与重生成（Regen）。

（2）图层（Laye）　图层概念示意如图 10-13 所示。图层的应用可以提高绘图的工作效率，在 AutoCAD 中，只能在当前图层上绘图，如要在某一特定的图层上绘制一个图形对象，首先要设置该图层为当前图层，当前层相当于手工绘图时一叠透明图纸的最上面一张。对相应的图层进行修改时不影响其他图层。图层的基本特性包括图层名称、颜色、线形、线宽。

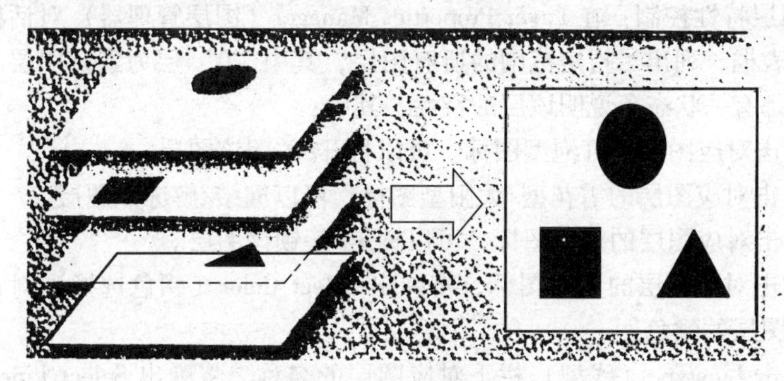

图 10-13　图层概念示意

1）图层（Layer）设置命令：在命令行输入 Layer、菜单栏中选择 Format→Layer（格式→图层），或在工具条上单击图层特性管理器图标。

2）操作说明（图 10-14）

① 创建新图层：单击 New 按钮将创建一个新图层，新图层默认名为 Layer n，可以更名，在 AutoCAD 中可以使用中文名。

② 设置当前层：在图层列表框中选择一个图层名，单击对话框中右上角 Current 按钮，可将该图层设置为当前层。

③ 删除图层：选择需删除的图层，单击对话框右上角的 Delete 按钮即可删除。

④ 过滤图层：在 Maned Layer Filters（图层过滤）对话框中，可以根据图层

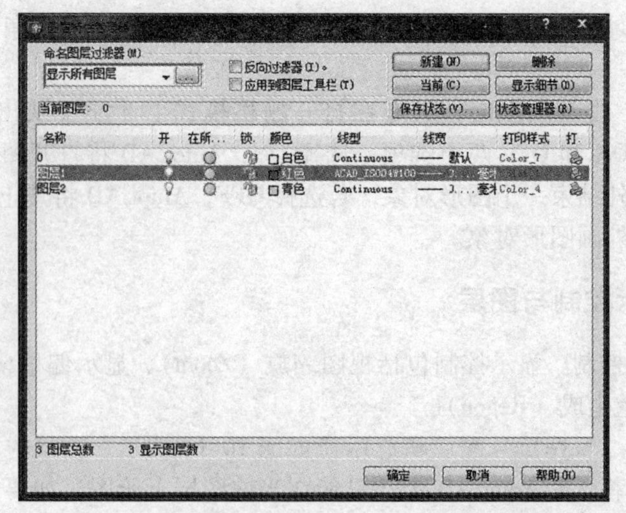

图 10-14　Layer Properties Manager（图层管理器）

的名称、颜色以及线形来过滤图层。

⑤ 图层特性控制：在 Layer Properties Manager（图层管理器）对话框中有一个图层列表框，列出了指定范围的所有图层，其中“0”层为默认图层。对每一个图层，都有一状态条说明该层的特性，其中：

a. 单击对应图层的灯泡型图标，可以打开/关闭该图层。

b. 单击对应图层的雪花型/太阳型图标，可以冻结/解冻该图层。

c. 单击对应图层的锁型图标，可以锁定/解锁该图层。

d. 单击对应图层的色块图标，将弹出 Select Color（颜色选择）对话框，可以指定该图层的颜色。

e. 单击 Linetype（线型）栏下对应图层的名称，将弹出 Select Linetype（线型选择）对话框，可以从已加载的线型中选择一种替换该图层线型。如果在线型中找不到所需要的线型，则可单击对话框底部的 Load 按钮，调出 Load or Reload Linetypes（加载线型）对话框，从线型文件中加载所需要的线型。

f. 单击 Lineweight（线宽）栏下对应图层的线宽值，打开Lineweights（线宽）对话框，用于修改该图层的线宽。

g. 单击 Plot Stype（打印样式）栏下对应图层的图标，将弹出 Select Plot Stype（打印样式选择）对话框，可以改变该图层的打印样式。

h. 单击对应图层的打印机图标就可以控制该图层的打印与否。

⑥ 详细信息和特性匹配：单击 Show details（详细信息）按钮可以查阅所选图层的详细设置信息；特性匹配命令 Matchprop 可以将一个对象（源）的图层、颜色、线型等特性复制到另一个对象(目标)。

四、辅助绘图工具

为了解决快速确定点的问题，AutoCAD 提供了一些辅助工具，置于 AutoCAD 绘图界面底部的状态栏（图 10-15）中，单击按钮，可以打开或关闭相应的工具。

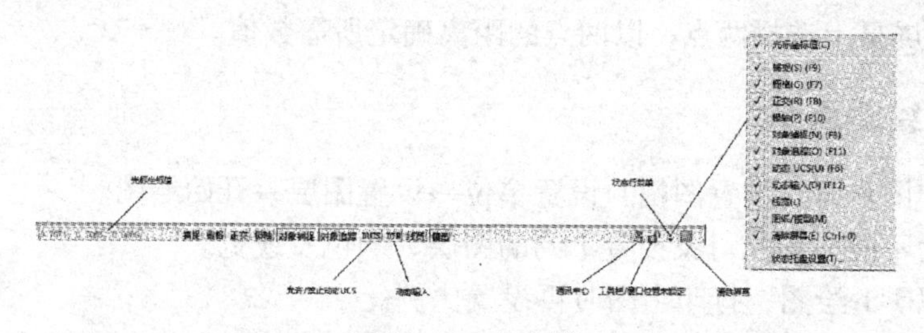

图 10-15 状态栏

（1）捕捉和栅格 捕捉用于控制间隔捕捉功能，打开捕捉，光标将锁定在不可见的捕捉网点上作步进移动；栅格用于显示可见的参考网格点。右击状态栏的“捕捉”和“栅格”按钮可以设置间隔，通常，栅格的间隔大于捕捉间隔。

（2）正交模式 打开正交模式时，AutoCAD 限定只能画水平线和垂直线，执行移动命令只能沿水平和垂直方向移动图形。

（3）对象捕捉 AutoCAD 的对象捕捉是能精确定位于对象上某点的一种重要方法，可以使鼠标智能地捕捉到图形对象的端点、交点、中点、切点等特征点的位置。右击状态栏的对象捕捉按钮，弹出 Object Snap（对象捕捉）选项卡，可以根据需要设置捕捉模式。

五、命令输入与数据输入

1）AutoCAD 命令的调用方法。

① 在命令项输入命令名，命令字符可不区分大小，也可以输入命令缩写字，如 L（Line）。

② 单击工具栏中的对应图标。在状态栏中可以看到对应的命令说明和命令名。

③ 单击菜单栏中的命令。同时在状态栏中也可以看到对应的命令说明和命令名。

④ 单击屏幕菜单栏中的对应命令项。

2）AutoCAD 点的输入：绘图时经常要输入一些点，如线段的端点、圆的圆心、两条直线的交点等。AutoCAD 中点的输入方式如下：

① 用键盘在命令项中输入点的坐标。绝对直角坐标格式：X，Y，Z；相对直角坐标格式：@X，Y，Z；相对极坐标格式：@长度<角度。

② 用鼠标单击左键在屏幕上直接取点。

③ 在指定方向上通过距离定点。

④ 用目标捕捉方式捕捉屏幕上已有图形特殊点，如交点、中点、中心点等。

3）距离值的输入：AutoCAD 提供了两种输入距离的方式：

① 用键盘直接输入数值。

② 在屏幕上选择两点，以两点的距离确定所需数值。

六、绘图原则

1）作图步骤：设置图幅→设置单位→设置图层→开始绘图。

2）为不同的图元对象设置不同的图层、颜色及线宽。

3）以 1:1 绘图，打印出图时再设置比例。

4）精确绘图，可以使用栅格捕捉功能并设置栅格捕捉间距为适当值。

5）操作时注意命令提示行，根据提示决定下一步操作，可以有效地提高绘图效率和减少误操作。

6）可将一些常用设置，图层、标注样式、文字样式、栅格捕捉等内容设置在图形样板中（即另存为 *. dwt 文件），以后可在创建新图形向导中，单击使用样板来打开它，并开始绘图。

7）不要将图框和图绘制在一幅图中，可在布局中将图框按块插入，然后再打印出图。

第三节　二维绘图命令与应用

一、基本绘图方法与步骤

通常较复杂的几何图形都是由直线、圆弧等基本图形组成的，AutoCAD 提供了丰富的绘图命令，在 AutoCAD2000、AutoCAD2004 中，绘图命令基本上都可以通过下列三种方法来执行。

1）通过选择 Draw 绘图工具栏中的相应工具图标（图 10-16）。

2）通过选择 Draw 绘图菜单中相应的子菜单项（图 10-17）。

3）在命令行（Command:）提示符下，键入相应的命令名称直接执行。

二、直线绘制方法与应用实例

（1）直线段绘制　在命令行输入命令 Line 或菜单栏选择 Draw→Line（绘图→直线），或在工具栏中选择直线图标可绘制直线段、折线段。直线绘制实例——绘制图 10-18 所示梯形的步骤：

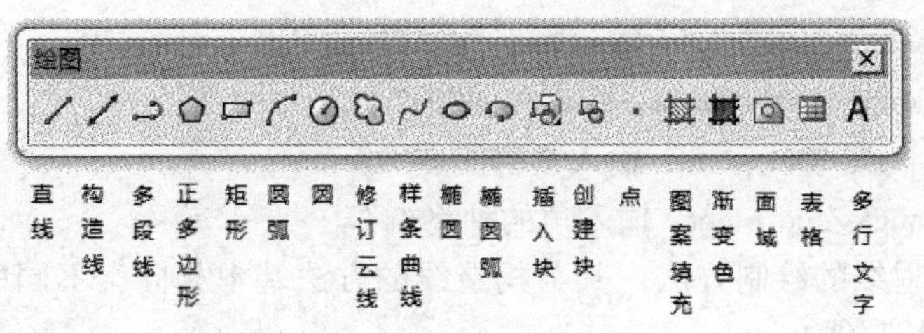

图 10-16　Draw 工具栏

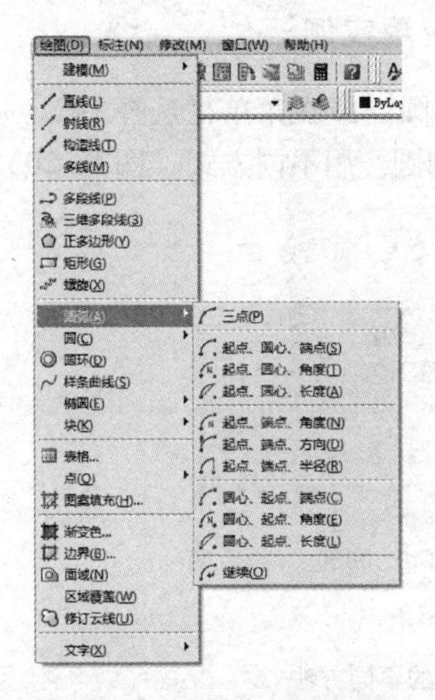

图 10-17　Draw 绘图菜单

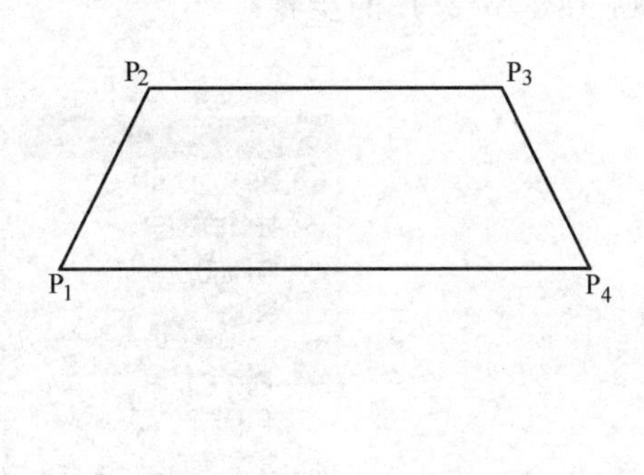

图 10-18　绘制梯形

Command：Line　输入命令。

Specify first point：150，150　用绝对值坐标指定 P1 点。

Specify next point or[Undo]：@30，60　用相对值坐标指定 P2 点。

Specify next point or[Close/Undo]：@120，0　用相对值坐标指定 P3 点。

Specify next point or[Close/Undo]：@30，－60　用相对值坐标指定 P4 点。

Specify next point or[Colse/Undo]：c　封闭梯形并结束直线命令。

（2）构造线绘制　在命令行输入 Xline 命令或在菜单栏选择 Draw→Construction（绘图→构造线），或在工具栏中选择构造线图标可绘制用于辅助作图的构造线——通过指定点的双向无限长直线。用构造线求出三角形内切圆圆心 P（图 10-19）的步骤如下：

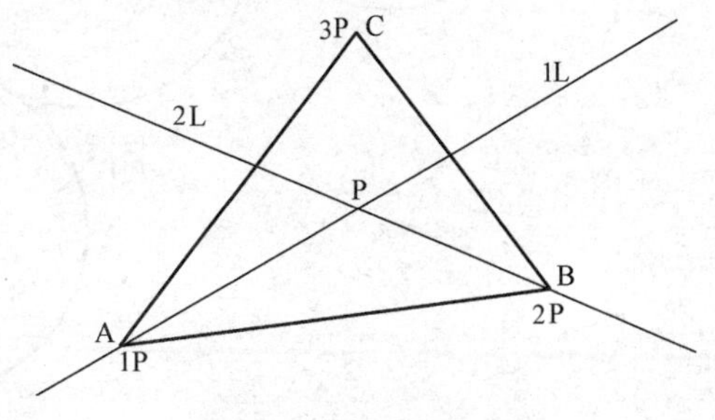

图 10-19　构造线的应用

Command：Xline　输入命令。

Xline Specifty a pointor [Hor/Ver/Ang/Bisect/Offsect]:选项。

Specify angle vertex point：确定角的顶点 A。

Specify angle start point：输入角的起点 B。

Specify angle end point：输入角的种终点 C。

(3) 放射线的绘制方法　其与构造线的方法基本相同，不同的是只能绘制单向的无限长直线。

三、圆、圆弧和多义线绘制方法与应用实例

(1) 圆绘制　在命令行输入命令 Circle（圆）或在菜单栏选择 Draw→Circle（绘图→圆），或在工具栏中选择圆图标可绘制圆。用不同方式（图 10-20）绘制圆（图 10-21）的步骤：

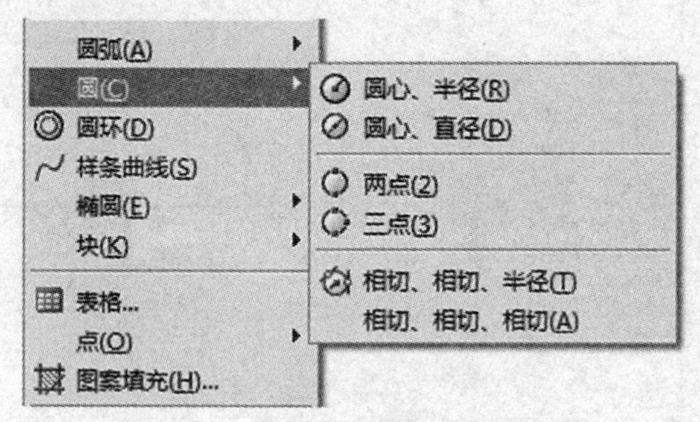

图 10-20　菜单上绘制圆的不同方法

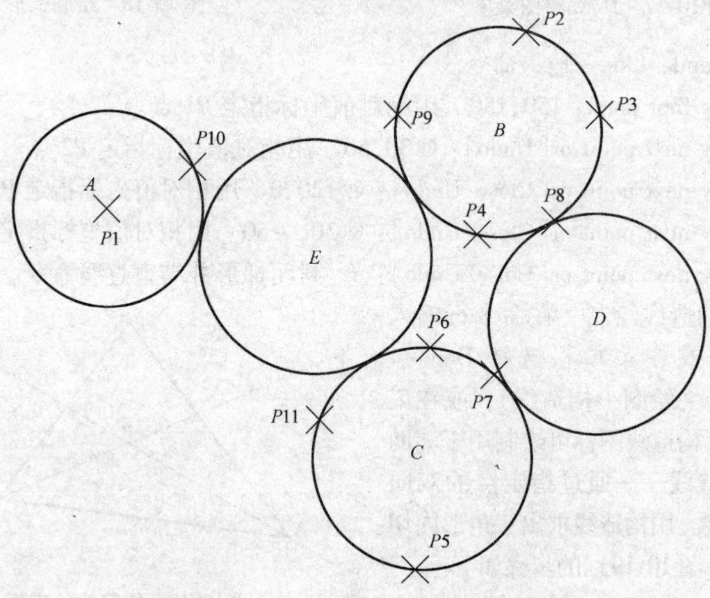

图 10-21　使用不同方法绘制圆的实例

绘制 A 圆（圆心、半径）：

Command：Circle　输入命令。

Specifty center point for circle or［3P/2P/Ttr（tan tan radius）：在 P1 位置确定圆心。

Specify radius of circle or［Diameter］<41.8781>：40 输入圆半径。

绘制 B 圆（3 点）

Command：Circle　输入命令。

Specifty center point for circle or［3P/2P/Ttr（tan tan radius）：3P　用 3 点绘制圆。

Specify first point on circle：指定圆上第 1 点 P2。

Specify second point on circle：指定圆上第 2 点 P3。

Specify third point on circle：指定圆上第 3 点 P4。

绘制 C 圆（2 点）

Command：Circle　输入命令。

Specifty center point for circle or［3P/2P/Ttr（tan tan radius）：2P　用 2 点绘制圆。

Specify first end point of circle's diameter：指定圆上第 1 点 P5。

Specify second end point of circle's diameter：指定圆上第 2 点 P6。

绘制 D 圆（相切、相切、半径）

Command：Circle　输入命令。

Specifty center point for circle or［3P/2P/Ttr（tan tan radius）：t　用相切、相切、半径方式绘制圆。

Specify point on object for first tangent of circle：指定一点作圆的第 1 条切线，在 P7 点附近选中 C 圆。

Specify point on object for second tangent of circle：指定一点作圆的第 2 条切线，在 P8 点附近选中 D 圆。

绘制 E 圆（相切、相切、相切）

Command：Circle　输入命令。

Specifty center point for circle or［3P/2P/Ttr（tan tan radius）：用相切、相切、相切方式绘制圆。

Specify first point on circle：_tan to 指定一点作圆的第 1 条切线，在 P9 点附近选中 B 圆。

Specify second point on circle：_tan to 指定一点作圆的第 2 条切线，在 P10 点附近选中 A 圆。

Specify third point on circle：_tan to 指定一点作圆的第 3 条切线，在 P11 点

附近选中 C 圆。

（2）圆弧绘制的方法　与圆的绘制方法类似。

（3）多义线绘制　在命令行输入命令 Pline 或菜单栏选择Draw→PLine（绘图→多义线），或在工具栏选择多义线图标，可以绘制由直线段和圆弧等组合而成的多义线。用多义线绘制线宽为 1 的长圆形（图 10-22a）步骤如下：

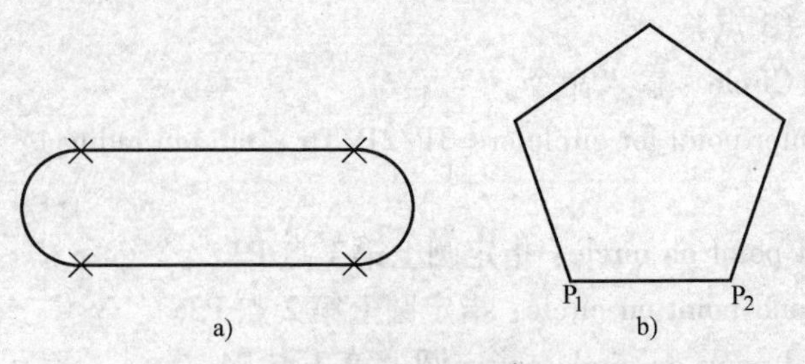

图 10-22　绘制实例

a）用多义线绘制长圆形　b）指定一条边绘制多边形

输入命令→指定第一点→系统提示当前线宽为 0→指定下一点或选择［圆弧/闭合/半宽/长度/放弃/线宽］→选择线宽 W→指定开始端线宽为 1→指定结束端线宽为 1→用相对坐标@ 100，0 指定直线下一点→转换到圆弧段 A 提示→用相对坐标@ 0，40 指定圆弧结束点→转换为直线长度提示 L→用相对坐标@ -100，0 指定直线下一点→转换为圆弧提示 A→选择用闭合方式结束绘制。

四、平面图形绘制与应用实例

绘制平面图形包括绘制矩形、多边形、圆环、椭圆和椭圆弧。

（1）绘制矩形　在命令行输入 Rectang 命令或选择菜单栏矩形绘制项，或点击工具栏矩形图标→指定第一角点或选择［倒角/标高/圆角/厚度/线宽］→指定第二角点。

（2）绘制多边形　在命令行输入命令 Polygon→指定多边形边的条数→选择内接或外切→指定圆半径。用边方式绘制一个正五边形（图 10-22b）步骤：

Command：Polygon　输入命令：起点 P1、端点 P2。

Enter number of sides <5>：5　指定 5 条边

Specify center of polygon or［Edge］：e　按边方式

Specify first endpoint of edge：指定边的第一个端点

Specify second endpoint of edge：指定边的第二个端点

（3）绘制圆环　在命令行输入 Donut 命令或选择菜单栏可绘制圆环，操作步骤为：输入命令→指定圆环内径→指定圆环外径→回车结束。若内径指定为零，可以绘制出实心圆。

（4）绘制椭圆和椭圆弧　在命令行输入 Ellips 命令或在菜单栏选择绘制椭圆，或单击工具栏椭圆图标可绘制椭圆和椭圆弧。绘制步骤：输入命令→指定椭圆轴的一个端点或选择［椭圆弧/中心］→指定椭圆轴的另一个端点→指定椭圆另一个轴的端点。若选择椭圆弧，在指定椭圆轴一个端点、另一个端点和另一轴端点后，需指定椭圆弧的起始点和末端点。在选择中心选项后，可指定椭圆中心、一个端点和另一轴的长度绘制椭圆。还可以选择绕长轴旋转的角度，间接确定椭圆的短轴。

五、点的绘制

点的绘制包括单点和多点绘制，等分点和测量点绘制。

（1）单点和多点绘制　在命令行输入 Point 或在菜单栏选择绘制点，或单击工具栏点绘制图标。绘制步骤：输入命令→输入单点或多点→回车结束命令。点的表示样式共有 20 种（图 10-23），可根据需要选用。操作方法：输入命令 DDPTYPE 或使用菜单，单击Format→Point→Style 命令选项。

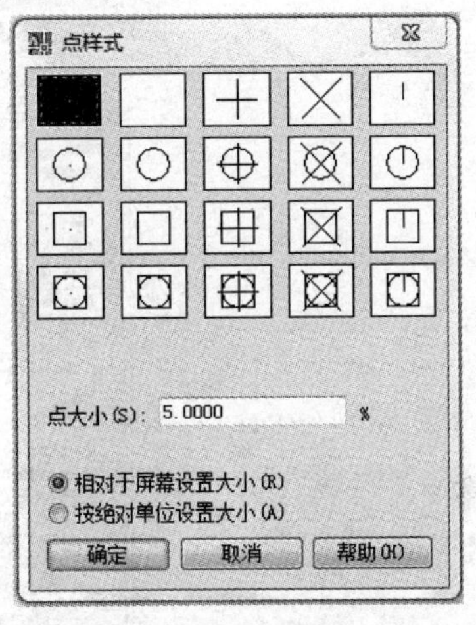

图 10-23　点样式设置

（2）等分点和测量点绘制　在命令行输入 Divide（Measure）命令或在菜单栏选择等分点绘制（测量点绘制）。操作步骤：输入命令→选择要等分（或要测量）的对象→按给出的等分段数设置等分点（或按给出的分段长度设置测量点）。

六、图案填充

AutoCAD 提供了三种图案类型：预定义、用户定义和自定义，其中用户定义是最常用的一种类型，通常称为 U 类型。AutoCAD 规定只能在封闭边界内填充，封闭边界可以是圆、椭圆、封闭的多义线等。图案填充的边界样式有三种（图 10-24）：普通样式（图10-24a）是默认设置的样式，对于孤岛内的孤岛采用隔层填充方式；外部样式（图 10-24b）只对最外层进行填充；忽略样式（图 10-24c）是指填充时忽略孤岛全部填充。在用 Bhatch（填充）命令启动后，显示 Boundary Hatch（边界图案填充）对话框（图 10-25）。在快速（Quick）选项卡中，可以选择图案类型、选择图案图标、显示当前填充图案、指定填充图案与水平方向的倾斜角度、指定填充图案的比例。高级（Advanced）选项卡用于改变图案填充时系统所作的默认设置。对话框中的 Pick Points（点选择）用于在图案边界内选择一点，系统按一定方式生成封闭边界；Select Objects（对象选择）使用选择对象的方法确定填充边界。用点选择方式填充图案（图10-26）的操作步骤：

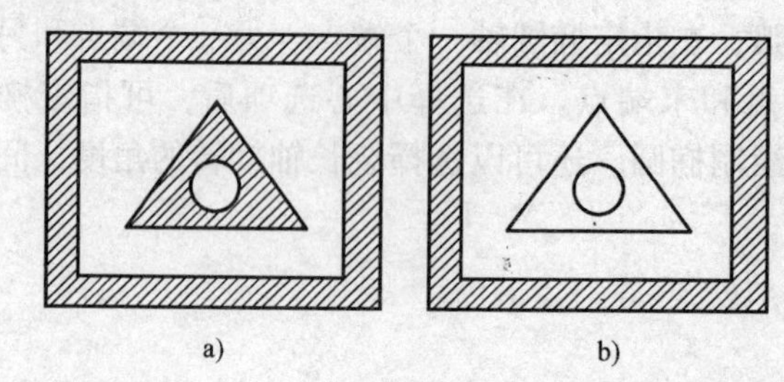

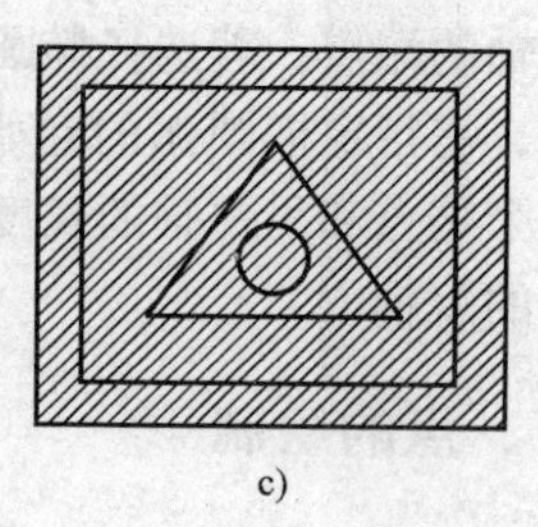

图 10-24　图案填充的样式

a）普通样式　b）外部样式　c）忽略样式

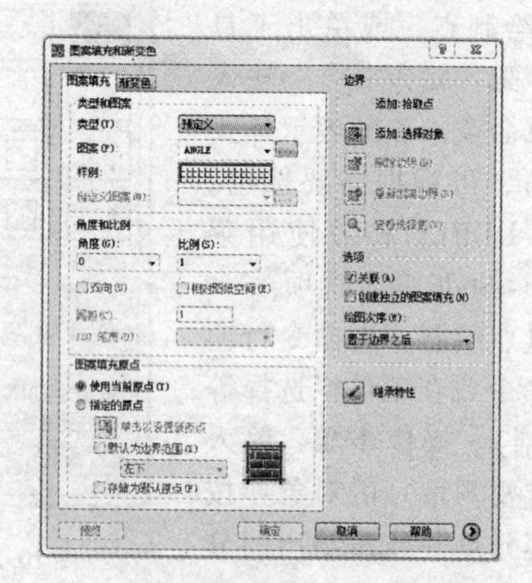

图 10-25　“边界图案填充”对话框快速选项卡

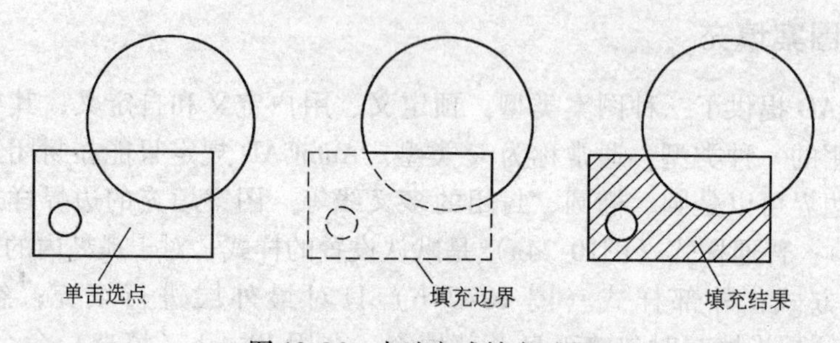

图 10-26　点选方式填充过程

1）启动填充命令，弹出对话框。

2）单击对话框右上角的点选择按钮（对话框退出）。

3）在图形上需要填充的区域内选择一点定义填充边界，按回车键后再次进

入对话框。

4）在快速选项卡中选择图案预定义类型，选择图案名称为 ANS131，此时在样例框中显示填充图案。

5）确定图案的角度和比例。

6）在高级选项卡中选择普通样式（Normal），单击 OK 按钮完成指定边界、图案的填充。

第四节　二维图形编辑

一、图形编辑的基本方法

图形编辑是指对图形对象进行移动、旋转、缩放、复制、删除等修改操作，图形编辑命令集中在 Modify（修改）菜单中，有关图标集中在 Modify 工具栏中，一些修改多义线、多线、图案填充、样条曲线等命令的图标集中在 Modify Ⅱ（修改Ⅱ）工具栏中。在 AutoCAD2000 和 AutoCAD2004 中，编辑修改命令一般可以通过下列三种方式执行。

1）选择修改工具栏中的相应工具图标（图 10-27）。

2）选择 Modify（修改）菜单中相应的子菜单项（图 10-28）。

3）在命令行提示符下，键入相应的命令名称直接执行。

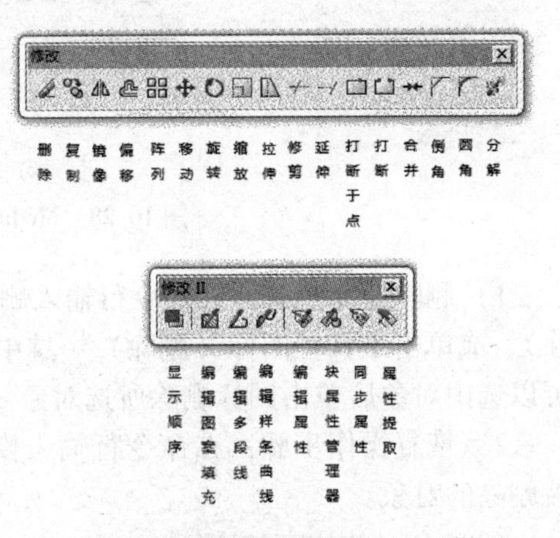

图 10-27　Modify（修改）工具栏

二、部分编辑命令介绍

（1）构造选择集　编辑命令通常可以分两步操作：在已有的图形中选择编辑对象，也称为构造选择集；对选择集实施编辑操作。AutoCAD2000 提供了多种选择对象的操作方法，如 Object pick（直接选取）、Box（窗口或窗交方式，即当选取窗口的第 1 角点后，选取的另一角点在第 1 角点的后侧，按窗口方式选择；如在第 1 角点的左侧，则按窗交方式选择）、Single（选中一个对象后立即进入编辑操作）等方式。

（2）删除与恢复

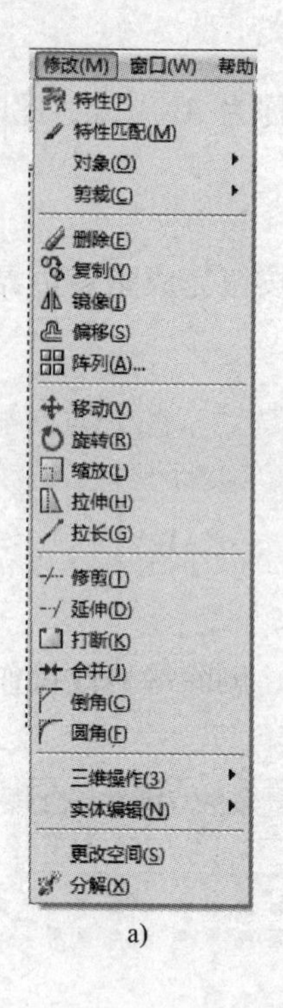

a)

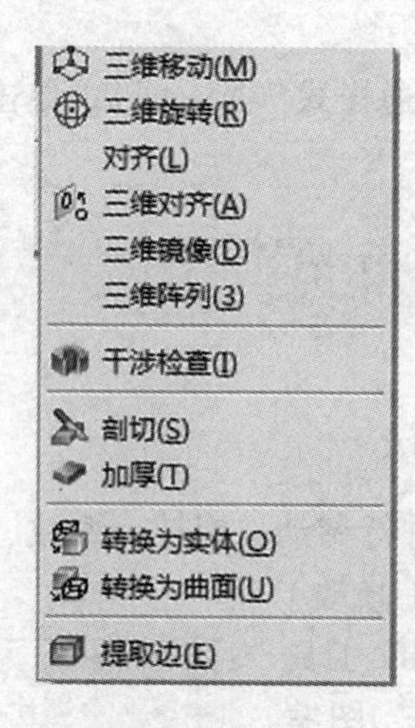

b)

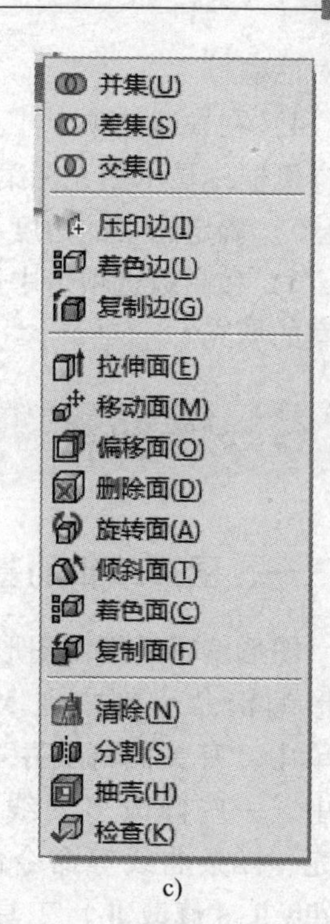

c)

图 10-28　Modify（修改）菜单

1）删除操作步骤：在命令行输入删除命令（Erase）或选择菜单（修改/删除），或单击工具栏图标（删除）→选中需删除对象→回车，删除所选对象。也可以选中对象后单击图标删除所选对象。

2）恢复操作步骤：在命令行输入恢复命令（OOPS）→回车，恢复上一次被删除的对象。

(3) 命令的放弃和恢复

1）放弃命令操作步骤：在命令行输入放弃命令（Undo）或选择菜单（修改/放弃），或单击工具栏命令放弃图标→输入要放弃的操作数目→回车，放弃指定数目的操作。

2）恢复命令操作步骤：在命令行输入恢复命令（Redo）或选择菜单（修改/恢复），或单击工具栏图标（恢复）→回车，恢复刚用 Undo 命令所放弃的命令操作。

三、二维图形修改编辑操作实例

除了上述编辑命令外，另一些编辑命令通过以下实例操作予以介绍：

(1) 复制与镜像实例　复制是对选定对象的复制，包括单次复制和多重复制；镜像是以轴对称的方式对指定对象作镜像，镜像可以删除原图形，也可以保留原图形。

1）圆形单次（多重）复制（图 10-29）操作步骤：输入复制（Copy）命令或选择相应菜单，或单击工具栏复制图标→指定复制对象→指定复制基准点 A→指定复制位置点 B（指定复制位置点 B、C）→按回车结束复制操作。

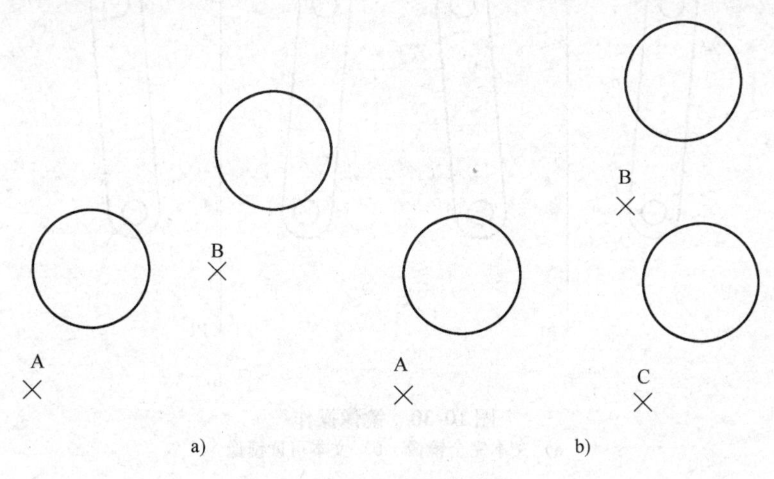

图 10-29 复制操作
a）单次复制 b）多重复制

2）双孔板镜像复制（图 10-30）操作步骤：输入镜像（Mirror）命令或选择相应菜单，或单击工具栏镜像图标→选择外形、双圆和文字 4 个对象→按回车结束对象选择→指定镜像线上第 1 点 P1→指定镜像线上第 2 点 P2→按提示选择不删除原图形镜像复制（输入 n）→按回车结束操作。本例因具有文字对象，若按以上操作，镜像后文本反写倒排（图 10-30a），阅读不够方便，此时，可在调用镜像命令前，将系统变量 MIRRORTEXT 的值设置为 0（off），则镜像时文本仅作文本框的镜像，而文本仍然可读（图 10-30b）。

（2）阵列和偏移实例　阵列是随选定对象按阵列作多次复制，阵列的类型有两种：矩形阵列和环形阵列。偏移是指绘制指定对象的偏移，即等距线。直线的等距线为平行等长线段；圆弧的等距线为同心圆弧并保持圆心角相等；多义线的等距线为多义线，其组成线段将自动调整，即直线和圆弧将自动延伸或修剪，构成另一条多义线（图 10-31）。

1）矩形阵列（图 10-32）和环形阵列（图 10-33）操作步骤：输入阵列（Array）命令或选择相应的菜单，或单击工具栏阵列图标→指定阵列对象→选择阵列类型：矩形 R（环形 P）→指定水平阵列数（确定环形中心）→指定垂直阵列数（指定阵列个数）→指定行间距，正值向上排列（图 10-32a），也可以指定一个角点 P1（图 10-32b），然后再指定另一个角点 P2（指定环形总张角，正为逆时针）→指定列间距正值向右排列（选择原图是否旋转）→回车，结束操作。

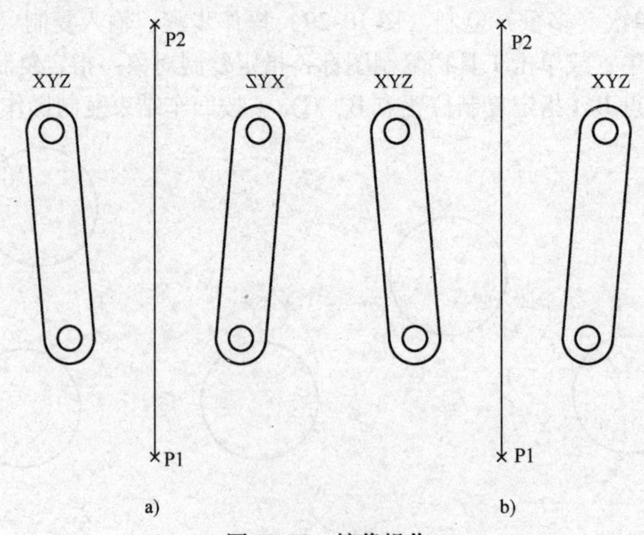

图 10-30　镜像操作

a）文本完全镜像　b）文本可读镜像

图 10-31　偏移操作示意

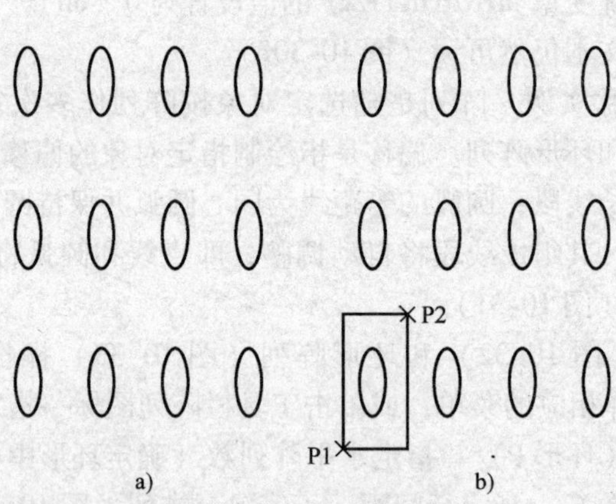

图 10-32　矩形阵列

a）输入间距的矩形阵列　b）使用框格的矩形阵列

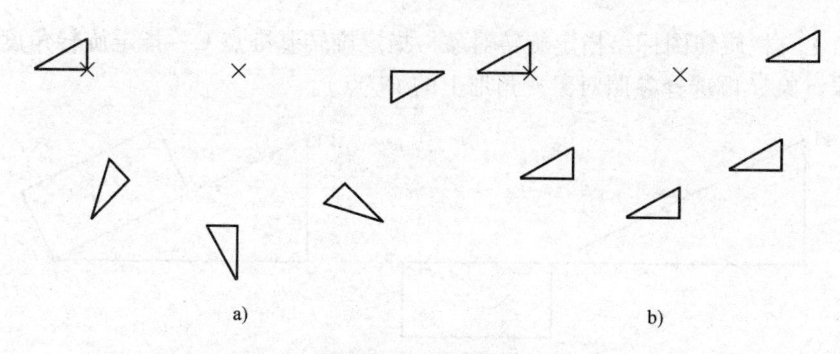

图 10-33　环形阵列

a）原图旋转环形阵列　b）原图平移环形阵列

2）偏移（图 10-34）操作步骤：输入偏移（Offset）命令或选择相应菜单，或单击工具栏偏移图标→指定偏移距离或指定通过点→选择偏移对象→指定偏移位置（在 B 和 C 位置单击）→回车，结束偏移操作。

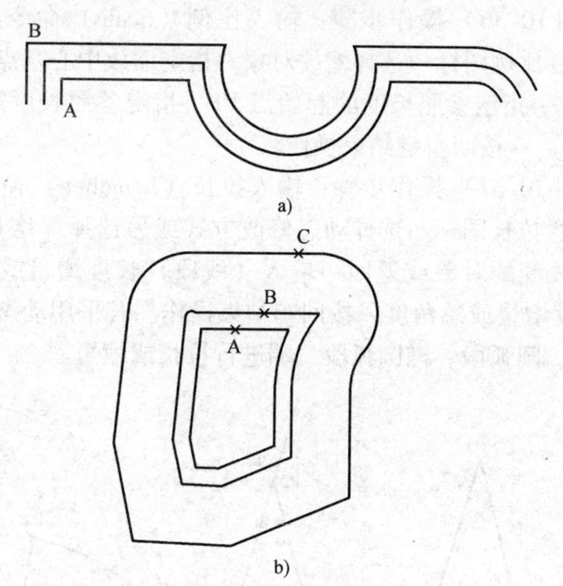

图 10-34　偏移操作

a）指定距离偏移　b）指定通过点偏移

（3）移动和旋转实例　移动是指移动指定的对象；旋转是指围绕指定中心旋转图形对象。

1）移动操作步骤：输入移动（Move）命令或选择相应菜单，或单击工具栏移动图标→选择移动对象→指定移动基准点→指定位移点或用第一点作位移。

2）旋转（图 10-35）操作步骤：输入旋转（Rotate）命令或选择相应菜单，

或单击工具栏旋转图标→指定旋转对象→指定旋转基准点 C→指定旋转角度或选择参照对象（再选择参照对象三角形上的 P1 点）。

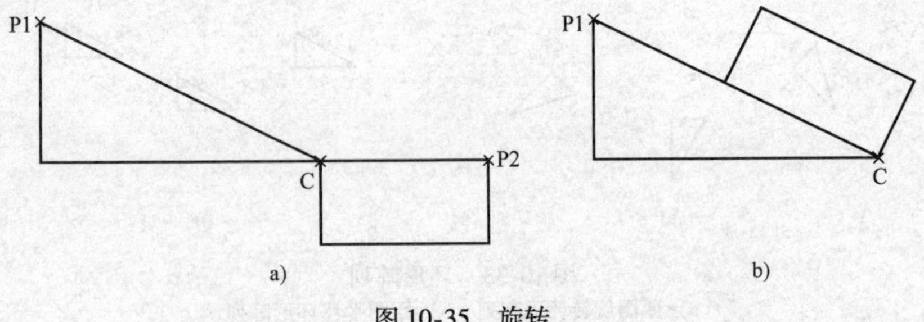

图 10-35　旋转
a）旋转前图形　b）旋转后图形

（4）比例、拉长和拉伸实例　比例是将选定图形对象按指定中心进行比例缩放；拉长是指拉长或缩短直线端、圆弧段；拉伸是指拉伸或移动选定的对象。

1）比例（图 10-36）操作步骤：输入比例（Scale）命令或选择相应菜单栏，或单击工具栏比例图标→选择缩放对象→指定缩放中心基点→输入比例因子（或选择参照方式→指定参照长度的起始点 P1→指定参照长度第二点 P2→指定新长度值的点 P3）→按回车键结束操作。

2）拉长（图 10-37）操作步骤：输入拉长（Lengthen）命令或选择相应菜单，或单击工具栏拉长图标→选择动态修改方式或另选择［增量/百分比/全部/动态］→选择要改变的对象或返回→输入（线段）长度增量或百分比数或总长度；（圆弧）角度增量或总角度→按回车结束操作。若采用动态拖动模式，可以直接拖动直线段、圆弧段、椭圆弧段一端进行拉长或缩短。

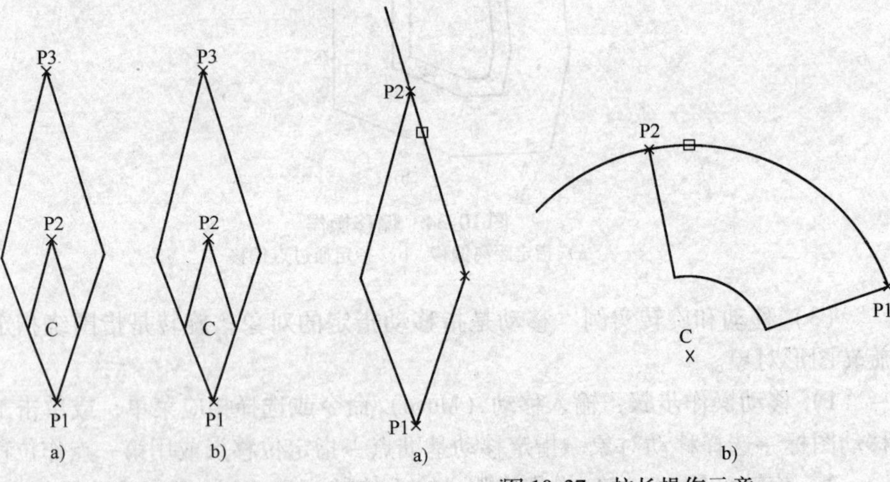

图 10-36　比例缩放示意
a）输入比例因子缩放　b）输入参照长度缩放

图 10-37　拉长操作示意
a）拉长直线段　b）拉长圆弧段

3）拉伸操作步骤：输入拉伸（Stretch）或选择相应的菜单，或单击工具栏拉伸图标→输入 C 用窗交方式选择对象→指定拉伸基准点 P1→指定位移第二点 P2→按回车键结束操作。选取窗口位置的变化会影响拉伸的结果（图 10-38）。

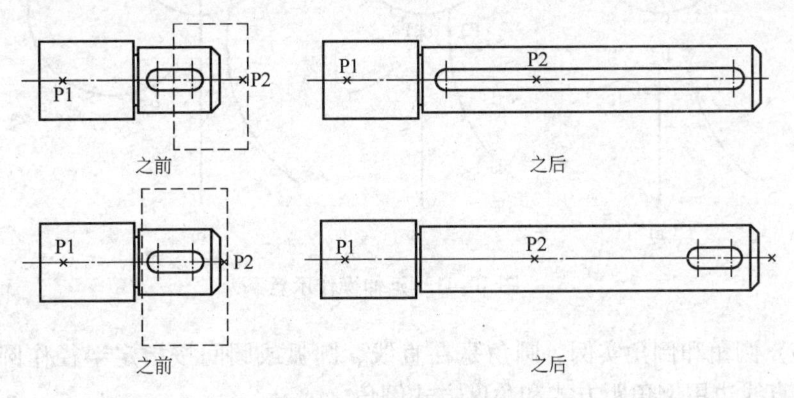

图 10-38　拉伸操作示意

（5）打断、修剪和延伸实例　打断是指切掉指定对象的一部分或将指定对象切断成两个对象；修剪是在指定修剪边界后修剪指定对象；延伸是在指定边界后，将指定对象延伸到与边界相交。

1）打断（图 10-39）操作步骤：输入打断（Break）命令或选择相应的菜单，或单击工具栏打断图标→选择对象，并把 P1 点视为第 1 断点→指定第 2 断点［或按 F 后，重新指定第 1 断点］→按回车键结束操作。

2）修剪（图 10-40）操作步骤：输入修剪（Trim）命令或选择相应菜单，或单击工具栏修剪图标→选择第 1 条剪切边界 A1→选择第 2 条剪切边界 A2→按回车键结束。选取剪切边操作：选择第 1 条修剪边 L1→选择第 2 条修剪边 L2→按回车键结束修剪操作。

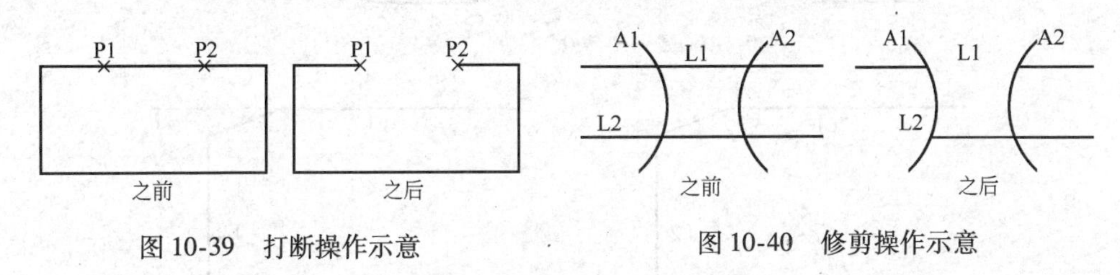

图 10-39　打断操作示意　　图 10-40　修剪操作示意

3）延伸（图 10-41）操作步骤：输入延伸（Extend）命令或选择相应的菜单，或单击工具栏延伸图标→指定大圆作为延伸边界→按回车结束延伸边界操作→在 P1、P2 点选择延伸边（图 10-41a）→在 P3、P4 点选择延伸边（图 10-41b）→在 P5 点选择延伸边（图 10-41c）→按回车键结束延伸操作。

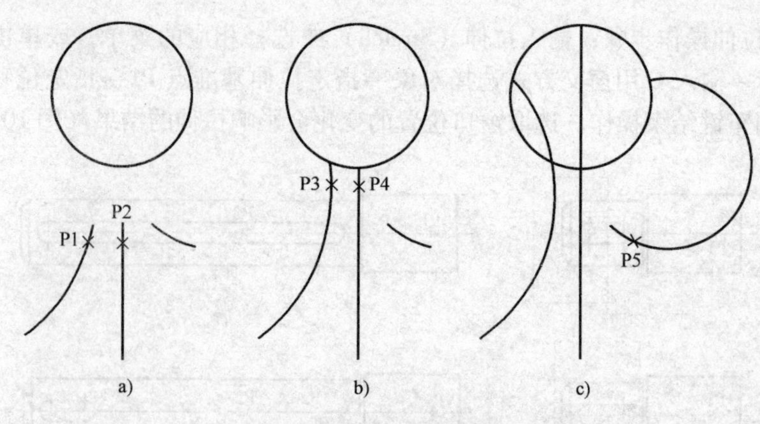

图 10-41　延伸操作示意

（6）圆角和倒角实例　圆角是在直线、圆弧或圆间按指定半径作圆角；倒角是对直线边用倒角距方式和角度方式倒角。

1）圆角（图 10-42a）操作步骤：输入圆角（Fillet）命令或选择相应菜单，或单击工具栏圆角图标→选择半径方式→输入圆角半径→按回车键再次执行圆角命令→选择 P1 所在边→选择 P2 所在边，结束第 1 个圆角操作。重复以上步骤可以在 P3、P4 点所在位置倒圆角。指定半径为零时，倒圆角命令将使两边相交。在可能产生多解情况时，根据选取点位置与切点相近的原则来确定圆角的位置和结果。对平行的直线，按平行线之间的距离确定圆角半径。

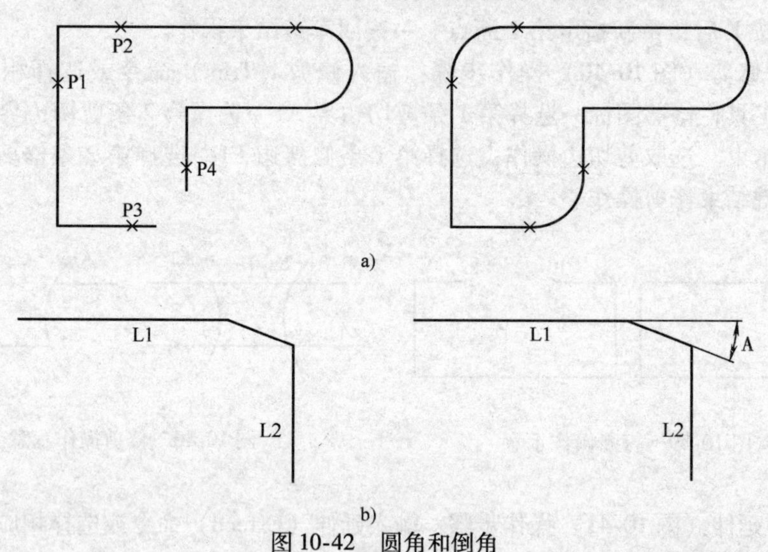

图 10-42　圆角和倒角

2）倒角（图 10-42b）操作步骤：输入倒角（Chamfer）命令或选择相应的菜单，或单击倒角图标→选择倒角距方式（角度方式）→指定第 1 条直线的倒

角距为 30→指定第 2 条直线的倒角距为 10（指定第 1 条直线的倒角角度为 30）→按回车键再次执行倒角命令→选择第 1 条直线 L1→选择第 2 条直线 L2，结束倒角的操作。

（7）分解实例　分解用于将多义线、块等组合对象拆开为单个图元。如图 10-43 所示，用矩形命令绘制的一个矩形，执行分解（Explode）命令前，整个图形是一个对象，执行命令后图形分解为 4 个对象。

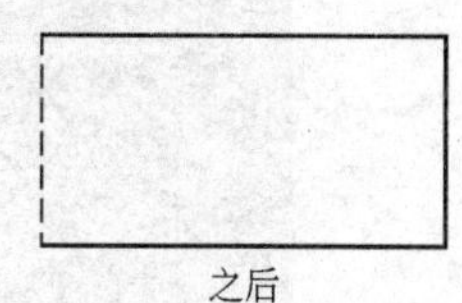

图 10-43　执行 Explode（分解）的效果

第五节　文字和尺寸标注

AutoCAD2007 提供了很强的文字处理功能，并提供了尺寸编辑功能，可进行半自动尺寸标注。

一、文字处理

（1）文字样式的定义和修改　输入文字样式（Style 或 DDStyle）或相应菜单，可创建、编辑、修改命名文字样式，设置图形中文字的当前样式。

（2）单行文字　输入单行文字（Text）或相应菜单，可在屏幕上标注文字，并用方框显示下一个文字的书写位置。书写完一行文字后，按回车可以继续输入文字。

（3）多行文字　输入多行文字（Mtext）命令或相应的菜单，或单击工具栏多行文字图标，可创建多行文字。用 Mtext 命令创建的多行文字被作为一个对象，而用 Text 创建的多行文字，每一行作为一个对象。多行文字编辑器对话框可对文字的参数进行设置，如文字的对正、宽度、段落行距及查找和替换。

（4）编辑文字　AutoCAD2007 利用文本编辑（Ddedit）命令和对象属性管理器（Ddmodify）命令编辑创建的文本标注对象。

二、尺寸标注

尺寸标注是绘图中的一项重要内容，一个完整的尺寸由尺寸线、尺寸界线、尺寸箭头和尺寸文本组成，一个完整的尺寸是一个对象。尺寸标注的类型分为：长度型、角度型、半径型、直径型、引线型、旋转型、校准型等（图 10-44）。标注（Dimension）工具栏如图10-45。尺寸标注的基本步骤如下：

（1）创建尺寸标注图层

（2）创建尺寸标注文本样式

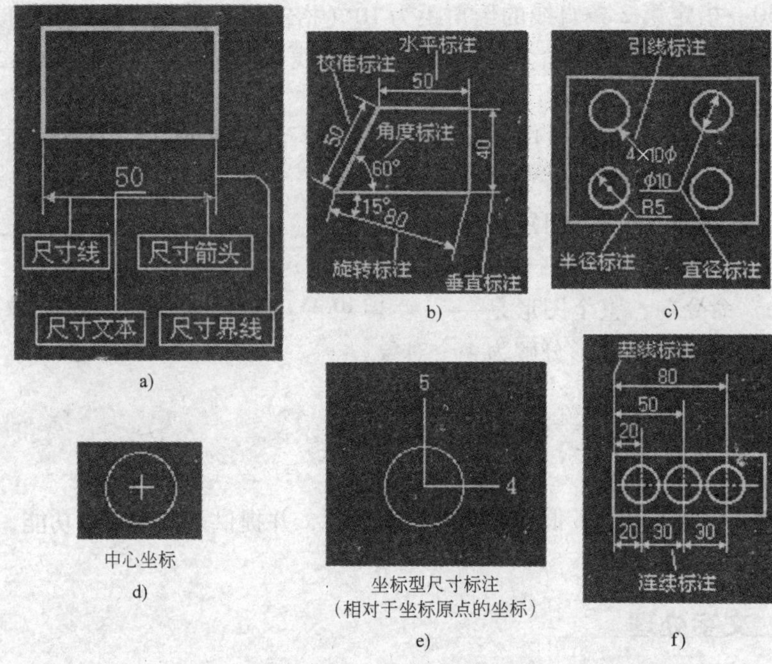

a) b) c) d) e) f)

图 10-44　尺寸标注的类型

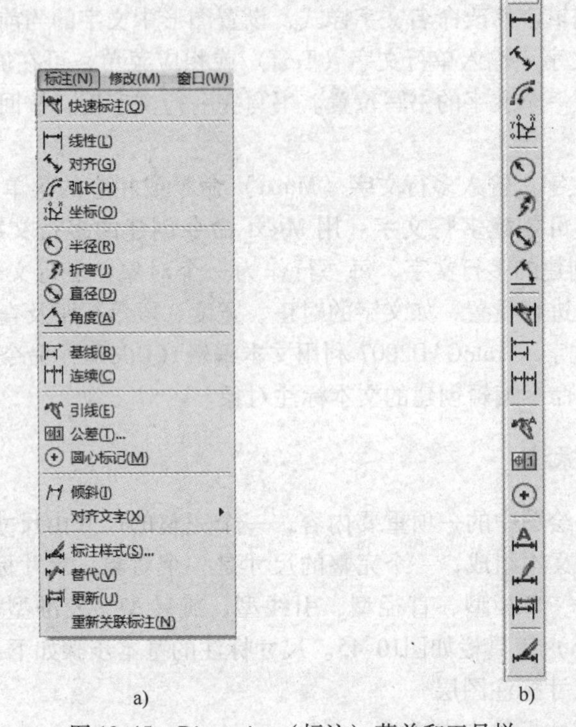

a)　b)

图 10-45　Dimension（标注）菜单和工具栏

1）单击直线和箭头选项卡输入选项。

2）单击文本选项卡输入选项。

3）单击主单位选项卡输入选项。

（3）按工具栏上相应的图标进行尺寸标注

第六节　AutoCAD 应用方法

一、零件图绘制方法

1. 轴类零件的绘制方法

如图 10-46g、h 所示的轴类零件图一般由主视图、局部剖视图和断面图等组成，基本图元是直线和圆，结构要素一般有圆柱面、圆锥面、外螺纹、外圆直槽、倒角、轴上键槽、穿孔等。应用 AutoCAD 绘制轴类零件的基本方法如下：

（1）新建文件　选用 ISO 标准文件格式或样板文件。

（2）设置图层　建立中心线（点画线）、轮廓线（粗实线）、标注线（细实线）和虚线、双点画线等图层，并确定各自的线宽和颜色。粗实线的宽度 b 在 0.5～2mm 范围内选择，图线的形式及应用见表 10-2。若样板文件中已经设置了图层，可直接应用。

表 10-2　图线的形式及应用

图线名称	线　型	线宽	主 要 用 途
粗实线		b	可见轮廓线，可见过渡线
细实线		约 $b/3$	尺寸线、尺寸界线、剖面线、引出线、弯折线、牙底线、齿根线、辅助线等
细点画线		约 $b/3$	轴线、对称中心线、齿轮节线等
虚线		约 $b/3$	不可见轮廓线、不可见过渡线
波浪线		约 $b/3$	断裂处的边界线、剖视与视图的分界线
双折线		约 $b/3$	断裂处的边界线
粗点画线		b	有特殊要求的线或面的表示线
双点画线		约 $b/3$	相邻辅助零件的轮廓线、极限位置的轮廓线、假想投影的轮廓线

（3）图形绘制基本方法（见图 10-46）

1）绘制轴线（图 10-46a）。选择中心线层→单击绘图工具栏“直线”图标→绘制长度尺寸略大于轴总长的水平轴线。

2）绘制圆柱面和端面轮廓线

① 如图 10-46b 所示，选择轮廓线图层→单击绘图工具栏“直线”图标→按图样标注基准轴向位置，绘制轴端面直线段（长度略大于工件最大直径，线段中点与轴线相交）→应用“偏移”的编辑工具，按轴向尺寸（l_1、l_2、l_3、l_4……）依次绘制垂直轮廓线。

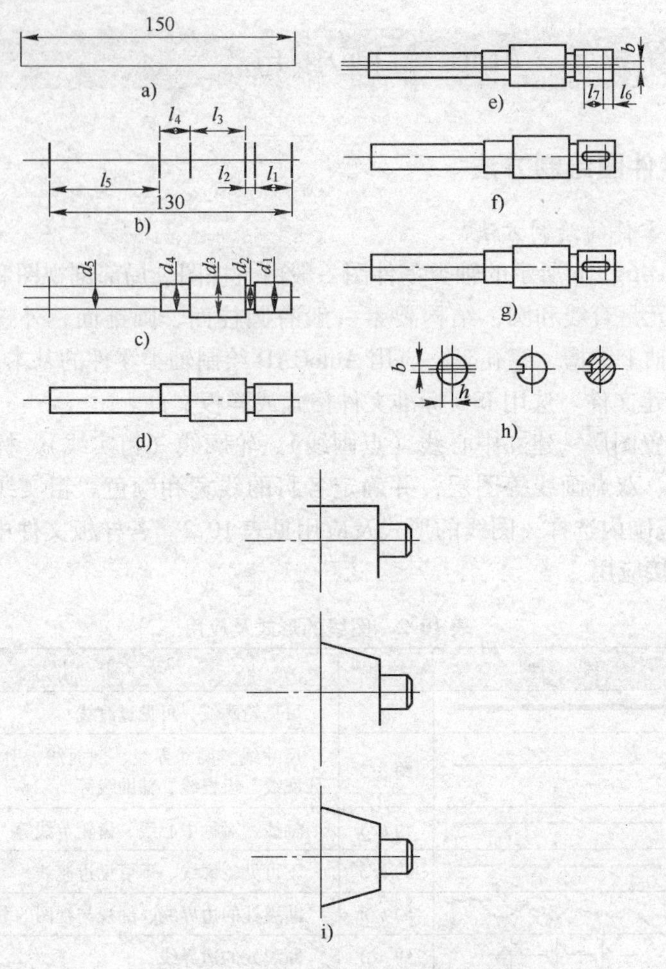

图 10-46 轴类零件图绘制方法示意

② 如图 10-46c 所示，应用“偏移”的编辑工具，以轴线为偏移对象，$d_i/2$ 为偏移距离，依次绘制各级圆柱面的水平轮廓线。如对应 l_1 的圆柱面直径为 d_1，可以以轴线为偏移对象，以 $d_1/2$ 为偏移距离，向轴线两侧偏移，绘制长度为 l_1、直径为 d_1 的圆柱面轮廓线。

③ 如图 10-46d 所示，应用修剪编辑工具，依次按轴向长度和直径尺寸修剪各级圆柱面的水平轮廓线和端面垂直线。注意相邻的端面直线按直径尺寸较大的

圆柱面轮廓线修剪。然后应用特性配制命令，将外圆轮廓线改为粗实线。

④ 应用倒角或圆角工具，按倒角边的尺寸 D 进行端面的倒角。

⑤ 需绘制圆锥面轮廓线时，如图 10-46i 所示，端面直线绘制方法与圆柱面端面直线绘制方法相同，圆锥面轮廓线是斜线，对于标注角度的圆锥面，可以以小端 d_i 的圆锥面轮廓起点为直线起点（直线的尺寸应大于圆锥面轴向长度 l），沿圆锥面大端 d_m 位置绘制水平直线，然后应用旋转工具，使直线绕小端起点旋转半锥角，随后采用修剪工具，修剪圆锥面大端轮廓线。对于标注大小端尺寸的圆锥面，可在绘制直线时以小端的圆锥面轮廓起点为斜线起点，以【$@l,(d_m-d_i)/2$】为圆锥面大端终点坐标绘制圆锥面轮廓线。

⑥ 绘制外螺纹时，在轴上外螺纹的大径轮廓线内侧按牙高尺寸偏移轮廓线，然后应用特性配制命令，将螺纹小径线改为细实线。

3）绘制键槽轮廓线。

① 如图 10-46e 所示，应用偏移工具，按键槽在轴上的轴向位置尺寸 l_6、l_7 绘制键槽两端圆弧面的垂直中心线。

② 如图 10-46e 所示，应用偏移工具，将中心线按键槽宽度尺寸的一半 $b/2$ 向两侧偏移。

③ 应用裁剪工具，按键槽两端垂直中心线裁剪宽度线。

④ 如图 10-46f 所示，应用圆角绘制工具，单击键槽上下宽度线的左右端点，绘制键槽两端圆弧线。

⑤ 应用特性配制工具，改变键槽轮廓线为粗实线，中心线为点画线。

⑥ 如图 10-46f 所示，应用夹点拉伸的方法适当缩短键槽两端圆弧垂直中心线的长度。

⑦ 如图 10-46g、h 所示，在轮廓线图层上轴图形的下方，应用绘制圆的方法按 d_1 绘制圆；应用中心线工具绘制圆的中心线；使用缩放工具，适当放大中心线的尺寸；应用偏移工具，将水平中心线按键槽宽度的一半 $b/2$ 向两侧偏移，将垂直中心线按 h 向槽底方向偏移。

⑧ 应用裁剪工具，按断面图的绘图规则，裁剪多余的线段。

⑨ 应用图形填充工具，在剖面位置绘制剖面线。

⑩ 应用特性配制工具，将中心线改变为点画线，剖面线为细实线。最后应用平移工具将键槽的断面图位移至主视图键槽长度中间位置的下方。

4）尺寸标注

① 尺寸标注。轴类零件基本上应用线性标注命令，标注圆柱面的直径和轴向长度、键槽的长度、宽度和深度。在标注直径尺寸时，需要应用文字编辑工具，在尺寸前添加直径符号。当需要输入尺寸公差时，可按以下步骤操作：单击标注工具栏的“标注样式”图标→在标注样式管理器对话框上单击“替代”→

在“替代当前样式”对话框中单击“公差”→在公差方式下拉菜单中选择公差方式→确定公差数值的精度→在偏差栏内填写数值→确定偏差字体与基本尺寸字体的比例→确定偏差数值的垂直位置→确定后退出。

② 表面粗糙度标注。应用直线、文字等命令，绘制表面粗糙度符号，应用创建块的方法，将常用的表面粗糙度符号创建为块。应用块插入的方法，将表面粗糙度符号插入到需要标注的位置。应用创建块和插入块的方法标注表面粗糙度的操作步骤如下：选择块创建命令→如图 10-47a 所示，在“块定义”对话框中输入块的名称（如 1.6）→按拾取点方法在绘图区指定块的基点（一般为粗糙度符号下端的交点）并确定→选择插入块命令→如图 10-47b 所示，在插入块对话框中按默认设置在屏幕上指定点、缩放比例（默认为 1）、单位（mm）、旋转角度（默认为 0°）等选项并确定→在绘图区需要标注表面粗糙度的位置确定块插入基点，插入表面粗糙度符号。

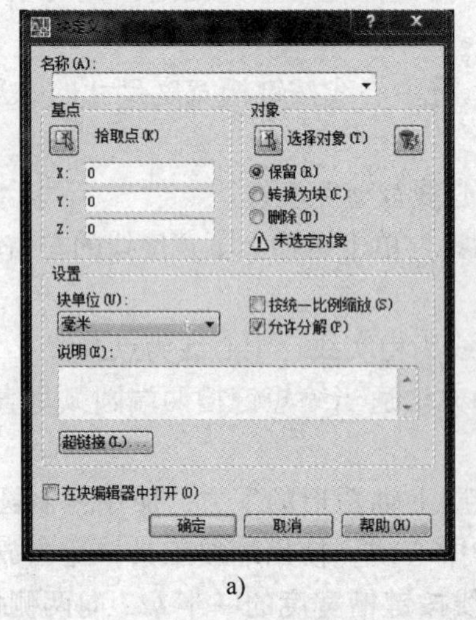

a)

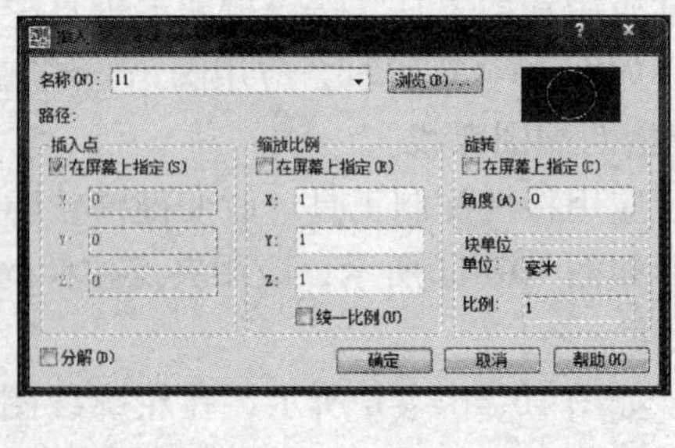

b)

图 10-47 “块定义”与“插入”对话框

③ 形位公差标注。按制图标准，应用直线、圆和文字的工具，绘制基准符号→应用创建块的方法将绘制的基准符号定义为“形位基准”名称的块→采用插入块的方法将基准符号放置在图形的需要位置→选择标注/引线工具，绘制引线→选择标注/公差工具，弹出如图 10-48 左侧所示的对话框→单击符号，弹出

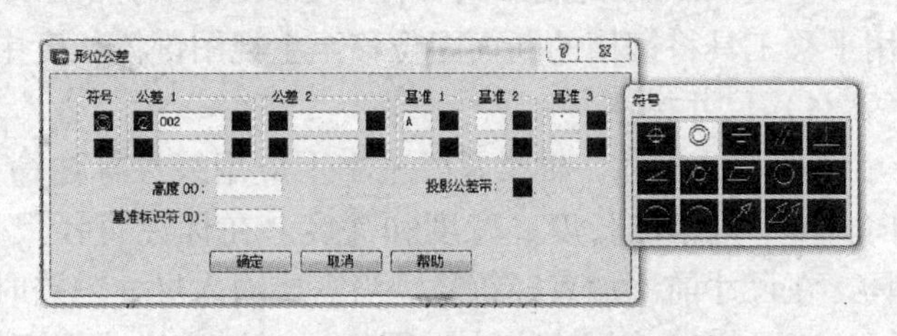

图 10-48 创建形位公差标注的对话框

图 10-48右侧所示的“特征符号”对话框→分别在符号、公差值和基准符号中选择填入（如同轴度、公差 0.02、基准“A”），单击确定→系统返回绘图区→捕捉引线端点，完成形位公差的标注。

2. 盘套类零件的绘制方法

绘制如图 10-49 所示的铣刀盘，可采用以下基本绘图方法：

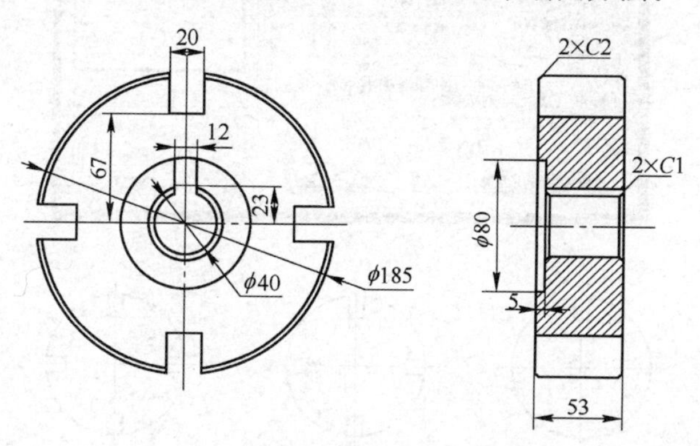

图 10-49　铣刀盘

（1）绘制主视图

1）选择中心线层→确认状态栏正交和对象捕捉开启→选择绘图/直线→绘制垂直相交的中心线，长度为 200。

2）选择轮廓线层→开启线宽显示模式→选择绘图/圆/圆心、直径→捕捉中心线交点，输入半径值 92.5 后按回车键绘制圆→绘制同心的另两个圆。

3）参照轴类零件键槽的绘制方法绘制键槽轮廓线。

4）绘制铣刀定位槽轮廓线，绘制方法与绘制键槽轮廓线类似。在绘制一条定位槽后，可采用阵列的方法（图 10-50）绘制另三个定位槽：选择菜单修改/阵列→在弹出的对话框中选择环行阵列、项目数 4、填充角度 360°、项目间角度 90°、复制时旋转项目等→在绘图区选择定位槽轮廓线和回转中心点→确定后完成定位槽轮廓线阵列→应用修剪工具修剪槽口圆弧段。

（2）绘制剖视图

1）绘制中心线。应用夹点拉伸的方法，将主视图水平中心线向剖视图方向拉伸。选择修改/偏移，将垂直中心线向剖视图方向偏移。

2）绘制轮廓线。选择绘图/构造线，在命令行中输入 H 后按回车键→依次捕捉主视图与剖视图相关的交点绘制水平构造线→按回车键结束；选择修改/偏移→按图样尺寸将剖视图垂直中心线向左、右两侧偏移，绘制垂直构造线；选择修改/修剪，对相交的构造线进行修剪，绘制剖视图的轮廓线；选择修改/倒角，绘制两端倒角。

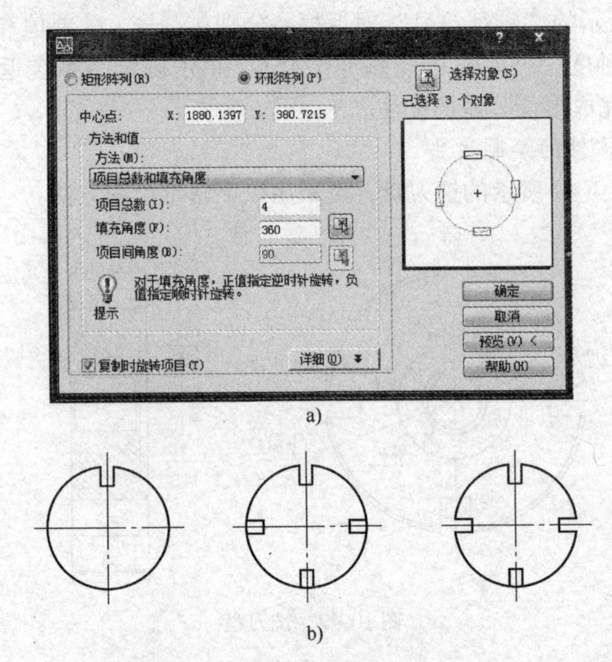

图 10-50　阵列绘图方法
a）“阵列”对话框　b）阵列绘图过程示意

3）绘制剖面线。选择绘图/图案填充→在绘图区选择填充区域→在对话框中选择填充类型、填充角度和剖面线间距→确定后完成图案填充。

（3）尺寸标注

1）选择细实线图层→选择绘图/线性标注→逐个完成所有线性标注内容→选择文字编辑工具对有直径符号的标注文字进行修改。

2）选择绘图/直径标注→逐个完成外圆和内孔的直径标注。

3）选择绘图/直线→绘制倒角的引线→选择绘图/单行文字→创建倒角文字 *C*1 等→选择修改/移动，将倒角文字移动到适当的位置。

（4）修改和修剪

1）主视图需要按剖视图的倒角位置绘制倒角圆。

2）主视图和剖视图的水平中心线应选择修改/打断工具，打断为两条中心线。

3）选择菜单栏中的“特性配制”工具，将图形中的各种线型按制图标准进行修改。

二、装配图绘制方法

装配图是表示产品中各零件之间的装配和连接关系、产品的工作原理以及产

品的装配技术要求的图样。应用 AutoCAD 创建装配图有几种基本方法，一种是绘制各个零件、组件和分组件二维图样，然后应用复制的方法，将需要的视图内容在绘图区进行装配，形成所需要的装配图；另一种方法是直接绘制装配图。还有一种方法是首先进行各个零件的三维建模，然后进行实体零件的装配，最后通过剖切等方法，显示各个位置的装配视图。

1. 直接绘制装配图

采用直接绘制装配图的方法可参照以下绘图构思方法：

（1）确定绘图比例和图样规格

1）根据零部件的总体尺寸、复杂程度和视图数量确定绘图比例及标准图样的幅面，一般选用 A0 号图样。

2）部件中的每一个零件至少在装配图中出现一次。

3）视图中应反映任何一个具有配合关系的细小部位。

4）图样布局应同时考虑标题栏、明细表、零件编号、标注尺寸和技术要求等的位置。

（2）视图的选择

1）主视图选择。

① 主视图的选择应反映部件的主要结构和结构特点，符合部件的工作位置和常规的加工位置。

② 反映部件的工作状况及零件之间的装配、连接关系，明显表示部件的工作原理。

③ 主视图采用剖视，以表达工作系统、传动系统。

④ 主视图应尽可能表达装配的主要工艺路线。

2）其他视图的选择。其他视图的选择应能补充主视图未能表达或表达不完整的部分。

（3）绘制步骤和方法

1）根据装配工艺基准，绘制各视图的主要基准，一般包括轴线、对称中心线、主要基准零件的基面或端面等。

2）根据部件的主体结构，绘制主体结构的轮廓。

3）根据部件主要、关键零件及其与主体结构的关联，绘制与主体结构直接相关的主要、关键零件。

4）根据装配顺序和连接关系，逐步绘制各个次要零件。

5）根据装配中的配合关系，逐步绘制主体结构、重要零件和次要零件的配合部位细节。

6）根据连接件的特点，绘制各部位、各种连接件，如螺栓、螺母、键、销等。

7）检查核对图形，绘制局部剖视图的界线、剖面线，规范修改各种线型。

8）标注尺寸和配合符号；编写零件序号和绘制引线、序号；添加明细表；书写技术要求和标题栏等，完成装配图的绘制。

2. 按零件图绘制装配图

采用按零件图绘制装配图的方法可参照以下绘图操作方法：

（1）绘制各零件图

1）按照相同的比例绘制各零件图，零件图的绘制可选择装配视图所需要的视图绘制。

2）零件的标注可在装配后进行，但需注意绘图的准确性，主要的配合部位可应用尺寸标注进行检查。

3）绘制后的零件图可采用创建块的方法保存，定义时块的名称可采用零件序号和零件名，以便查找。

4）创建块时需要按有装配关系的位置确定插入点，以便在最后进行装配图绘制时，应用插入点进行块插入装配。

（2）图形装配

1）根据装配工艺，应用插入块方法调入装配干线的主要零件（基准零件）。

2）根据装配工艺顺序，沿装配干线展开，逐个应用插入块的方法进行零件图形装配。

3）对分组件，可按分组件装配工艺和分组件结构，应用插入块的方法进行零件图形装配，然后进行总装配。

4）插入块进行图形装配时，需要注意各零件的轴向和径向定位。

（3）检查配合关系　根据零件之间的配合关系，检查各零件之间的图形是否有干涉现象。若出现干涉，一般是通过尺寸标注的方法检查零件图样的准确性，或通过插入点的坐标位置检查装配基准位置的准确性。为了便于修改，一般应逐个进行配合关系的检查，一般采用放弃的方法恢复原图形。

（4）装配图标注　装配图的标注包括主要尺寸（如外形尺寸、主要传动零件的中心距尺寸等）、主要配合件的配合关系、零件的序号和引线等。

（5）其他　包括视图名、技术要求、明细表、标题栏等。

三、数控加工零件坐标点求解方法

（1）应用 AutoCAD 求解零件坐标点的基本方法

1）根据零件图绘制显示加工坐标的视图。

2）检查图形绘制的准确性，在需要求解的位置标注点的代号，如 A、B、C 等。

3）以零件数控加工的坐标原点为基准标注线性尺寸，以确定所求坐标点相对于工件坐标原点的坐标位置。注意通常需要标注 X、Y 两个方向的尺寸。

4）注意尺寸标注的精度与数控加工一致，一般应设定为 0.000；注意尺寸前的正负号，以便编程使用；求解坐标点较多时，应注意尺寸标注时修改文字，填入求解点的代号与坐标轴，如 A_X18.250、B_Y −25.650 等。

（2）应用示例　如图 10-51 所示的三球手柄轮廓，由圆弧和直线构成，三球手柄尺寸标注以轴线和中间球心 O_2 为基准，在实际加工中，一般设定左端或右端中心为工件坐标零点，本例工件需要调头装夹加工，也可按图样设定中间球心为工件坐标原点，以便于基点坐标的计算，本例用 CAD 方法求解基点坐标，为了便于与计算方法的对照，也设定中间球心为工件坐标零点。应用计算机绘图法求解基点 A、B、C、D 的坐标值，具体步骤如下：

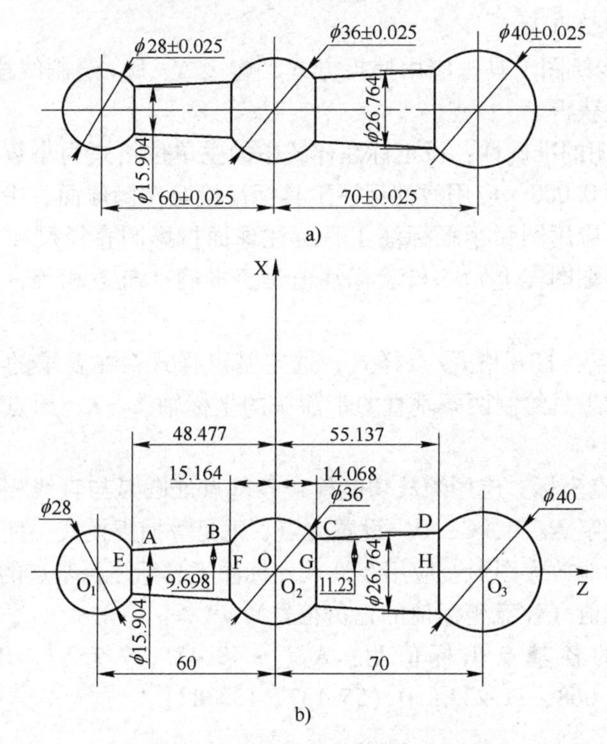

图 10-51　三球轮廓基点求解实例
a）零件简图　b）CAD 绘图法求解示意

1）按图样原标注的尺寸绘制三球手柄轮廓投影视图。

① 使用直线工具绘制垂直中心线。

② 使用圆绘图工具按直径尺寸 ϕ36mm，以中心线交点 O_2 为圆心绘制中间球体投影圆。

③ 使用偏移工具按尺寸 60mm，以垂直中心线为基准向左偏移，绘制左侧球

体垂直中心线，与水平中心线相交得出球心 O_1。

④ 使用偏移工具按尺寸 70mm，以垂直中心线为基准向右偏移，绘制右侧球体垂直中心线，与水平中心线相交得出球心 O_3。

⑤ 使用圆绘图工具按直径尺寸 ϕ28mm，以中心线交点 O_1 为圆心绘制左侧球体投影圆。

⑥ 使用圆绘图工具按直径尺寸 ϕ40mm，以中心线交点 O_3 为圆心绘制右侧球体投影圆。

⑦ 使用偏移工具，按尺寸 ϕ15.904mm 绘制水平轴线平行线，截取圆锥轴与左侧球面投影圆交点 A。

⑧ 使用偏移工具，按尺寸 ϕ26.764mm 绘制水平轴线平行线，截取圆锥轴与右侧球面投影圆交点 D。

⑨ 使用直线绘图工具，应用捕捉方式，连接 A、D，绘制线段 AD，与中间球体投影圆相交获得 B、C 点。

2）检验绘图的准确性：设定标注样式中的主单位格式为小数→设定线性标注主单位精度为 0.000→应用线性标注工具标注检验左侧球面、中间球面与右侧球面的中心距→应用圆弧半径标注工具标注球面投影圆直径尺寸（显示尺寸准确后也可不绘制在图样上）→检验标注值是否准确（整数相等，无小数即为准确到 0.000mm）。

3）绘制基点：打开格式/点样式，选定基点样式，在要求的各基点上绘制点。使用指引线工具绘制两条垂直的带箭头的坐标轴 X、Z，原点为 O（按数控车床的坐标设定）。

4）求解基点坐标：应用缩放功能检查各基点处圆弧与直线相交是否清晰→在各基点标注文字 A、B、C、D→设置交点、垂足等捕捉模式→使用正交模式→使用实时缩放功能放大图形→应用线性尺寸标注工具标注各基点的坐标尺寸→确定各基点的坐标值（注意坐标值的正负符号）

本例求得的各基点坐标值为：A（-48.477，7.952）；B（-15.164，9.698）；C（14.068，11.23）；D（55.137，13.382）。

四、简单零件立体图的绘制方法

（1）零件立体图的基本绘制方法

1）选择视图/三维视图/西南等轴测。

2）分析零件实体图元，如图 10-52 所示零件，由带圆孔、圆角、倒角的底板和中部的带孔圆柱体构成。

3）分析连接部位结构与图元的相对位置，如图 10-52a 所示带孔圆柱体轴线通过底板的外形对称中心，圆柱体的内孔是穿孔，即底板上也有相同位置和直径

的孔。圆柱体外圆柱面与底板上平面以 R 为半径的圆弧面相切连接。

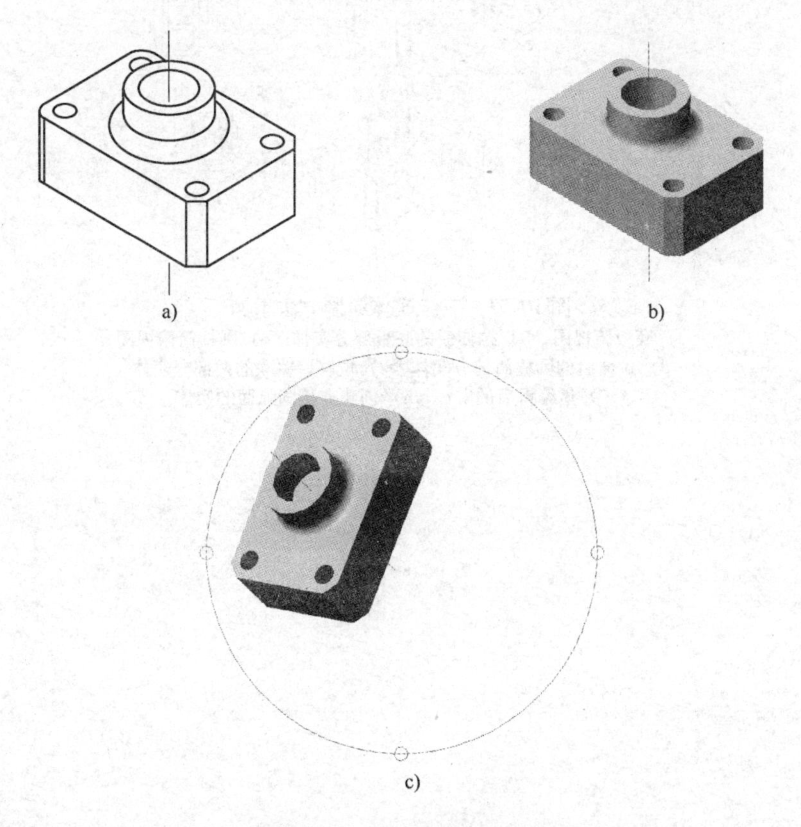

图 10-52　三维实体绘制示例

a）零件消隐立体图　b）零件着色立体图　c）动态观察立体图

4）创建三维实体的方法（图 10-53）：应用二维绘图方法绘制底板俯视图→创建底板底面形状的面实体→应用面拉伸的方法创建底板部分实体图元；应用二维绘图方法绘制圆筒俯视图→创建中空圆柱体；应用实体平移方法将底板部分实体图元与中空圆柱体按几何位置关联→应用实体编辑中的并集方法，将两部分实体合并→应用圆角命令，单击圆柱体与底板顶面的交线创建圆弧连接面。

5）添加标注（本例图中未表示）。

6）着色处理：选择视图/视觉样式/真实命令进行着色处理，若颜色较深，可双击三维模型，在系统弹出的“特性”窗口中的“颜色”下拉列表框中，修改颜色。着色后的实体如图 10-52b 所示。

7）动态观察：选择视图/动态观察，可单击受约束动态观察、自由动态观察和连续动态观察进行实体的动态观察，如图 10-52c 所示。

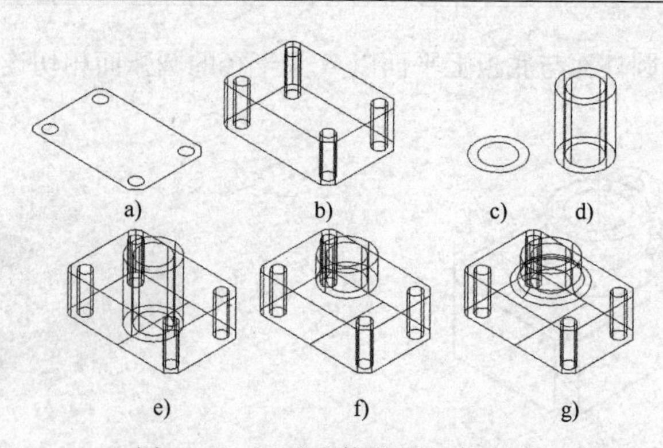

图 10-53　三维实体绘制方法示例

a）底板俯视图　b）拉伸后的底板部分实体　c）圆柱筒俯视图

d）拉伸后的圆柱筒部分实体　e）位移后关联的两部分实体

f）并集编辑后的实体　g）创建连接圆弧面的实体

第十一章

数控技术和 AutoCAD 应用技能训练实例

训练 1　数控车床程序编制

1. 编程工艺准备

精车如图 11-1 所示的零件，需作如下工艺准备工作：

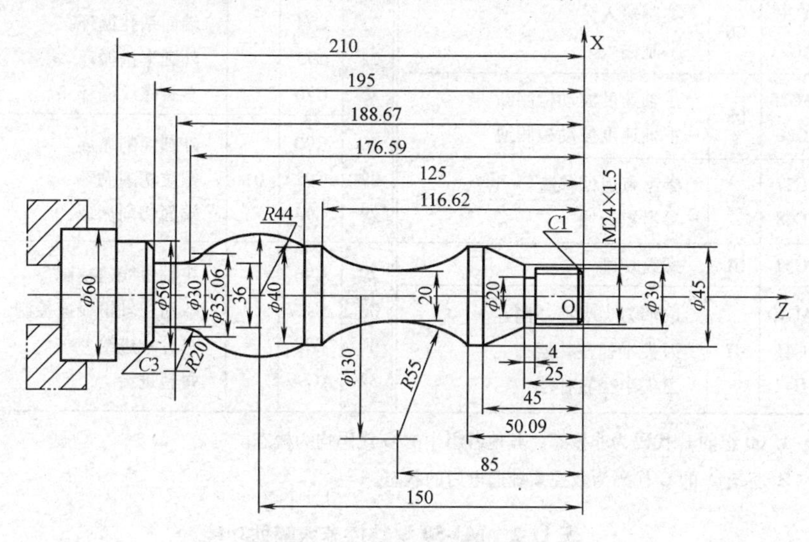

图 11-1　精车零件示意图

（1）制订加工工艺

1）自右向左切削加工工件外轮廓，加工顺序为：倒角→车 ϕ24mm 外圆→车锥面→车 ϕ45mm 外圆→车 R55 圆弧→车 ϕ40mm 外圆→车 R44 圆弧→车 R20 圆弧→车 ϕ30mm 外圆→车端面→倒角→车 ϕ50mm 外圆→车端面。

2）车直径为 ϕ20mm，宽度为 4mm 的槽。

3）车 M24 ×1.5 外螺纹。

（2）选用数控机床　现选用 MJ-50 型数控车床，并作以下预备工作：

1）阅读机床说明书，了解机床结构和有关参数。

2）阅读机床编程手册，了解机床数控系统功能，MJ-50 型数控车床采用 FANUC-0TE 控制系统，其准备功能见表 11-1，辅助功能见表 11-2。本系统采用 ISO 或 EIA 代码，编程时使用地址程序段格式，小数点编程。采用绝对值编程用符号 X、Z 表示，采用增量值编程用符号 U、W 表示。

表 11-1　MJ-50 型数控车床准备功能

序号	代码	组别	功　能	序号	代码	组别	功　能
1	ΔG00	01	快速定位	17	G50	00	坐标系设定、主轴最大速度设定
2	G01		直线插补	18	G65		调用宏指令
3	G02		圆弧插补（顺时针）	19	G70	00	精车循环
4	G03		圆弧插补（逆时针）	20	G71		外圆粗车循环
5	G04	00	暂停	21	G72		端面粗车循环
6	G10		数据设定	22	G73		固定形状粗车循环
7	G20	06	英制输入	23	G74		端面钻孔循环
8	ΔG21		米制输入	24	G75		外圆车槽循环
9	ΔG25	08	主轴速度波动检测断	25	G76		多头螺纹循环
10	G26		主轴速度波动检测通	26	G90	01	外圆切削循环
11	G27	00	参考点返回检查	27	G92		螺纹切削循环
12	G28		参考点返回	28	G94		端面切削循环
13	G32	01	螺纹切削	29	G96		主轴恒线速控制
14	ΔG40	07	取消刀尖半径补偿	30	ΔG97		取消主轴恒线速控制
15	G41		刀尖半径左补偿	31	G98		每分钟进给
16	G42		刀尖半径右补偿	32	ΔG99		每转进给

注：1. 00 组的 G 代码为非模态，其他各组中的 G 代码均为模态。

2. 标有 Δ 的 G 代码为数控系统通电后的状态。

表 11-2　MJ-50 型数控车床辅助功能

序号	代码	功　能	序号	代码	功　能
1	M00	程序停止	9	M23	切削螺纹倒角
2	M01	选择停止	10	M24	切削螺纹不倒角
3	M02	程序结束	11	M25	误差检测
4	M03	主轴正转	12	M26	误差检测取消
5	M04	主轴反转	13	M30	复位并返回程序开始
6	M05	主轴停止	14	M98	调子程序
7	M08	冷却液开	15	M99	返回主程序
8	M09	冷却液关			

（3）选用刀具　设定 2 号刀位装夹车槽刀；3 号刀位装夹精车刀；4 号刀位

装夹螺纹车刀。

(4) 选用切削用量　根据工件材料和零件加工精度选用最佳切削用量。

(5) 选用工件坐标系　工件坐标系如图 11-1 所示，工件轴线向外为 Z 轴正向，按笛卡儿坐标确定 X 轴方向，坐标原点设定在工件右端面中心。

(6) 确定工件加工编程所需坐标点　坐标点按工件坐标系确定，图样上未标注明确的应进行计算。如本例中螺纹切削时的入刀坐标位置和出刀坐标位置。

2. 程序编制

(1) 指令选用

1) 选用直线插补指令 G01 加工外圆、圆锥、直槽和端面。

2) 选用圆弧插补指令 G02 加工顺时针圆弧，G03 加工逆时针圆弧。

3) 选用螺纹切削循环指令 G92 加工外螺纹。

4) 选用其他相关指令确定转速、转向、每转进给量、切削液施加与停止等。

(2) 程序编制　该零件的加工程序如下：

```
O0001
N10   G50   X200.   Z110.;
N20   G00   X28.   Z2.   S700   T0303   M03;
N30   X18.   M08;
N40   G01   X24.   Z-1.   F0.08;
N50   Z-24.5;
N60   X30.;
N70   X45.   Z-45.;
N80   Z-50.09;
N90   G02   X40.   Z-116.62   R55.;
N100   G01   Z-125.;
N110   G03   X35.06   Z-176.59   R44.;
N120   G02   X30.   Z-188.67   R20.;
N130   G01   Z-195.;
N140   X44.;
N150   X50.   Z-198.;
N160   Z-210.;
N170   X60.;
N180   G00   X200.   Z110.   M09;
N190   M01;
N200   G00   X36.   Z-25.   S500   T0202   M03;
```

```
N210  M08;
N220  G01  X20.  F0.05;
N230  G00  X50.;
N240  X200.  Z110.  M09;
N250  M01;
N260  G00  X26.  Z5.  S300  T0404  M03;
N270  M08;
N280  G92  X22.8.  Z-21.5  F1.5;
N290  X22.5;
N300  X22.3;
N310  X22.268;
N320  G00  X200.  Z110.  M09;
N330  M30;
```

3. 程序的校核和检验

（1）指令校核

1）可采用抽验的方法检查程序段的指令：如 N40 ~ N80 为车削加工倒角、螺纹外圆、圆锥面与外圆，应采用指令 G01。

2）切削用量等辅助指令的设定检查：如在直线插补指令前已设定主轴转向（M03）、主轴转速（S700）、选用刀号为精车刀 3 号（T0303）、在切削前已设定开启切削液（M08）等。

（2）程序运行校核

1）刀尖运动轨迹检查是程序检查的主要内容，通常通过模拟运行进行检查，若程序运行中发现刀尖运行轨迹与预定的方案不一致，应仔细检查相关程序段的指令和坐标点设定。

2）若程序运行发生错误，一般机床数控系统会提示出错的位置，如程序段的序号等，可对程序的格式等进行检查后再进行刀具路径和刀尖运动轨迹的检查。

• 训练 2　数控车床加工仿真演练

加工如图 11-2 所示的短轴零件，可按以下步骤进行仿真操作演练：

（1）选择机床　选择与实际工作所使用的数控车床（或考试要求的机床形式）相同或类似的仿真机床。本例选用 FANUC 0i 系统标准后置刀架斜床身数控车床，如图 9-9a 所示。演练操作步骤为：按选择机床按钮→在控制系统中选 FANUC→在 FANUC 中选 FANUC 0i→在基础类型中选车床→在机床形式中选标准（斜床身后置刀架）→按确定退出。界面显示的机床操作面板如图 11-3 所示。

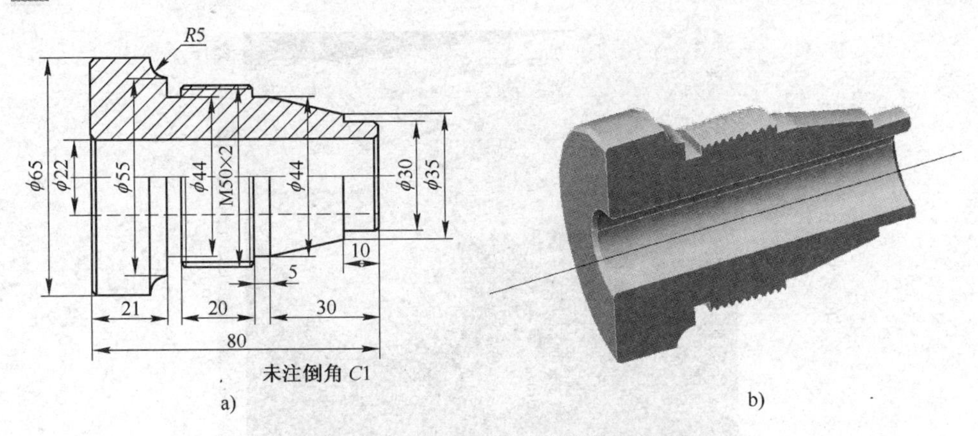

图 11-2　数控车床仿真演练零件简图

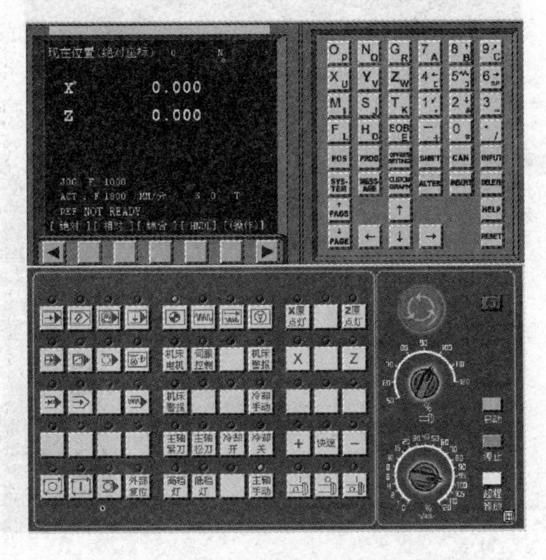

图 11-3　界面显示的机床操作面板

（2）选择和安装毛坯　选择外径为 ϕ70mm、长度为 150mm 的圆柱形毛坯。安装毛坯后，采用毛坯移动的按钮使伸出部分的长度能加工零件，毛坯定义见图 9-12，毛坯安装见图 11-4。演练操作步骤为：按“定义毛坯”按钮→选名称毛坯 1→选材料 LZ412 铝→输入直径尺寸 70mm→输入长度尺寸 150mm→按“确定”退出。按“放置零件”按钮→在选择零件菜单类型中选毛坯→在毛坯列表中选“毛坯 1”→按“安装零件”按钮。

（3）选择和安装刀具　按工艺刀具卡选择或自选所需的刀具，本例选用 T01 外圆车刀、T02 麻花钻、T03 内孔车刀、T04 螺纹车刀、T05 车断刀，如图 11-5a 所示。演练操作步骤为：按刀具选择按钮→在“刀具选择”对话框中选刀具 1→

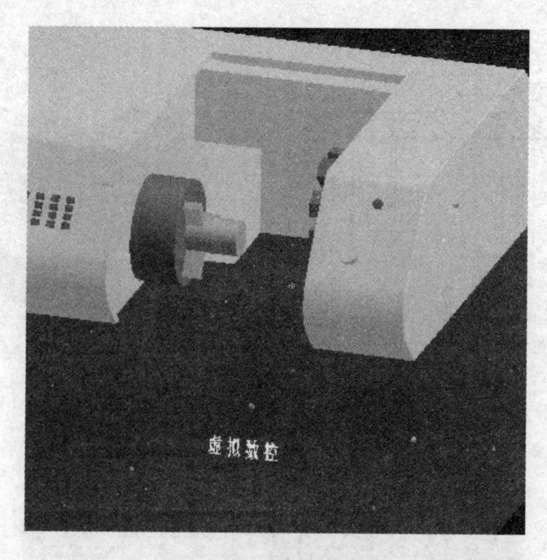

图 11-4　毛坯安装

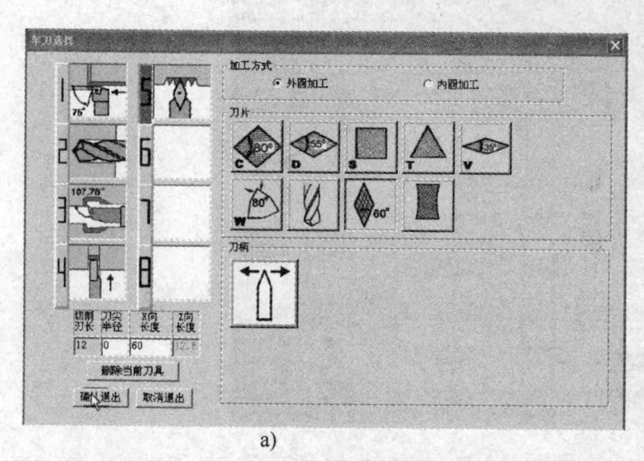

a)

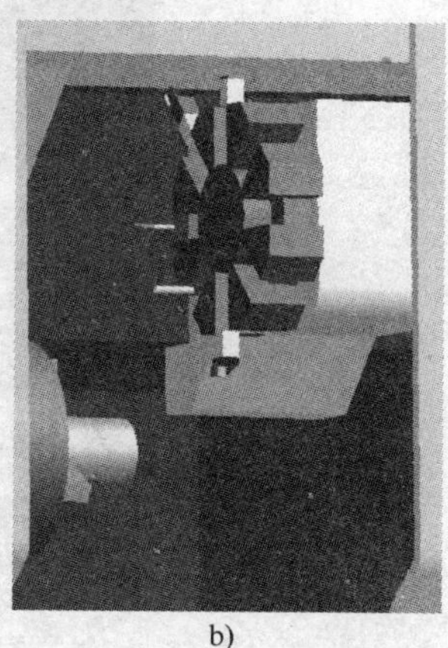

b)

图 11-5　刀具选择和安装
a）“车刀选择”对话框　b）刀具安装示意图

按 T01 刀具形式选外圆车刀→选刀片形式→选刀柄形式→在 1 号刀具显示图中进行核对→依次按以上步骤选择 T02 麻花钻（确定麻花钻的直径和长度）、T03 内孔车刀（确定刀片形式和刀柄长度）、T04 螺纹车刀（确定刀片形式和刀柄长度）、T05 车断刀（选定切断刀宽度和长度）→按确认键退出。此时各刀具按次序安装在刀架上，如图 11-5b 所示。

（4）按工件坐标系对刀设定刀具偏置　采用直接按机床坐标系确定工件坐标系的方法对刀，然后输入刀具形状偏置参数，确定各刀具与工件坐标系的关系。演练操作步骤为：手动操作机床回零→手动方式操作机床主轴运转→手动快速移动刀具→手轮操作对刀→切换至 POS 显示页面→T01 外圆对刀，获得 X 轴偏置参数→T01 端面对刀，获得 Z 轴偏置参数→将 T01 偏置参数输入形状补偿位置，确定 T01 刀具与工件坐标系的关系。在 MDI 方式下输入 M06 T02，按运行按钮换刀，采用以上步骤，对刀设定 T02 的形状偏置参数，确定 T02 刀具与工件坐标系的关系。用类似的方法确定 T03、T04、T05 刀具与工件坐标系的关系。刀具偏置参数输入界面如图 11-6 所示。

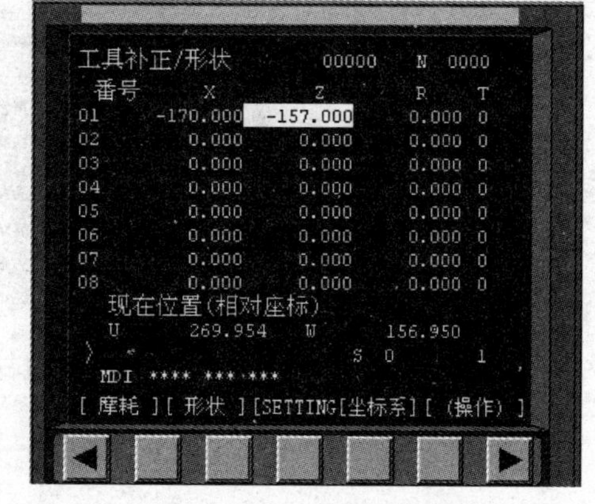

图 11-6　刀具偏置参数的输入

（5）编制或导入程序　本例中的数控加工程序可使用工艺文件，也可自行编制，加工顺序为：加工外圆轮廓→车槽→车螺纹→钻孔→镗孔。从外部导入程序步骤如下：按“机床选择”→在下拉菜单中选 DNC 输送→界面弹出“计算机 CNC 输入文件”对话框→选择所需输入的文件（记住程序号）→按下打开按钮；在仿真机床操作面板上进入程序 PRGRM 页面→切换至编辑 EDIT 模式→按显示屏下方的软键 操作 →按右侧箭头→在屏幕输入域输入程序号→按屏幕下方的软键 READ →按屏幕下方的软键 EXEC →屏幕显示计算机输入的程序内容。

（6）刀具轨迹演示　在加工运行前可进行轨迹演示检查，操作步骤如下：切换至 AUTO 模式→按 MDI 键盘的 PHOTO GRAPH 键→仿真界面左侧显示刀具运行轨迹坐标面→按自动运行键→左侧屏幕显示刀具轨迹。轨迹可以使用旋转、放大等进行观察，快速轨迹和进给轨迹可显示不同颜色的直线。本例的加工轨迹如图 11-7 所示。

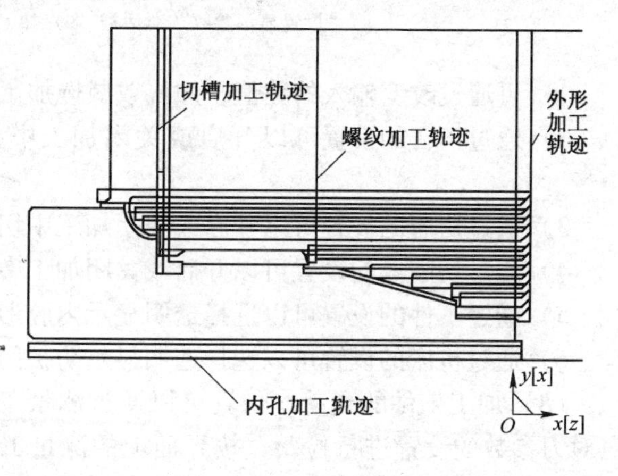

图 11-7　刀具轨迹显示

（7）加工演示　将左侧演示屏幕切换至加工机床，使用示图转换、放大、位移等工具，可按需要进行加工过程和视角的观察，在左侧屏幕中按右键可弹出“设置显示参数”

对话框，如图 11-8 所示，可进行以下设置：

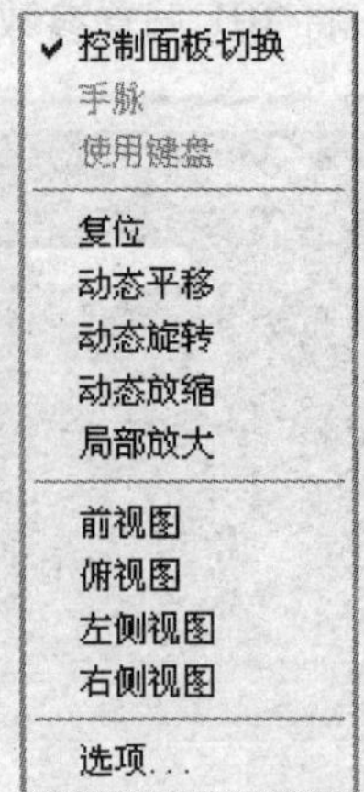

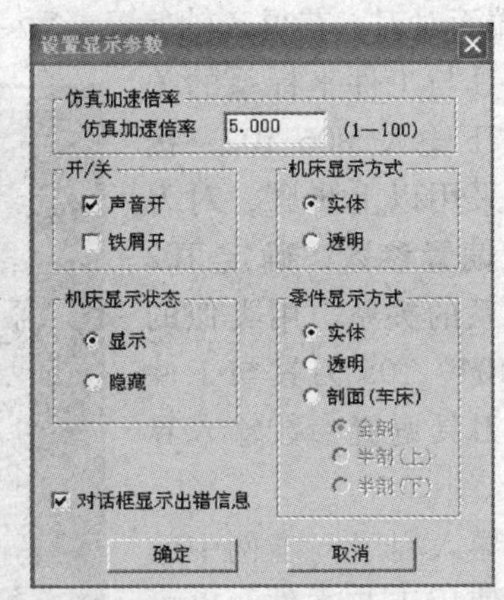

a)

b)

图 11-8　演示过程的屏幕设置与透明工件显示
a）“设置显示参数”对话框　b）加工后的透明工件

1）可通过改变输入的数值，加快或减慢加工仿真演示速度。

2）通过声音的设置可以开启或关闭加工中主轴旋转或刀具切削时发出的声音。

3）通过切屑的设置可以开启或关闭加工中切屑的显示。

4）通过切削液的设置可以开启或关闭加工中切削液的显示。

5）通过工件的设置可以选择透明显示内腔形状。

6）通过机床的设置可以选择透明显示防护门、外壳内部的状态。

（8）加工工件的测量　仿真可以通过测量工具检测工件的加工精度，以此对对刀参数的设置进行检验，按界面上的测量工具后，显示如图 11-9所示的对话框，检测时可进行以下调整和操作：

1）检测时可选择是否考虑刀尖圆弧的影响因素。

2）可用鼠标单击需要测量的部位，显示屏上会显示被测部位的轴向尺寸、径向尺寸。在数据的列表中也可获得检测的尺寸数据。

3）使用放大工具可以用鼠标框选、放大检测部位。

4）使用退出可以返回加工界面。

（9）仿真内容的保存　打开界面文件，在下拉菜单中选择文件保存，在弹出的对话框（图 11-10）中全部选中，也可按需要选择。按保存退出。此时文件保存了以上仿真操作的内容，可供以后演示操作或修改使用。

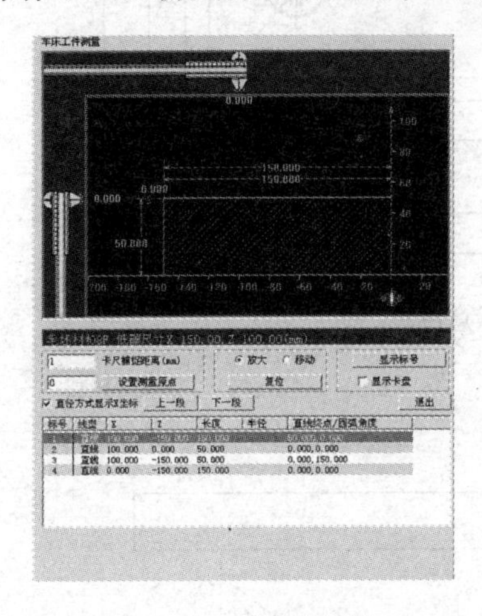

图 11-9　工件的检测

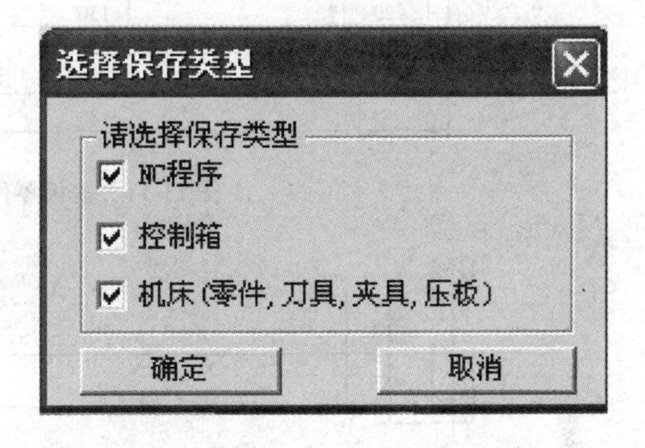

图 11-10　“选择保存类型”对话框

训练 3　数控铣床程序编制

1. 编程工艺准备

铣削如图 11-11 所示的盖板类零件外形需作以下工艺准备：

（1）分析图样

1）零件特点是形状比较简单，由圆弧和直线组成，各坐标点的数值计算比较方便。

2）加工前各孔已预制完成，各边留有 5mm 余量。

（2）设定工件坐标系　如图 11-12 所示，工件坐标系原点设定在工件左下角 A 点，坐标按笛卡儿坐标规则设定。

（3）选用铣刀　采用 ϕ10mm 立式铣刀加工工件轮廓。

（4）确定加工顺序　铣削 BC 斜面→铣削 CD 平面→铣削 DE 圆弧面→铣削 EF 圆弧面→铣削 FG 平面→铣削 GH 平面→铣削 HA 平面→铣削 AB 平面。

（5）确定刀具中心轨迹　如图 11-3 所示，刀具中心轨迹为：对刀点 1→下

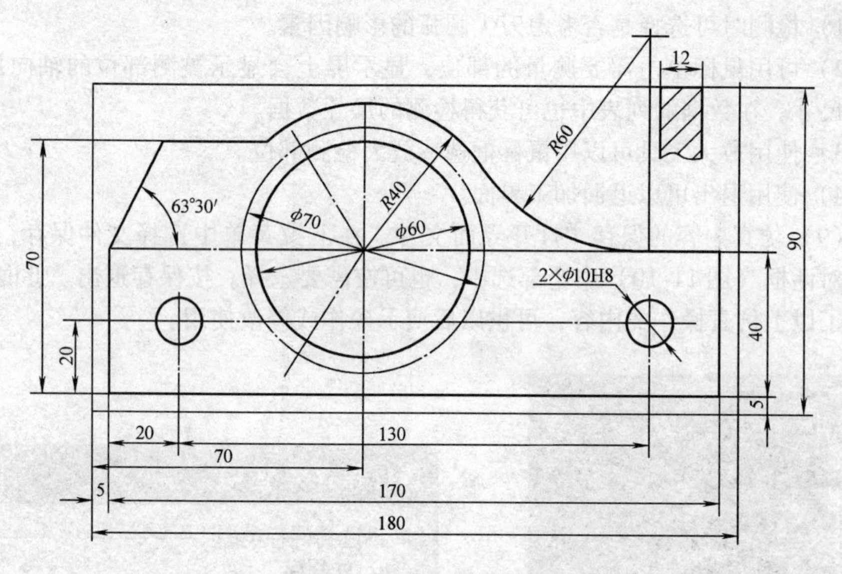

图 11-11　盖板零件示意图

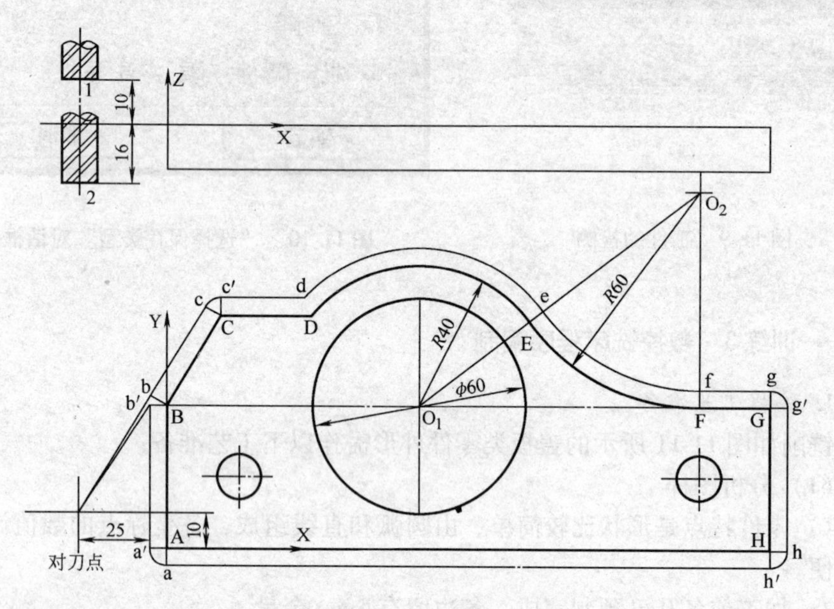

图 11-12　盖板坐标计算示意图

刀点 2→b→c→c′→d→e→f→g→g′→h→h′→a→a′→b′→下刀点 2→对刀点 1。

（6）计算确定各基点和圆心点坐标　A（0，0）、B（0，40）、C（14.96，70）、D（43.54，70）、E（102，64）、F（150，40）、G（170，40）、H（170，0）、O_1（70，40）、O_2（150，100）。

（7）熟悉所选用的数控系统　选用 FANUC-BESK 6ME 系统 G 代码进行

编程。

2. 程序编制

（1）选用指令

1）选用绝对值（G90）或增量值（G91）分别编程。

2）选用工件坐标指令（G92）确定坐标系。

3）选用左刀补指令（G41）加工工件。

4）选用直线插补（G01）、圆弧插补（G02、G03）加工工件轮廓，并使用圆弧中心坐标指令（I、J、K）。

5）选用其他相关指令确定主轴转速（S）、转向（M03）、进给量（F）、切削液开关（M08、M09）、刀补数据（D01）等。

（2）按绝对坐标编程

```
O0001
N01  G92  X-25.0  Y10.0  Z40.0;
N02  G90  G00  Z-16.0  S300  M03;
N03  G41  G01  X0  Y40.0  F100  D01  M08;
N04  X14.96  Y70.0;
N05  X43.54;
N06  G02  X102.0  Y64.0  I26.46  J-30.0;
N07  G03  X150.0  Y40.0  I48.0  J36.0;
N08  G01  X170.0;
N09  Y0;
N10  X0;
N11  Y40.0;
N12  G00  G40  X-25.0  Y10.0  Z40.0  M09;
N13  M30;
```

（3）按增量坐标编程

```
O0002
N01  G92  X-25.0  Y10.0  Z40.0;
N02  G00  Z-16.0  S300  M03;
N03  G91  G01  G41  D01  X25.0  Y30.0  F100  M08;
N04  X14.96  Y30.0;
N05  X28.58  Y0;
N06  G02  X58.46  Y-6.0  I26.46  J-30.0;
N07  G03  X48.0  Y-24.0  I48.0  J36.0;
N08  G01  X20.0;
```

N09　Y-40.0；

N10　X-170.0；

N11　Y40.0；

N12　G40　G00　X-25.0　Y-30.0　Z56.0　M09；

N13　M30；

3. 程序的校核和检验

（1）指令校核和检验

1）校核辨别圆弧的顺逆方向，本例凸圆弧为顺时针圆弧，应采用 G02 指令；凹圆弧为逆时针方向，应采用 G03 指令。

2）校核刀补指令的左右偏置，本例按刀具进给方向看，刀具中心在零件轮廓左侧，应采用左偏置刀补指令 G41，并与 G01 在同一程序段使用。

（2）坐标点校核和检验

1）用 I、J、K 确定圆心坐标时，始终采用相对圆弧起点坐标坐标值，本例在绝对坐标值编程和增量坐标值编程时，以 O_1 为圆心的圆弧中心相对圆弧起点坐标的位置均为（I26.46，J-30.0）。

2）采用刀补指令后的坐标点数值均为工件轮廓的各点坐标，不采用刀具中心的轨迹坐标点。

（3）刀具运行轨迹检验　可在 CRT 上根据运行程序描绘的刀具轨迹进行检验，若发现刀具轨迹和零件轮廓有异常，应认真检查与异常部位有关的程序段。

训练 4　数控铣床加工仿真演练

铣削加工如图 11-13 所示的对称凸台零件，可按以下操作步骤进行仿真操作演练：

（1）选择机床　按实际生产或考试需要选择机床，见图 9-9b。本例选择 FANUC 0i 系统标准数控立式铣床。演练操作步骤为：按选择机床按钮→在控制系统中选 FANUC→在 FANUC 中选 FANUC 0i→在基础类型中选铣床→在机床形式中选标准→按确定退出。

（2）选择和安装毛坯　本例选择矩形毛坯，外形尺寸为 250mm × 250mm × 100mm；选择机用虎钳装夹工件。毛坯定义见图 9-12，毛坯安装

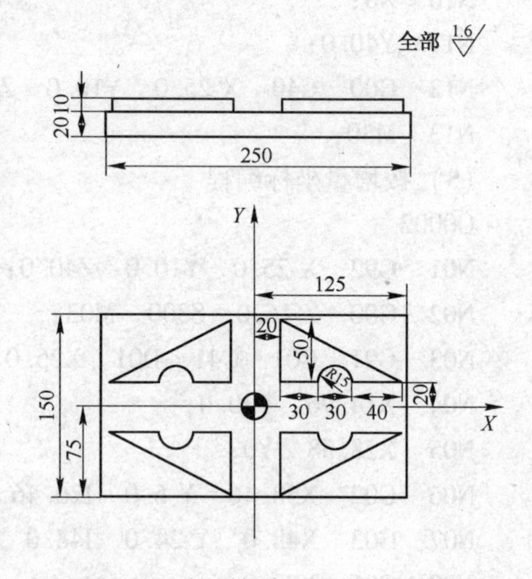

图 11-13　铣削仿真对称凸台零件图

见图 11-14。演练操作步骤为：按定义毛坯按钮→选名称毛坯 1→选材料 LZ412 铝→输入尺寸 250mm（长）、250mm（宽）、100mm（高）→按确定键退出。按选择夹具按钮→选毛坯 1→选机用虎钳→按确认退出；按放置零件按钮→在选择零件菜单类型中选毛坯→在毛坯列表中选毛坯 1→按安装零件按钮。

图 11-14　铣削仿真毛坯安装

（3）选择和安装刀具　本例选择直径为 ϕ25mm 的平底立铣刀，铣刀长度为 120mm，“选择铣刀”对话框见图 9-18。演练操作步骤为：按刀具选择按钮→在“选择铣刀”对话框中选刀具 1→在铣刀列表中选直径为 ϕ25mm、长度为 120mm 的平底立铣刀→按确认键退出。此时所选刀具安装在铣床主轴上。

（4）按工件坐标系对刀设定刀具偏置　本例中工件坐标系原点为工件上端面的对称中心，演练操作步骤为：手动操作机床回零→手动快速移动工作台、刀具→使用 1mm 塞尺→切换至 POS 显示页面→采用侧示图→手轮操作 X 轴对刀（图 9-21），获得 X 轴偏置参数→手动操作刀具与工件相对位置移位调整→采用前视图→手轮操作 Y 轴对刀，获得刀具 Y 轴偏置参数→拆除塞尺→将刀具偏置参数输入到坐标 G54 零点偏置页面，确定刀具与工件坐标系的关系。

（5）编制或导入程序　本例中数控加工程序可使用工艺文件，也可自行编制，加工顺序为：加工件 1 轮廓→加工件 2 轮廓→加工件 4 轮廓→加工件 3 轮廓→加工残留部分。

1）导入程序的操作。演练时，从外部导入数控程序可以通过记事本或写字板等编辑软件输入并保存为文本格式文件，也可以直接用 FANUC 系统的 MDI 键盘输入。具体步骤如下：

① 将操作面板中的 MODE 旋钮切换到 DNC，即从计算机读取一个数控程序。

② 打开菜单“机床/DNC 传送…”，在“打开文件”对话框中选取文件。

③ 单击菜单“视图/控制面板切换”，打开 FANUC 系统的 MDI 键盘。

④ 单击 MDI 键盘上的 PRGRM 键，再通过 MDI 键盘输入 0 × ×，单击 INPUT 键，即可输入预先编辑好的数控程序。

2）检查程序错误的操作。参见图 9-24 及表 9-2 有关内容。

（6）刀具轨迹演示　在加工运行前可进行轨迹演示检查，操作步骤如下：切换至 AUTO 模式→按 MDI 键盘的 PHOTO GRAPH 键→仿真界面左侧显示刀具运行轨迹坐标面→切换至俯视图→按自动运行键→左侧屏幕显示刀具轨迹。本例的加工轨迹如图 11-15 所示。

（7）加工演示　将左侧演示屏幕切换至加工机床，使用示图转换、旋转、放大、位移等工具，可按需要进行加工过程和视角的观察，在左侧屏幕中按右键可弹出“设置显示参数”对话框进行以下设置：

1）仿真演示的速度设定为5。

2）开启加工中主轴旋转或刀具切削时发出的声音。

3）关闭加工中切屑的显示。

4）关闭加工中切削液的显示。

5）选择不透明工件形状。

6）选择不透明机床工作状态。

铣削加工件 4 轮廓的状态，如图 11-16 所示。

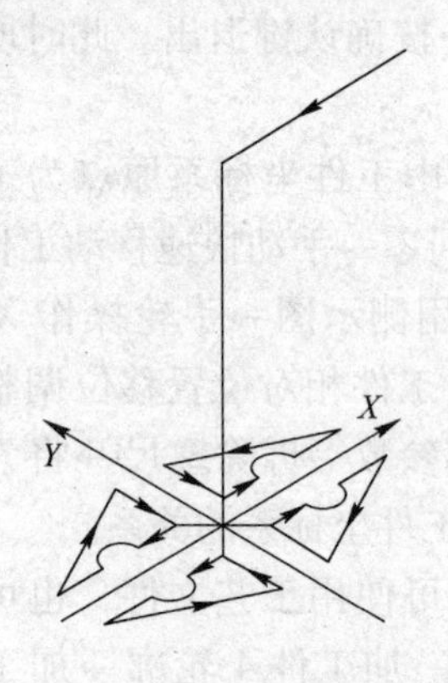

图 11-15　铣削仿真刀具轨迹显示

图 11-16　铣削仿真加工演示图

（8）加工工件的测量　仿真加工的矩形零件可以通过测量工具检测工件各坐标平面的加工精度，以此对对刀参数的设置和程序编制中的各坐标点位置数值进行检验，按界面上的测量工具后，显示如图 11-9 所示的对话框，同时显示如图 11-17a 所示的检测平面和如图 11-17b 所示的游标卡尺及工件测量面的截形，检测时可进行以下调整和操作：

1）检测时可按尺寸测量的需要选择测量平面，如选择 ZY 平面，可检测沿 Y 轴和 Z 轴方向标注的尺寸；选择 ZX 平面，可检测沿 X 轴和 Z 轴方向标注的尺寸。

2）检测时用鼠标单击测量面沿其垂直轴的位置可改变需要测量的部位，测量显示屏上会显示被测部位的截面形状。如图 11-17a 所示，单击改变测量面的坐标位置，移位至检测尺寸 50mm 对边的截面位置（X = 20. 0mm），可检测该加

工部位的尺寸精度。

3）改变游标卡尺卡爪的水平或垂直放置位置，可以测量水平尺寸和垂直尺寸。

4）选择内卡或外卡的形式，可以检测槽、孔的尺寸或外径、对边的尺寸。

5）选择自动检测，可自动调节游标卡尺的位置，测得所需测量部位的尺寸。使用移动工具，也可手动用鼠标移动卡尺测量位置。

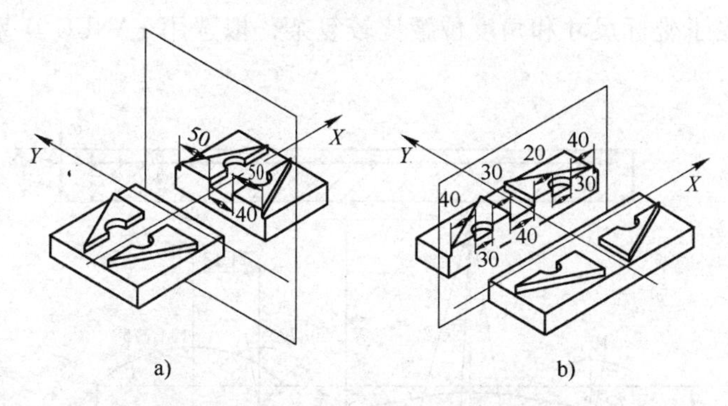

图 11-17　铣削仿真工件的检测
a）ZY 测量平面测量示意图　b）ZX 测量平面测量示意图

（9）仿真演练过程的保存　打开界面文件，在下拉菜单中选文件演示记录，在弹出的对话框中全部选中，也可按需要选择，然后按记录开始。需要记录的演示过程完毕，按文件保存退出。此时文件保存了以上仿真操作演示的过程内容，此文件可供以后重演演示操作或修改使用。重新演示可按图 9-1 所示的演示操作面板和前述相关内容进行演示操作，重演的演示操作包括各步骤的操作过程，便于检查原演练过程的准确性，也可用于检查学员的操作水平和准确性。如图 11-18所示为全屏观察加工过程的演示场景。

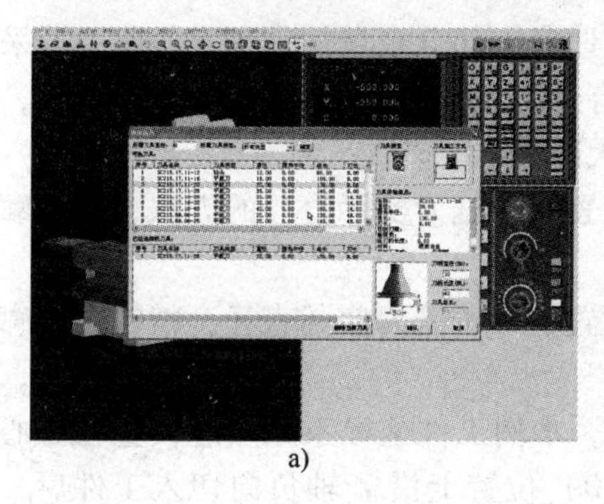

a)

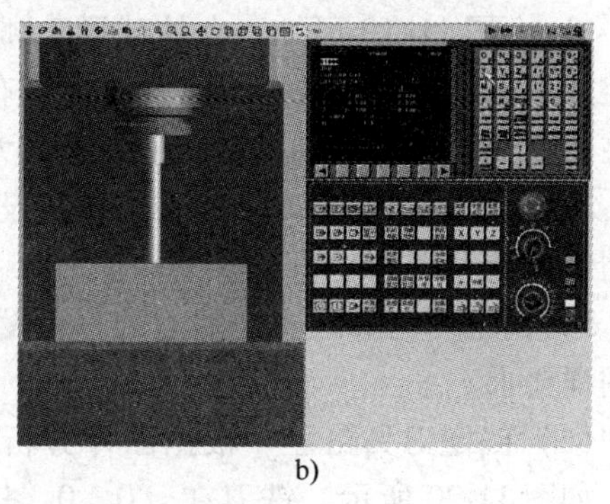

b)

图 11-18　铣削仿真工件全屏观察场景示例
a）刀具选择演示场景　b）对刀和程序导入演示场景

• 训练 5　加工中心编程、加工实例（*）

1. 编程、加工工艺准备

在数控加工中心上铣削加工如图 11-4 所示的九柱球形轮廓凹模型腔，需作如下工艺准备：

(1) 选择数控机床　由图 11-19 可见，九柱球形轮廓凹模型腔属于直线成形面内腔，由于坐标尺寸和角度位置比较复杂，拟选用 FANUC-0 系统数控加工中心。

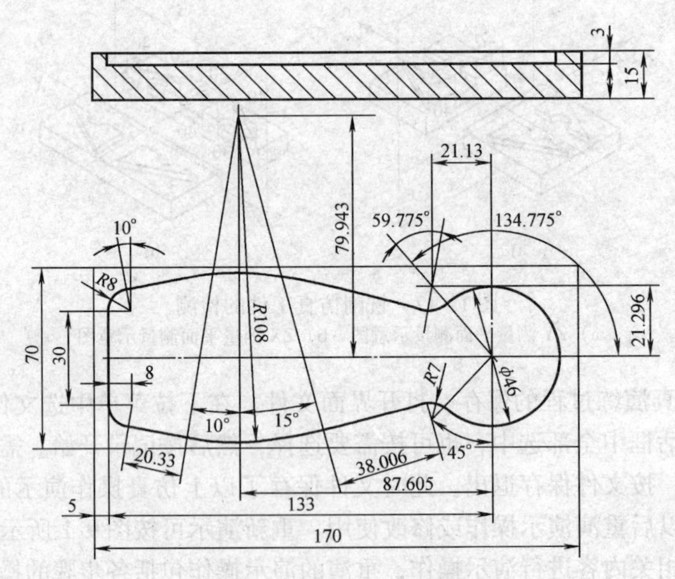

图 11-19　九柱球形轮廓凹模

(2) 拟定模具型腔加工工序

1) 由图 11-19 可知，九柱球形轮廓凹模大部分余量均须预先铣除，若采用数控加工中心粗铣，铣刀的路径可沿留有余量的内轮廓逐渐收缩至中间位置，最后在中间位置沿中心线直线铣削，铣除大部分余量。

2) 半精铣内轮廓时，使铣刀直径设置大于铣刀实际直径的方法，使轮廓留有精铣余量。

3) 精铣内轮廓时，使铣刀的直径设置值等于铣刀实际直径，精铣内轮廓达到图样要求。

(3) 确定刀具路径　根据图样分析，本例工件坐标系原点应设置在圆心 O 上，如图 11-20 所示，铣刀在（0，0，10）位置上沿 Z 轴负向切入工件后，在 XOY 平面中的移动轨迹为 O→A→B→C→D→E→F→G→g→f→e→d→c→b→A→O，最后沿 Z 轴正向抬刀切离工件，完成内轮廓铣削过程。

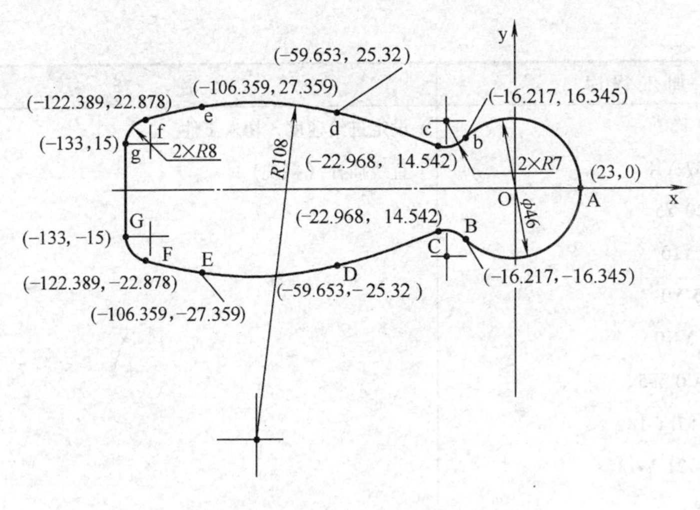

图 11-20　九柱球形凹模加工坐标位置

（4）确定工件装夹方法　工件外形为板状六面体，可使用机用平口虎钳装夹。

（5）确定对刀点和换刀点　本例对刀点选在（0，0，10）位置上，换刀位置设置在工件外，为了使铣刀刀位点准确到达对刀点，需在工件的合模面、侧面和端面对刀后，才能保证加工位置精度。

（6）选择铣刀和铣削用量　根据工件材料（本例为铝合金），可选用多刃立铣刀。根据图样要求，内轮廓最小圆弧半径为 R8mm，内侧面与凹腔底面连接圆弧半径为 R2mm，选用 ϕ12mm 三刃立铣刀，并在铣刀刀尖修磨圆弧。铣削用量按照有关参数确定，选用铣刀转速为400r/min，进给量为50mm/min。

（7）计算各连接点坐标值　本例采用直角坐标编程，按图样进行几何关系换算后各连接点坐标值如图11-20所示。

2. 编制程序和铣削加工要点

（1）编制程序　本例采用主程序和子程序，子程序完成沿轮廓半精铣、精铣加工；主程序采用调用子程序方式和粗铣程序段完成凹模型腔铣削，同时包括切入、切离路径等内容，详见表11-3。

表 11-3　九柱球形凹模型腔数控加工程序

加 工 程 序	注　　释
O6666	主程序编号
N10 G90 G54 G00 X0 Y0 Z10	绝对值编程、第一坐标系，铣刀快速至工件零点上方
N20 S400 M03	设定主轴正转，转速400r/min
N30 G00 X-121 Y13	快速至粗铣落刀点

（续）

加工程序	注　释
N40 G01 Z-3 F50	设定进给速度，切入工件
N50 G01 X-87 Y18	直线插补（粗铣）
N60 G01 X-20 Y5	
N70 G01 X0 Y10	
N80 G01 X15 Y0	
N90 G01 X0 Y-10	
N100 G01 X-20 Y-5	
N110 G01 X-87 Y-18	
N120 G01 X-121 Y-13	
N130 G01 Y8	
N140 G01 X-87 Y7	
N150 G01 X-20 Y1	
N160 G01 X-87 Y-7	
N170 G01 X-121 Y-5	
N180 G01 Y0	
N190 G01 X15	
N200 #100 = 10	定义 10 号铣刀参数
N210 M98 P0666	调用子程序 0666（半精铣）
N220 #100 = #100 + 1	定义 11 号铣刀参数
N230 M98 P0666	调用子程序 0666（精铣）
N240 G00 Z10	快速切离工件
N250 G00 X0 Y0	快速返回起刀点
N260 M30	程序结束
O0666	子程序编号
N10 G17 G42 G01 X23 Y0 H#100	选 XOY 平面，左刀补，直线插补，选用 100 号定义刀号
N20 G02 X-16. 217 Y-16. 345 R23	顺时针圆弧插补，铣削 ϕ46mm 圆弧
N30 G03 X-22. 968 Y-14. 542 R7	逆时针圆弧插补，铣削 R7mm 圆弧
N40 G01 X-59. 653 Y-25. 32	直线插补
N50 G02 X-106. 359 Y-27. 359 R108	顺时针圆弧插补，铣削 R108mm 圆弧
N60 G01 X-126. 389 Y-22. 878	直线插补
N70 G02 X-133 Y-15 R8	顺时针圆弧插补，铣削 R8mm 圆弧
N80 G01 X-133 Y15	直线插补

（续）

加工程序	注　释
N90 G02 X-126.389 Y22.878 R8	顺时针圆弧插补，铣削 *R*8mm 圆弧
N100 G01 X-106.359 Y27.359	（以下程序铣削上半部对称部分）
N110 G02 X-59.653 Y24.32 R108	
N120 G01 X-22.968 Y14.542	
N130 G03 X-16.217 Y16.345 R7	
N140 G02 X23 Y0 R23	
N150 G40 G01 X10	取消刀补、直线插补法向退刀
N160 M99	子程序结束

（2）铣削加工要点

1）加工前应对程序进行检验，对刀具轨迹进行模拟运行检查。

2）加工时需熟练掌握所选用机床的操纵方法，并按操作顺序进行操纵。

3）精铣调用的铣刀 100# = 100# + 1 所设定的参数直接影响精铣后凹模型腔的尺寸及形状精度。因此，在试切中应仔细测量铣刀的实际直径，准确设定精铣调用的刀具参数。

4）在铣削过程中，应注意主轴转速和进给量是否适当，必要时可对程序中的 S 和 F 值进行修改。

5）本例为轴对称曲线轮廓，若机床有镜像加工功能，在加工好 X 轴以下部分后，可用镜像加工指令编写程序，铣削加工 X 轴以上对称部分。

3. 程序校核和检验

调用子程序的数控程序应注意以下校核检验要点：

1）仔细校核子程序的程序段内容。

2）注意主程序调用子程序之间程序段对刀具参数的定义设置，如本例主程序中的#100 = 10；#100 = #100 + 1。

3）注意主程序中调用子程序指令 M98 与子程序中结束指令 M99 的配合使用。

• 训练 6　加工中心仿真加工演练（＊）

铣削加工如图 11-21 所示的联轴器零件，可按以下操作步骤进行仿真操作演练：

（1）选择机床　按实际生产或考试需要的机床进行选择，本例选择 FANUC 0i 系统立式加工中心。演练操作步骤如下：按选择机床按钮→在控制系统中选 FANUC→在 FANUC 中选 FANUC 0i→在基础类型中选立式加工中心→在机床形式中选南通机床 XH713A→按确定键退出。机床及操作面板如图 11-22 所示。

（2）选择和安装毛坯　本例中选零件，外形为台阶轴。尺寸为 250mm × 250mm × 100mm；选择自定心卡盘装夹工件。毛坯定义见图 9-12，零件安装见图 9-16。演练操作步骤为：按文件按钮→按导入零件→在对话框中选保存零件预制件的文件→打开文件→按确定键退出。按选择夹具按钮→选零件→选自定心卡盘→按确认键退出；按放置零件按钮→在选择零件菜单类型中选零件→在毛坯列表中选零件→按安装零件按钮。

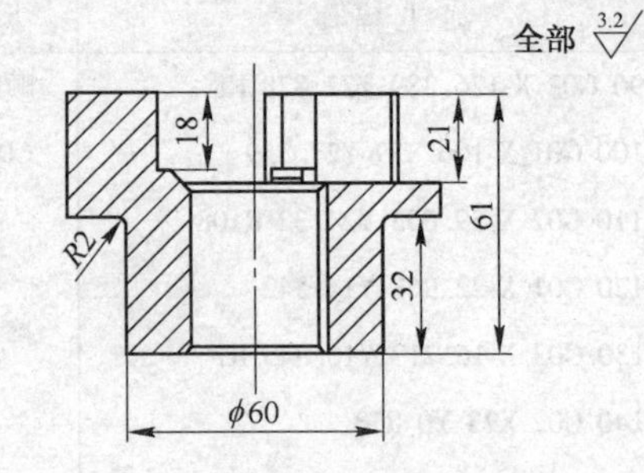

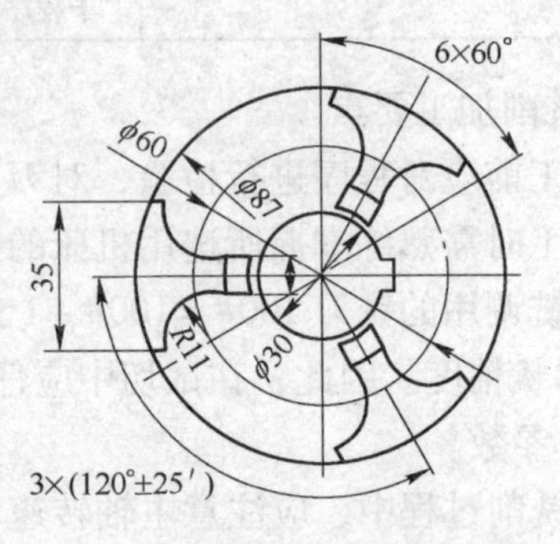

图 11-21　联轴器零件图

（3）选择和安装刀具　本例选择标准麻花钻，选择直径为 ϕ20mm、ϕ22mm 的平底立铣刀，钻头和铣刀长度为 80mm，“选择铣刀”对话框见图 9-18。演练操作步骤为：按刀具选择按钮→在刀具选择对话框中选刀具 1→在铣刀列表中选直径为 ϕ20mm、长度为 80mm 的麻花钻→选刀具 2→在铣刀列表中选直径为 ϕ22mm、长度为 80mm 的平底立铣刀→按确认键退出。此时所选刀具安装在刀库的转盘上。在对刀前需要安装刀具，安装刀具的演练操作步骤为：手动操作机床回零→选 MDI 方式→选 PRGRM 页面→在输入域中输入 G28 Z0.0；→按操作循环，主轴到达换刀点→在输入域输入 M06 T01；→按操作循环，T01 刀具装入主轴。换装 T02 刀具采用类似方法。

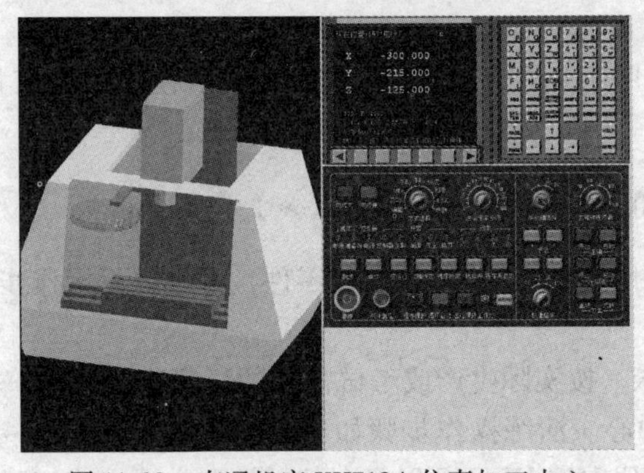

图 11-22　南通机床 XH713A 仿真加工中心

（4）按工件坐标系对刀数据设定刀具偏置　本例中工件坐标系原点为工件上端面的中心，演练操作步骤为：手动操作机床回零→手动快速移动工作台、刀具→使用 1mm 塞尺→切换至 POS 显示页面→采用侧示图→手轮操作 X 轴向对刀（图 9-21），获得 X 轴偏置参数→手动操作刀具与工件相对位置移位调整→采用前视图→手轮操作 Y 轴向对刀，获得刀具 Y 轴偏置参数→拆除塞尺→将刀具偏置参数输入坐标 G54 零点偏置页面，确定刀具与工件坐标系的关系。刀具偏置参数输入界面见图 9-27。

（5）设定刀具补偿参数　本例中因刀具刀位点均为刀具端面中心，工件坐标系零点为工件上端面中心，因此两把刀具可采用 G54 设置坐标参数，Z 向偏置有误差的，可通过刀具长度补偿设置 H02 参数，在程序中用 G43 或 G44 调用。根据刀具半径补偿的需要按半径值在刀具序号位置的半径补偿位置输入补偿参数，本例中需输入半径补偿值 D02 = 11mm，在程序中使用 G41 或 G42 调用。

（6）编制或导入程序　本例中数控加工程序可使用工艺文件，也可自行编制，加工顺序为：粗加工钻 6 等分孔→铣削 6 等分圆弧→铣削多余的部位→铣削加工齿形对边尺寸。演练时，从外部导入程序的步骤与检查程序错误的操作参见前述相关内容。

（7）刀具轨迹演示　在加工运行前可进行轨迹演示检查，操作步骤如下：切换至 AUTO 模式→按 MDI 键盘的 PHOTO GRAPH 键→仿真界面左侧显示刀具运行轨迹坐标面→旋转或切换至俯视图→按自动运行键→左侧屏幕显示刀具轨迹。本例中孔加工和对边加工轨迹如图 11-23 所示。

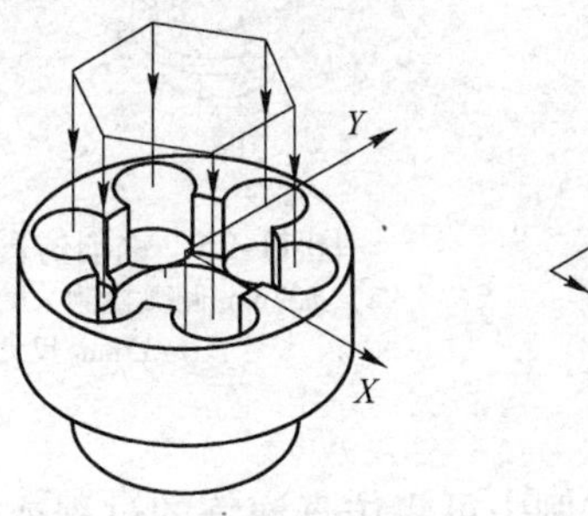

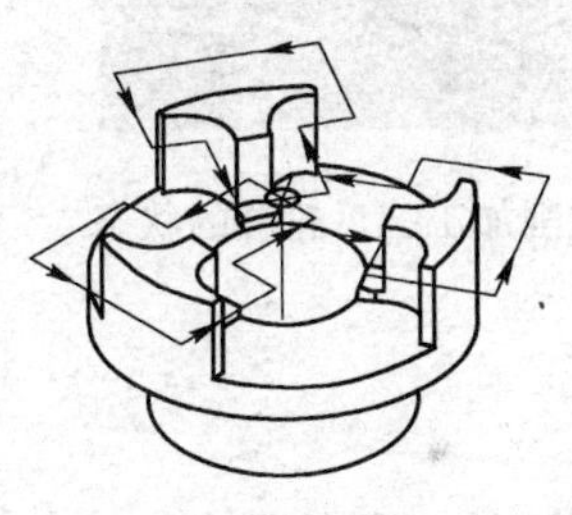

图 11-23　加工中心仿真刀具轨迹显示
a）孔加工轨迹　b）对边加工轨迹

（8）加工演示　将左侧演示屏幕切换至加工机床，使用示图转换、旋转、放大、位移等工具，可按需要进行加工过程和视角的观察，在左侧屏幕中按右键可弹出“设置显示参数”对话框进行以下设置：

1）仿真演示的速度设定为 2。

2）开启加工中主轴旋转或刀具切削时发出的声音。

3）开启加工中切屑的显示。

4）关闭加工中切削液的显示。

5）选择不透明工件形状。

6）选择不透明机床工作状态。

铣削加工三爪轮廓的状态如图 11-24 所示。

（9）加工工件的测量　仿真加工的圆周零件可以通过测量工具检测工件各坐标平面内相关尺寸的加工精度，以此对对刀参数的设置和程序编制中的各坐标点位置数值进行检验。如图 11-25 所示，本例中可通过检测平面的设定和坐标位置移动，在圆弧的中心位置检测圆弧的半径和中心距尺寸；在对边尺寸 9mm 位置和 35mm 位置截面上用外卡自动检测对边的尺寸精度。

图 11-24　铣削加工三爪轮廓的状态

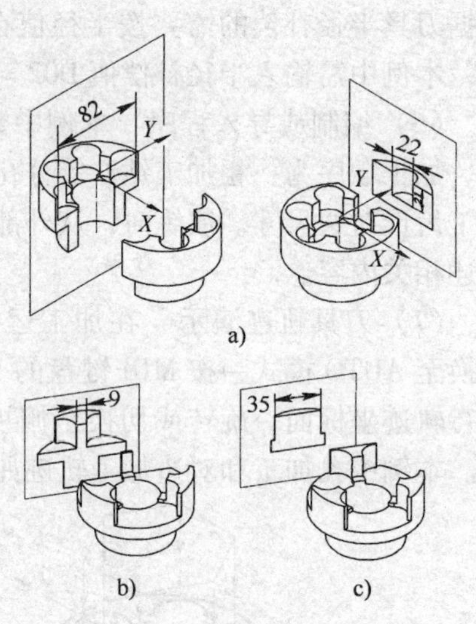

图 11-25　铣削仿真工件的检测
a）ϕ22mm 圆弧检测　b）9mm 尺寸检测
c）35mm 尺寸检测

（10）仿真演练过程的保存　本例中可将仿真演练的过程或有关的文件内容通过扩展名为“mac”的文件予以保存。保存的操作方法参见前述示例相关内容。

● 训练 7　应用 AutoCAD 绘制齿轮轴零件图

1. 绘图准备

应用 AutoCAD2007 绘制图 11-26 所示的零件图，需作如下准备：

（1）图样绘制分析

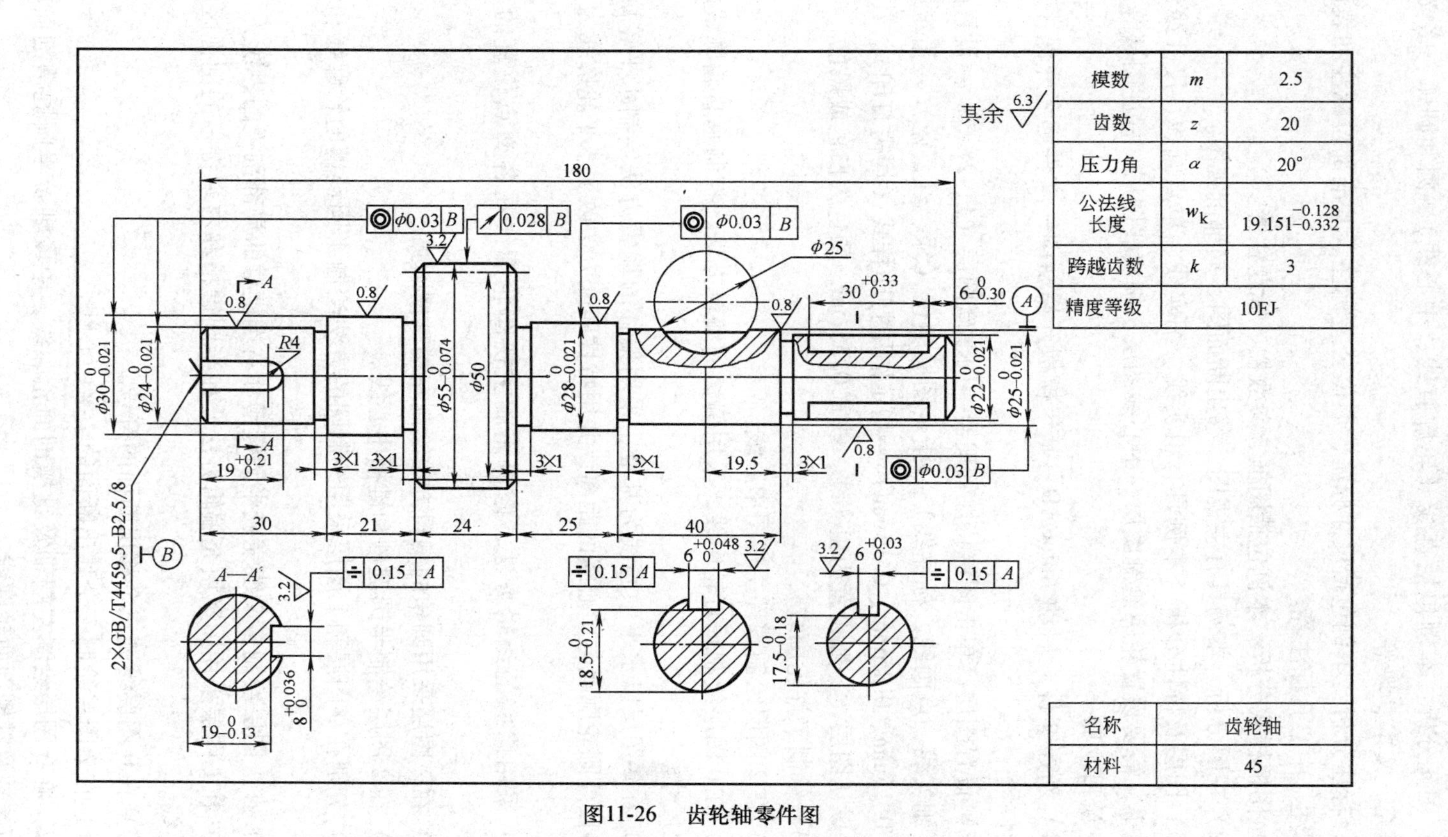

图11-26　齿轮轴零件图

1）图元分析：本例包括直线（轮廓直线、中心线）、圆和圆弧、多义线、区域填充、文本、块等。

2）标注分析：本例包括尺寸标注、形位公差标注、基准部位标注和表面粗糙度标注、中心孔标注等。

3）图框样式分析：本例包括图框、参数栏、标题栏等。

（2）视图分析　本例具有主视图、移出断面图、局部剖视图。

（3）图层及特性分析　本例具有粗实线、细实线、单点画线、尺寸线和尺寸界线等，需要设置轮廓绘制图层、中心线图层、细实线图层、标注图层等。

2. 绘图步骤

（1）新建文件　启动 AutoCAD→基于模板开始新图→文件起名并保存文件至预定位置。

（2）设置图层　单击图层特性管理器→创建新图层（1、2、3）→设置图层线型（细实线、点画线、标注线）→指定图层颜色（绿、红、蓝）→指定线条宽度（0.15mm、0.15mm、0.15mm）→指定图层打印样式（均需打印）。其中0图层是默认图层，一般设置为粗实线，线宽0.35mm，颜色为白色或黑色。

（3）绘制工件轮廓线

1）在2图层绘制零件主视图中心线。

2）在0图层绘制垂直轮廓线，采用偏移的编辑方法，控制垂直轮廓线之间的间距尺寸。

3）在2图层以水平中心线为基准，采用偏移的编辑方法绘制水平轮廓线，控制各段外圆轮廓线与中心线的距离，并用特性匹配方法改变水平轮廓线为0图层特性。

4）采用修剪的编辑方法，修剪完成主视图轮廓线在各交点位置的多余线段。

5）在2图层采用圆角的编辑方法绘制左端键槽圆弧。

6）在2图层绘制半圆键槽和键槽中心线。

7）分别在0图层和1图层采用绘制圆的方法绘制半圆键槽的轮廓线和位置圆弧。

8）在1图层绘制多义线完成半圆键槽和右端键槽的局部剖视的界线。

9）在1图层采用图案填充编辑方法，在半圆键槽和右端键槽的剖视区域填充剖面线。

10）在0图层绘制三个移出断面的符号。

11）在2图层绘制三个移出断面的十字中心线。

12）在0图层绘制左端轴及键槽剖面轮廓线，中段轴及半圆键槽剖面轮廓线，右端轴及键槽剖面轮廓线。

13）在1图层采用图案填充编辑方法，在三个移出断面的区域内填充剖面线。

14）在0图层和1图层绘制左端中心孔标记，并使用文字编辑方法完成中心孔规格标注。

15）在3图层用线性标注方法标注所有水平和垂直标注的尺寸，并用标注文字编辑方法补充直径符号“ϕ”，环形槽尺寸“3×1”。

16）在3图层用半径标注方法标注左端键槽端部圆弧尺寸，用直径标注方法标注半圆键槽直径尺寸。

17）用标注样式替换的方法，补充各个具有公差尺寸的标注。

18）在3图层用形位公差标注方法标注三处同轴度、一处圆跳动、三处对称度。

19）在3图层绘制表面粗糙度符号，采用文字编辑方法标注粗糙度值，并将相应的粗糙度符号旋转、平移至标注位置。

20）在0图层和1图层绘制基准符号，用文字编辑方法标注基准代号，并将相应的基准符号旋转、平移至标注位置。

21）用复制和文字编辑方法，在图样右上角标注其余表面粗糙度文字及符号。

22）在1图层用直线绘制图框、参数框和标题栏，用文字编辑方法标注编辑参数框文字和标题栏文字。

3. 图样绘制审核

（1）绘图规范审核　根据图样绘制的规定，审核图样是否有错误。如视图投影规则是否有误，尺寸标注的规范是否有误……

（2）图样内容审核　根据给定的图样，审核绘制后的图样与样图是否有内容疏漏，尺寸标注是否一致……

（3）线型和绘制质量审核　使用窗口放大的方法，检查各交点的线段接口是否准确，各线段的线型是否与样图一致，是否符合规范……

（4）打印草图稿审核　将图样打印后，与原样图仔细比较核对进行逐项检查，重点检查尺寸及公差标注、几何公差标注、基准标注和参数框文字内容等。

训练8　应用 AutoCAD 求解数控加工零件轮廓基点坐标

如图11-27所示的样板轮廓由圆弧和直线构成，右侧的垂直线和下部的水平线是图样实际的基准；各个圆弧与圆弧、圆弧与直线的连接为相切圆滑连接；尺寸的标注以右下角交点为基准，有绝对尺寸标注和相对尺寸标注，图样的绘制比较复杂，各连接点的坐标尺寸在编程中需要进行计算或绘图求解。本例中若采用计算方法比较烦琐。因此加工编程数学处理中可首选 CAD 绘图法求得各基点坐标位置。应用计算机绘图法求解基点 A、B、C、D、E、F、G、H 的坐标值，具体步骤如下：

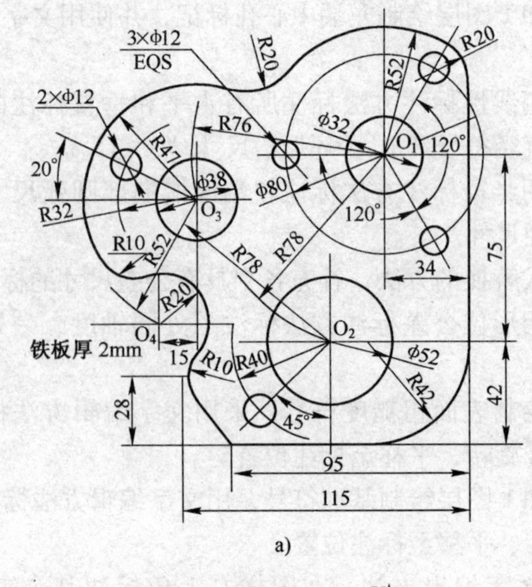

a）

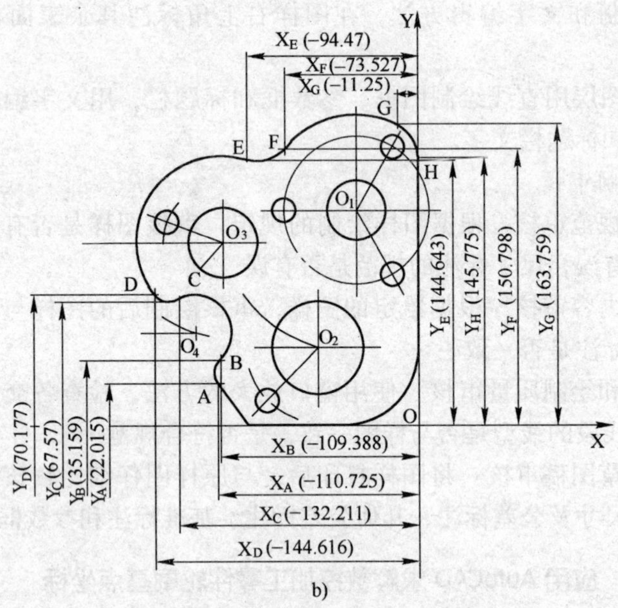

b）

图 11-27　样板外轮廓基点求解实例

a）样板图样　b）CAD 绘图法求解示意

（1）按图样原标注的尺寸和夹角绘制样板轮廓投影视图

1）分析图样后，确定以底边和右侧两条直线为基准。使用指引线工具绘制两条垂直的带箭头的坐标轴 X、Y，原点为 O。绘制底边直线与垂直直线。

2）以 X 轴为基准，使用直线偏移按尺寸 42mm 绘制水平线。

3）以尺寸 42mm 水平线为基准，使用直线偏移按相对尺寸 75mm 绘制水平线。

4）以 Y 轴为基准，使用直线偏移方法，按尺寸 34mm 绘制垂直线，与尺寸为 75mm 的水平线相交得中心 O_1。

5）以 O_1 为圆心、R78mm 为半径绘制圆弧，并截取 42mm 水平线得 O_2 点，通过 O_2 点作垂直线。

6）分别以 O_1、O_2 点为圆心，R76mm、R78mm 为半径绘制圆弧相交得 O_3，过 O_3 点绘制水平线和垂直线。

7）绘制垂直线与 O_3 垂直线的距离为 15mm，并以 O_3 为圆心、R52mm 为半径绘制圆弧截取获得 O_4 点。

8）以 X 轴为基准，按尺寸 28mm 绘制水平线，以 Y 轴为基准，按尺寸 115mm 绘制垂直线，两线相交得出左下角斜线上部交点。按尺寸 95mm 在 X 轴上截取，得出左下角斜线下部交点。

9）使用直线绘制工具捕捉斜线的端点绘制左下角斜线。

10）以 O_1 为圆心、R52mm 为半径绘制圆弧。

11）以 O_3 为圆心、R47mm 为半径绘制圆弧。

12）以 O_4 为圆心、R20mm 为半径绘制圆弧。

13）使用圆角绘制工具，以 R20mm 为圆角半径，绘制右侧直线与 R52mm 的相切圆弧。

14）使用圆角绘制工具，以 R20mm 为圆角半径，绘制 R52mm 圆弧与 R47mm 圆弧的相切圆弧。

15）使用圆角绘制工具，以 R10mm 为圆角半径，绘制 R47mm 圆弧与 R20mm 圆弧的相切圆弧。

16）使用圆角绘制工具，以 R10mm 为圆角半径，绘制 R20mm 圆弧与左下角斜线的相切圆弧。

17）使用圆角绘制工具，以 R42mm 为圆角半径，绘制底边水平线与垂直线的相切圆弧。

（2）检验绘图的准确性　设定标注样式中的主单位格式为小数→设定主单位精度为 0.000→应用线性标注工具标注检验各圆心坐标位置尺寸（显示尺寸准确后可不绘制在图样上）→应用圆弧半径标注工具标注圆弧半径尺寸（显示尺寸准确后可不绘制在图样上）→应用角度标注工具标注角度 70°→检验标注值是否准确（整数相等，无小数即为准确到 μm）。

（3）绘制基点　打开格式/点样式，选定基点样式，在要求的各基点上绘制点。

（4）求解基点坐标　应用缩放功能检查各基点处圆弧与直线相交是否清晰→在各基点标注文字 A、B、C、D、E、F、G、H→设置交点、垂足等捕捉模式→使用正交模式→使用实时缩放功能放大图形→应用线性尺寸标注工具标注各基点的坐标尺寸→确定各基点的坐标值（注意坐标值的正负符号）。

本例求得的各基点坐标值为：A(-110.725，22.015)；B(-109.388，35.159)；C(-132.211，67.57)；D(-144.616，70.177)；E(-94.47，144.643)；F(-73.527，150.798)；G(-11.25，163.759)；H(0，145.775)。

● 训练 9　应用 AutoCAD 绘制装配图（*）

如图 11-28 所示为蜗轮-锥齿轮减速器零部件装配图，绘制装配图可参照以下步骤：

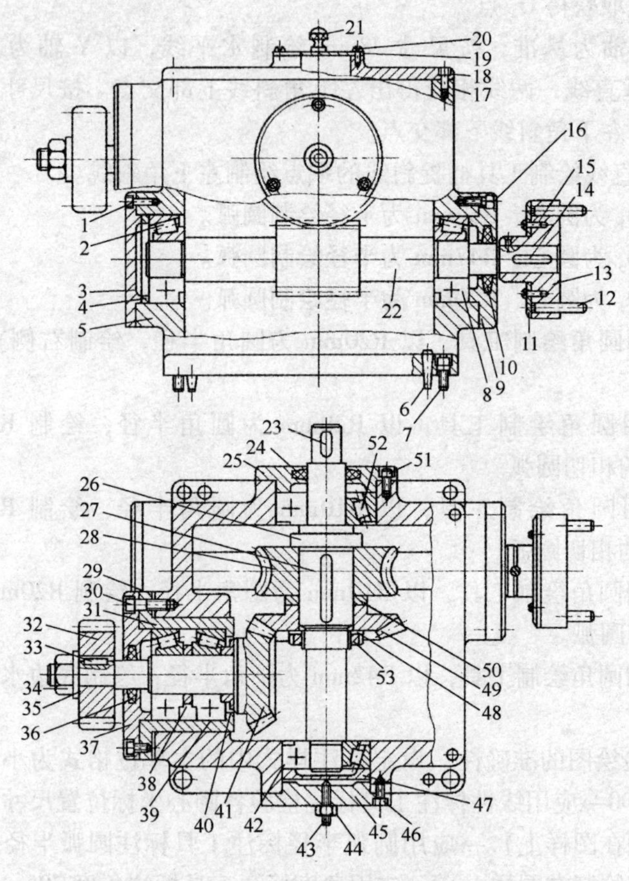

图 11-28　蜗轮-锥齿轮减速器零部件装配图

1、7、15、16、17、20、30、43、46、51—螺钉　2、8、39、42、52—轴承　3、9、25、37、45—轴承盖　4、29、50—调整垫圈　5—箱体　6、12—销钉　10、24、36—毛毡　11—环　13—联轴器　14、23、27、33—键　18—箱盖　19—板　21—手把　22—蜗杆轴　26—轴　28—蜗轮　31—轴承套　32、41、49—齿轮　34、44、53—螺母　35、48—垫圈　38—隔圈　40—补垫　47—压盖

（1）熟悉整机结构　本例中减速器可划分为蜗杆轴组件、蜗轮轴组件、锥齿轮组件。

（2）分析各组件结构　锥齿轮轴组件结构如图 11-29 所示。

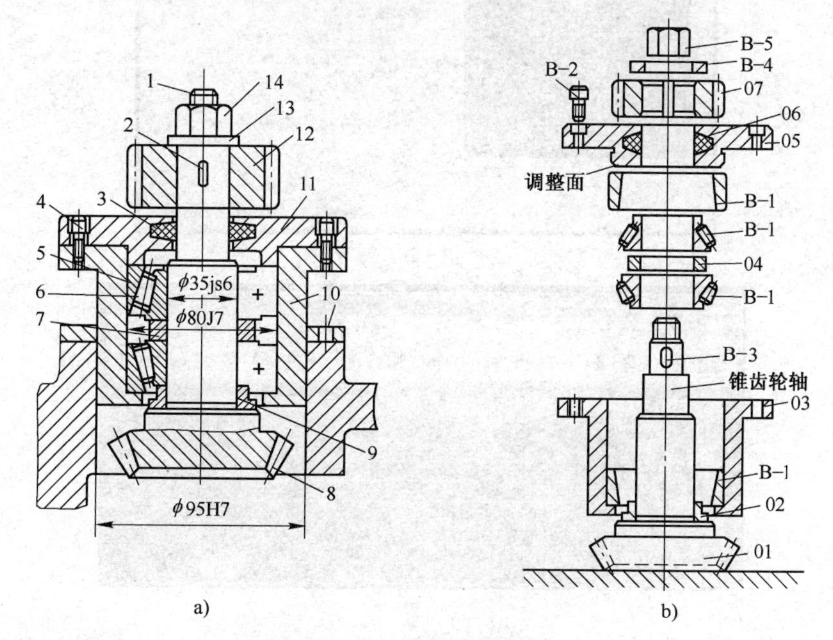

图 11-29　锥齿轮轴组件结构

a）组件装配图　b）组件装配顺序

1—齿轮轴　2—键　3—毛毡　4—螺钉　5—轴承外圈　6—滚动体　7—隔圈　8—锥齿轮　9—垫衬　10—轴承套　11—轴承盖　12—齿轮　13—垫圈　14—螺母

（3）分析各组件的装配顺序　锥齿轮组件的装配顺序如图 11-29b 所示。

（4）编制零件目录　在装配图的右下侧用表格方式编制零件目录表。绘制零件目录表的步骤如下：单击工具条上的表格按钮→在表格样式设置弹出菜单中确定表格的列数、列宽和行数、行高（图 11-30a）→按确定键退出→移动鼠标单击左键确定表格位置→按计算机键盘光标移动键选择表格中需要输入文字的单元格→按屏幕显示的表格文字格式编辑界面确定文字格式（图 11-30b）→在表格单元格输入文字。

（5）测绘零件图　以组件为基本单元，测绘各组成零件。测绘时，可先绘制装配基准件，如图 11-29a 所示锥齿轮轴组件中的锥齿轮轴；然后沿装入的方向和顺序，逐个绘制零件图或零件局部视图，如图 11-29b 所示。绘制时注意按零件的配合尺寸进行绘制，并检查绘图的准确性，检查的方法是用尺寸标注工具检查零件图样的尺寸。

（6）绘制组件装配图　将所有的零件图中用于表示装配关系的视图按照装

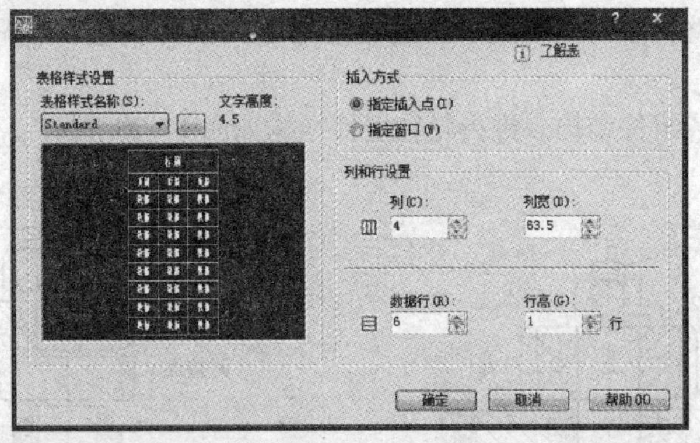

a)

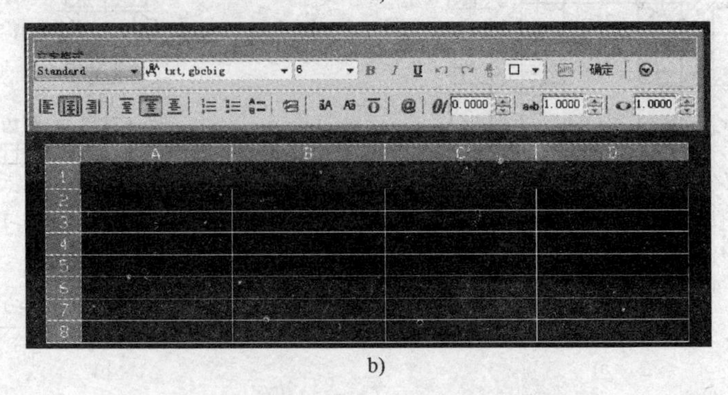

b)

图 11-30　装配图零件目录绘制编辑方法
a）表格样式设置　b）表格文字格式编辑

配顺序，使用位移的工具逐个位移至基准零件的预定位置。位置确定后，按视图的规则，删除被遮盖的线条等图元。

（7）绘制箱体　按实样或箱体零件图绘制箱体局部视图，如图 11-28 所示的件 5。注意与装配相关部位的表示方法，如采用局部剖视等绘图方法。

（8）绘制总装配图　本例中蜗杆轴组件在箱体中的装配位置主要在主视图中表示；蜗杆轴组件与蜗轮轴组件的装配位置在主视图和俯视图中表示；蜗杆轴组件、锥齿轮组件与箱体的装配位置及其两者之间的装配位置主要在俯视图中表示。用 AutoCAD 绘制总装图时应注意以下要点：

1）应用复制的方法复制三个组件和箱体零件，使组件图和箱体零件图留有备份，以便进行总装图绘制。

2）按照减速器的总装步骤和工艺，将组件的相关视图通过旋转、移位，按照装配方向的基准轴线和基准点装入箱体。

3）注意螺钉联接件的补充绘制，并按螺纹联接尺寸规格和绘制的规范要求进行绘制。

4）按照视图图形叠放的要求用裁剪打断等修改方法删除被遮盖的线条等图元。

5）注意检查剖面填充线条的样式，如间距、倾斜方向等，对容易混淆的剖面填充进行修改，使总装图中的各个剖面位置能区分出不同的零件。

6）对键联接、销联接和特殊螺钉联接等部位，可补充绘制局部剖视进行表达。

7）对重要配合部位的尺寸和配合关系可进行标注表达，如 ϕ95H7，H7/F5等。

8）用直线绘制方法，绘制各个零件的指引线；用文字编辑方法绘制各个零件的编号。编号的排列最好按逆时针方向依次递增，零件编号最好采用指引线和底横线的绘制方法。

9）装配图图形和零件目录绘制完成后，可使用文字编辑工具书写技术要求、标题栏等内容。

● 训练 10　应用 CAXA 数控车自动生成轴类零件加工程序（＊）

如图 11-31 所示为轴类零件，右端外轮廓结构要素包括外圆柱螺纹、圆锥面、圆弧面、圆柱面、外圆直角沟槽等。应用 CAXA 数控车软件自动生成加工程序的训练步骤如下：

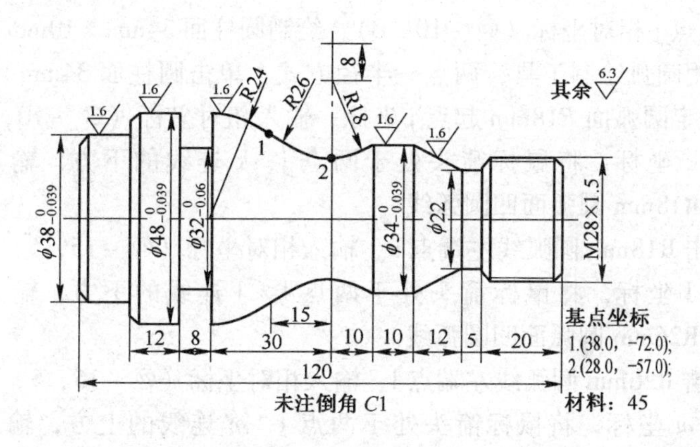

图 11-31　自动编程实例图

（1）工艺准备　加工右端工艺为粗精车外轮廓、车槽和车螺纹。加工路线为：外圆车刀 T0101 换刀点→工件右端坐标原点→粗（精）车螺纹大径圆柱面 ϕ28mm ×20mm（包括两端倒角 C1）→车圆柱面 ϕ22mm ×5mm→圆锥面 ϕ22mm（ϕ34mm）×12mm→圆柱面 ϕ34mm ×10mm→凹圆弧面 R18mm→凹圆弧面 R26mm→凸圆弧面 R24mm→外圆柱面 ϕ48mm ×（8＋12）mm；车槽刀 T0202 换刀点→槽左侧 Z 坐标位置→车槽至 ϕ32mm × 8mm→X 向退刀→退回换刀点；螺纹车刀 T0303 换刀点→螺纹车削循环起刀点→循环车削螺纹 M28 × 1.5→X 向退刀→退回换刀点。

（2）加工建模　双击桌面上的图标，启动 CAXA 数控车软件，进入操作界面，应用绘图工具直线、圆弧绘制加工工件的上半部轮廓线。具体步骤如下（图 11-32）：

1）选用直线绘制工具，两点线、非正交、点坐标方式，按回车键，在点坐标输入框中输入直线起点 a 坐标（5，0），终点 b 坐标（0，0），绘制端面切入位置直线段。

2）输入点 c 坐标（0，13），绘制工件右侧端面直线段。

3）输入点 d 相对坐标（@ −1，1），绘制右端 *C*1 倒角。

4）输入点 e 相对坐标（@ −19，0），绘制 M28 ×1.5 螺纹大径外圆直线段。

5）输入点 f 相对坐标（@ −1，−1），绘制螺纹部分内侧 *C*1 倒角。

6）输入点 g 相对坐标（@0，−3），绘制螺纹部分内侧端面直线段。

7）输入点 h 相对坐标（@ −5，0），绘制螺纹部分内侧槽 22mm ×5mm 圆柱面线段。

8）输入点 i 相对坐标（@ −12，6），绘制圆锥面 ϕ22mm（ϕ34mm）× 12mm 线段。

9）输入点 j 相对坐标（@ −10，0），绘制圆柱面 34mm ×10mm 直线段。

10）选用圆弧绘制工具，两点—半径方式，单击圆柱面 34mm ×10mm 线段左端点 j，确定圆弧面 *R*18mm 起点 j 坐标，输入相对坐标（@ −10，−3）确定圆弧面终点 k 坐标，将鼠标箭头处于两点 j、k 连线的下方，输入圆弧半径（18），绘制 R18mm 圆弧面凹圆弧线。

11）单击 R18mm 圆弧线左端点 k，输入相对坐标（@ −15，5）确定圆弧面 R26mm 终点 l 坐标，将鼠标箭头处于两点 k、l 连线的下方，输入圆弧半径（26），绘制 R26mm 圆弧面凹圆弧线。

12）单击 R26mm 圆弧线左端点 l，输入相对坐标（@ −15，5）确定圆弧面 R24mm 终点 *m* 坐标，将鼠标箭头处于两点 l、m 连线的上方，输入圆弧半径（24），绘制 R26mm 圆弧面凸圆弧线。

13）选用直线绘制工具，两点线、非正交、点坐标方式，单击 R24mm 圆弧线左端点，按回车键，在点坐标输入框中输入直线终点 n 相对坐标（@ −25，0），绘制圆柱面 ϕ48mm 外圆直线段（超过左端环形面 5mm，以便与毛坯线相交）。

14）退出直线命令，重新选用直线绘制工具，两点线、非正交、点坐标方式，按回车键，输入 ϕ32mm × 8mm 槽左侧位置上方车槽起点 o 坐标（−95，

26)，径向切入距离为 2mm。输入左侧槽底点 p 相对坐标（@0，-10)，绘制槽左侧直线段。

15）输入 ϕ32mm×8mm 槽底右侧位置点 q 相对坐标（@8，0)，绘制槽底直线段。

16）输入 ϕ32mm×8mm 槽底右侧位置上方点 r 相对坐标（@0，10)，绘制槽右侧直线段，径向切出距离为 2mm。

17）按毛坯的直径和长度绘制毛坯半轮廓折线 stuv，上部横线 tu 表示毛坯外圆，两端面直线 st、uv 与工件右端余量位置直线 ab 和左端余量位置线 mn 相交，如图 11-32 所示。

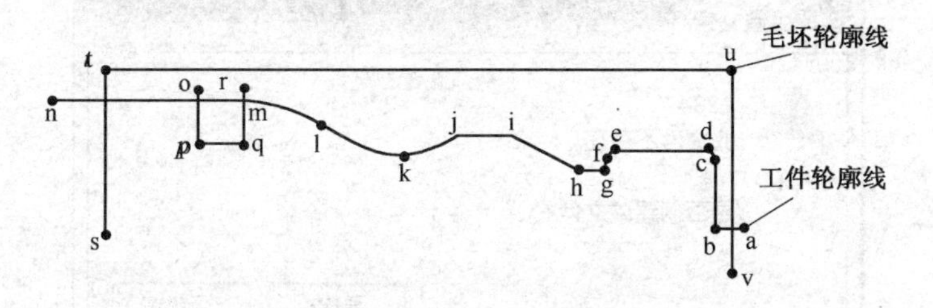

图 11-32　自动编程实例

（3）外轮廓粗车加工自动编程

1）单击工具条轮廓粗车图标，弹出粗车参数表对话框，参见表 9-5～表 9-8，分别填写加工参数、进退刀参数、切削参数和刀具参数，并分别单击确定，以确认所填写的粗车参数。

2）根据状态栏提示，采用链拾取的方式拾取被加工表面轮廓，并按右键确定。

3）根据状态栏提示，采用链拾取的方式拾取毛坯轮廓线并按右键确定。

4）根据状态栏提示，输入进退刀点，输入时可用鼠标单击屏幕上某一合适点位置，单击右键确定，也可按空格键，在输入对话框中输入进退刀点的坐标，按回车键确定，便可生成轮廓粗车的加工轨迹。

5）单击工具条的机床设置图标，系统弹出“机床类型设置”对话框，参见图 9-46，选择或增加新机床，如输入“FANUC”并确定。

6）按 FANUC0-TD 数控系统的编程指令格式，填写各项参数，参见图 9-46。

7）单击工具条的后置设置图标，系统弹出“后置设置”对话框，各项参数参见图 9-47 进行填写并确定。

8）单击工具条的代码生成图标，系统弹出一个需要用户输入文件名的对话框，如图 11-33a 所示，可填入文件名，如“1234”，并打开，系统弹出如

图 11-33b所示创建文件对话框，选择“是”创建文件。

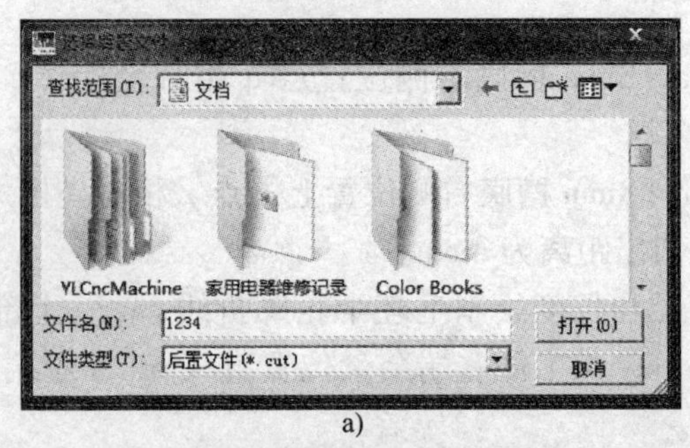

a)

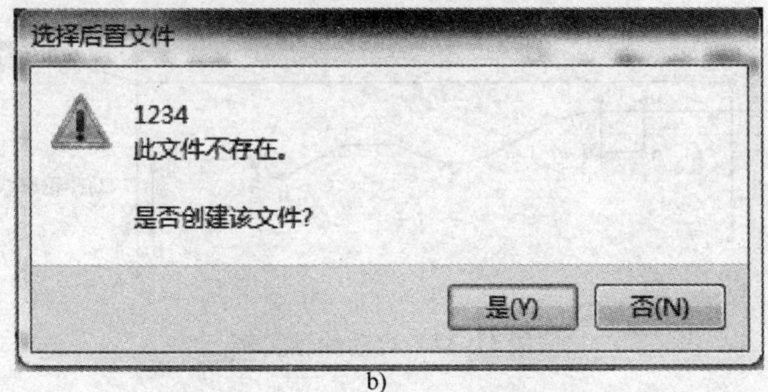

b)

图 11-33　自动编程后置文件对话框

a）输入后置文件名对话框　b）创建文件对话框

9）按状态栏提示，拾取刀具轨迹，此时可用鼠标拾取轮廓粗车轨迹，右键单击确定，即可生成轮廓粗加工程序。

（4）轮廓精车加工自动编程　与粗车轮廓自动编程的操作步骤基本相同：单击工具条轮廓精车图标→填写精车参数表→拾取被加工表面轮廓→确定进退刀位置→生成轮廓精车的加工轨迹→单击工具条机床设置图标，填写有关格式→单击工具条后置设置图标，填写后置设置有关参数→单击工具条代码生成图标→在对话框中输入后置文件名→确定创建文件→拾取精车加工轨迹并确定→自动生成精车加工程序。

（5）槽 ϕ32mm×8mm 粗、精车加工自动编程　单击工具条轮廓切槽图标→填写切槽参数表→拾取被加工槽表面轮廓折线 opqr→确定进退刀位置→生成切槽的加工轨迹→单击工具条机床设置图标，填写有关格式→单击工具条后置设置图标，填写后置设置有关参数→单击工具条代码生成图标→在对话框中输入后置文件名→确定创建文件→拾取切槽加工轨迹并确定→自动生成槽 ϕ32mm×8mm 粗、精车加工程序。

（6）螺纹 M28×1.5 车削加工自动编程　单击工具条轮廓车螺纹图标→按状态栏提示拾取被加工螺纹起点→按状态栏提示拾取被加工螺纹终点→填写螺纹参

数表→确定进退刀位置→生成车螺纹的加工轨迹→单击工具条机床设置图标，填写有关格式→单击工具条后置设置图标，填写后置设置有关参数→单击工具条代码生成图标→在对话框中输入后置文件名→确定创建文件→拾取车螺纹加工轨迹并确定→自动生成外螺纹 M28×1.5 车削加工程序。

（7）自动编程训练提示

1）软件编程中的常见问题及注意事项见表 11-4。

表 11-4 软件编程中的常见问题及注意事项

常见问题	注意事项
无法生成轨迹	（1）使用轮廓粗车功能时加工轮廓与毛坯轮廓必须构成一个封闭区域，被加工轮廓和毛坯轮廓不能单独闭合或自交 （2）零件轮廓线有重复
模拟图形有误	（1）根据加工工艺要求填写各项参数，生成加工轨迹后应. 进行模拟，以检查加工轨迹的正确性 （2）生成程序时轨迹选择有误
程序格式不对	进行机床设置必须针对不同的机床、不同的数控系统，设置特定的数控代码、数控程序格式及参数
数据错误	加工程序生成后，应仔细检查、修改

2）根据编程的方法，除了以上采用主程序（手工编制）和子程序（自动编程）的方法外，也可采用按顺序建立粗车轮廓、精车轮廓、切槽和车螺纹轨迹，然后进行机床设置、后置参数设置、代码生成时按顺序拾取加工轨迹，最后一次生成连续的加工程序。

3）在生成子程序时，应采用主程序中子程序对应的编号确定后置文件的文件名，如 O0001、O0002……。

4）为了便于编程的建模，可以预先确定轮廓上各基点的坐标值，确定输入坐标的方法可按图样的尺寸标注方法确定，也可按相对坐标和绝对坐标两种方法练习，以熟悉轮廓的建模操作过程。

5）自动生成的程序需要进行核对和修改，如切削参数 S、F，刀具刀补号 T××××等，有条件的可将自动生成的程序导入仿真软件进行仿真加工。

试　题　库

一、判断题（对画√，错画×）

1. CNC 表示数字控制系统。（　）
2. 数字控制系统控制的是模拟量。（　）
3. 轨迹控制是金属切削机床数控系统和工业机器人的主要控制内容。（　）
4. 使用数控机床进行切削加工，数控系统是切削运动的调节控制器。（　）
5. MDI 方式是指数控机床的自动编程方式。（　）
6. 每一个脉冲信号使数控机床运动部件产生的位移量称为脉冲当量。（　）
7. 常用脉冲当量的最高精度为 0.01mm/脉冲。（　）
8. 滚珠丝杠副是数控机床常用的高效传动部件。（　）
9. 从零件图分析到制成控制介质的整个过程称为程序编制。（　）
10. 伺服驱动装置是数控系统的执行装置。（　）
11. 点位控制和点位直线运动控制方式的含义是一样的。（　）
12. 轮廓运动控制方式也称连续运动控制方式。（　）
13. 数控机床的分辨度是主要性能指标之一，对测量系统而言是指可以测量的最小增量。（　）
14. 数控机床的可控轴数和联动轴数是相同含义的技术指标。（　）
15. 加工中心与一般数控铣床相比主要区别是增加了自动换刀系统。（　）
16. 数控机床的坐标系统采用左手笛卡儿坐标系统。（　）
17. 数控机床坐标和运动方向命名原则规定，机床某一运动的正方向为减小工件与刀具之间距离的方向。（　）
18. 在数控机床中规定平行于机床主轴的刀具运动坐标为 Z 坐标轴，刀具靠近工件的方向为正方向。（　）
19. 机床坐标系是用来确定工件坐标系的基本坐标系，机床坐标系的原点亦称机械原点。（　）

20. 工件零点即工件坐标系的原点，一般选择工件图样上的设计基准作为编程零点。 ( )

21. 在数控编程过程中，若数控系统无刀具半径补偿功能，需计算刀具中心运动轨迹。 ( )

22. 数控程序编制结束后可立即输入数控系统进行加工。 ( )

23. 数控车床的主轴功能用 S 功能体现，S 后面的数字均表示主轴的转速，与 G 指令无关。 ( )

24. 在数控车床车削端面时使用恒线速控制应限制机床主轴的最高转速。 ( )

25. 使用刀具半径补偿应辨别刀具圆心与工件轮廓的位置，以确定使用左右刀补指令。 ( )

26. 在数控铣床中，圆弧插补的圆心坐标用 I、J、K 指令，其后的数值是从圆弧的起点到圆弧中心的矢量分量。 ( )

27. 数控机床的精度检测不允许调整一项检测一项，应在机床精调整后一次完成。 ( )

28. 数控加工仿真系统可对产品加工质量进行预测。 ( )

29. 数控仿真系统只能对刀具的运行轨迹进行模拟。 ( )

30. 在各种仿真系统中，通常使用偏心圆柱对基准工具确定各 X、Y 坐标位置。 ( )

31. CAD 是计算机绘图软件的缩写。 ( )

32. AutoCAD 是绘图软件的最新版本。 ( )

33. 点、直线是 AutoCAD 基本绘图的图形元素。 ( )

34. 区域填充是 AutoCAD 的图形编辑方法之一。 ( )

35. .dwg 图形文件是 AutoCAD 的最常用文件格式。 ( )

36. 在使用 AutoCAD 工具栏中不熟悉的图标时，可将光标移动到图标上稍停片刻。 ( )

37. 在 AutoCAD 绘图中，点通过二维系统中两个互相正交的坐标轴到点的距离确定的方法是绝对直角坐标法。 ( )

38. 在 AutoCAD 绘图中，用相对前一点的直角坐标值来确定点的位置的方法称为相对直角坐标法。 ( )

39. 在 AutoCAD 中，Zoom 命令用于视图的缩放。 ( )

40. 在 AutoCAD 中，Pan 命令用于视图的缩放。 ( )

41. 在 AutoCAD 二维绘图中，可以使用不同的图层来控制线型、线宽、颜色。 ( )

42. 在 AutoCAD 中，使用特性匹配命令类似于 Word 软件中的格式刷操作。（　）

43. 在 AutoCAD 中，辅助绘图工具对象捕捉用于捕捉栅格网点作步进移动。（　）

44. 在 AutoCAD 中，使用多义线是不能绘制直线和圆弧的。（　）

45. 在 AutoCAD 中，绘制点的样式共有 20 种之多。（　）

46. 在 AutoCAD 中，图案填充的边界样式只有三种。（　）

47. 在 AutoCAD 编辑操作中，选择对象只能单个选中，然后实施操作。（　）

48. 在 AutoCAD 中，复制操作有单个复制和多重复制之分。（　）

49. 在 AutoCAD 中，阵列操作仅指对象圆环形阵列编辑。（　）

50. 在 AutoCAD 中，对圆弧偏移操作，其等距线为同心圆弧，且弧长相等。（　）

51. 在 AutoCAD 中，尺寸标注的文字是可以编辑修改的。（　）

52. 在 AutoCAD 中，可通过修改尺寸标注样式修改公差标注方法和公差标注的精度。（　）

53. 在 AutoCAD 中，操作形位公差标注可自动生成形位公差符号和基准代号。（　）

54. 在 AutoCAD 中，尺寸标注的箭头大小比例是不能变动的。（　）

55. 在 AutoCAD 中，无法标注角度的公差值。（　）

56. 数控机床的主轴转动精度高，但转速相对普通机床略低一些，功率也比较小。（　）

57. 数控机床在恒功率区域，主轴输出的转矩是恒定的。（　）

58. 数控机床的主轴可以实现分段无级变速。（　）

59. 数控机床的主轴润滑系统通常设置压力继电器作为失压报警装置，以保证润滑的可靠性。（　）

60. 内循环滚珠丝杠返回的滚珠是不与丝杠的外圆接触的。（　）

61. 滚珠丝杠的自锁性能好，便于提高运动部件的定位精度。（　）

62. 滚珠丝杠螺母副采用较大的预紧力可以提高传动效率。（　）

63. 数控机床滚珠丝杠的螺距变位调整法是使两列滚珠在轴向错位实现预紧的。（　）

64. 带有齿轮变速的数控机床，造成进给运动反向死区的原因之一是传动齿轮的齿侧间隙。（　）

65. 数控机床柔性齿侧消除机构的作用是自动消除间隙，始终保持无间隙啮合。（　）

66. 数控机床的滚动导轨可以通过预紧提高刚度。（　）

67. 数控机床采用镶条预紧，导轨上的过盈量是不均匀的。（　）

68. 滚珠导轨适用于颠覆力矩比较小的数控机床。（　）

69. 与滚柱导轨相比，滚针导轨具有较大的摩擦力。（　）

70. 贴塑导轨的塑料软带的动静摩擦因素基本相同。（　）

71. 注塑导轨通常注入的是固化剂单组塑料。（　）

72. 液压静压导轨适用于大型、重型数控机床。（　）

73. 数控磨床因承载较小，可使用气体静压导轨。（　）

74. 数控机床的工作台与数控回转工作台的功能是一致的。（　）

75. 数控机床上的分度工作台可以实现圆周进给运动。（　）

76. 数控机床齿盘式分度工作台，随着使用时间的延续，其定位精度有不断提高的趋势。（　）

77. 数控机床上的数控回转工作台具有数控驱动机构的特点。（　）

78. 开环系统的数控机床可以进行数控回转工作台的定位误差补偿，以提高定位精度。（　）

79. 在数控机床定位精度补偿时，应注意补偿脉冲的正负。（　）

80. 数控机床分度工作台是按数控指令进行规定角度分度的。（　）

81. 数控机床伺服系统是以机械位置或角度作为控制对象的自动控制系统。（　）

82. 数控机床的伺服系统主要用于控制执行件的速度。（　）

83. 开环伺服系统与闭环伺服系统的主要区别是没有位置检测反馈，因此位置控制精度相对较低。（　）

84. 数控机床伺服系统响应速度的衡量指标是时间常数，时间常数越小，响应速度越快。（　）

85. 步进电动机是一种将电脉冲信号转换为机械角位移的机电执行元件。（　）

86. 步进电动机与一般电动机相似，通电后连续转动。（　）

87. 伺服步进电动机功率较小，一般只能用于线切割等机床，与液压放大器相连后才能驱动较大负载。（　）

88. 步进电动机的步距角越小，位置精度越高。（　）

89. 步进电动机的最高工作频率表明步进电动机所能达到的最高转速。（　）

90. 小惯量直流伺服电动机有很多优点，但换向性能较差。（　）

91. 宽调速直流电动机必须采用齿轮变速才能与机床的滚珠丝杠连接，而且其低速特性也比较差。（　）

92. 精度要求较高的数控机床的伺服电动机，一般都采用齿轮减速连接方式与机床丝杠进行连接。（　　）

93. 数控机床位置检测装置的分辨率对机床的加工精度有一定影响，分辨率与脉冲当量的选取方法是一样的。（　　）

94. 数控机床的数字式检测方法与量程有密切的关系。（　　）

95. 数控机床使用的绝对式测量对分辨率的要求比较低。（　　）

96. 旋转变压器是一种直接测量装置，具有结构简单的特点。（　　）

97. 脉冲编码器是一种把机械转角变为电脉冲的旋转式脉冲发生器，数控机床常用的是光电脉冲编码器。（　　）

98. 磁尺的工作原理与普通磁带的录磁和拾磁的原理相同。（　　）

99. 光栅测量装置主要是通过测量莫尔条文移动的数量来进行测量的，通常用于精密定位的数控机床。（　　）

100. 光栅测量装置的光栅是指由光的衍射产生的莫尔条文。（　　）

101. 数控机床的自动换刀装置和刀库的应用，是实现柔性加工，使零件加工工艺更为集约化的保证。（　　）

102. 用于数控机床的夹具通常可以省略等分对定装置。（　　）

103. 对于孔加工位置的控制，数控加工一般不需要钻模和镗模等引导装置。（　　）

104. 数控加工工艺是采用程序控制为主的工艺，不需要考虑与普通机床传统加工工序衔接问题。（　　）

105. 数控机床加工工艺的主要特点是柔性和机床操纵与加工过程的自动化。（　　）

106. 数控机床工作台自动交换功能称为 APC 功能。（　　）

107. 数控机床加工零件选择时应考虑零件的经济批量。（　　）

108. 与其他机床配合加工零件时，应考虑数控机床与其他机床的生产能力平衡，以满足生产节拍的需要。（　　）

109. 选用数控机床应进行投资回报分析，以获取预期的经济效果，返回数控机床最大的经济效益。（　　）

110. 选择数控机床应根据技术经济性进行综合考虑。（　　）

111. 在安排数控加工工艺时，因机床刚性比较好，不一定要按由粗渐精的加工原则安排工序内容。（　　）

112. 对同轴度很高的孔系加工，应使用同一把刀具加工完其他所有的孔后，换刀加工同轴孔系，以减少换刀的次数。（　　）

113. 在数控机床上加工箱体类零件，为了一次装夹后能加工所有内容，通常应采用一面两销定位。（　　）

114. 数控加工确定加工路线时，应注意提高加工精度，不必考虑加工路线的长短。 ( )

115. 数控加工外轮廓应沿切入点的法向切入。 ( )

116. 实现刀库与机床主轴之间传递和装卸刀具的装置称为自动换刀系统。 ( )

117. 刀库容量较大的数控机床一般采用盘式刀库。 ( )

118. 在数控铣床上加工轮廓圆弧时，应注意圆弧插补顺逆方向的辨别，采用相应的指令。 ( )

119. 数控机床的数控系统在每次自动运行前，必须进行“回参考点”操作。 ( )

120. 操作数控机床过程中，在某一方向出现故障或处于极限位置时，必须注意选择正确的进给方向。 ( )

121. 为了提高绘图的速度，一般的绘图和编辑应使用命令输入方法。 ( )

122. 在三维实体建模中，绘制圆形后可直接拉伸为圆柱体。 ( )

123. 在三维实体建模中，两个关联实体的合并可采用差集方法操作。 ( )

124. 在三维实体建模时，一般采用西南等轴测图进行绘图。 ( )

125. 应用 AutoCAD 绘制数控加工的零件图，可求解基点的坐标值。 ( )

126. 应用数控车 CAXA 进行自动编程应首先进行零件图轮廓的绘制。 ( )

127. 自动编程中，需要按不同的加工方式建立刀具加工轨迹。 ( )

128. 数控仿真加工可以进行零件不同部位的测量。 ( )

129. 数控仿真加工可以进行程序的检测，但不能显示错误的内容。 ( )

130. 数控仿真加工的整个演示过程可以保存并重演。 ( )

二、选择题（将正确答案的序号填入括号内）

（一）单项选择题

1. 实现和数控机床数控装置进行数据交换的仪器和设备称为数控机床的( )。

A. 外部设备　　B. 数控装置

C. 伺服装置　　D. 主机及辅助装置

2. 伺服电动机属于数控机床的( )。

A. 外部设备　　B. 数控装置

C. 驱动装置　　D. 主机及辅助装置

3. 在数控机床的闭环工作系统中，(　　)具有极为重要的反馈控制作用。

A. 外部设备　　B. 数控装置

C. 伺服装置　　D. 位置检测装置

4. 带有刀库和自动换刀装置的数控机床称为(　　)。

A. 数控钻床　　B. 数控车床　　C. 数控铣床　　D. 加工中心

5. 数控钻床通常属于(　　)控制数控机床。

A. 点位直线运动　　B. 连续运动

C. 点位　　D. 轮廓运动

6. 数控铣床属于(　　)控制数控机床。

A. 点位直线运动　　B. 连续运动

C. 点位　　D. 轮廓运动

7. 目前国内应用最多的是(　　)控制系统数控机床。

A. 开环　　B. 半闭环　　C. 闭环　　D. 简易

8. 大型和精密数控机床通常应采用(　　)控制系统。

A. 开环　　B. 半闭环　　C. 闭环　　D. 简易

9. 全功能数控机床的位置检测装置检测精度为(　　)。

A. 0.001mm　　B. 0.01mm

C. 0.005mm　　D. 0.05mm

10. 经济型数控机床的进给传动系统一般采用(　　)电动机。

A. 三相异步　　B. 交流伺服　　C. 步进　　D. 直流伺服

11. 数控机床的刀库容量和换刀时间属于(　　)指标。

A. 精度　　B. 分辨度　　C. 可控轴数　　D. 运动性能

12. 数控机床的主轴转速一般可达到(　　)r/min。

A. 1000～2000　　B. 2000～5000

C. 5000～10000　　D. 10000～20000

13. 先进数控机床的换刀时间为(　　)s。

A. 1～2　　B. 10～20　　C. 4～5　　D. 20～30

14. 目前常见的中小型加工中心的刀库容量为(　　)把。

A. 16～60　　B. 100～200　　C. 5～10　　D. 50～100

15. 数控车床的常用坐标是(　　)坐标。

A. Z 轴和 Y 轴　　B. Z 轴和 X 轴

C. X 轴和 Y 轴　　D. X、Y、Z 轴

16. 大型和精密数控车床通常采用(　　)的床身和导轨布局。

A. 平床身平滑板　　B. 斜床身斜滑板

C. 平床身斜滑板　　D. 立床身

17. 加工螺旋槽和叶片等立体曲面零件的数控铣床应使用(　　)数控系统。

A. 三坐标　　B. 两轴联动　　C. 两轴半　　D. 四坐标

18. 通常数控机床水平，并平行工件装夹面的是(　　)坐标轴。

A. Z　　B. Y　　C. X　　D. A

19. 数控机床中被数控系统记忆并作为系统运算基准的是(　　)。

A. 参考点　　B. 机床零点　　C. 工件零点　　D. 起刀点

20. 采用刀具轨迹模拟显示是数控程序编制中(　　)的主要方法。

A. 工艺处理　　B. 数学处理　　C. 程序输入　　D. 程序检验

21. CAD 表示(　　)。

A. 计算机系统　　B. 机械绘图

C. 机械设计　　D. 计算机辅助设计

22. 在 AutoCAD 中，捕捉操作属于(　　)。

A. 参数设置　　B. 图元选择　　C. 辅助工具　　D. 编辑功能

23. 在 AutoCAD 中，块属于(　　)。

A. 参数　　B. 图元　　C. 工具　　D. 标注

24. 在 AutoCAD 中，新建图层的默认设置为(　　)。

A. 白色、连续线　　B. 绿色、虚线

C. 黄色、实线　　D. 红色、点画线

25. 在 AutoCAD 中，中心点的准确寻找应使用(　　)。

A. 捕捉　　B. 对象捕捉　　C. 正交　　D. 栅格

26. 在 AutoCAD 中，若需绘制与一直线多条准确距离的平行线，最方便的应使用(　　)编辑功能。

A. 陈列　　B. 偏移　　C. 镜像　　D. 分解

27. 在 AutoCAD 中，若需绘制直线段和折线段的应使用(　　)绘图工具。

A. 多义线　　B. 构造线　　C. 直线　　D. 多线

28. 在 AutoCAD 中，用于辅助作图的是(　　)绘图工具。

A. 直线　　B. 多义线　　C. 多线　　D. 构造线

29. 在 AutoCAD 中，图案填充的默认样式是(　　)样式。

A. 孤岛隔层　　B. 外部　　C. 内部　　D. 忽略

30. 在 AutoCAD 中，与修剪命令相对应的是(　　)。

A. 比例　　B. 拉长　　C. 旋转　　D. 延伸

31. 数控机床主轴传递的电动机全部功率一般为(　　)kW。

A. 2　　B. 5　　C. 4.7　　D. 11

32. 数控机床的电动机功率在 11kW 时，当转速为(　　)r/min 时，主轴的输出转矩不变，称为主轴的恒转矩区域。

A. 10～35　　B. 35～437

C. 437～3500　　D. 3500～10000

33. 数控机床主轴电动机的超载功率一般为(　　)kW。

A. 11　　B. 5　　C. 12　　D. 15

34. 电动机发热会影响主轴精度的变速方式是(　　)。

A. 内置电动机主轴变速　　B. 分段无级变速

C. 电磁离合器变速　　D. 液压拨叉变速

35. 数控机床进给系统机械传动机构是指将电动机的旋转运动传递给工作台或刀架，以实现进给运动的(　　)。

A. 机械传动链　　B. 齿轮传动副

C. 滚柱丝杠传动副　　D. 数控系统

36. 数控机床进给传动系统的主要传动装置是(　　)。

A. 齿轮传动副　　B. 蜗杆传动副

C. 滚珠丝杠传动副　　D. 齿轮齿条传动副

37. 带有返向器的滚珠丝杠螺母副的滚珠属于(　　)方式。

A. 外循环　　B. 先内后外循环

C. 先外后内循环　　D. 内循环

38. 可以使滚珠丝杠的热变形转化为推力轴承的预紧力的支承方式是(　　)。

A. 一端装推力轴承，另一端自由

B. 一端装推力轴承，另一端装向心轴承

C. 两端装单向推力轴承

D. 两端装双向推力轴承

39. 造成数控机床进给系统反向运动滞后于指令信号的原因是传动齿轮的(　　)。

A. 模数较大　　B. 齿数较多　　C. 齿侧间隙　　D. 齿顶间隙

40. 数控机床上最常用的，动静摩擦因数很接近的是(　　)导轨。

A. 滚动　　B. 静压　　C. 贴塑　　D. 注塑

41. 闭环伺服系统与开环伺服系统的主要区别是具有(　　)。

A. 数控系统　　B. 故障报警系统

C. 进给控制系统　　D. 位置检测反馈系统

42. 数控机床伺服系统正常工作的前提是(　　)。

A. 惯性　　B. 稳定性　　C. 阻尼性　　D. 刚性

43. 数控机床使用的功率步进电动机的输出转矩一般在(　　)。

A. 10N · m 以下　　B. 10N · m 以上

C. 20N · m 以上　　D. 40N · m 以上

44. 步进电动机的定子绕组通电状态改变一次，转子转过一个确定的角度称为(　　)。

A. 最高频率　B. 步距误差　C. 步距角　D. 输出转矩

45. 功率步进电动机的步距误差一般为(　　)。

A. ±10′~±20′　　B. ±20′~±25′

C. ±25′~±30′　　D. ±30′~±40′

46. 国产伺服步进电动机的最高起动频率为(　　)Hz。

A. 100~200　　B. 1000~2000

C. 300~500　　D. 2000~3000

47. 选用步进电动机时应注意保证电动机的(　　)大于负载所需的(　　)。

A. 输出转矩、转矩　　B. 最高频率、起动频率

C. 脉冲当量、脉冲　　D. 步距角、脉冲当量

48. 数控机床使用的小惯量电动机的起动时间一般在(　　)。

A. 10s 以内　B. 10~20s　C. 5s 以内　D. 20~25s

49. 宽调速直流伺服电动机具有优越的加减速特性，能产生(　　)倍的瞬时转矩。

A. 1~2　B. 5~10　C. 10~15　D. 20

50. 经济型数控机床的伺服电动机和丝杠基本上都采用(　　)连接方式。

A. 直联式　　B. 齿轮减速式

C. 蜗轮蜗杆减速式　　D. 同步带式

51. 数控机床位置检测元件的分辨率一般在(　　)mm 之间。

A. 0.001~0.01　　B. 0.0001~0.1

C. 0.0001~0.01　　D. 0.01~0.1

52. 数控机床位置检测装置的检测精度一般在(　　)mm/m。

A. ±0.001~±0.02　　B. ±0.01~±0.02

C. ±0.001~±0.002　　D. 0.0001~0.0002

53. 数控机床的位置检测方式中，对于被测量的任意一点位置均由固定的零点作基准，每一个被测量点都有相应的测量值的方法是(　　)测量。

A. 增量式　B. 直接　C. 间接　D. 绝对式

54. 数控机床的位置检测装置中的圆光栅属于(　　)检测装置。

A. 直线型增量式　　B. 直线型绝对式

C. 回转型增量式　　D. 回转型绝对式

55. 选择数控机床时能满足实际零件需要的是(　　)原则。

A. 实用性　B. 经济性　C. 可操作性　D. 可靠性

56. 选择数控机床应与本企业的操作和维修水平相适应的是(　　)原则。

A. 实用性　　B. 经济性　　C. 可操作性　　D. 可靠性

57. 数控机床的运行成本一般在(　　)元/h 之间。

A. 10~20　　B. 10~50　　C. 20~300　　D. 20~200

58. 选择数控机床时，根据零件的精度、材料、加工周期、加工成本等因素，进行综合考虑的方法是(　　)的选择方法。

A. 按应用范围　　B. 按功能

C. 按机床的层次　　D. 按技术经济性

59. 在确定数控加工路线时，若是铣削加工，应注意(　　)。

A. 主轴转速　　B. 进给速度

C. 使用刀具　　D. 顺铣和逆铣

60. 大部分数控机床的刀库容量取(　　)。

A. 10~20　　B. 10~40　　C. 40~100　　D. 20~50

61. 在 AutoCAD 三维建模中圆柱体的拉伸可通过（　）进行。

A. 圆面域　　B. 圆形线　　C. 矩形面域　　D. 圆弧线

62. 在 AutoCAD 三维建模中，一般视图中显示的是（　）。

A. 二维框线　　B. 三维框线　　C. 消隐　　D. 渲染

63. 在新版的 AutoCAD 软件中，块的新增功能是（　）。

A. 创建　　B. 插入　　C. 保存　　D. 动态编辑

64. 在 AutoCAD 的绘图尺寸标注中，需要通过块保存的是（　）。

A. 尺寸线和界限　　B. 形位公差

C. 基准和表面粗糙度标记　　D. 直径符号

65. 在 AutoCAD 的绘图尺寸标注中，需要使用快速引线的是（　）。

A. 尺寸　　B. 表面粗糙度　　C. 基准　　D. 形位公差

66. 在数控仿真软件中，可以将电脑软件编写的程序导入的文件格式是(　　)。

A. Word 文件　　B. Excel 文件　　C. 文本文件　　D. PPT 文件

67. 在使用宇龙数控仿真软件时，选择机床时应首先确定机床的（　）。

A. 类别　　B. 控制系统　　C. 规格　　D. 形式

68. 在使用宇龙数控仿真软件时，工件使用时应首先进行（　）。

A. 零件安装　　B. 零件导入　　C. 毛坯定义　　D. 工件找正

69. 数控仿真系统的刀具选择应首先确定（　　）。

A. 刀号　　B. 形式　　C. 规格　　D. 角度

70. 在数控仿真操作中，需要从各个角度观察仿真加工的情形，应使用(　　)功能。

A. 项目管理　B. 视图变换　C. 系统设置　D. 考试

（二）多项选择题

1. 数控机床可以实现刀具或机床工作台运动的自动控制，主要包括(　　)等。

A. 坐标设置　B. 坐标定位　C. 移动轨迹　D. 移动速度
E. 刀具转速　F. 工件夹紧　G. 刀具补偿

2. 数控机床的外部设备常见的有(　　)等。

A. 阅读机　B. 穿孔机
C. 刀库　D. 编程仪
E. 计算机　F. 磁盘机
G. 磁带机　H. 伺服电动机

3. 数控机床的数控装置的主要作用是完成(　　)。

A. 程序输入与输出　B. 程序处理
C. 程序编制　D. 加工信息存储与处理
E. 坐标轴运动控制　F. 工件夹紧
G. 插补运算　H. 主轴旋转方向控制
I. 主轴转速变换

4. 驱动装置是数控机床的执行机构，一般包括(　　)两大部分。

A. 进给驱动单元　B. 编程仪
C. 进给电动机　D. 主轴电动机
E. 刀具与刀具　F. 工件与夹具
G. 冷却装置　H. 主轴驱动单元

5. 数控机床的主机部分具有(　　)主要特点。

A. 传动链复杂　B. 结构简单
C. 传动链短　D. 动态刚度高
E. 阻尼小　F. 快速跟随特性
G. 运动精度高

6. 数控机床的数控装置一般包括(　　)。

A. 编程仪　B. 检测装置　C. 译码器　D. 运算器
E. 存储器　F. 控制器　G. 显示器　H. 阅读器

7. 按数控机床的控制系统分类，数控机床分为(　　)数控机床。

A. 点位控制　B. 点位运动控制
C. 闭环　D. 轮廓运动控制
E. 开环控制　F. 半闭环控制
G. 硬线控制　H. 计算机控制

8. 全功能数控机床的进给传动系统典型结构的电动机采用(　　)电动机。

A. 三相异步　B. 交流伺服　C. 直流伺服　D. 步进

E. 交流主轴　F. 直流主轴　G. 双速

9. 数控机床的性能指标包括(　　)等。

A. 定位精度　B. 坐标精度

C. 重复定位精度　D. 分度精度

E. 换刀速度　F. 分辨度

G. 脉冲当量　H. 可控轴数

I. 联动轴数　J. 行程

K. 摆角范围

10. 数控加工中心通常由以下部分组成：(　　)。

A. 基础部件　B. 主轴部件

C. 数控系统　D. 自动换刀系统

E. 液压系统　F. 检测系统

11. 在 AutoCAD 中，图元是指(　　)。

A. 点　B. 直线　C. 圆环　D. 文本

E. 块　F. 形　G. 圆角　H. 倒角

12. 在 AutoCAD 绘图中，使用的是(　　)。

A. 球面坐标　B. 绝对直角坐标

C. 相对直角　D. 极坐标

E. 相对极坐标

13. 在 AutoCAD 中，图层特性管理器可对图层设置(　　)。

A. 名称　B. 颜色　C. 线宽　D. 线长

E. 线型　F. 背景　G. 位置　H. 打印样式

14. 在 AutoCAD 中，图层特性控制包括(　　)。

A. 打开　B. 关闭　C. 冻结　D. 锁定

E. 颜色　F. 解冻　G. 解锁

15. 在 AutoCAD 中，绘图辅助工具包括(　　)。

A. 捕捉　B. 正交　C. 极轴　D. 对象捕捉

E. 对象跟踪　F. 线长　G. 线宽　H. 模型

I. 栅格　J. 线型

16. 在 AutoCAD 中，二维绘图命令包括(　　)。

A. 构造线　B. 直线　C. 分解　D. 圆角

E. 矩形　F. 创建图块　G. 面域　H. 椭圆

17. 在 AutoCAD 中，二维绘图编辑工具包括(　　)。

A. 拉伸　B. 拉长　C. 分解　D. 填充
E. 文字　F. 修剪　G. 打断

18. 在 AutoCAD 中，选择对象的操作方法有(　　)等。
A. 直接选取　B. 窗口方式
C. 窗交方式　D. 围圈方式
E. 选择直线集　F. 栏选方式

19. 在 AutoCAD 中，矩形阵列操作包括(　　)等步骤。
A. 确定对象　B. 选定阵列类型
C. 确定中心　D. 指定水平阵列数目
E. 指定总张角　F. 指定垂直阵列数目
G. 输入行间距　H. 输入列间距

20. 在 AutoCAD 中，尺寸标注的类型有(　　)等。
A. 长度型　B. 多角型　C. 角度型　D. 半径型
E. 直径型　F. 矩形　G. 圆型　H. 引线型

21. 数控机床的加工工艺主要内容包括(　　)等。
A. 分析零件图样　B. 选择适用机床
C. 设计加工工序　D. 编制数控程序
E. 调整数控程序　F. 模拟数控程序

22. 数控单机加工属于柔性加工的最小单元，其柔性特点表现为(　　)。
A. 加工对象灵活可变　B. 适宜单件加工
C. 不适宜批量生产　D. 缩短设备调整时间
E. 减少生产准备时间

23. 适宜于数控加工的零件有(　　)的零件等。
A. 重复性投产　B. 批量特殊
C. 单件特殊　D. 关键
E. 大于经济批量　F. 能进行多工序集中
G. 大型

24. 数控机床选择的原则有(　　)原则等。
A. 灵活性　B. 实用性　C. 可靠性　D. 经济性
E. 可操作性　F. 低层次　G. 小型　H. 功能性

25. (　　)等属于高档型的数控机床。
A. 5 轴数控铣床　B. 大型数控机床
C. 五面加工中心　D. 数控车床
E. 车削中心　F. 柔性加工单元
G. 重型数控机床　H. 数控镗铣床

26. 合理安排数控加工工序顺序时应注意(　　)等。

A. 与前后工序衔接　　B. 加工时间

C. 工件装夹的次数　　D. 由粗渐精

E. 加工路径

27. 数控加工工件装夹应注意(　　)等。

A. 减少装夹次数　　B. 固定定位方式

C. 采用简单夹紧方式　　D. 减少加工干涉

E. 便于对刀　　F. 便于切入切出

G. 便于调整工件坐标位置　　H. 固定夹紧位置

28. 数控加工路线的确定应遵循的有(　　)等原则。

A. 随机　　B. 保证精度

C. 提高效率　　D. 简化数据

E. 路径尽可能短　　F. 灵活

G. 柔性　　H. 减少空刀

29. 在数控加工确定加工路线时，应遵循一定的原则，还应考虑(　　)等因素。

A. 加工速度　　B. 刀具转速

C. 进给速度　　D. 加工余量

E. 工艺系统刚度　　F. 循环次数

G. 铣削方式　　H. 铣刀形式

30. 确定数控机床加工路线应注意(　　)等事项。

A. 点位加工选用适当的引入距离

B. 铣削外轮廓应考虑外延

C. 切削封闭内轮廓应考虑外延

D. 轮廓铣削中避免中途停顿

E. 螺纹应增加一个螺距的引入距离

F. 车削采用多次循环

31. 数控机床对自动换刀装置的基本要求有(　　)等。

A. 刀具换刀时间短　　B. 刀具重复定位精度高

C. 足够的刀具储存量　　D. 占用空间小

E. 占地面积大　　F. 尽可能多的刀具数量

32. 数控机床常用的双臂机械手有(　　)等形式。

A. 转手　　B. 抬手　　C. 钩手　　D. 抱手

E. 伸缩手　　F. 连手　　G. 插手

33. 数控机床常用的刀库类型有(　　)刀库。

A. 箱体　B. 盘式　C. 转式　D. 链式
E. 弹仓式　F. 格子式　G. 槽式　H. 管式

34. 数控机床刀库刀具选取的方式有(　)选刀方式。
A. 定点　B. 多位　C. 转角　D. 顺序
E. 定时　F. 任意　G. 记忆　H. 定位

35. 数控机床主传动系统的特点包括(　　)等。
A. 转速低　B. 功率大
C. 自动无级变速　D. 变速可靠
E. 变速较慢　F. 刀具可自动装卸
G. 主轴具有定向停止功能　H. 具有主轴孔内切屑清除装置

36. 数控机床的变速方式有(　)等。
A. 齿轮箱　B. 无级变速
C. 分段无级变速　D. 带轮变速
E. 摩擦轮变速　F. 蜗杆副变速
G. 内置电动机主轴变速

37. 滚珠丝杠副的传动特点有(　　)。
A. 传动效率高　B. 摩擦力小
C. 使用寿命长　D. 刚性好
E. 反向无空行程　F. 接触面积大
G. 自锁性能好　H. 容易产生爬行

38. 滚珠丝杠的双螺母间隙调整方法常见的有(　　)调整法。
A. 齿条偏移　B. 垫片　C. 螺纹　D. 齿差
E. 直径型　F. 螺距变位　G. 变位齿轮

39. 数控机床对导轨的技术要求包括(　　)等。
A. 较高的导向精度　B. 良好的摩擦特性
C. 良好的精度保持性　D. 高灵活性
E. 高速特性　F. 加减速特性
G. 结构简单　H. 工艺性好

40. 数控机床的导轨常用的有(　　)导轨。
A. 塑料滚动　B. 贴塑滑动　C. 注塑滑动　D. 塑钢
E. 静压　F. 液压　G. 滚珠　H. 滚针
I. 滚柱　J. 滚轮

41. 数控机床对伺服系统的技术要求包括(　　)等。
A. 较高的工作精度　B. 快速响应
C. 调速范围宽　D. 稳定性好

E. 可靠性好　　F. 主轴转速高

G. 进给速度快　　H. 导轨摩擦小

42. 数控机床步进电动机与普通电动机结构大致相同，主要包括(　　)等。

A. 联轴器　　B. 传动齿轮

C. 脉冲发生器　　D. 转子

E. 定子　　F. 定子绕组

G. 转子绕组

43. 数控机床步进电动机的主要特性有(　　)等。

A. 步距角　　B. 转速

C. 最高起动频率　　D. 输出转矩

E. 摆动性　　F. 连续运行最高频率

44. 数控机床使用的直流宽调速电动机使用特点有(　　)等。

A. 高速特性好　　B. 低速特性好

C. 转子惯量大　　D. 过载性能好

E. 瞬时转矩大　　F. 稳定性好

G. 具有优越的加减速特性

45. 数控机床的伺服电动机与丝杠的连接方式常用的有(　　)。

A. 直联式　　B. 间接联接式

C. 齿轮减速式　　D. 弹性联接式

E. 同步带式　　F. 锥齿轮式

G. 蜗杆副式

46. 数控机床的小惯量直流电动机使用特点有(　　)。

A. 转动惯量小　　B. 瞬时转矩小

C. 起动速度慢　　D. 机电时间常数小

E. 无转矩脉动　　F. 无爬行现象

G. 换向性能好　　H. 低速运转平稳

47. 数控机床对位置检测装置的基本要求有(　　)等。

A. 工作可靠　　B. 抗干扰性强

C. 使用方便　　D. 适应机床工作环境

E. 满足精度要求　　F. 满足速度要求

G. 实现高速测量　　H. 实现高速数据处理

I. 检测自动化　　J. 成本低

48. 数控机床的位置检测装置类型通常有(　　)测量。

A. 数字式　　B. 增量式　　C. 绝对式　　D. 直接

E. 间接　　F. 主动　　G. 动态　　H. 模拟式

I. 被动　　　　　J. 静态

49. 数控机床的光电编码装置由(　　)等组成。

A. 光栅　　　　　B. 光源

C. 透镜　　　　　D. 聚光镜

E. 光电盘　　　　　F. 光拦板

G. 光敏元件　　　　　H. 谐振电路

I. 整形放大电路　　　　　J. 数字显示装置

50. 数控机床位置检测装置中的旋转变压器具有(　　)等特点。

A. 结构较复杂　　　　　B. 动作灵敏

C. 工作可靠　　　　　D. 工作环境要求高

E. 输出信号幅度大　　　　　F. 抗干扰能力强

51. AutoCAD 三维建模的实体布尔运算包括（　　）。

A. 交集　　　　　B. 剖切

C. 差集　　　　　D. 并集

E. 拉伸　　　　　F. 倾斜

52. AutoCAD2007 三维实体的视觉样式显示包括（　　）。

A. 渲染　　　　　B. 二维线框

C. 三维线框　　　　　D. 消隐

E. 真实　　　　　F. 概念

53. AutoCAD2007 版本的新功能包括（　　）等内容。

A. 创建　　　　　B. 管理

C. 显示　　　　　D. 绘图

E. 生产　　　　　F. 共享

G. 视图

54. 宇龙数控仿真软件的显示参数设置包括（　　）等选项。

A. 仿真加速倍率　　　　　B. 声音与切屑开关

C. 机床显示方式　　　　　D. 机床显示状态

E. 零件显示方式　　　　　F. 显示出错信息

G. 控制面板切换

55. CAXA 数控车自动编程的操作步骤包括（　　）。

A. 绘制工件轮廓线　　　　　B. 绘制毛坯轮廓线

C. 选定加工功能　　　　　D. 选择加工参数

E. 拾取轮廓线　　　　　F. 机床设置

G. 后置处理　　　　　H. 生成代码

I. 按加工顺序拾取加工轨迹

三、作图题

1. 按图1绘制三面刃铣刀，绘制时间为2h，绘制要求：图形准确（40%）；线型、线宽规范清晰（20%）；各标注正确（20%）；其他（比例、布局等10%）。

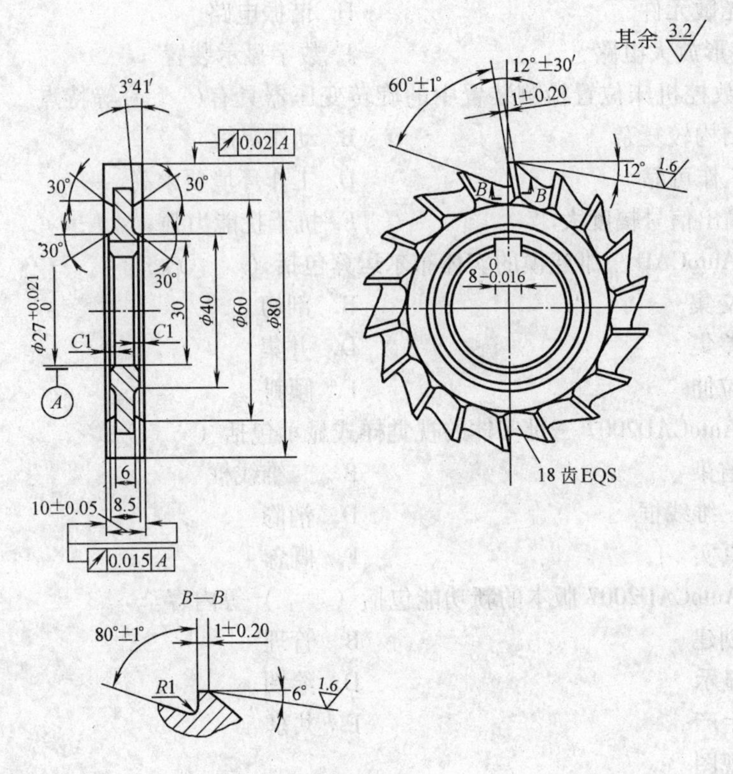

图1　三面刃铣刀简图

2. 按图2b绘制夹具结构简图，绘制时间为4h，绘制要求为：前4项同作图题1；写出图层设置的步骤（10%）。

四、简答题

1. 用数控车床车削图3所示的零件，已知毛坯直径为47mm，长度为201mm，一号刀为60°右偏刀，三号刀为90°左偏刀，五号刀为切断刀，二号刀为车端面球刀，七号刀为窄圆弧刀。试按所用数控车床编写数控程序。

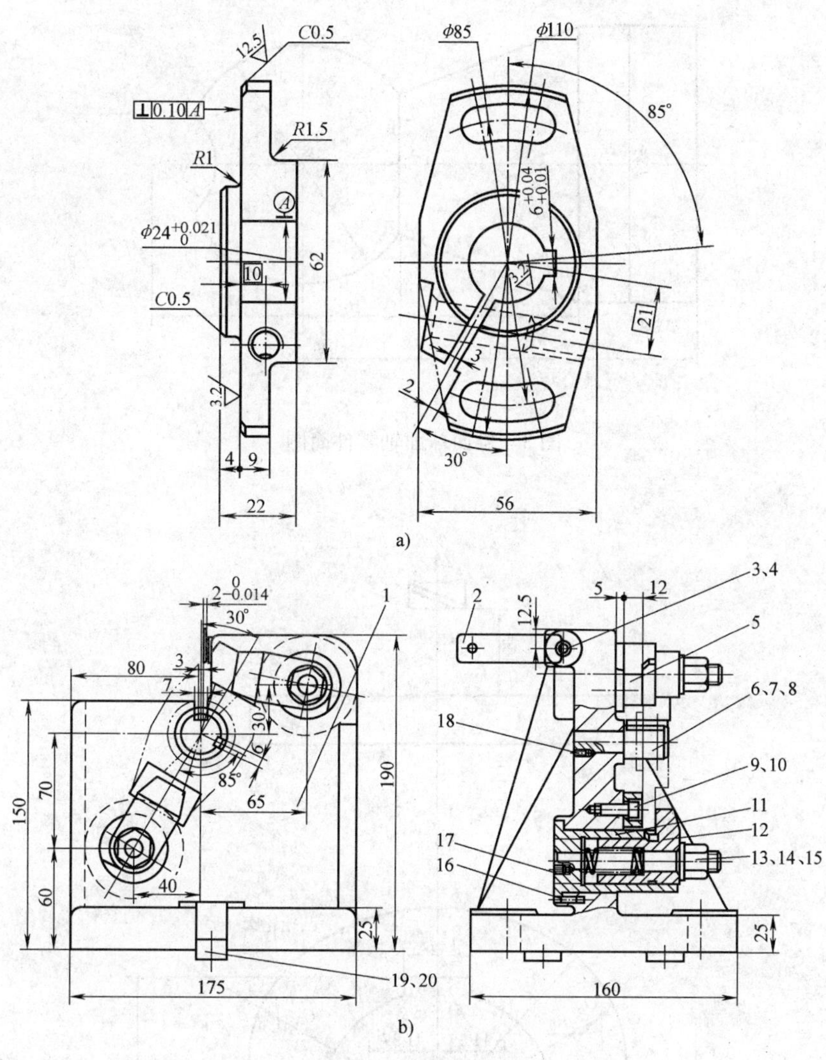

图 2　联轴器与斜槽铣削夹具简图

a）联轴器　b）夹具简图

1—夹具体　2—塞尺　3—对刀块　4、7、10、20—固紧螺钉　5、9—支承块

6—平键　8—定位销　11—压板套筒　12—螺旋钩形压板　13—螺杆

14—螺母　15—弹簧　16、17、18—配作销、螺钉　19—定位键

2. 用数控铣床铣削图 4 所示的零件。（1）试计算各圆弧中心的坐标值和各基点的坐标值；（2）按所用数控铣床编写数控程序。

3. 用数控加工中心加工图 5 所示的零件，零件上要加工的部位是由七个正六边形与外轮廓多边形边界之间所组成的窄槽（宽 9. 8mm，深 4mm），试按所用数控加工中心并采用子程序功能编写数控程序。

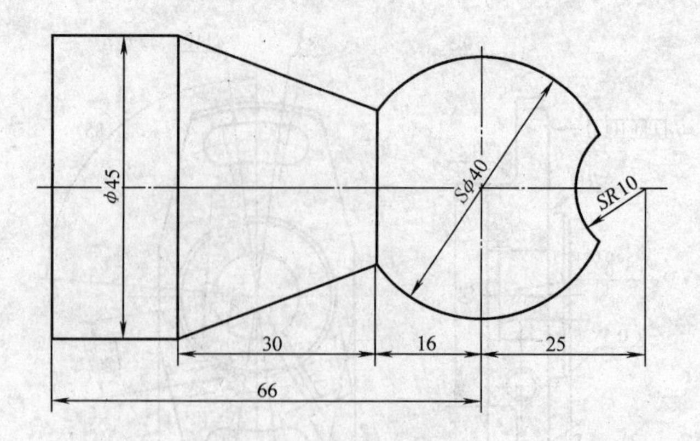

图3　锥面球面轴零件简图

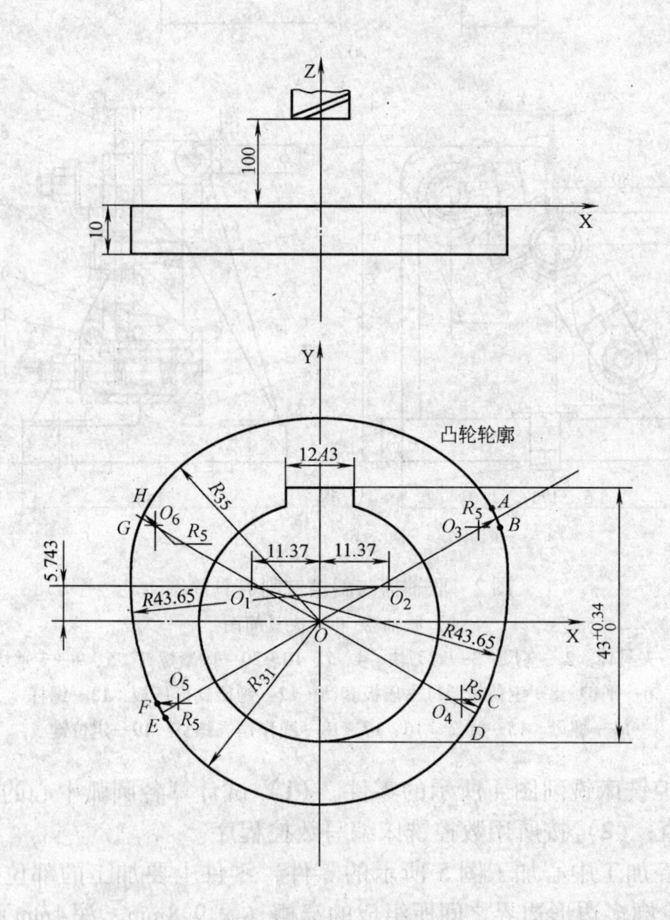

图4　平面凸轮零件简图

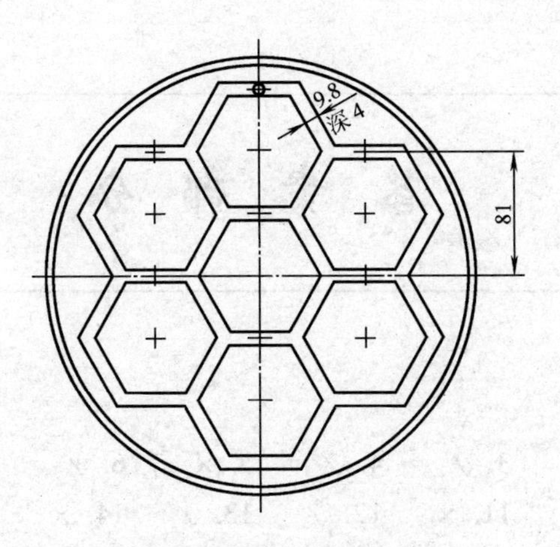

图 5　轮廓窄槽零件简图

答案部分

一、判断题

1. ×　2. ×　3. ✓　4. ✓　5. ×　6. ✓　7. ×　8. ✓
9. ✓　10. ✓　11. ×　12. ✓　13. ✓　14. ×　15. ✓　16. ×
17. ×　18. ×　19. ✓　20. ✓　21. ✓　22. ×　23. ×　24. ✓
25. ✓　26. ✓　27. ✓　28. ✓　29. ×　30. ✓　31. ×　32. ×
33. ✓　34. ×　35. ✓　36. ✓　37. ✓　38. ✓　39. ✓　40. ×
41. ✓　42. ✓　43. ×　44. ×　45. ✓　46. ✓　47. ×　48. ✓
49. ×　50. ×　51. ✓　52. ✓　53. ×　54. ×　55. ×　56. ×
57. ×　58. ✓　59. ✓　60. ×　61. ×　62. ×　63. ✓　64. ✓
65. ✓　66. ✓　67. ×　68. ✓　69. ✓　70. ✓　71. ×　72. ✓
73. ✓　74. ×　75. ×　76. ✓　77. ✓　78. ✓　79. ✓　80. ✓
81. ✓　82. ×　83. ✓　84. ✓　85. ✓　86. ×　87. ✓　88. ✓
89. ✓　90. ×　91. ×　92. ×　93. ×　94. ×　95. ×　96. ×
97. ✓　98. ✓　99. ✓　100. ×　101. ✓　102. ✓　103. ✓　104. ×
105. ✓　106. ✓　107. ✓　108. ✓　109. ✓　110. ✓　111. ×　112. ×
113. ✓　114. ×　115. ×　116. ×　117. ×　118. ✓　119. ✓　120. ✓
121. ×　122. ×　123. ×　124. ✓　125. ✓　126. ✓　127. ✓　128. ✓
129. ×　130. ✓

二、选择题

（一）单项选择题

1. A　2. C　3. D　4. D　5. C　6. D　7. B　8. C
9. A　10. C　11. D　12. C　13. C　14. A　15. B　16. A
17. D　18. C　19. B　20. D　21. D　22. C　23. B　24. A
25. B　26. B　27. C　28. D　29. A　30. D　31. D　32. B
33. D　34. A　35. A　36. C　37. D　38. D　39. C　40. A
41. D　42. B　43. B　44. C　45. B　46. B　47. A　48. A

49. C 50. B 51. C 52. A 53. D 54. C 55. A 56. C
57. D 58. D 59. D 60. B 61. A 62. B 63. D 64. C
65. D 66. C 67. B 68. C 69. A 70. B

（二）多项选择题

1. BCDEG	2. ABDEFG	3. ABDEGHI	4. ACDH
5. BCDEFG	6. BCDEFG	7. CEF	8. BC
9. ACDEFGHIJK	10. ABCDEF	11. ABCDEF	12. BCE
13. ABCEH	14. ABCDEFG	15. ABCDEGHI	16. ABEFGH
17. ABCFG	18. ABCDEF	19. ABDFGH	20. ACDEH
21. ABCDEF	22. ABDE	23. ABCDEF	24. BCDE
25. ABCEFG	26. ACDE	27. ACDEFG	28. BCDEH
29. DEFG	30. ABDF	31. ABCD	32. CDEG
33. BCEF	34. DFG	35. BCDFGH	36. BCG
37. ABCE	38. BCDF	39. ABCGH	40. BCEFGHI
41. ABCDE	42. DEF	43. ACDF	44. BCDEFG
45. ACE	46. ADEFGH	47. ABCDEFGHIJ	48. ABCDEH
49. BDEFGIJ	50. BCEF	51. ACD	52. CEF
53. ABCEF	54. ABCDEF	55. ABCDEFGHI	

三、作图题（参考）

1. 在绘制三面刃铣刀外圆后，绘制一个刀齿的构成线条，然后采用环形阵列编辑操作步骤：

点击阵列工具图标（或直接输入命令、选择相应菜单）→选择环形阵列→点击阵列对象选择→用窗口方法选择构成一个刀齿的所有线条→点击中心选择→选择外圆中心为环形阵列中心→选择阵列对象数目→按刀齿数 18 填入→点击环形阵列张角 360°→按“确定”完成操作。

2. 在绘制夹具结构图前，应对图样所需的线型线宽进行分析：虚线、点画线、双点画线、轮廓粗实线、标注细实线，因此，进行图层设置的操作步骤如下：单击图层特性管理器图标→新建图层 1（2、3、4）→设置线型→加载线型→选择确定各图层线型→设置线宽→选择确定各图层相应线宽→设置颜色→按各图层所需选择确定线条颜色。因 0 图层为默认图层，因此本例只需新设置 4 个图层即可满足绘图需要。

四、简答题（参考）

1. 使用 CK0630 数控车床编制程序：

```
N001 G90
N002 G92 X50 Z15
N003 M03 S800
N004 G00 X45 Z2
N005 G01 Z-88 F330
N006 G00 X47 Z2
N007 G91
N008 G81 P5
N009 G00 X-3
N010 G01 Z-38 P300
N011 G00 X2 Z38
N012 G80
N013 G90
N014 G28
N015 G29
N016 M06 T3
N017 G00 X66 Z-66
N018 G91
N019 G81 P7
N020 G01 X-3 P330
N021 G01 Z30 X-21
N022 G00 X21 Z-30
N023 G80
N024 G90
N025 G28
N026 G29
N027 M06 T7
N028 G00 X40 Z0
N029 G91
N030 G81 P10
N031 G01 X-4 P100
N032 G02 X24 Z-36 I0 K-20
N033 G00 X18 Z36
N034 G01 X-42
N035 G80
```

N036 G90
N037 G28
N038 G29
N039 M06 T2
N040 G00 Z10 X0
N041 G01 Z0 F80
N042 G91
N043 G81 P5
N044 G01 Z-1
N045 G03 X200 Z10 I0 K10
N046 G00 X-20 Z-10
N047 G80
N048 G90
N049 G28
N050 G29
N051 M06 T5
N052 G00 X47 Z-86
N053 G00 X0 F80
N054 G28
N055 G29
N056 M05
N057 M02

2. （1）各点坐标值：

O_4（21.292，-14.922）　　O_5（-21.292，-14.922）
O_6（-26.283，14.463）　　B（31.35，15.603）
C（25.502，-17.628）　　D（25.396，-17.777）
E（-25.396，-17.777）　　F（-25.502，-17.628）
G（-31.15，15.603）　　H（-30.668，16.867）

（2）使用 FANUC-BESK 6ME 的 G 代码编程如下：

O003
N01 G92 X0 Y0 Z100.0;
N02 G90 G00 X-35.0 Y35.0 S800 M03;
N03 Z-15.0 M08;
N03 Z-15.0 M08;
N04 G41 G01 X-10.0 Y35.0 D01 F100;

```
N05 X0;
N06 G02 X30.668 Y16.867 R35.0;
N07 G02 X31.15 Y15.603 R5.0;
N08 G02 X25.502 Y-17.628 R43.65;
N09 G02 X25.369 Y-17.777 R5.0;
N10 G02 X-25.369 Y-17.777 R31.0;
N11 G02 X-25.502 Y-17.628 R5.0;
N12 G02 X-31.15 Y15.603 R43.65;
N13 G02 X-30.668 Y16.867 R5.0;
N14 G02 X0 Y35.0 R35.0;
N15 G01 X10.0;
N16 G40 G00 X35.0 Y35.0 M09;
N17 Z100.0;
N18 X0 Y0;
N19 M30;
```

3. 用直径为 8mm 的键槽铣刀加工，使用 FANUC-6M 系统编程如下：

```
O200;
G92 X0 Y0 Z20.;
M03 S600;
M08;
M98 P210;
G91 G00Y162.;
M98 P220 L3;
G91 G00 X-70.148 Y202.5;
M98 P220 L2;
G91 G00 X140.296 Y162.;
M98 P220 L2;
G91 G00 X-70.148 M05;
M09;
M30;
O210;
G92 X0 Y0 Z20.;
G90 G00 Y121.5;
Z5.;
G01 Z-4. F20.;
```

```
G41 D21 X4.9 F40;
G03 X0 Y126.4 R4.9;
G01 X-26.212;
X-49.594 Y85.9;
X-96.36;
X-122.571 Y40.5;
X-99.189 Y0;
X-122.571 Y-40.5;
X-96.36 Y-85.9;
X-49.594;
X-26.212 Y-126.4;
X26.212;
X49.594 Y-85.9;
X96.36;
X122.571 Y-40.5;
X99.189 Y0;
X122.571 Y40.5;
X96.36 Y85.9;
X49.594;
X26.212 Y126.4;
X0;
G03 X-4.9 Y121.5 R4.9;
G40 G01 X0;
G90 G00 Z20.;
Y0 M99;
O220;
G91 G00 Y-8.1;
G92 X0 Y0 Z20.;
G90 G00 Y40.5;
Z5.;
G01 Z-4. F20;
G41 D21 X-4.9 F40;
G03 X0 Y35.6 R4.9;
G01 X20.554;
X41.107 Y0;
```

```
X20.554 Y-35.6;
X-20.554;
X-41.107 Y0;
X-20.554 Y35.6;
X0;
G03 X4.9 Y40.5 R4.9;
G40 G01 X0;
G90 G00 Z20.;
Y0 M99;
```

国家职业资格培训教材

丛书介绍：深受读者喜爱的经典培训教材，依据最新国家职业标准，按初级、中级、高级、技师（含高级技师）分册编写，以技能培训为主线，理论与技能有机结合，书末有配套的试题库和答案。所有教材均免费提供PPT电子教案，部分教材配有VCD实景操作光盘（注：标注★的图书配有VCD实景操作光盘）。

读者对象：本套教材是各级职业技能鉴定培训机构、企业培训部门、再就业和农民工培训机构的理想教材，也可作为技工学校、职业高中、各种短训班的专业课教材。

◆ 机械识图
◆ 机械制图
◆ 金属材料及热处理知识
◆ 公差配合与测量
◆ 机械基础（初级、中级、高级）
◆ 液气压传动
◆ 数控技术与AutoCAD应用
◆ 机床夹具设计与制造
◆ 测量与机械零件测绘
◆ 管理与论文写作
◆ 钳工常识
◆ 电工常识
◆ 电工识图
◆ 电工基础
◆ 电子技术基础
◆ 建筑识图
◆ 建筑装饰材料
◆ 车工（初级★、中级、高级、技师和高级技师）
◆ 铣工（初级★、中级、高级、技师和高级技师）
◆ 磨工（初级、中级、高级、技师和高级技师）
◆ 钳工（初级★、中级、高级、技师和高级技师）
◆ 机修钳工（初级、中级、高级、技师和高级技师）
◆ 锻造工（初级、中级、高级、技师和高级技师）
◆ 模具工（中级、高级、技师和高级技师）
◆ 数控车工（中级★、高级★、技师和高级技师）
◆ 数控铣工/加工中心操作工（中级★、高级★、技师和高级技师）
◆ 铸造工（初级、中级、高级、技师和高级技师）
◆ 冷作钣金工（初级、中级、高级、技师和高级技师）
◆ 焊工（初级★、中级★、高级★、技师和高级技师★）
◆ 热处理工（初级、中级、高级、技师和高级技师）
◆ 涂装工（初级、中级、高级、技师和高级技师）
◆ 电镀工（初级、中级、高级、技师

和高级技师）

◆ 锅炉操作工（初级、中级、高级、技师和高级技师）

◆ 数控机床维修工（中级、高级和技师）

◆ 汽车驾驶员（初级、中级、高级、技师）

◆ 汽车修理工（初级★、中级、高级、技师和高级技师）

◆ 摩托车维修工（初级、中级、高级）

◆ 制冷设备维修工（初级、中级、高级、技师和高级技师）

◆ 电气设备安装工（初级、中级、高级、技师和高级技师）

◆ 值班电工（初级、中级、高级、技师和高级技师）

◆ 维修电工（初级★、中级★、高级、技师和高级技师）

◆ 家用电器产品维修工（初级、中级、高级）

◆ 家用电子产品维修工（初级、中级、高级、技师和高级技师）

◆ 可编程序控制系统设计师（一级、二级、三级、四级）

◆ 无损检测员（基础知识、超声波探伤、射线探伤、磁粉探伤）

◆ 化学检验工（初级、中级、高级、技师和高级技师）

◆ 食品检验工（初级、中级、高级、技师和高级技师）

◆ 制图员（土建）

◆ 起重工（初级、中级、高级、技师）

◆ 测量放线工（初级、中级、高级、技师和高级技师）

◆ 架子工（初级、中级、高级）

◆ 混凝土工（初级、中级、高级）

◆ 钢筋工（初级、中级、高级、技师）

◆ 管工（初级、中级、高级、技师和高级技师）

◆ 木工（初级、中级、高级、技师）

◆ 砌筑工（初级、中级、高级、技师）

◆ 中央空调系统操作员（初级、中级、高级、技师）

◆ 物业管理员（物业管理基础、物业管理员、助理物业管理师、物业管理师）

◆ 物流师（助理物流师、物流师、高级物流师）

◆ 室内装饰设计员（室内装饰设计员、室内装饰设计师、高级室内装饰设计师）

◆ 电切削工（初级、中级、高级、技师和高级技师）

◆ 汽车装配工

◆ 电梯安装工

◆ 电梯维修工

变压器行业特有工种国家职业资格培训教程

丛书介绍：由相关国家职业标准的制定者——机械工业职业技能鉴定指导中心组织编写，是配套用于国家职业技能鉴定的指定教材，覆盖变压器行业5个特有工种，共10种。

读者对象：可作为相关企业培训部门、各级职业技能鉴定培训机构的鉴定培训教材，也可作为变压器行业从业人员学习、考证用书，还可作为技工学校、职业高中、各种短训班的教材。

◆ 变压器基础知识
◆ 绕组制造工（基础知识）
◆ 绕组制造工（初级 中级 高级技能）
◆ 绕组制造工（技师高级技师技能）
◆ 干式变压器装配工（初级、中级、高级技能）
◆ 变压器装配工（初级、中级、高级、技师、高级技师技能）
◆ 变压器试验工（初级、中级、高级、技师、高级技师技能）
◆ 互感器装配工（初级、中级、高级、技师、高级技师技能）
◆ 绝缘制品件装配工（初级、中级、高级、技师、高级技师技能）
◆ 铁心叠装工（初级、中级、高级、技师、高级技师技能）

国家职业资格培训教材——理论鉴定培训系列

丛书介绍：以国家职业技能标准为依据，按机电行业主要职业（工种）的中级、高级理论鉴定考核要求编写，着眼于理论知识的培训。

读者对象：可作为各级职业技能鉴定培训机构、企业培训部门的培训教材，也可作为职业技术院校、技工院校、各种短训班的专业课教材，还可作为个人的学习用书。

◆ 车工（中级）鉴定培训教材
◆ 车工（高级）鉴定培训教材
◆ 铣工（中级）鉴定培训教材
◆ 铣工（高级）鉴定培训教材
◆ 磨工（中级）鉴定培训教材
◆ 磨工（高级）鉴定培训教材
◆ 钳工（中级）鉴定培训教材
◆ 钳工（高级）鉴定培训教材
◆ 机修钳工（中级）鉴定培训教材
◆ 机修钳工（高级）鉴定培训教材
◆ 焊工（中级）鉴定培训教材
◆ 焊工（高级）鉴定培训教材
◆ 热处理工（中级）鉴定培训教材
◆ 热处理工（高级）鉴定培训教材
◆ 铸造工（中级）鉴定培训教材
◆ 铸造工（高级）鉴定培训教材
◆ 电镀工（中级）鉴定培训教材
◆ 电镀工（高级）鉴定培训教材
◆ 维修电工（中级）鉴定培训教材
◆ 维修电工（高级）鉴定培训教材
◆ 汽车修理工（中级）鉴定培训教材
◆ 汽车修理工（高级）鉴定培训教材
◆ 涂装工（中级）鉴定培训教材
◆ 涂装工（高级）鉴定培训教材

- ◆ 制冷设备维修工（中级）鉴定培训教材
- ◆ 制冷设备维修工（高级）鉴定培训教材

国家职业资格培训教材——操作技能鉴定实战详解系列

丛书介绍： 用于国家职业技能鉴定操作技能考试前的强化训练。特色：

- ● 重点突出，具有针对性——依据技能考核鉴定点设计，目的明确。
- ● 内容全面，具有典型性——图样、评分表、准备清单，完整齐全。
- ● 解析详细，具有实用性——工艺分析、操作步骤和重点解析详细。
- ● 练考结合，具有实战性——单项训练题、综合训练题，步步提升。

读者对象： 可作为各级职业技能鉴定培训机构、企业培训部门的考前培训教材，也可供职业技能鉴定部门在鉴定命题时参考，也可作为读者考前复习和自测使用的复习用书，还可作为职业技术院校、技工院校、各种短训班的专业课教材。

- ◆ 车工（中级）操作技能鉴定实战详解
- ◆ 车工（高级）操作技能鉴定实战详解
- ◆ 车工（技师、高级技师）操作技能鉴定实战详解
- ◆ 铣工（中级）操作技能鉴定实战详解
- ◆ 铣工（高级）操作技能鉴定实战详解
- ◆ 钳工（中级）操作技能鉴定实战详解
- ◆ 钳工（高级）操作技能鉴定实战详解
- ◆ 钳工（技师、高级技师）操作技能鉴定实战详解
- ◆ 数控车工（中级）操作技能鉴定实战详解
- ◆ 数控车工（高级）操作技能鉴定实战详解
- ◆ 数控车工（技师、高级技师）操作技能鉴定实战详解
- ◆ 数控铣工/加工中心操作工（中级）操作技能鉴定实战详解
- ◆ 数控铣工/加工中心操作工（高级）操作技能鉴定实战详解
- ◆ 数控铣工/加工中心操作工（技师、高级技师）操作技能鉴定实战详解
- ◆ 焊工（中级）操作技能鉴定实战详解
- ◆ 焊工（高级）操作技能鉴定实战详解
- ◆ 焊工（技师、高级技师）操作技能鉴定实战详解
- ◆ 维修电工（中级）操作技能鉴定实战详解
- ◆ 维修电工（高级）操作技能鉴定实战详解
- ◆ 维修电工（技师、高级技师）操作技能鉴定实战详解

◆ 汽车修理工（中级）操作技能鉴定实战详解

◆ 汽车修理工（高级）操作技能鉴定实战详解

技能鉴定考核试题库

丛书介绍： 根据各职业（工种）鉴定考核要求分级编写，试题针对性、通用性、实用性强。

读者对象： 可作为企业培训部门、各级职业技能鉴定机构、再就业培训机构培训考核用书，也可供技工学校、职业高中、各种短训班培训考核使用，还可作为个人读者学习自测用书。

◆ 机械识图与制图鉴定考核试题库

◆ 机械基础技能鉴定考核试题库

◆ 电工基础技能鉴定考核试题库

◆ 车工职业技能鉴定考核试题库

◆ 铣工职业技能鉴定考核试题库

◆ 磨工职业技能鉴定考核试题库

◆ 数控车工职业技能鉴定考核试题库

◆ 数控铣工/加工中心操作工职业技能鉴定考核试题库

◆ 模具工职业技能鉴定考核试题库

◆ 钳工职业技能鉴定考核试题库

◆ 机修钳工职业技能鉴定考核试题库

◆ 汽车修理工职业技能鉴定考核试题库

◆ 制冷设备维修工职业技能鉴定考核试题库

◆ 维修电工职业技能鉴定考核试题库

◆ 铸造工职业技能鉴定考核试题库

◆ 焊工职业技能鉴定考核试题库

◆ 冷作钣金工职业技能鉴定考核试题库

◆ 热处理工职业技能鉴定考核试题库

◆ 涂装工职业技能鉴定考核试题库

机电类技师培训教材

丛书介绍： 以国家职业标准中对各工种技师的要求为依据，以便于培训为前提，紧扣职业技能鉴定培训要求编写。加强了高难度生产加工，复杂设备的安装、调试和维修，技术质量难题的分析和解决，复杂工艺的编制，故障诊断与排除以及论文写作和答辩的内容。书中均配有培训目标、复习思考题、培训内容、试题库、答案、技能鉴定模拟试卷样例。

读者对象： 可作为职业技能鉴定培训机构、企业培训部门、技师学院培训鉴定教材，也可供读者自学及考前复习和自测使用。

◆ 公共基础知识

◆ 电工与电子技术

- 机械制图与零件测绘
- 金属材料与加工工艺
- 机械基础与现代制造技术
- 技师论文写作、点评、答辩指导
- 车工技师鉴定培训教材
- 铣工技师鉴定培训教材
- 钳工技师鉴定培训教材
- 焊工技师鉴定培训教材
- 电工技师鉴定培训教材
- 铸造工技师鉴定培训教材
- 涂装工技师鉴定培训教材
- 模具工技师鉴定培训教材
- 机修钳工技师鉴定培训教材
- 热处理工技师鉴定培训教材
- 维修电工技师鉴定培训教材
- 数控车工技师鉴定培训教材
- 数控铣工技师鉴定培训教材
- 冷作钣金工技师鉴定培训教材
- 汽车修理工技师鉴定培训教材
- 制冷设备维修工技师鉴定培训教材

特种作业人员安全技术培训考核教材

丛书介绍：依据《特种作业人员安全技术培训大纲及考核标准》编写，内容包含法律法规、安全培训、案例分析、考核复习题及答案。

读者对象：可用作各级各类安全生产培训部门、企业培训部门、培训机构安全生产培训和考核的教材，也可作为各类企事业单位安全管理和相关技术人员的参考书。

- 起重机司索指挥作业
- 企业内机动车辆驾驶员
- 起重机司机
- 金属焊接与切割作业
- 电工作业
- 压力容器操作
- 锅炉司炉作业
- 电梯作业
- 制冷与空调作业
- 登高作业

读者信息反馈表

亲爱的读者

您好！感谢您购买《数控技术与 AutoCAD 应用 第 2 版》（胡家富　主编）一书。为了更好地为您服务，我们希望了解您的需求以及对我社教材的意见和建议，愿这小小的表格在我们之间架起一座沟通的桥梁。另外，如果您在培训中选用了本教材，我们将免费为您提供与本教材配套的电子课件。

<table>
<tr><td>姓　名</td><td></td><td>所在单位名称</td><td></td></tr>
<tr><td>性　别</td><td></td><td>所从事工作（或专业）</td><td></td></tr>
<tr><td>通信地址</td><td></td><td>邮　编</td><td></td></tr>
<tr><td>办公电话</td><td></td><td>移动电话</td><td></td></tr>
<tr><td>E-mail</td><td></td><td>QQ</td><td></td></tr>
<tr><td colspan="4">1. 您选择图书时主要考虑的因素（在相应项后面画✓）
出版社（　　）　内容（　　）　价格（　　）　其他：________
2. 您选择我们图书的途径（在相应项后面画✓）
书目（　　）　书店（　　）　网站（　　）　朋友推介（　　）　其他：____</td></tr>
<tr><td colspan="4">希望我们与您经常保持联系的方式：
☐ 电子邮件信息　☐ 定期邮寄书目　☐ 通过编辑联络　☐ 定期电话咨询</td></tr>
<tr><td colspan="4">您关注（或需要）哪些类图书和教材：</td></tr>
<tr><td colspan="4">您对本书的意见和建议（欢迎您指出本书的疏漏之处）：</td></tr>
<tr><td colspan="4">您近期的著书计划：</td></tr>
</table>

请联系我们——

地　　址　北京市西城区百万庄大街 22 号　机械工业出版社技能教育分社

邮　　编　100037

社长电话　(010)88379083　88379080

传　　真　(010)68329397

营销编辑　(010)88379534　88379535

免费电子课件索取方式：

网上下载：www. cmpedu. com

邮箱索取：jnfs@ cmpbook. com